谨以此书祝贺

北京市西城区青少年科学技术馆VEX IQ机器人代表队

获得VEX机器人世界锦标赛

史上首个三连冠!

跟世界冠军学 VEX IQ 第 2 代机器人

王　昕　熊春奎　殷治纲　主　编
谢　鹏　尚章华　黄志群　邴雨霏　高俪娟　副主编

本书详细介绍 VEX IQ 第 2 代机器人的硬件、软件、编程、搭建等内容，并且通过丰富的搭建编程案例来帮助读者实践操作，提升机器人知识和技能，同时重点分享了真实宝贵的参赛选手和家长亲述的参赛经验、收获与心得。

学习机器人、参加竞赛不仅仅要求搭建和编程知识，更需要发现问题、解决问题、团队协作、抗压克难的能力和精神，同时通过参加竞赛还可以获得更宝贵的成长经验。本书正是基于此目的，帮助读者既学习机器人知识和搭建技能，又可以拓展想象力、锻炼动手能力，并提高问题解决能力，同时深入了解第一手的参赛信息和心得体会，可以更深入、更高层次地理解机器人的学习和竞赛。

本书可以作为 VEX IQ 机器人学习者、教师学习用书，也可以作为机器人竞赛选手参考用书。

图书在版编目（CIP）数据

跟世界冠军学 VEX IQ 第 2 代机器人 / 王昕，熊春奎，殷治纲主编 . —北京：机械工业出版社，2023.6

ISBN 978-7-111-73278-5

Ⅰ . ①跟…　Ⅱ . ①王…　②熊…　③殷…　Ⅲ . ①机器人 – 设计　Ⅳ . ① TP242

中国国家版本馆 CIP 数据核字（2023）第 100744 号

机械工业出版社（北京市百万庄大街 22 号　邮政编码 100037）

策划编辑：林　桢　　　　责任编辑：林　桢

责任校对：张亚楠　翟天睿　　责任印制：刘　媛

涿州市般润文化传播有限公司印刷

2023 年 7 月第 1 版第 1 次印刷

184mm × 260mm · 19 印张 · 1 插页 · 481 千字

标准书号：ISBN 978-7-111-73278-5

定价：129.00 元

电话服务　　　　　　　　网络服务

客服电话：010-88361066　机　工　官　网：www.cmpbook.com

010-88379833　机　工　官　博：weibo.com/cmp1952

010-68326294　金　　书　　网：www.golden-book.com

封底无防伪标均为盗版　机工教育服务网：www.cmpedu.com

VEX 机器人系列图书编委会

推荐序

在刚刚过去的虎年深秋，笔者与王昕老师都获邀，为一个面向国内外家长的机器人和编程教育系列公益讲座做演讲嘉宾。虽远隔重洋，但旁听了王老师的精彩演讲，收获满满。也因此与王老师有了高耸"云端"的交集。

笔者是多届 VEX 机器人世界锦标赛的现场亲历者之一，对王昕老师和她所在的北京市西城区青少年科学技术馆 VEX 冠军俱乐部多有钦佩之心。现在，又拜读了王老师的新作——《跟世界冠军学 VEX IQ 第 2 代机器人》，深感世界冠军的养成，绝非一日之功，相信王老师的新作也一定会为在追求冠军道路上努力的众多学生、家长和教练们指点迷津，非常值得一读！

该书第一部分介绍了 VEX IQ 系列第 2 代产品，从机械、电子到编程，系统全面，紧跟产品技术更新的步伐，对于初入 VEX IQ 之门的新手或者想学习 VEX IQ 第 2 代产品软硬件的老手都将大有裨益。

第二部分用西城区青少年科学技术馆 VEX 冠军俱乐部的学生、教师和家长各自撰写的参加 VEX 培训和竞赛的一系列感想和收获，向读者展现了一幅完整而细致的冠军养成图。而这也是笔者想多说几句的部分。

笔者有幸早早接触了 VEX 机器人项目，又在国外长期担任过中小学校数学、科技和机器人竞赛教师、教练、评审和组织者，所以在读该书第二部分的时候，常常感到似曾相识，甚至身临其境。从书中不同角色，以各自视角对同一事件的描述，读者很容易在脑海中构建出一个立体的、有时间轴的场景，从而获取有益的经验和教训。这也说明该书内容非常具有真实性和实用性。

如果读者是一位教师，你可能从王老师的讲解中获益。你将得知参与 VEX 竞赛不仅仅是教学生搭建、编程和操控机器人，更重要的是为学生构建一个综合素质教育生态环境的大平台。

如果读者是一位家长，你可能从几位父母的多维反思中获益。他们将以亲身参与的经历告诉读者，家长的格局可以决定孩子的格局。他们还告诉读者，通过什么样的项目可以让家长真正做到优质的亲子陪伴，与孩子一起成长！

如果读者是一位学生，你可能从参赛选手的深情感言中获益。你会看到，综合素质的养成，往往是“功夫在诗外”，夺冠与否，与自我的成长没有必然的因果关系，而成长路上的“生得、习得和悟得”三个素质增强的途径，一样都不能少。而“悟得”往往是成长的关键。

在当前多变的世界环境下，不变的是青少年的教育。而科技素养的教育，因为其需要大量额外的资源，相对于需求来说，似乎永远处于一种稀缺的状态。相信该书的出版，能够帮助许许多多的学生、家长和教师找到一条有效的途径，提高学生的综合素质，也会出现更多的机器人冠军!

余河清

于美国得克萨斯州达拉斯

前 言

VEX 机器人（VEX Robotics）是由美国创首国际（Innovation First International，简称 IFI）创立的教育机器人系列，包括 VEX 123、VEX GO、VEX IQ、VEX VRC、VEX U，以及 VEX AI 等多个系列，提供了从学龄前到大学阶段完整的教学和竞赛体系。

VEX 机器人竞赛也是世界上影响力最大、参与人数最多的机器人竞赛活动。目前全世界有 70 多个国家的 2 万多支战队在参与 VEX 机器人竞赛。国内队伍可以参与的竞赛包括区域赛（如华北区赛、华东区赛等）、中国赛、洲际赛（亚洲锦标赛、亚洲公开赛）和世界锦标赛。VEX 机器人世界锦标赛是 VEX 竞赛中最高级别的比赛。自 2016 年以来，它多次被吉尼斯世界纪录认证为世界规模最大的机器人竞赛（The Largest Robotics Competition on Earth）。2020 年，由于全球疫情影响，VEX 机器人世界锦标赛改为线上虚拟比赛（VEX Robotics Virtual World Celebration），因此又被吉尼斯世界纪录认证为世界参与人数最多的线上机器人赛事。

近年来，中国竞赛队在 VEX 机器人世界锦标赛上取得了优异成绩。尤其是北京市西城区青少年科学技术馆代表队，在 2018—2020 年创造了 VEX 机器人世界锦标赛历史上唯一的“三连冠”纪录，因此得到了中央广播电视总台、北京广播电视台、《中国青年报》等媒体的专访，也引起了社会和业界的广泛关注。

“一枝独秀不是春，百花齐放春满园。”为了使更多青少年更好地学习 VEX IQ 机器人课程，我们的冠军团队精心编写了《跟世界冠军一起学 VEX IQ 机器人》等多本图书，详细介绍了 VEX IQ 机器人教学、训练和竞赛方法，对国内 VEX IQ 机器人教育起到了重要推动作用。今年，由于 VEX IQ 机器人进行了产品升级，所以我们也根据新一代产品的特性编写了本书。本书主要有以下特点。

（1）介绍了 VEX IQ 第 2 代机器人的最新知识，并设计了新的教学案例。2021 年，VEX IQ 机器人推出了第 2 代产品。与第 1 代产品相比，第 2 代 VEX IQ 机器人功能进行了多方面的改进，如主控器升级为彩色屏幕、新增了编程语言、遥控器增加了按键、新增了传感器和配件，另外传感器功能和性能也进行了升级。本书根据 VEX IQ 第 2 代机器人产品的功能和特性重新编写了内容和案例，可以让读者及时了解和掌握 VEX IQ 第 2 代机器人的相关知识。

（2）将 STEM 教育内容融入 VEX IQ 机器人教育过程。VEX IQ 机器人的设计、搭建和程序编写过程包含很多 STEM 知识。STEM 是科学（Science）、技术（Technology）、工程（Engineering）和数学（Mathematics）四门学科的英语首字母缩写。这个教育过程丰富了学生们的知识技能，锻炼了他们的思维能力和实践能力，对提高学生们的综合能力有很大帮助。

（3）将“全素质”教育理念融入 VEX IQ 机器人教育过程。本书不仅教授学生们 VEX IQ 机器人知识，还鼓励大家参与相关竞赛，在学习、训练和竞赛中去锻炼多方面的能力和素质。VEX IQ 机器人竞赛体系是个微缩版的社会模型，其中蕴含着合作共赢、拼搏进取、项目管理等诸多理念和经验。在比赛过程中，学生们有机会学习如何处理自我与他人的关系，以及与社会的关系。根据以往教育经验，有过丰富 VEX IQ 竞赛经历的优秀选手，其自信心、拼搏精神、团队精神、自我管理能力、交际合作能力、抗挫折能力，通常都会有显著提高。另外，队员在竞赛队中通常会根据自身特点承担不同的职责分工，这也是一个很好的早期职业探索的过程。

综上，我们希望通过 VEX IQ 机器人教育和竞赛体系，来帮助少年儿童更好地学习、成长，早日成为对祖国和社会有用的栋梁之材。

本书分为 6 章。第 1 章是 VEX IQ 机器人概述，主要介绍 VEX IQ 的特点、教育和竞赛。第 2 章是 VEX IQ 第 2 代机器人硬件，主要介绍 VEX IQ 第 2 代机器人硬件知识。第 3 章是 VEX IQ 第 2 代机器人软件，主要介绍 VEXcode IQ 软件知识。第 4 章是 VEX IQ 机器人程序设计，主要通过一些 VEX IQ 机器人的典型案例来介绍传感器编程的思路和方法。第 5 章是经典案例，帮助学生由浅入深地了解和掌握 VEX IQ 机器人的搭建技巧和编程知识。第 6 章收录了来自选手和家长的竞赛心得。同时附录中介绍了世界冠军内训笔记。

本书的写作过程得到了特约顾问张莉老师的热情帮助。

本书可以作为 VEX IQ 机器人学习者的学习用书、教师的参考用书，也可以作为机器人竞赛选手的参考用书。

由于知识水平所限，书中难免存在缺点和错误之处，敬请读者批评指正。

王昕

2023 年 4 月

世界冠军的成长之路

作为北京市西城区青少年科学技术馆（以下简称西城科技馆或科技馆）VEX IQ 机器人教练，见证了 2018—2020 连续三年获得 VEX IQ 机器人世锦赛冠军的成长历程，并受到了中央广播电视总台、北京广播电视台和《中国青年报》的专访。尤其是《跟世界冠军学 VEX IQ 机器人》一书出版之后，收到了很多热爱 VEX 机器人的学生、家长和同行的来信，大家关注最多的问题就是怎样才能成为一个世界冠军。下面就和大家分享一下世界冠军的成长之路。

作为一名培养出多名世界冠军的教练，主要有以下几方面心得经验。

1. 西城科技馆给了我们一个较高的平台，领导给予了大力的支持

西城科技馆给我们提供了一个很好的平台。“机器人”教育一直是我们馆的传统优势项目。1998 年西城科技馆成立了北京市首家区县级青少年机器人工作室。从“机器人创意”课程开始，科技馆经过 20 多年的发展，目前已经形成了一套完整的面向机器人教育的培训项目和培训方法，先后培养了数千名青少年机器人爱好者，并在众多机器人赛事中获得了优异成绩。科技馆的领导对于各个项目尤其是 VEX IQ 项目给予了高度重视，每年都提供最大力度的支持，例如 VEX IQ 第 2 代教学设备刚在国内市场上市时，我们科技馆就在当月购置了 VEX IQ 第 2 代教学设备，让老师们、学生们在第一时间就用上了最新设备。因此，在教学设施、赛车研发等各个领域，我们科技馆一直处于行业领先水平。

2. 家长支持是各项活动顺利开展并且取得好成绩的保障

到科技馆来学习的孩子们大部分是源于兴趣，而很多家长的支持力度和参与热情也非常高，会经常跟着孩子一起搭建赛车、陪孩子训练。家长们都认为这是和孩子一起成长的特别好的过程。陪伴是最好的教育，学生和家长在这样高质量陪伴教育过程中都收获了很多。在本书中，我们也分享了一些家长的心得体会。

3. 学生学习 VEX IQ 是一个系统的过程

这个系统性学习过程主要包括以下几个阶段。

第一阶段，基础搭建。在这一阶段中，主要学习基础知识、熟悉硬件结构，包括熟识硬件积木零件名称，理解各部件功能、特点，掌握各零件之间的相互组合关系等。在该阶段教学中，老师会在课堂上给出样例，学生们则主要以模仿搭建为主，并通过搭建学习掌握齿轮传动、杠杆、连杆等很多基本机械结构知识。

第二阶段，设计搭建。在每一次教学活动中，老师会制定一个主题，让学生们依照主题自主创作、设计、搭建作品，以培养学生们的想象力和创造力。例如下面是学生们以“动物”为主题的活动作品，是不是惟妙惟肖呀？

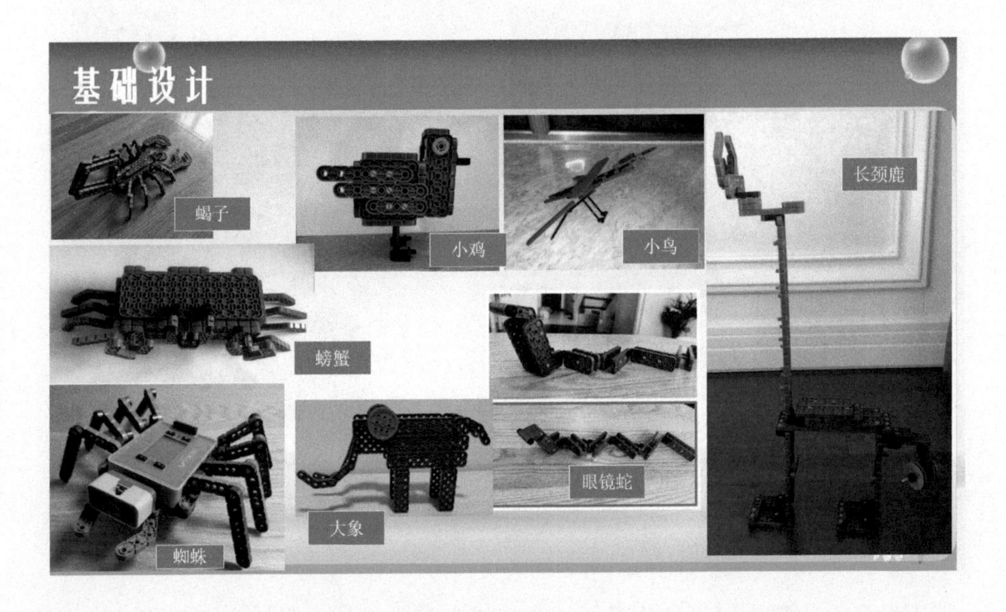

第三阶段，案例学习。该阶段每次教学活动的任务是让学生们完成一个完整案例，并重点学习编程知识。每次活动尽量选择让学生们感兴趣的或与时事相关的例子，例如春牛报喜（牛年）、拳击手（孩子们喜欢有竞争的游戏）、欢快的小狗等。学生们每次活动都可以完成一个完整的智能作品，会特别有成就感。

春牛报喜　　拳击手　　欢快的小狗

第四阶段，根据主题设计作品。该阶段是让学生们根据主题自主设计、搭建出硬件结构，并且编程实现相应功能，从而培养学生解决实际问题的能力。每一次活动会设定一个主题，并且要求学生在活动结束前展示自己的作品。

第五阶段，不限主题设计作品。该阶段教学目的是培养学生发现问题、解决问题的能力。平时老师会鼓励学生在生活、学习中发现问题，并针对这一问题进行研究，然后运用 VEX IQ 设计作品来解决实际问题。例如，小叶同学在打网球的时候觉得捡球特别浪费时间，于是就制作了自动捡球机器人；健辛同学觉得倒垃圾时手动打开垃圾桶很不卫生，所以用 VEX IQ 设计了无接触分类垃圾桶；顾嘉伦同学结合医疗需要设计了 360° 自动消毒车。这些都是解决生活中实际问题的很好案例。

自动捡球机器人

无接触分类垃圾桶

360° 自动消毒车

第六阶段，参加竞赛。在这一阶段中，学生需要设计、搭建赛车，并实际参加比赛。下面是学生在一个赛季经历的过程：研究赛季主题规则—头脑风暴、分析赛车功能—搭建赛车、反复修改—编写程序、调试优化。在这一过程中，学生们的综合能力不断得到激发和提升。

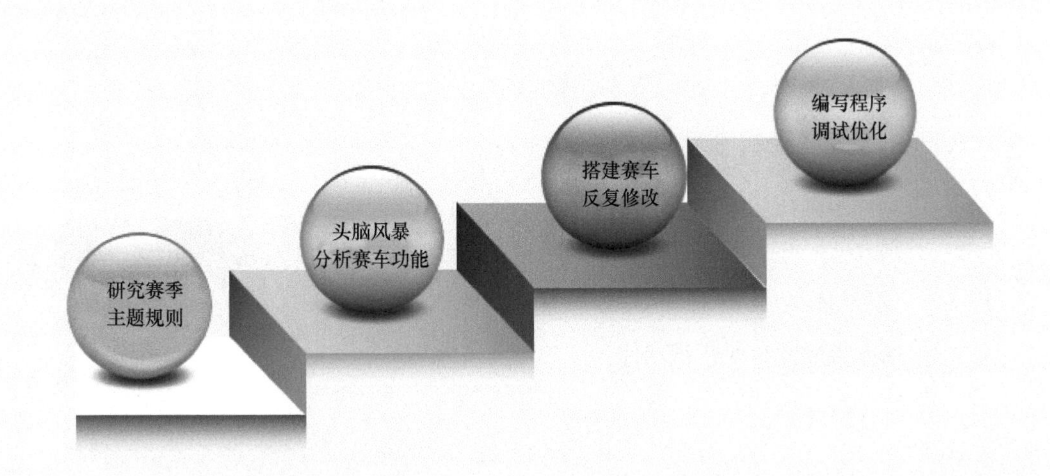

世界冠军的成长之路是一个循序渐进的过程，绝不能直接拿一个搭建好的赛车只练习操控。学生们通常会在科技馆经历 3~5 年的综合学习、训练，他们不仅在比赛中可以获得冠军，也会在各个赛事中获得全能奖、设计奖等。这就说明学生们在比赛的程序测试、答辩活动中的能力都很出色。只有经过系统的训练和有知识基础的积淀，学生们才能在各项比赛中脱颖而出，获得佳绩。

目 录

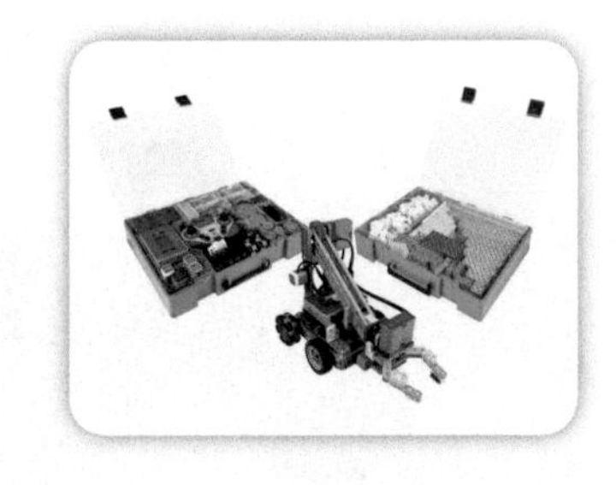

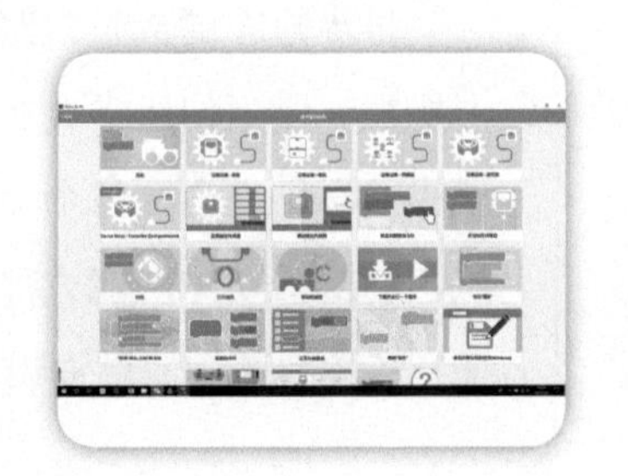

第 4 章 VEX IQ 机器人程序设计

第 5 章 经典案例

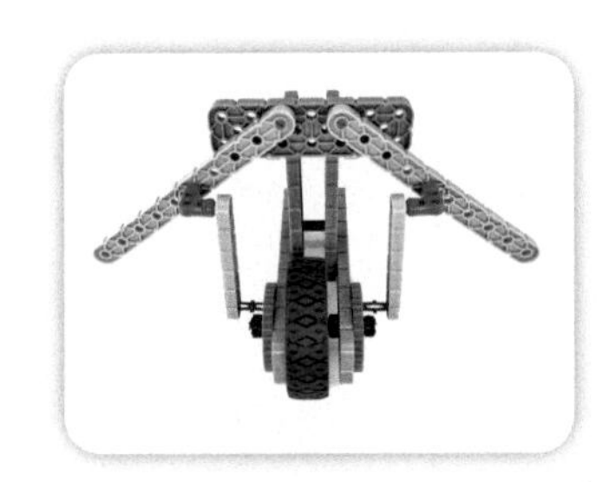

第 6 章 群英荟萃——选手、家长竞赛心得

附录 世界冠军内训笔记

第1章 VEX IQ机器人概述

VEX 机器人（VEX Robotics）是由创首国际（Innovation First International，IFI）于 2004 年创建的全球领先的教育机器人，曾在 2006 年国际消费电子产品展（CES）中被评为“最佳创新奖”。该系列机器人包括了 VEX 123、VEX GO、VEX IQ、VEX V5、VEX Pro 等不同等级的机器人产品，提供了从学龄前、小学、中学到大学的完整的产品和教学系列。在这些产品中，VEX 123 主要面向 4～7 岁儿童，VEX GO 面向 5～9 岁儿童，VEX IQ 面向 8～13 岁少年，VEX V5 面向 11 岁以上的青少年。VEX 也有专门为 VEX U、FRC（FIRST Robotics Competition）、FTC（FIRST Tech Challenge）等高级别竞赛而推出的 VEX Pro 产品。

1.1 VEX IQ 机器人特点

在本书中，我们将主要聚焦 VEX IQ 机器人项目。VEX IQ 机器人是一种主要面向小学和初中生（8～13 岁）的机器人产品。它有如下特点：

1）具有齐全的机器人主机、传感器、结构部件等，可以设计和搭建丰富多样的机器人产品。

2）主要零部件为 ABS 塑料，同时电动机和传感器功率较小，产品安全性高。

3）涉及的软、硬件知识全面，可以为以后学习、设计高阶机器人打好基础。

4）使用的编程软件不仅有代码式编程工具，还有图形化编程工具，更便于低年龄段学生入门学习。

5）零部件价格相对便宜，且可以重复使用。

6）用其制作的机器人体积、重量相对较小（长、宽、高尺寸一般在 50cm 以内，重量一般在 5kg 以内），更适合少年儿童使用和携带。

2021 年 11 月，创首国际推出了 VEX IQ 第 2 代机器人产品。与第 1 代产品相比，第 2 代产品的功能进行了多方面的改进，如主控器升级为彩色屏幕，新增了编程语言，遥控器增加了按键，新增了传感器和配件，另外传感器功能和性能也进行了升级。本书根据 VEX IQ 第 2 代机器人产品的功能和特性编写了内容和案例，可以让学习者及时了解和掌握 VEX IQ 第 2 代机器人的相关知识。

1.2 VEX IQ 与 STEM（或 STEAM）教育

VEX IQ 机器人是对青少年开展 STEM（或 STEAM）教育的优秀平台。

STEM 是科学（Science）、技术（Technology）、工程（Engineering）和数学（Mathematics）四门学科英文首字母的缩写。此外，在 STEM 基础上又提出了 STEAM 教育的理念，其中增加的字母 A 代表艺术、人文（Arts），意味着从科技和人文两个方面促进青少年的全面发展。

STEAM 中的 S、T、E、M 学科主要涉及理工科领域。其中，科学的作用在于认识世界和解释世界的客观规律；技术是利用科学知识来解决实际问题，创造价值；工程是应用有关科学知识和技术手段，来创造具有预期价值和功能的产品或系统；数学则是研究科学、技术与工程学科的重要基础。

STEAM 中的 A 涉及人文知识和能力，包括艺术设计、人际交往、语言表达、压力处理、时间和人员管理等内容。

青少年通过学习 VEX IQ 机器人，可以锻炼以下多种能力。

1）学习物理、数学知识。VEX IQ 的主机、传感器和结构部件涉及电学、力学、运动学、光学等一系列物理知识。在制作和比赛过程中要考虑的时间、速度、路程、力等诸多因素会涉及数学知识。

2）学习编程知识，锻炼逻辑思维。VEX IQ 机器人可以使用 VEXcode、C++、Python 等多种语言进行编程。编写程序的过程能够提高逻辑性、条理性。

3）结构设计能力和空间想象力。设计能力可以说是机器人竞赛中最重要的能力。好的设计可以让机器人在比赛中拥有更强的得分能力，让选手获得更好的成绩。另外，制作比赛机器人也能够锻炼空间想象能力。

4）动手实践能力。将设计思路变成实际的机器人，需要很好的搭建制作能力。制作精良的机器人其结构牢固、性能可靠，不会在比赛中轻易出故障。

5）机器操控能力。好的操控选手要有过硬的操控能力，争取做到“既快又准”。这需要训练双手协调配合能力、空间方向识别能力、手指控制能力等。

6）交流表达能力。VEX IQ 比赛答辩时，选手要能够清晰、准确地向评审老师介绍自己的项目内容。在团队协作比赛中，选手、团队之间还需要进行迅速、高效的沟通。这些都会锻炼语言表达能力。

7）团队协作能力。团队内部和队伍之间都要有分工合作。这需要团队精神和协作能力。

8）抗挫折能力。选手们在训练和比赛中要面对无数次的失败。只有学会面对失败，控制情绪，才能在挫折和失败中进步。

9）工程管理能力。机器人比赛是一个复杂工程，其中涉及团队管理、训练管理、竞赛管理等很多内容。只有整体能力优秀的团队才会取得好成绩。

总之，VEX IQ 机器人寓教于乐，以潜移默化的方式让青少年提升自己的科技素养和人文素养，是一个很好的 STEAM 教育平台。

1.3 VEX 机器人竞赛

VEX 机器人竞赛一直被誉为最具影响力的世界性学生机器人竞赛。从小学、初中、高中到大学，VEX 机器人竞赛机构分别建立了 VEX IQ、VRC 以及 VEX U 等不同等级的竞赛项目。

近年来，VEX 机器人最高级别的竞赛——VEX 机器人世界锦标赛，多次创造了“世界规模最大的机器人竞赛”的吉尼斯世界纪录，并受到全世界众多知名企业、机构的关注和赞助。这其中包括谷歌、戴尔、英特尔、特斯拉、EMC、雪佛龙、德州仪器、NASA 等国际公司、机

构，以及腾讯、华为、中兴、华硕等中国知名公司。

另外，很多大学还专门设立了 VEX 奖学金，鼓励学生们积极参与 VEX 竞赛。

1. VEX IQ 机器人竞赛

VEX IQ 机器人竞赛大致可以分为三大类。

第一类是由国际机构主办的竞赛系列，包括最高级别的 VEX 机器人世界锦标赛，以及 VEX 机器人亚洲锦标赛、VEX 机器人亚洲公开赛等洲际赛。这些竞赛下设了中国区选拔赛和地区（省级）选拔赛。每级选拔赛排名靠前的优胜队伍可以参加更高一级的赛事。很多竞赛的冠军级队伍（包括全能奖、团队协作赛冠军、技能挑战赛冠军等）可以获得参加 VEX 机器人世界锦标赛的资格。

第二类是由国内各级教委、科协等官方部门主办的竞赛系列。

第三类是由一些社会机构组织的机器人竞赛。这类竞赛可以起到交流知识、增加经验、锻炼队伍的目的。

2. VEX IQ 机器人竞赛的内容

VEX IQ 机器人竞赛一般包括团队协作赛和技能挑战赛（又分手动技能挑战赛和编程技能挑战赛），另外还会根据赛队工程笔记、综合表现等情况由大赛评审确定出“评审奖”。

（1）团队协作赛

团队协作赛是赛事中分量最重、竞争最激烈的比赛。该比赛一般包括预赛和决赛两个阶段。

预赛中，所有参赛队伍根据赛事软件随机确定每轮临时合作的队伍。在每一轮比赛中，两支临时合作的队伍组成联队一起完成任务。比赛总得分分别记作每支队伍该轮得分。当预赛所有轮比完后，每队去掉一定数量（每四轮系统自动去掉一个）最低分数后计算平均分。平均分靠前的偶数支队伍（数量根据每次赛事规则而定）进入决赛。

决赛阶段，各队根据预赛排名两两组成合作联队。决赛中，得分最高的合作联队将共同获得团队协作赛冠军称号，其他联队依照分数高低依次获得不同名次。

（2）技能挑战赛

技能挑战赛包括手动技能挑战赛和自动（编程）技能挑战赛两个阶段。

在技能挑战赛阶段，每支参赛队伍独立进行比赛，每个任务的计分规则和协作赛相同。手动技能挑战赛是由操控选手上场进行比赛。自动（编程）技能挑战赛则要通过启动事先编写好的程序控制机器人自动进行比赛。

手动技能挑战赛和自动技能挑战赛的成绩之和为该队技能挑战赛总分。各队依照总分高低决定最终技能挑战赛名次。

（3）评审奖

VEX 赛事中的评审奖包括全能奖（Excellence Award）、最佳设计奖（Design Award）、最佳活力奖（Energy Award）、最佳评审奖（Judges Award）、最佳创意奖（Create Award）、最佳巧思奖（Think Award）、最佳惊彩奖（Amaze Award）、竞赛精神奖（Sportsmanship Award）、出色女

孩奖（Excellence Girl Award）等，赛事方会根据参赛队伍的数量来选择设置各个奖项。

3. 比赛队伍的组建

参加VEX IQ机器人比赛的队伍一般由2～8名队员和教练员组成。队员一般有不同的分工，有的队员可以兼任多个职责。

（1）机器人操控手

每支参加团队协作赛的队伍一般要有 2 名操控手。他们一般是队中操控机器人水平最高的队员。比赛时，每局协作赛有 60s 时间。每队第一名操控手负责前 25s 的操控，然后在第 25～35s 时进行两名操控手的更替（交换遥控器），由第二名操控手负责后半段的操控至比赛结束。

（2）其他参赛队员

除了团队协作赛和技能挑战赛外，赛队还需要统筹管理，因此要有队长。评选评审奖的时候，会有答辩环节，答辩任务一般由队内口才较好、答辩能力强的选手负责，其他队员配合辅助答辩。

（3）后勤保障人员

后勤保障人员一般要负责维修和维护机器人，并保障机器人电池的电量充足。

（4）赛事联络人员

VEX IQ 比赛一般要比很多轮，每一轮的临时合作队伍都通过抽签决定。为了提高效率，每支队伍可以专门安排一名赛事联络人员，其职责是沟通每轮的合作队伍，并安排练习时间、提醒上场时间等。

（5）教练员

教练员是战队不可或缺的人员。他们的职责包括指导队员设计、搭建机器人，指导团队成员合理分工并高质量地训练，在比赛中指导团队策略、激励队员士气、争取好的成绩。

4. 工程笔记

大型比赛中，一般会设立与工程设计有关的奖项。这时评委一般会要求各队提交工程笔记。工程笔记可以采用一个 A4 或者 B5 大小的笔记本。里面记录的内容包括团队工程设计过程，以及团队整个赛季的经历，包括人员组成与分工、问题定义、方案设计，以及机器人搭建、测试、修改等内容。为了生动起见，工程笔记可以尽量做到图文并茂——除了文字说明，还可以配上图片和照片。

好的工程笔记不仅是参加比赛的需要，也是提高学习水平的重要资料。它可以帮助学生建立起完成一个全周期工程项目的整体概念，知道如何把一个大的项目分解成小的任务，明白如何合理有序地安排分工和进程，意识到当前做的工作在整个项目中的地位和意义。

5. 比赛中的注意事项

VEX IQ 机器人竞赛中的一些注意事项如下。

1）要熟悉并遵守比赛规则。比赛对机器人尺寸有要求，并会在赛前查验机器人。因此，一定要严格按照要求搭建机器人。另外，赛前还会召开选手会议，要注意比赛要求和日程安排。

2）平时一定要勤奋练习。正式比赛时间只有 60s，熟练度对结果影响巨大。

3）赛前要跟合作队伍定好比赛策略，并多加练习。不同队伍之间的默契度也很重要，要尽可能在短时间内建立合作策略，并通过练习提升合作效果。

第 2 章

VEX IQ第2代机器人硬件

VEX IQ 第 2 代机器人硬件主要由主控器、遥控器、各种传感器、塑料积木零件、连接线及电池等部分构成。下面将介绍 VEX IQ 第 2 代机器人的主要部件。

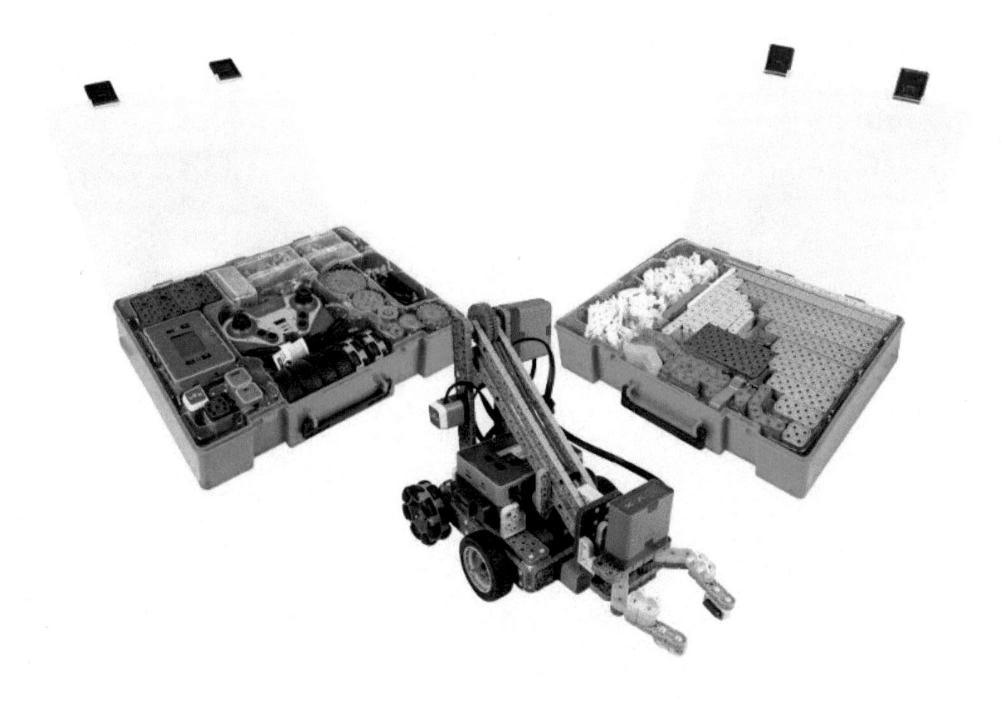

VEX IQ 第 2 代机器人的硬件种类繁多，大致可以分为以下几类：

1）控制类硬件：它们相当于机器人的大脑和神经系统，包括主控器、遥控器、无线模块和电源部分。

2）信号与运动类硬件：它们相当于机器人的各种功能器官，包括传感器和智能电机等。

3）结构类硬件：它们相当于机器人的躯干部件，包括各种塑料积木件。

VEX IQ 第 2 代机器人与第 1 代机器人相比，主要有以下优点：

1）主控器升级：主控器采用彩屏，支持多语言，支持 Python 编程，可通过 VEXcode 自动更新所有连接设备。

2）遥控器多了两个按键。主控器和遥控器之间可以使用无线蓝牙连接，并且可以通过遥控下载程序到主控器。

3）传感器：测距仪的激光雷达更安全更精准。光感仪在弱光条件下有更好的性能。

4）电池：锂离子电池，即使在电量较低的情况下也能维持高性能，采用 Type-C 接口充电。

5）内置蓝牙模块和 6 轴惯性传感器，同时 CPU 速度、内存和闪存性能都有大幅提升。

6）新增了部分特殊配件，包括销钉钳、转接头等。

下面详细介绍一下各类硬件的功能。

2.1　控制类硬件：主控器、遥控器、无线模块和电源部分

主控器是 VEX IQ 第 2 代机器人的“大脑”。它可与计算机连接以传输程序，也可以连接智能电机和各种传感器，接收传感器信号，或者发送指令给智能电机或某些传感器。它还可以通过无线信号卡和遥控器连接，接收遥控器发来的操控信号。

2.1.1　主控器

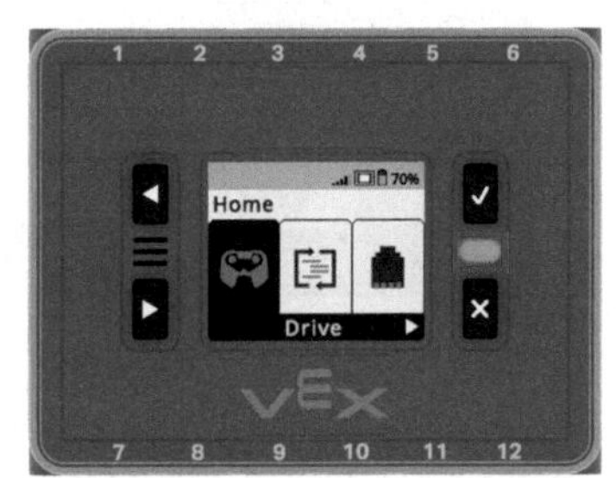

1）采用彩屏，支持多语言，支持 Python 编程。主控器可通过 VEXcode 自动更新所有连接设备。

2）VEX IQ（第 2 代）主控器上 LED（见图中红框）的颜色和状态可以指示 VEX IQ（第 2 代）主控器、电池和遥控器的不同状态，具体说明如下。

LED 颜色	LED 状态	主控器状态	电池状态	遥控器状态
	绿灯常亮	主控器开启	电池电量充足	遥控器未连接
	绿灯闪烁	主控器开启	电池电量充足	遥控器已连接
	黄灯常亮	主控器开启	电池电量充足	遥控器配对中
	红灯常亮	主控器开启	电池电量低	遥控器未连接
	红灯闪烁	主控器开启	电池电量低	遥控器已连接

3）开启和关闭 VEX IQ 主控器。

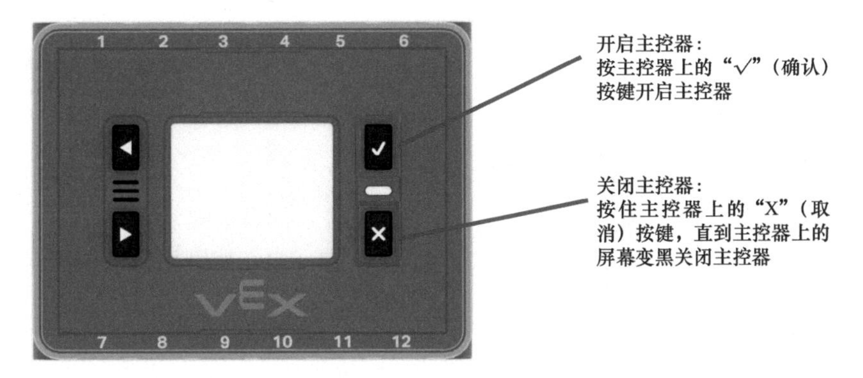

4）使用 VEX IQ（第 2 代）主控器上的传感器仪表板查看连接的电机或传感器的数据。

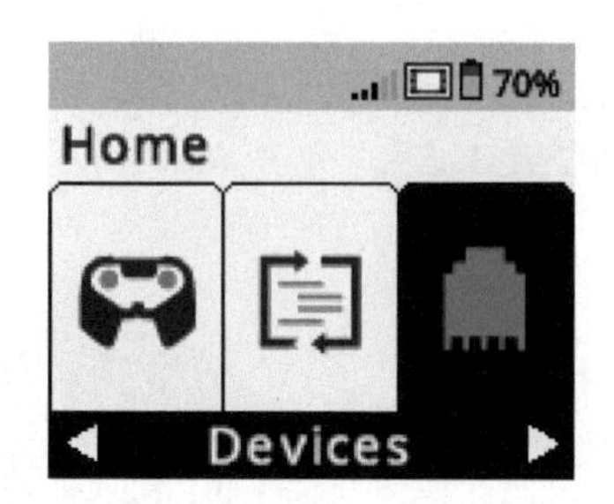

使用向左向右按键显示设备菜单选项，然后按确认按键（“√”）选择设备

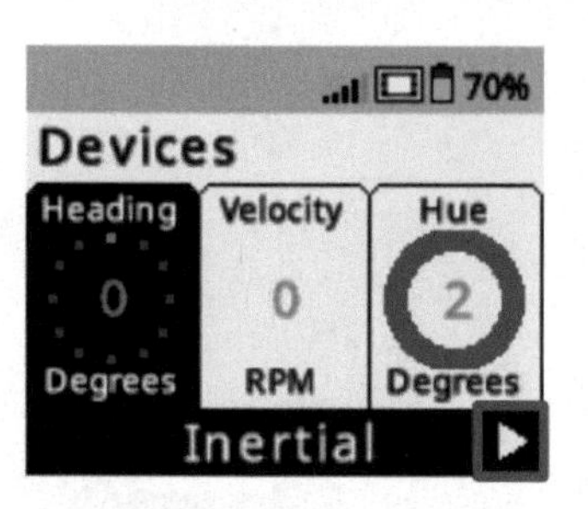

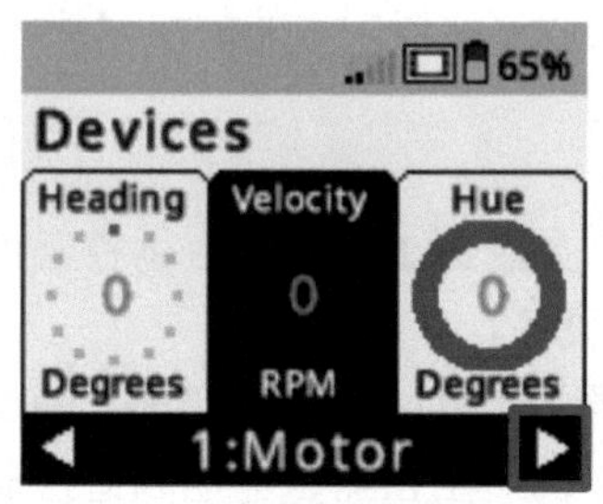

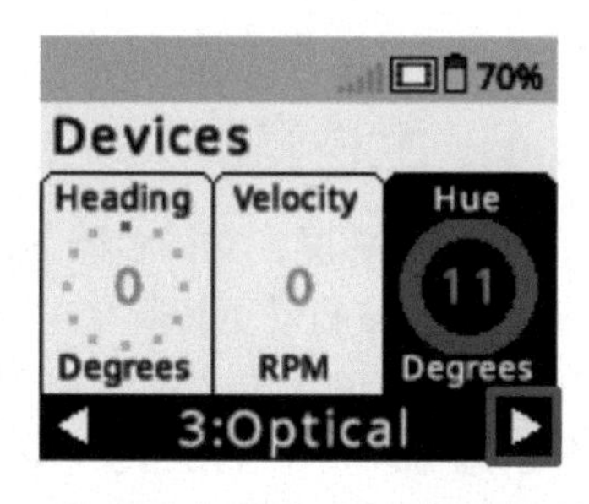

在设备菜单中，可以看到机器人上连接的设备。使用向左、向右按键突出显示所需的传感器，然后按确认按键（“√”）将其选中。下图光学传感器可以显示色调值、亮度或接近度。

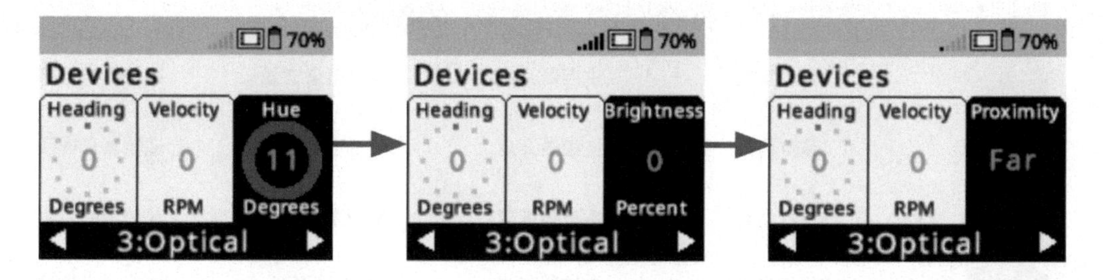

继续按确认按键（“√”），直到看到所选传感器的仪表板视图。下图显示了光学传感器的传感器仪表板，上面显示了光学传感器连接到的端口，以及色调值、颜色、LED、亮度和接近度数据。

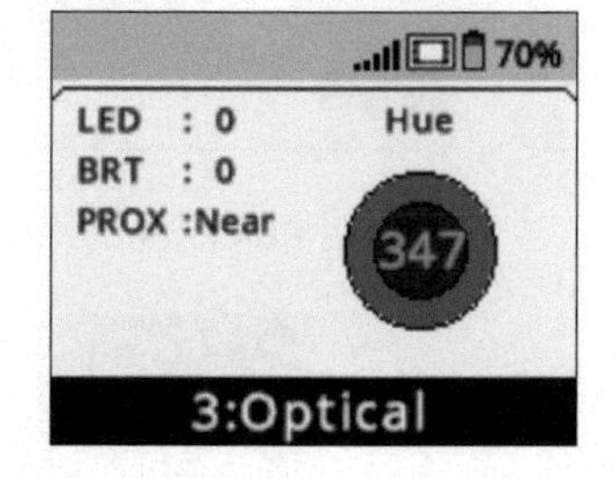

5）VEX IQ 主控器屏幕菜单

主控器上的按键：

向左、向右按键

向左、向右按键用于在主控器屏幕上的不同选项之间导航

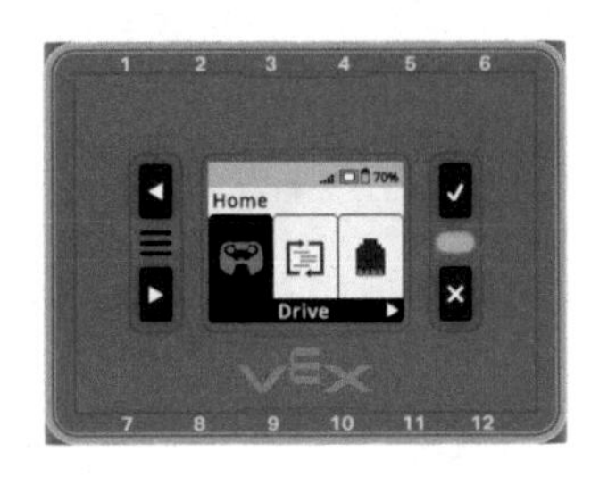

当使用确认按键（“√”）开启主控器时，将出现主界面，并且指示灯显示绿色

下图是开机时的主控器屏幕示例。

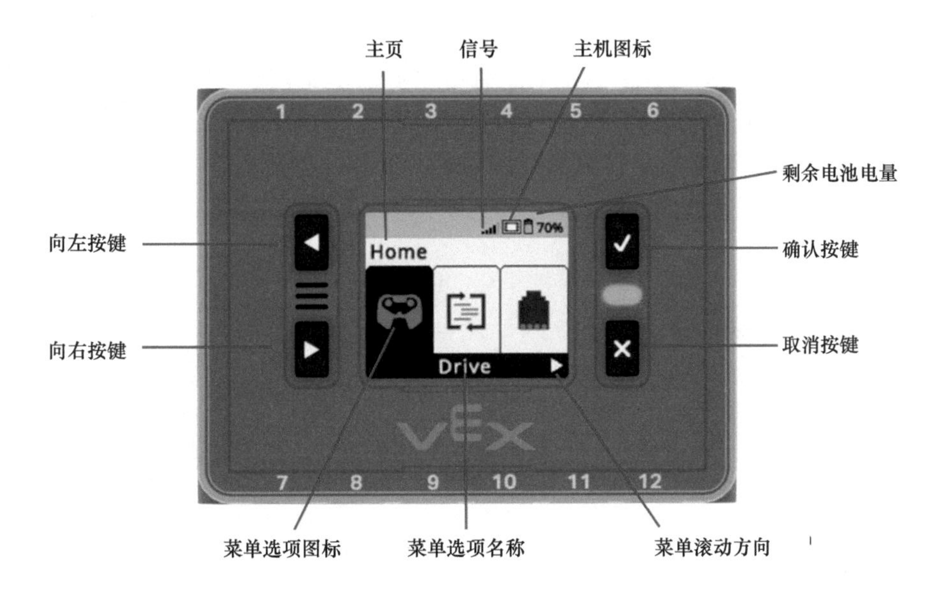

2.1.2　VEX IQ 主控器电池

主控器电池是锂离子电池，即使在电量较低的情况下也能维持高性能，其使用的是 Type-C 充电接口。

（1）用 Type-C 充电线为 VEX IQ 主控器电池充电时，可以通过连接的 VEX IQ 主控器或电池本身的指示灯检查电池电量。

- 1 个灯 = 0%~25% 电量
- 2 个灯 = 25%~50% 电量
- 3 个灯 = 50%~75% 电量
- 4 个灯 = 75%~100% 电量

（2）VEX IQ 主控器电池使用的注意事项和技巧。

1）只要时间允许，就要为 VEX IQ 主控器电池充电。

- 不使用设备时，就给电池充电，防止电池长期处于亏电状态。
- 在存放电池之前，把所有备用电池充满电，以便在需要时立即使用。

2）不使用设备时，要取下主控器电池。如较长时间不使用机器人时，请按下电池末端的卡扣并将其从主控器中轻轻推出，并将电池妥善保存好。

2.1.3 Type-C 数据线

可以将主控器连接到计算机进行程序下载，并可连接主控器USB 接口充电。

2.1.4 遥控器

遥控器和主控器之间可以采用蓝牙无线连接，连接成功后就可以使用遥控器操控机器人。

遥控器有 2 个摇杆（各有水平和垂直两个编程项），2 个遥标上分别有 1 个按键，另外还有独立的 8 个按键。

（1）为遥控器电池充电时，将 Type-C 数据线一头连接到遥控器的充电接口，另一头连接到电源上，为遥控器电池充电。

（2）充电时，LED 充电指示灯可以显示绿色、红色，常亮、闪烁或熄灭，各颜色和状态说明如下。

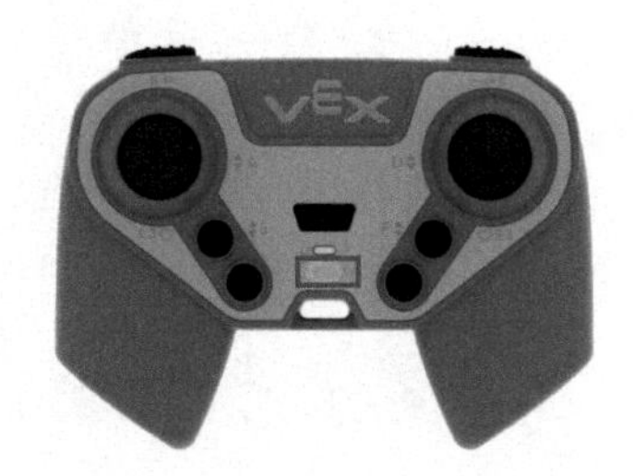

LED 充电指示灯颜色		状态
	绿灯常亮	遥控器电池已充满电
	红灯常亮	遥控器电池充电中
	红灯闪烁	遥控器电池错误
	熄灭	未充电

（3）LED 电源指示灯用不同颜色和状态来指示遥控器电池和主控器无线连接的状态，具体说明如下。

LED 电源指示灯颜色		遥控器状态	遥控器电池状态
	绿灯常亮	遥控器开启 - 未与主控器配对	遥控器电池电量充足
	绿灯闪烁	遥控器开启 - 已与主控器配对	遥控器电池电量充足
	黄灯常亮	主动配对中	
	红灯常亮	遥控器开启	遥控器电池电量低
	红灯闪烁	遥控器开启 - 已与主控器配对	遥控器电池电量低

（4）VEX IQ（第 2 代）遥控器与主控器配对方法如下。

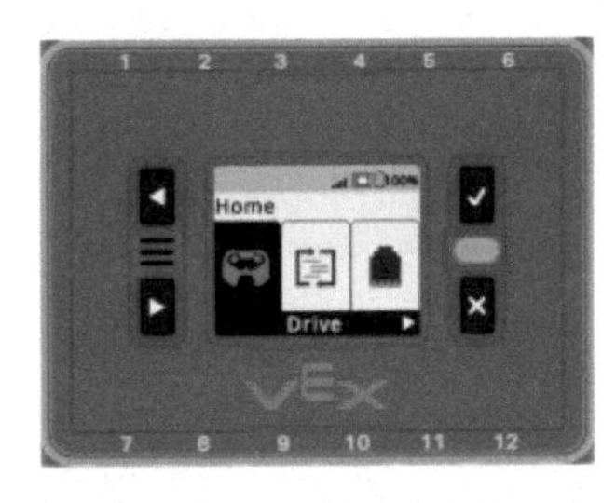

1）开启主控器和遥控器。主控器的指示灯和遥控器的“电源 / 连接”指示灯此时应显示绿色，表明它们已通电。

2）使用向右按键滚动到“设置”（Settings）。

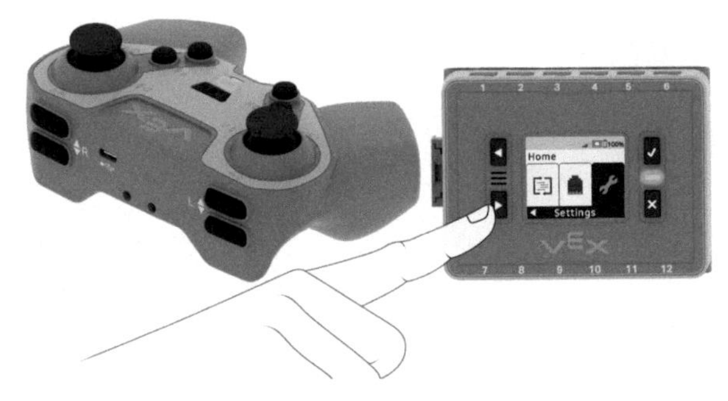

3）按确认按键选择“设置”。

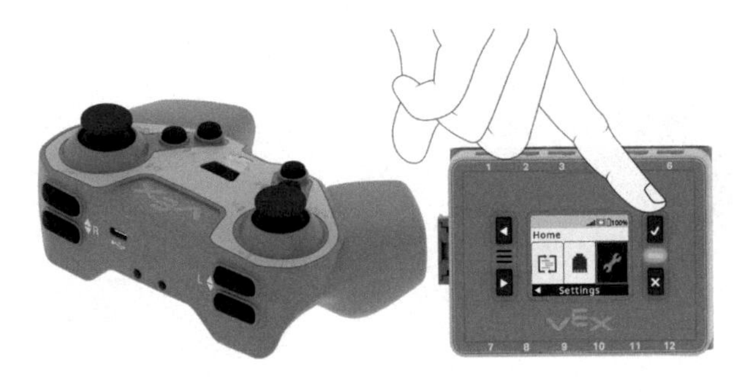

4）然后，将界面滚动到“连接”（Link）并按确认按键进行选择。

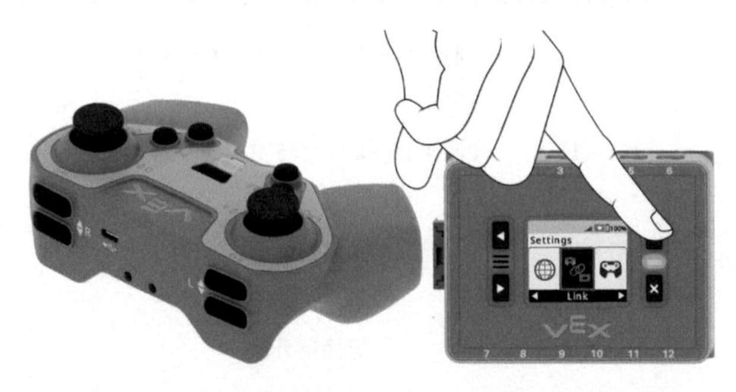

5）选择“连接”后，屏幕显示配对界面。连接时，主控器的指示灯将变为黄色。

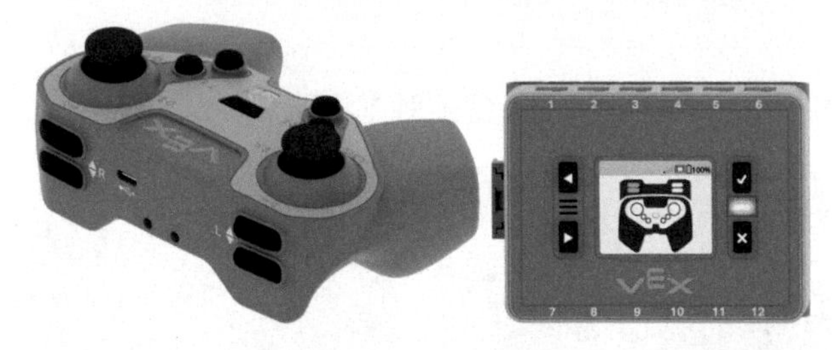

6）同时按住“L- 上”和“L- 下”按键，并连按遥控器电源按键 2 次，参考主控器屏幕的提示。

注意：对遥控器与主控器进行配对操作时，要注意主控器屏幕上提示的遥控器电源按键闪烁的时机，尝试在相同时机按下遥控器电源按键。如一次配对操作不成功，可能需要尝试多次。

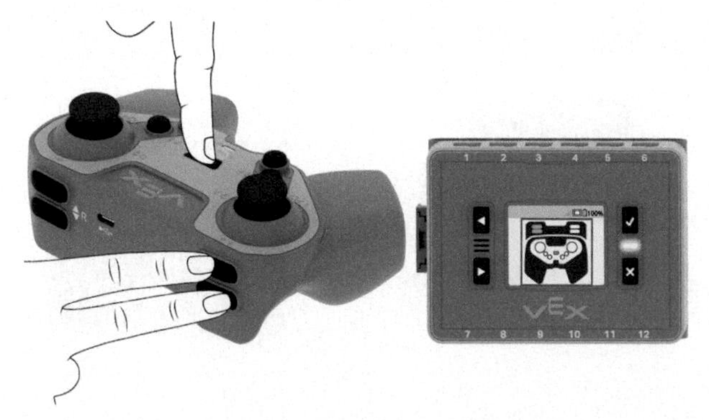

7）无线连接成功后，你将在主控器屏幕上看到遥控器图标。主控器的指示灯和遥控器的“电源 / 连接”指示灯都应闪烁绿色以表明它们配对连接成功。

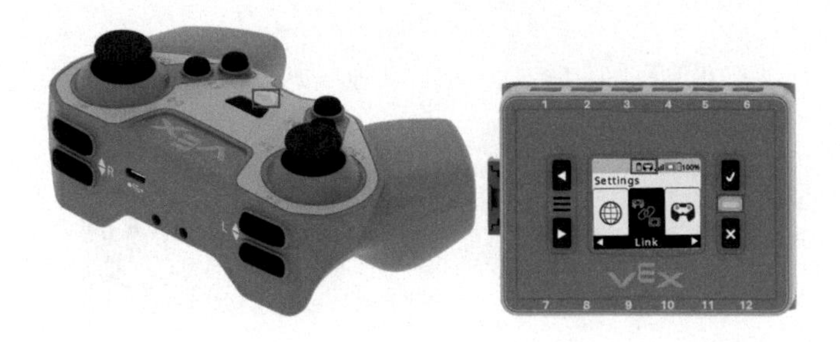

（5）校准 VEX IQ（第 2 代）遥控器的方法如下。

1）对遥控器和主控器进行配对连接。

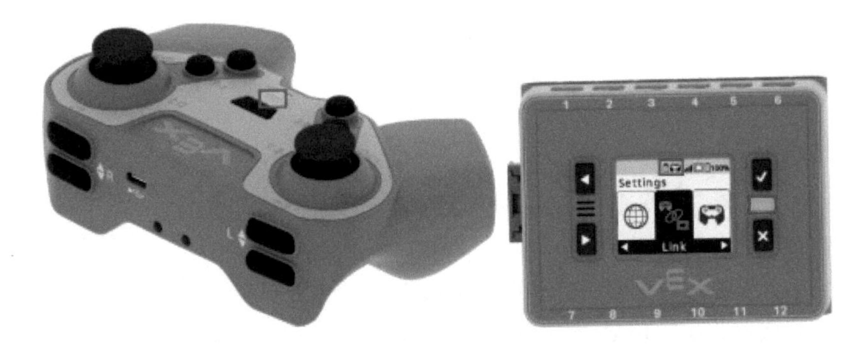

2）在主页上选择“设置”（Settings）图标。通过观察屏幕顶部的“已连接”图标来确认遥控器是否已和主控器连接上。选中“设置”图标后，按下确认按键进行选择。

3）选择“校准”（Calibrate）图标。按向左按键或向右按键，直到看到“校准”选项，然后按下确认按键将其选中。

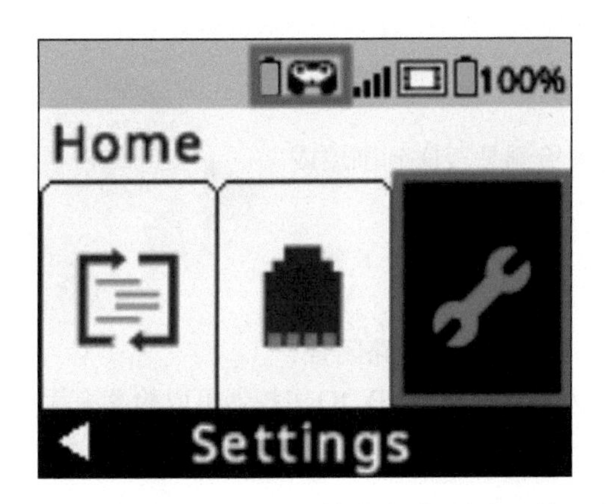

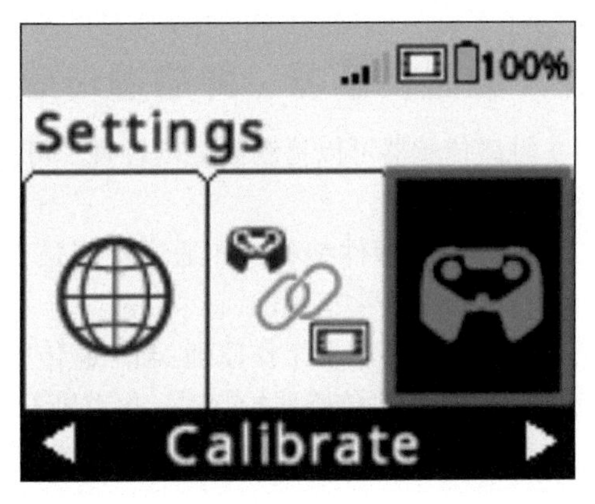

4）移动摇杆。如下图箭头方向所示，将两个摇杆移动一整圈。

5）保存校准。移动摇杆后，你会看到两个绿色对勾，“E 上”按键会闪烁。按下“E 上”按键来保存校准。

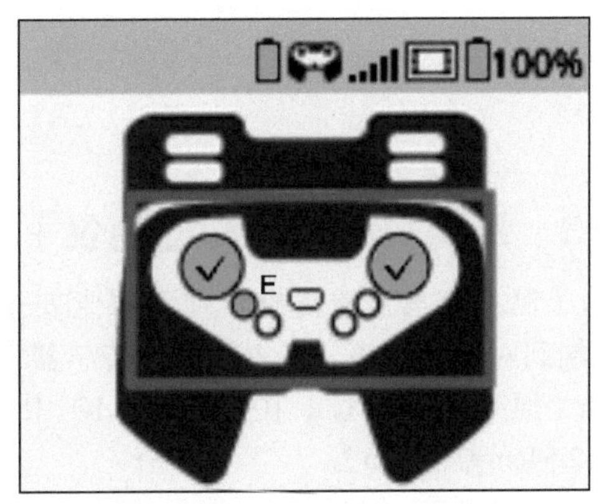

2.2 信号与运动类硬件：传感器和智能电机

各种传感器就像机器人的感知器官，可以识别声音、颜色、触碰等不同信号。智能电机则像机器人的运动器官，可以使机器人具有运动能力。

2.2.1 智能电机

1）智能电机（俗称马达）的转动端口可以旋转，从而驱动连接的车轮或者机械臂等外接部件转动。

2）内置处理器，具有正交编码器和电流监视器，可通过机器人主控器对其进行控制或接收反馈信号。

3）输出转速为 120r/min（转 / 分），输出功率为 1.4W，失速转矩为 0.414N · m，指令速率为 3000Hz，采样率为 3kHz，编码器分辨率为 0.375°，额定工作电压为 7.2V，空载电流为 100mA，1.4W 峰值输出功率为 7.2V。采用 MSP430 微控制器，运行频率为 16MHz，有自动过电流和过温保护功能。

4）支持事件编程，可以通过程序控制速度、方向、工作时间、转数和角度等。

2.2.2 触碰传感器（即碰撞传感器）

1）触碰传感器可以检测到轻微触碰，可用来检测是否碰到围墙或其他物品。

2）可以进行事件编程，如通过检测是否碰到外物（或用手触碰它）来激发机器人某些动作。

VEX IQ 触碰传感器工作原理：当触碰传感器被按下时，电路闭合，有电流通过。当触碰传感器抬起时，电路断开，无电流通过。VEX IQ 主控器可以检测有无电流。有电流时返回值为“1”，无电流时返回值为“0”，进而检测出触碰开关是否被按下。

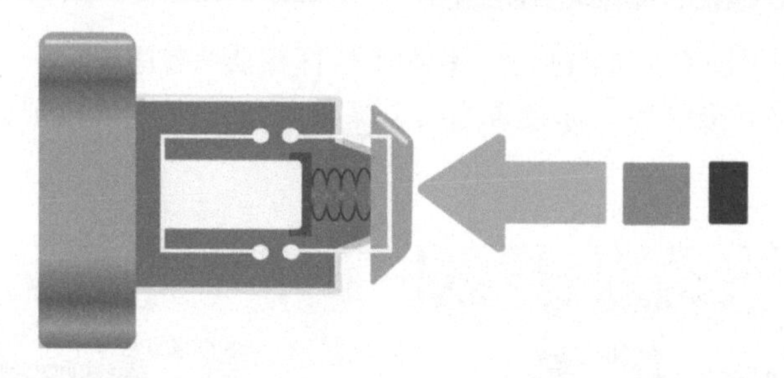

2.2.3 距离传感器（即测距仪）

1）测量距离：该传感器使用课堂安全级的激光脉冲来测量传感器前端到对象的距离。在主控器的传感器仪表板上，距离以 in（英寸）或 cm（厘米）为单位，在 VEXcode IQ 中以 in 或 mm（毫米）为单位（1in=2.54cm=25.4mm）。

2）检测对象：传感器也可用于检测何时靠近一个对象。

3）确定对象相对尺寸：该传感器还可用于判断检测到的对象的相对尺寸。对象的大致尺寸可报告为小、中或大。

4）报告对象速度：该传感器可用于计算和报告接近传感器的对象速度或接近对象的传感器速度，以 m/s（米 / 秒）为单位。

1. 距离传感器的工作原理

1）距离传感器发射一个课堂安全级激光脉冲并记录脉冲被反射回来的时间，然后就可以通过时间和光速来计算距离。

2）传感器的视野很窄，只能检测传感器正前方对象的距离。

3）距离传感器的测量范围为 20~ 2000mm（0.79~78.74in）。在 200mm 以下时误差约为 ±15mm，200mm 以上时约为 5%。

2. 距离传感器的功能

1）可以以 cm、mm 或 in 为单位来检测传感器到对象的距离（Distance）。

2）可以以 m/s 为单位检测对象速度。

3）可以用“小、中、大”来检测对象尺寸。

4）发现对象。

说明：距离传感器通过反射回来的光量来检测对象的相对大小。对象应放置在距离传感器前方 100~300mm（4~12in）之间，以获得最准确的尺寸。

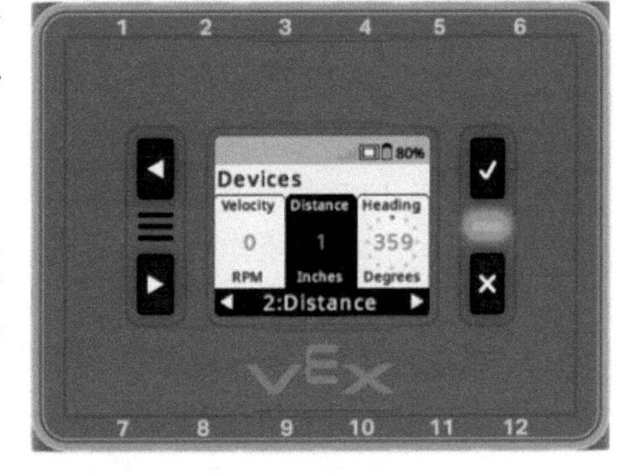

3. 读取距离传感器数值

在传感器仪表板中，距离传感器仪表板以 in 或 cm 为单位显示最近对象的距离。可以通过主控器上的选择按键在 in 和 cm 之间切换单位。

2.2.4　TouchLED（即触碰 LED）

1）能感知外部触碰并可以用 LED 指示灯显示不同颜色。

2）能使 LED 指示灯恒定开 / 关，或按要求闪烁。

3）支持事件编程。

2.2.5　光学传感器（即辨色仪）

光学传感器是以下传感器的结合：

1）环境光传感器：报告传感器当前检测到的环境光量。其可以是一个房间的环境亮度，也可以是一个特殊对象的亮度。

2）颜色传感器：颜色信息以 RGB（红色、绿色、蓝色）、色度和饱和度，或者灰度形式提供。当与检测对象距离小于 100mm 时，颜色检测效果最佳。

3）近距传感器：近距传感器可测量从一个集成的 IR（红外光）LED 反射的 IR 能量源。这些值会随着环境光和对象反射率而变化。

1. 光学传感器功能

包含白色 LED，这些 LED 可以被开启和关闭，或设置为特定百分比的亮度。无论周围的光线条件如何，LED 在检测颜色时可提供一致的光源。

2. 光学传感器工作原理

光学传感器接收光能并将能量转换为电信号。传感器的内部电路可把这些信号转换为输出信号，并传输给 VEX IQ 主控器。

当检测对象距离小于 100mm（约为 3.9in）时，传感器的颜色检测效果最佳。检测时，传感器会测量反射的红外光强度。检测数值会随着环境光和物体反射率而有所变化。

关于光学传感器的操作有：

1）开启或关闭传感器的白色 LED 指示灯。

2）设定白色 LED 指示灯的亮度百分比。

3）检测一个对象。

4）检测一种颜色。

5）测量环境光的亮度百分比。

6）测量一种颜色的色度度数。

3. 读取光学传感器参数值

在 VEX IQ 主控器上的“设备”屏幕可以查看光学传感器报告的信息。

1）LED：LED 的当前亮度百分比。0 是关闭，100% 是完全开启。

2）BRT ：当前环境光或对象的亮度百分比。

3）PROX ：对象的接近度为近或远。

4）色度：在 0~359 范围内显示色度值。每个色度值都有一个关联颜色区域。

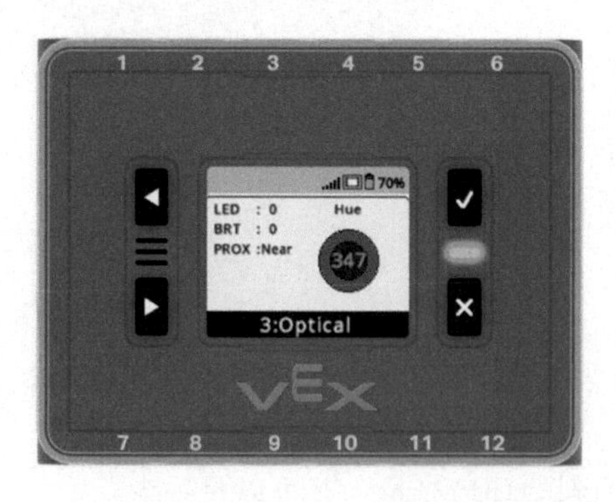

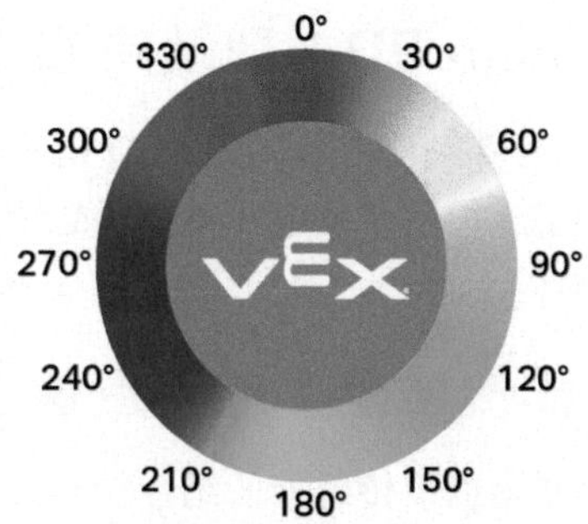

色度值与颜色的对应色环

2.2.6 传感器 / 智能电机信号线

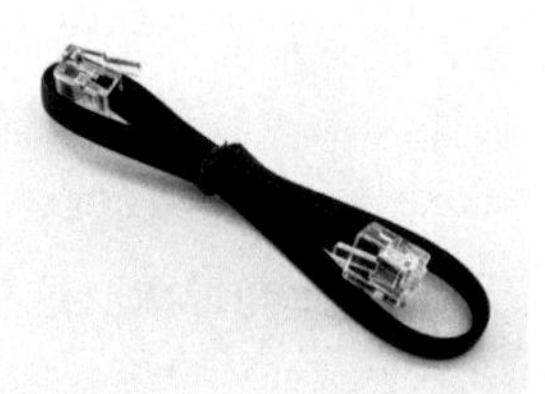

黑色水晶头连接线，可以连接主控器与传感器、智能电机，实现信号和命令传输。

2.2.7　VEX IQ 主控器上的惯性仪

VEX IQ 主控器有一个内置惯性仪（Inertial）。惯性仪在传感器仪表盘和 VEXcode IQ 中能报告有关归位、转向、航向，以及加速度的数据。

75%			
Heading :	0.47	ax :	-0.04
Rotation :	0.47	ay :	0.00
Roll :	-0.09	az :	-1.01
Pitch :	-2.58	gx :	0.00
Yaw :	0.47	gy :	0.00
√Calibrate		gz :	0.00
Inertial			

1. 归位（Heading）

1）“归位”是主控器正面向的方向，可表示为 0°~359.99° 范围内的某个数值。可以使用 VEXcode IQ 指令或通过校准 VEX IQ 主控器来重新设置零点。控制机器人运动时，可以使用该信息将机器人转到一个指定方向位置。

2）在主控器屏幕的传感器仪表盘上，归位是列出的第一个值。如果移动主控器，将看到该数值会实时变化更新。

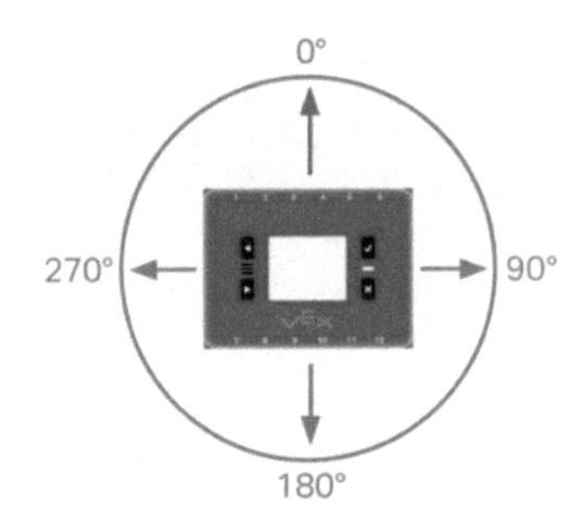

75%			
Heading :	0.47	ax :	-0.04
Rotation :	0.47	ay :	0.00
Roll :	-0.09	az :	-1.01
Pitch :	-2.58	gx :	0.00
Yaw :	0.47	gy :	0.00
√Calibrate		gz :	0.00
Inertial			

3）在校准惯性仪时可把这个值设置为 0°。如果你想要重置主控器归位，可以在“校准”（Calibrate）选项下按主控器的确认按键。这将重置“归位”和“转向”（Rotation）为 0°，并且惯性仪传感器仪表盘上所有数据将基于这个新起始位置而重新计算。

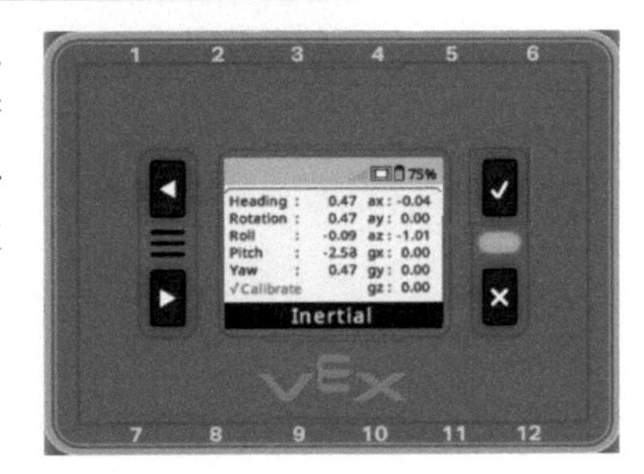

2. 转向（Rotation）

1）当机器人绕着机器人的中心轴转动时报告转向角度。在传感器仪表盘的转向数值指示了主控器从校准之后完成的转向方向和度数。与“归位”不同，该数值不限于 0°~359.99°。当机器人逆时针（为负值）或顺时针（为正值）旋转时，该转向数值将持续变化以反映惯性仪的旋转度数。

2）在主控器屏幕的传感器仪表盘上，“转向”是列出的第二个值。如果转动主控器，将看到数值实时变化更新。

75%			
Heading :	269.87	ax :	-0.03
Rotation :	-90.13	ay :	-0.00
Roll :	0.09	az :	-1.01
Pitch :	-1.51	gx :	0.00
Yaw :	-90.13	gy :	0.00
√Calibrate		gz :	0.00
Inertial			

75%			
Heading :	0.47	ax :	-0.04
Rotation :	0.47	ay :	0.00
Roll :	-0.09	az :	-1.01
Pitch :	-2.58	gx :	0.00
Yaw :	0.47	gy :	0.00
√Calibrate		gz :	0.00
Inertial			

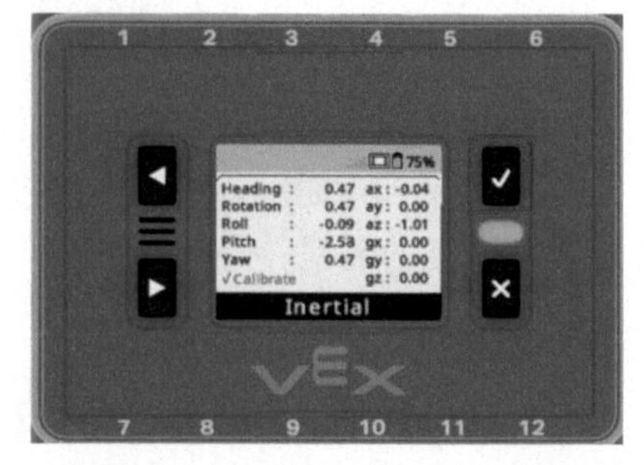

3）在校准惯性仪时可把这个值设置为 0°。如果要重置主控器转向，可在“校准”选项下选择主控器的确认按键，把“归位”和“转向”重置为 0°，并且惯性仪传感器仪表盘上所有数据将基于这个新起始位置而重新计算。

3. 俯仰（Pitch）、横滚（Roll）、偏转（Yaw）

1）“俯仰”“横滚”“偏转”是指主控器沿着指定轴向的方向角。其中“俯仰”表示沿 x 轴方向机器人前后倾倒的角度。俯仰的数值范围为 −90°~ 90°。

2）“横滚”表示沿 y 轴方向机器人左右移动的角度。横滚的数值范围为 −180°~180°。

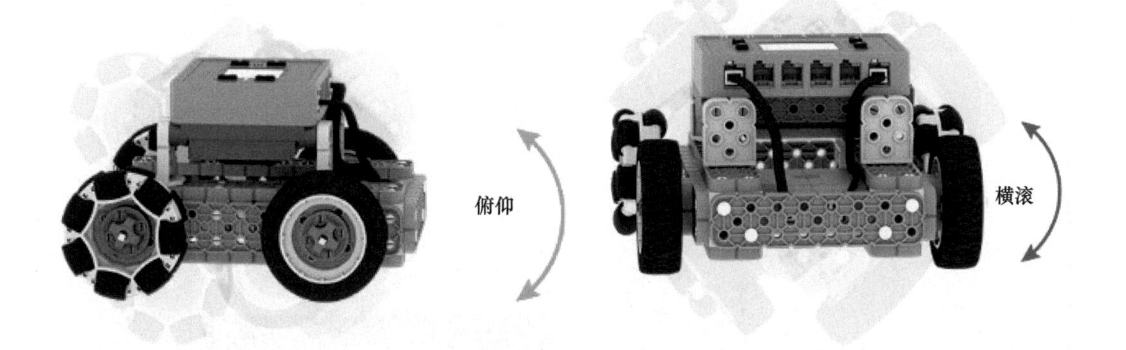

3）“偏转”表示沿 z 轴方向机器人转向的角度。偏转的数值范围为 −180°~ 180°。

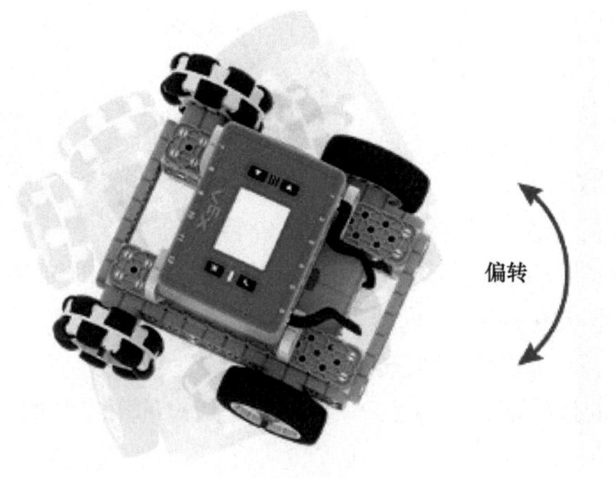

4）“俯仰”“横滚”“偏转”等数值显示在传感器仪表盘“归位”和“转向”下方。

5）沿 x、y、z 轴的加速度。传感器仪表盘加速度部分会报告惯性仪沿一个特定轴向的加速度值。在传感器仪表盘右侧会使用缩写“ax”“ay”“az”来分别显示沿 x、y、z 轴的加速度值。这些值的报告范围都是 −4.0~4.0g。当主控器停在表面时，az 加速度值大约为 −1.0g，这显示的是主控器静止时的重力加速度。

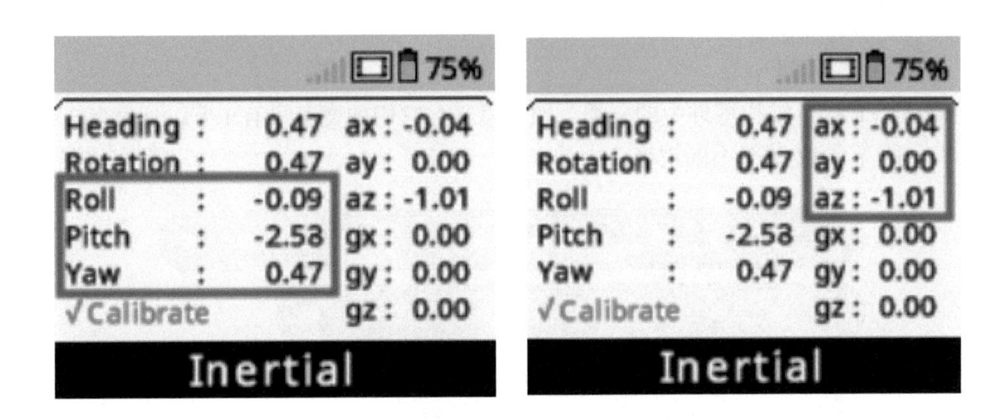

2.3　结构类硬件：塑料积木件

塑料积木件包括结构件和传动件。结构件可以用于搭建机器人的“身体”，包括各种梁、轴、板、销等；传动件可以用于搭建机器人的“关节”和“脚”，包括轮、链条等。

2.3.1　双条梁

双条梁的宽度是 2 节，长度有 2 节、4 节、6 节、8 节、10 节、12 节、16 节、18 节、20 节等规格。双条梁比单条梁更结实，除了可以作连接、支撑、外形部件外，还可以作为简单承载部件用来负载电机、传感器等其他部件。

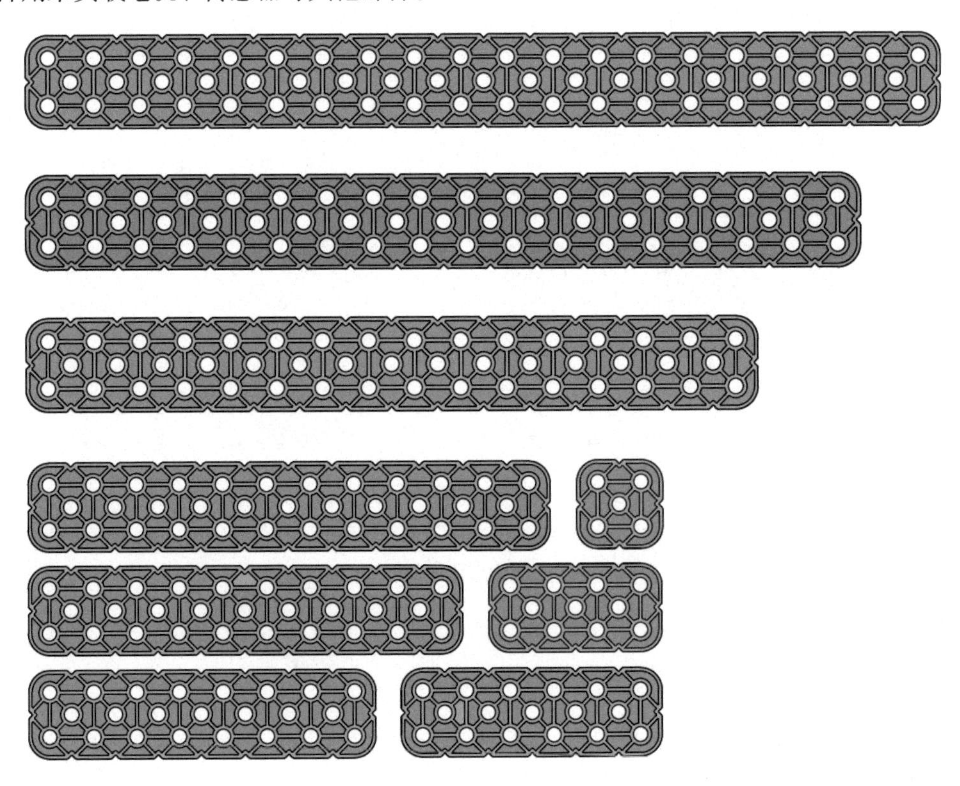

2.3.2 单条梁

单条梁是 VEX IQ 结构零件中的一类。顾名思义，它们的宽度只有 1 节，长度有 3 节、4 节、6 节、8 节、10 节、12 节等不同规格。

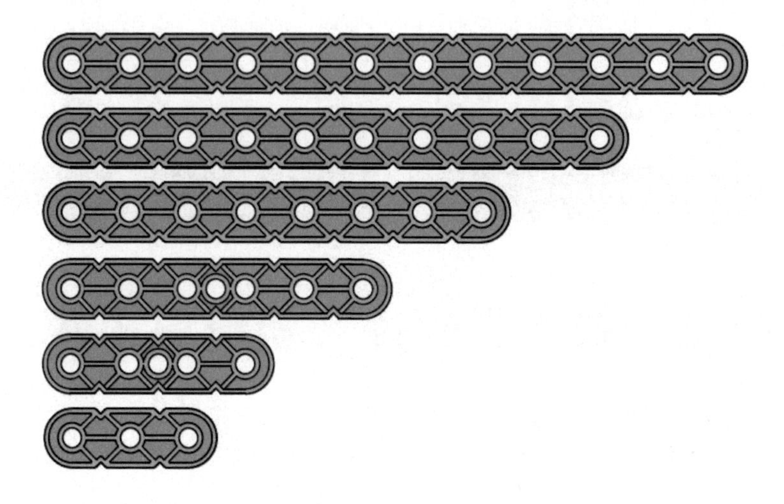

2.3.3 板

板比梁更宽，一般宽度为 4 节，长度有 4 节、6 节、8 节、12 节等不同规格。它主要起构形、承载、支撑等作用。

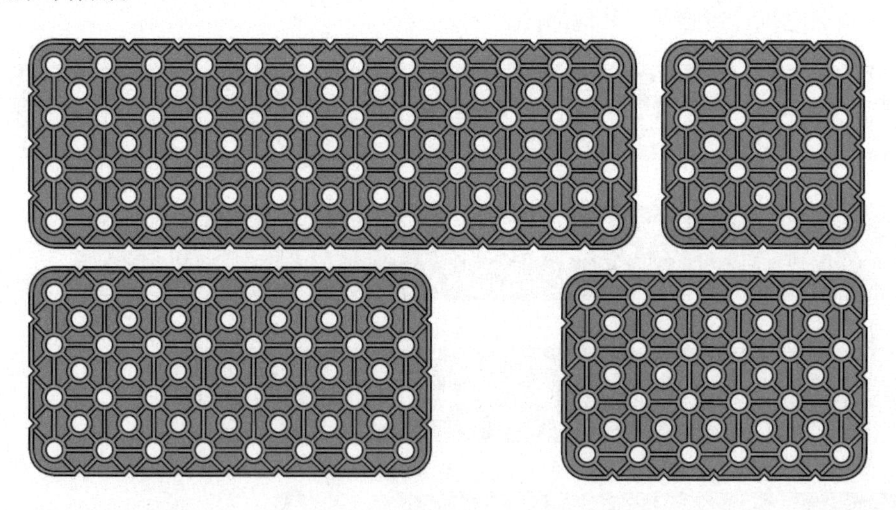

2.3.4 2 × 8 光面面板

同 2 × 8 双条梁大小相同，表面光滑，可以用于连接和支撑，以及作为外形部件。

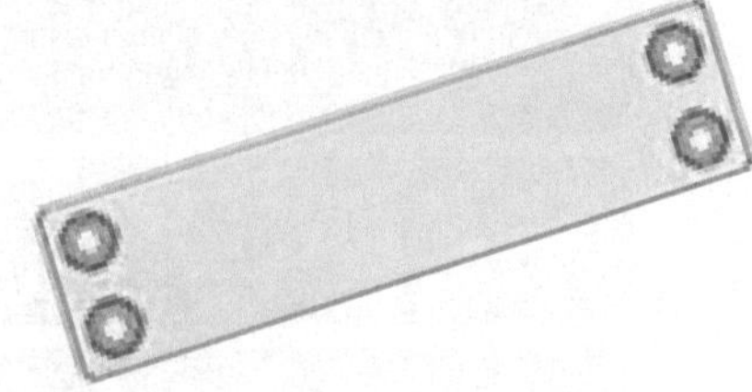

2.3.5 特殊梁

特殊梁包括 60° 梁、45° 梁、30° 梁、大直角梁、小直角梁、T 形梁、双弯直角梁（第三排右 1）、水晶线固定器（第三排左 1）等部件。

2.3.6　锁轴梁（板）

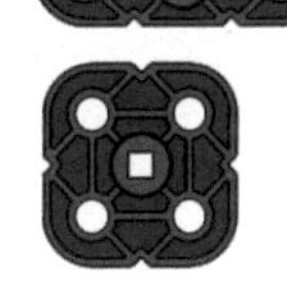

锁轴梁（板）的中心孔为方孔，中间可以穿过轴（VEX IQ 一般为方轴）。轴转动时，它可以随轴一起转动。

2.3.7　短销、中销、长销

销是最常用的连接零件，按照长度可以分为短销、中销和长销。

短销两端销头长度各等于一个梁（或板）的厚度，因此可以连接两个梁或板（1+1）。

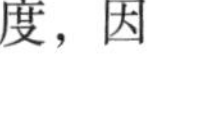

中销一端销头的长度和短销的销头长度一样，另一端等于其两倍长度，因此中销可以连接三个梁或板（1+2）。

长销两端销头长度各等于短销销头长度的两倍，因此可以连接四个梁或板（2+2）。

2.3.8　轴销、钉轴销

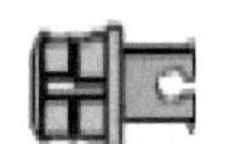

轴销一端是销，可以连接梁或板，另一端是轴点，可以连接齿轮或轮胎。

钉轴销和轴销类似，但是在销端多了一个钉帽，可以使连接更牢固。

2.3.9　1 倍距电机塑料卡扣轴

可以同时连接电机、板、齿轮或锁轴板等。

2.3.10　支撑销（连接杆）

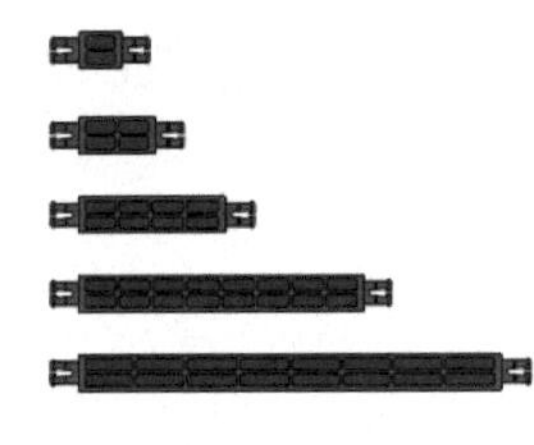

支撑销，也叫连接杆，或者柱节。它的作用和销类似，起到连接零件的作用，但是它的长度多种多样，可以实现更长距离的连接。

2.3.11 连销器、直角连销器

连销器可以把两个销连接在一起。

直角连销器可以把两个销垂直地连接在一起。

2.3.12 角连接器

角连接器有很多种，可以实现两个或者三个垂直方向上的梁、板的连接。下面每行从左向右分别是：

第一行，大直角连接器、五孔连接器、单孔连接器、小直角连接器、两孔长连接器；

第二行，三孔连接器、五孔双向连接器、单孔（双销）连接器、两孔宽连接器、两孔连接器。

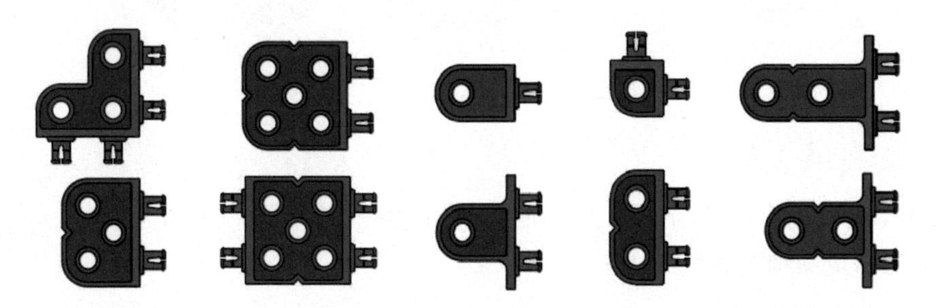

VEX IQ 第 2 代新增了几个角连接器，下面每行从左向右分别是：单孔（短）连接器、转角连接器 1-2、三向角连接器。

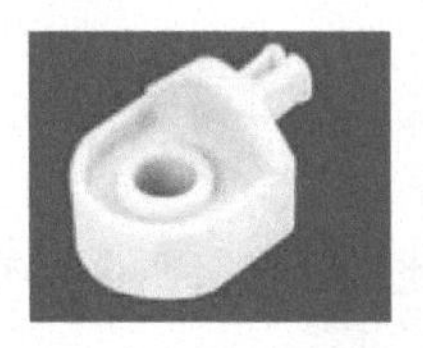
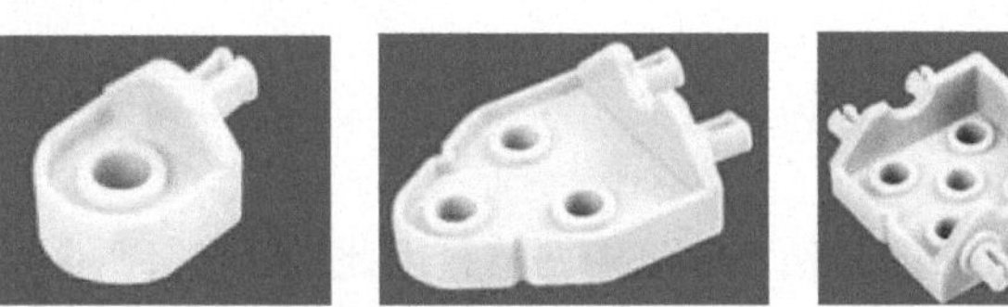

2.3.13 轮毂和轮胎

轮胎（右）和轮毂（中）可以组合成橡胶车轮。轮胎有 100mm、160mm、200mm、250mm 等规格。

胶圈（左）可以和对应尺寸的滑轮组成小轮子。

2 倍宽 48.5mm 直径轮毂、200mm 周长光面橡胶轮胎，可以在一起组成车轮。

2.3.14　滑轮

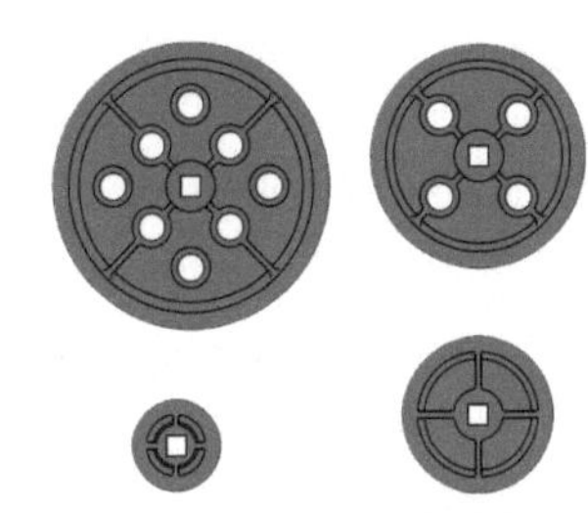

滑轮和皮带可以实现远距离动力传输和摩擦传动。

滑轮外径有 10mm、20mm、30mm、40mm 等规格。

2.3.15　齿轮

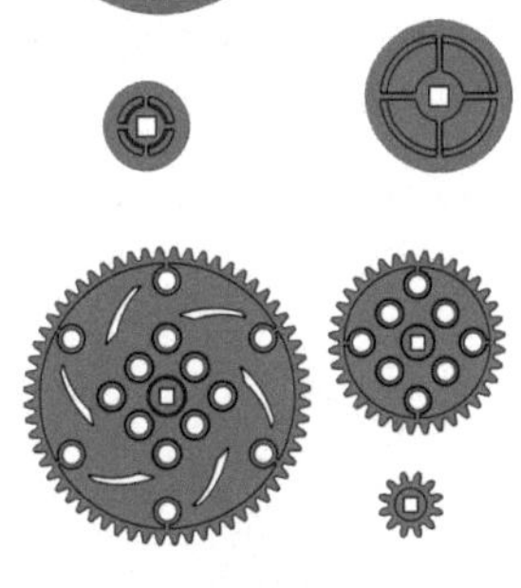

齿轮分为 12 齿、36 齿、60 齿等不同规格。它们可以相互组合成齿轮组，实现转速、转矩的变换。

2.3.16　万向轮

万向轮轮毂上有 2 排横向小轮，这使得万向轮不仅可以前后滚动，还可以横向滚动。同时它在转弯时也更加灵活，侧向摩擦力较小。

2.3.17　冠齿轮

和齿轮啮合能将运动轴转换 90°。

2.3.18　1 倍宽线轴、24 倍间距长度绳

这两种零件一般结合使用，可以组合成绳传动装置，以实现动力传输。

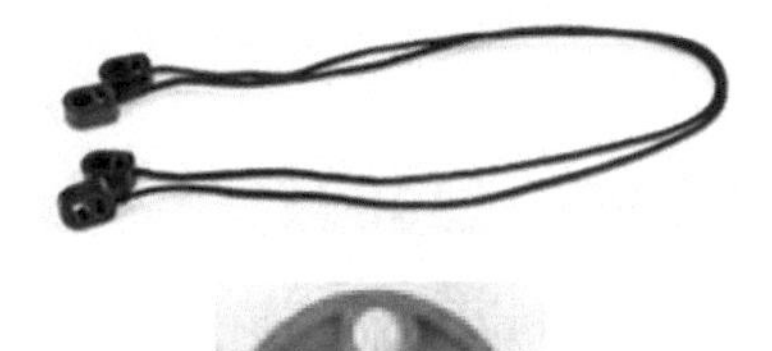

2.3.19　2×2 中心偏置圆形锁梁

中心偏置圆形锁梁的中心孔为方孔，中间可以穿过轴（VEX IQ 一般为方轴）。轴转动时，它可以随轴一起转动。

2.3.20　齿条

可以和齿轮组合成齿条传动机构，把齿条的平动转换成齿轮的转动，也可以把齿轮的转动转换成齿条的平动。

2.3.21　锥形齿轮

锥形齿轮和锥形齿轮组合，能将运动方向转换 90°。

2.3.22　差速器

可以和锥形齿轮组合成差速器传动装置。

2.3.23　链轮

链轮和链条（或者履带）组合，可以组合成链传动装置，实现远距离动力传输，或者组合成履带行进装置。

2.3.24　链条和履带

链条是由一节一节的链节组成的，可以和链轮组合成远距离传动装置。

履带是由一节一节的履带连接链组成的，它可以和链轮组合成履带行进装置。

2.3.25　链扣和拨片

链扣和拨片可以插在履带或者其他结构部件上。

拨片根据长短可以分为短拨片、中拨片和长拨片。它们插在履带上可以组成链传动拨动装置，来卷吸小球、圆环等物体。

2.3.26　23 齿齿轮带 1×4 曲柄臂

23 齿齿轮带 1×4 曲柄臂的齿轮中心孔为方孔，中间可以穿过轴（VEX IQ 一般为方轴），可以通过转动曲柄臂来转动轴。

2.3.27　智能电缆固定器

可以固定智能电缆。

2.3.28　塑料轴

塑料轴主要用于电机与齿轮、轮胎间的连接，可以作为各种轮装置的转动轴。其有不同长度规格。

2.3.29　封闭型塑料轴（钉轴）

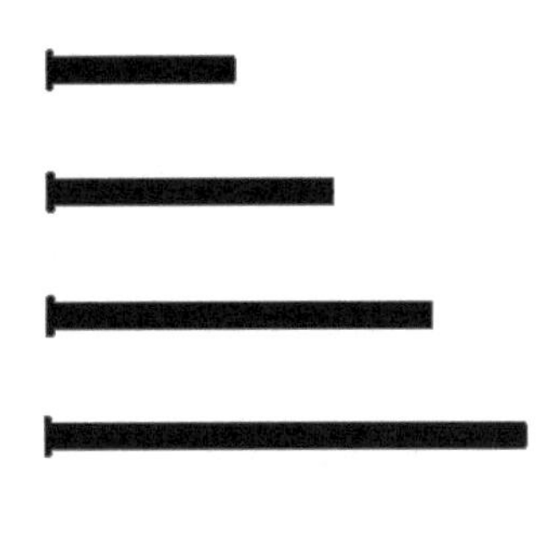

封闭型塑料轴（钉轴）末端有个钉帽。和塑料轴相比，它只能连接一端，另一端可以穿过梁、板等结构并且起固定限制作用。

2.3.30　电机塑料轴（凸点轴）

电机塑料轴（凸点轴）在靠近一端处有凸起的卡槽。短端正好可以插入电机的转动槽并卡住，另一端可以连接齿轮、轮胎等轮装置。

2.3.31　金属轴

金属轴可以穿在各种轮装置中心作为转动轴。其有 2 倍、4 倍、6 倍、8 倍间距等不同长度规格。金属轴比塑料轴结实得多，不会因为扭力过大而出现扭曲变形问题。

2.3.32　封闭型金属轴（钉轴）

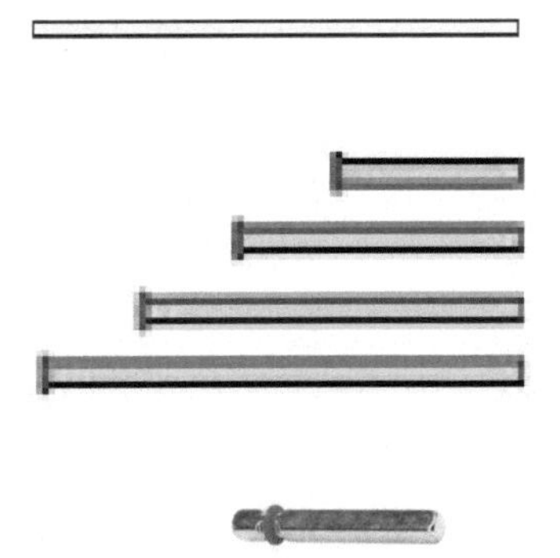

封闭型金属轴（钉轴）末端有个钉帽。和金属轴相比，它只能连接一端，另一端可以穿过梁、板等结构并且起固定限制作用。

2.3.33　电机金属轴

电机金属轴在靠近一端处有凹凸的卡槽。短端正好可以插入电机的转动槽并卡住，另一端可以连接齿轮、轮胎等轮装置。

2.3.34　橡胶轴套、轴套销

当轴连接齿轮或者轮胎时，一般在轴的外端套上橡胶轴套，以防止齿轮或轮胎外滑脱落。

轴套销的一端是轴套孔，可以插轴。另一端是销，可以连接其他部件。

2.3.35　垫片和垫圈

垫片一般配合轴使用，可以使轴连接的两个零件（如轮胎和梁）分开一点距离，避免相互间直接摩擦。

垫圈的作用和垫片类似，但是厚度更厚一些，分隔距离更大。

2.3.36　皮带

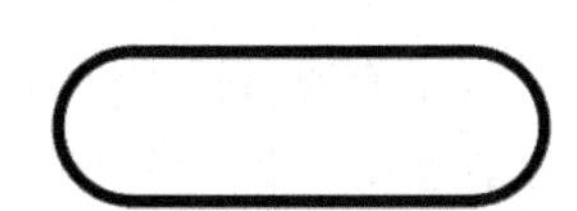

皮带和滑轮可以组成滑轮套装，实现远距离动力传输和摩擦传动。

2.3.37　橡皮筋

橡皮筋弹性较大，可以实现力的传递，或者通过捆绑加固局部结构。

2.3.38　销钉钳

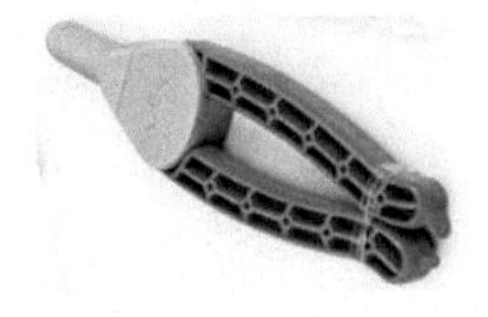

可以帮助拆卸，将销钉钳放在不需要的销钉上，挤压手柄，拔出销钉。

第 3 章 VEX IQ第2代机器人软件

VEX IQ 第 2 代机器人主要采用 VEXcode（IQ）来编程。VEXcode 是 VEX 教育机器人为全球机器人和编程爱好者、学习者、教育者开发的 VEX 应用程序编程平台，是一款基于 Scratch 开发的面向青少年机器人 STEAM 教育的图形化积木式编程软件。VEXcode 可以满足教师和学生对编程软件的多功能需求，并允许用户通过连接 VEX 机器人硬件实时查看编程成果，打破了传统编程工具仅能通过软件界面进行编程的模式。

3.1 VEX IQ 机器人编程软件概述

VEXcode 基于“块”的编程接口是机器人学习者新的完美平台，可以让那些不熟悉编程技术的学习者也能快速启动和运行他们的机器人。学习者可以使用简单的拖放界面来创建功能项目。每个“块”的功能用途都可以通过形状、颜色和标签等视觉线索来轻松识别。这种便捷模式可以让学习者专注于科学性和创造性工作，而不必把注意力过度分散到编程技术细节。

VEXcode IQ 编程软件拥有 100 多个特定 VEX 语句块，可以使 VEX IQ 机器人编程变得前所未有的简单。该工具提供了很多可供快速访问的视频教程，包含了 40 多个预先创建的样例程序，让用户能在创建程序时轻松上手，快速学习各种语句块，充分探索机器人的潜力。用户还可以访问 STEM Labs 平台，其中有很多英文原版免费编程课程。另外，VEX 在线帮助也提供了很多技术支持信息。

3.2 VEXcode 的下载和安装

VEXcode 可以在 VEX 官方网站下载，网址是 https://www.vexrobotics.com/vexcode。

用户可先下载与自己计算机操作系统相匹配的程序安装包，然后用鼠标双击安装文件，进入程序安装界面。以下是安装过程中会出现的界面。

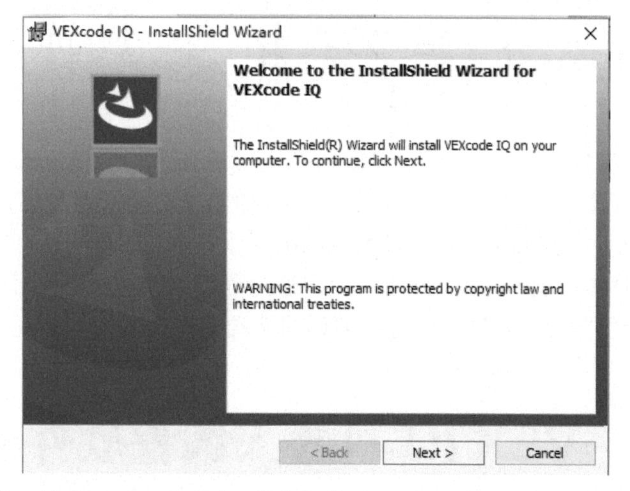

出现欢迎界面后，单击“Next”按钮继续安装。

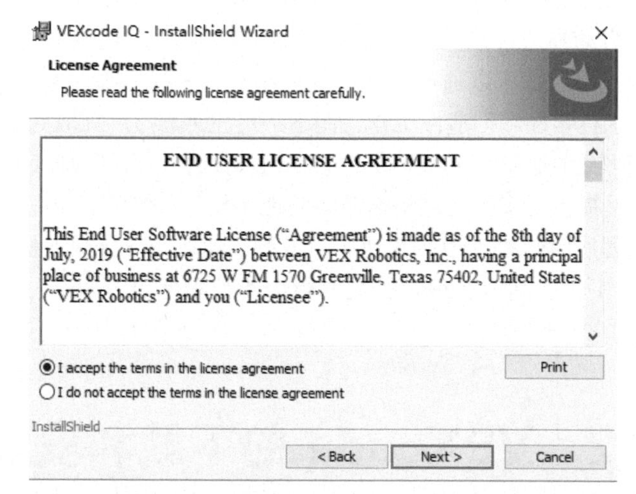

出现授权协议界面后，选择上面一项“I accept the terms in the license agreement”（我同意授权协议内容），然后单击“Next”按钮继续。

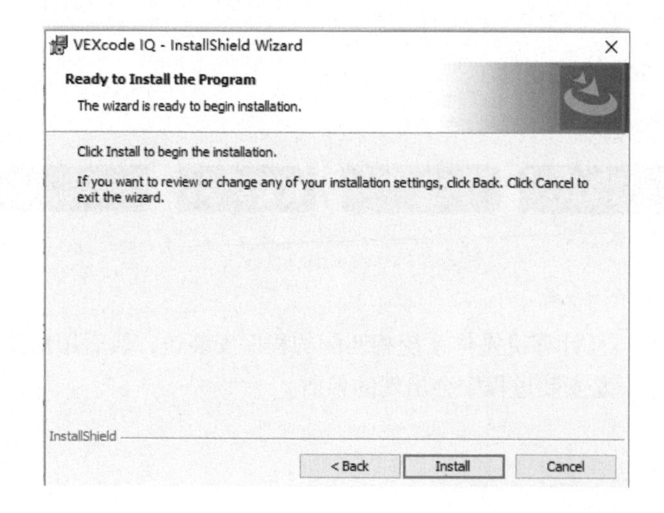

单击“Install”（安装）按钮开始安装。在多个安装进度条执行结束后，后面的安装过程中会出现黑色的命令行模式窗口，等待它自动完成。

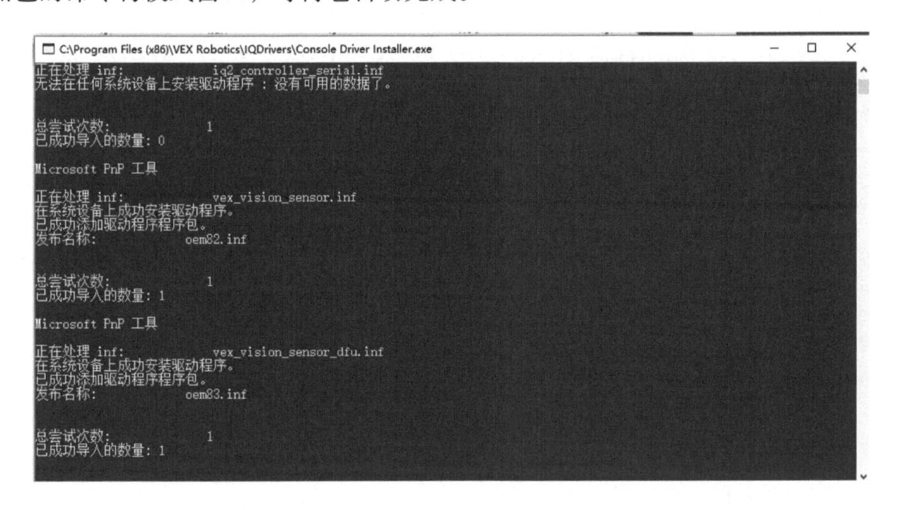

最后，出现安装结束的界面。此时，单击“Finish”（完成）按钮完成安装。

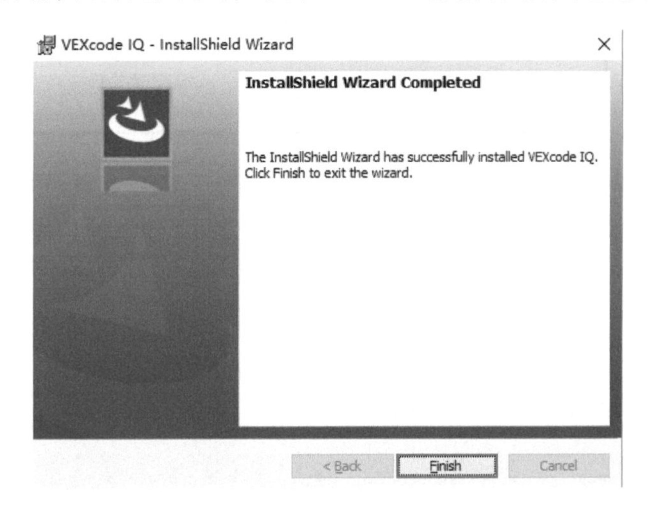

完成安装后，在计算机左下角单击“开始——所有程序”中，会多出一个“VEXcode IQ”程序项（如下面左侧图）。计算机桌面上也会出现“VEXcode IQ”的快捷键图标。

3.3 VEXcode IQ 编程界面简介

双击“VEXcode IQ”的快捷键图标，打开“VEXcode IQ”界面，其中包括菜单栏、代码区、程序编辑区、工具栏等四部分。

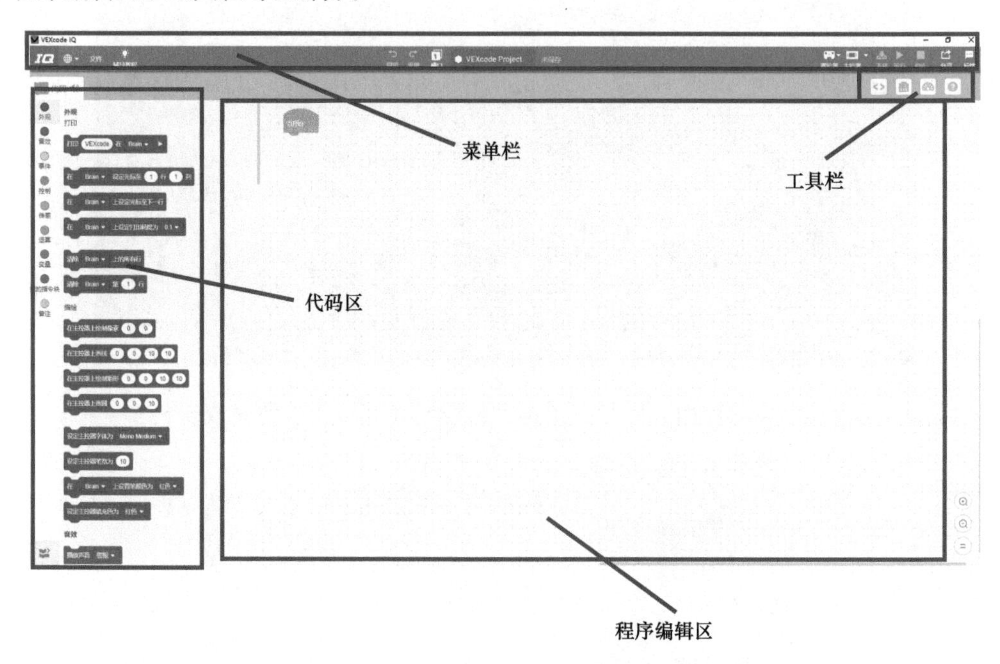

3.3.1 菜单栏

VEXcode IQ 的菜单栏中的命令不是很多，包括“语言设置”“文件”“辅导教程”“撤销”“重做”“槽口”“VEXcode Project”（项目）、“保存状态”“遥控器”“主控器”“下载”“运行”“停止”“分享”“反馈”。

（1）语言设置：VEXcode IQ 提供了 21 种语言选择设置。

（2）文件：该菜单项包括文件的相关操作。

1）新建指令块程序：新建一个指令块程序文件。

2）新建文本程序：新建一个代码程序文件，可以选择 Python 或 C++ 两种编程语言。

3）打开：打开一个已经存在的程序。

4）打开最近：打开最近使用的程序，右侧三角箭头表示其还有子菜单，最多显示最近使用的 5 个程序。

5）打开样例：打开指令块样本程序，包括 1 代、2 代数十个样例程序。

6）保存：保存当前文件。

7）另存为：将当前文件另存为一个新的文件。

8）新功能：VEXcode IQ 相对于上一版新增的功能。

9）关于：VEXcode IQ 的具体版本说明。

（3）辅导教程：提供了 23 个辅导教程。

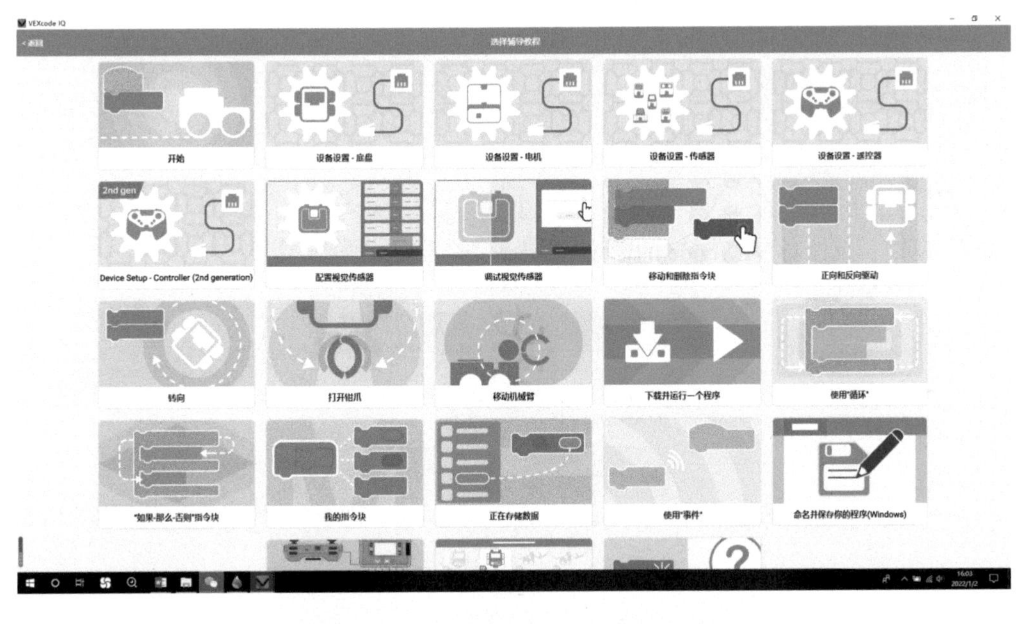

（4）撤销：撤销文档编辑窗口最后一步操作，返回上一步。当程序刚被保存或者没有可撤销的操作时，该项无效。

（5）重做：重做撤销前的操作，即恢复到“撤销”之前的状态。

（6）槽口：对应着 VEX IQ 第 1 代主控器可以存储的 4 个程序。VEX IQ 第 2 代主控器可以存储 8 个程序。

（7）“VEXcode Project”文件名：显示当前程序名称。

（8）显示当前程序“保存”或“未保存”的状态。

（9）遥控器：选择连接的遥控器。

（10）主控器：选择连接的主控器。

（11）下载：编译和下载程序到机器人。

（12）运行：运行程序。

（13）停止：停止运行程序。

（14）分享：可以将程序另存为 PDF 格式的文件。

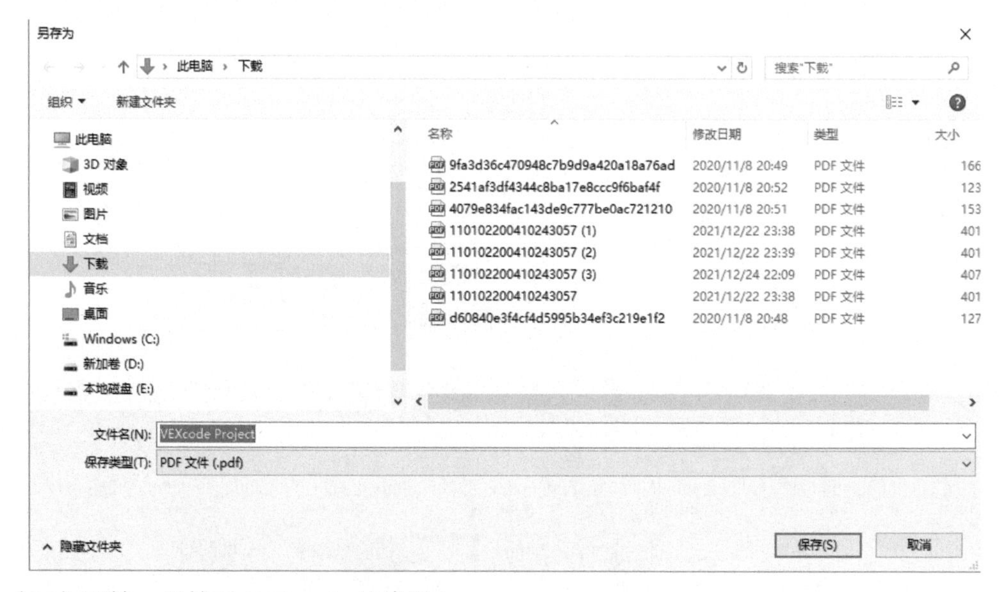

（15）反馈：反馈对 VEXcode 的建议。

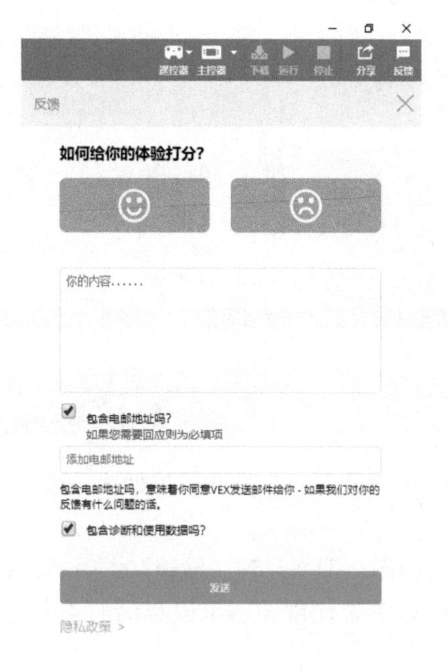

3.3.2　工具栏

VEXcode IQ 的工具栏主要包括了下面四个功能按钮：代码阅览框、设备（设置）、打印至控制台、帮助。

（1）代码阅览框：单击 可以阅览当前指令块程序的代码。编程者可以通过单击“转换成文本”按钮将指令块程序转换为 C++ 或 Python 代码程序。需要注意的是本过程不可逆，也就是可以将指令块程序转换为 C++ 或 Python 代码程序，但不能将 C++ 或 Python 代码程序转换为指令块程序。

（2）设备（设置）：单击 可以设置 VEX IQ 主控器为第 1 代或第 2 代主控器。单击 可以添加设备，包括 VEX IQ 各种传感器和电机。

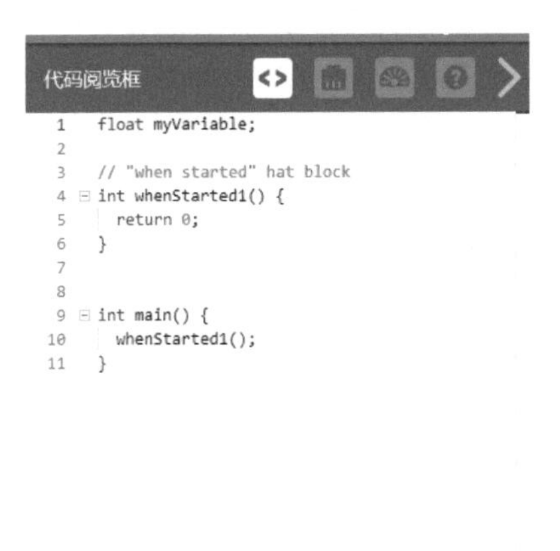

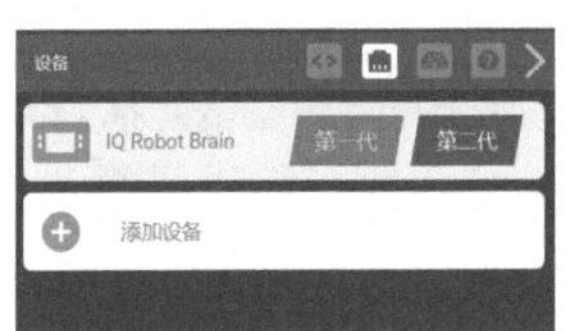

（3）打印至控制台：单击 可以将程序运行结果打印至控制台。

（4）帮助：显示帮助。选择一个指令块，单击 ，窗口就会显示该指令块的功能、用法。

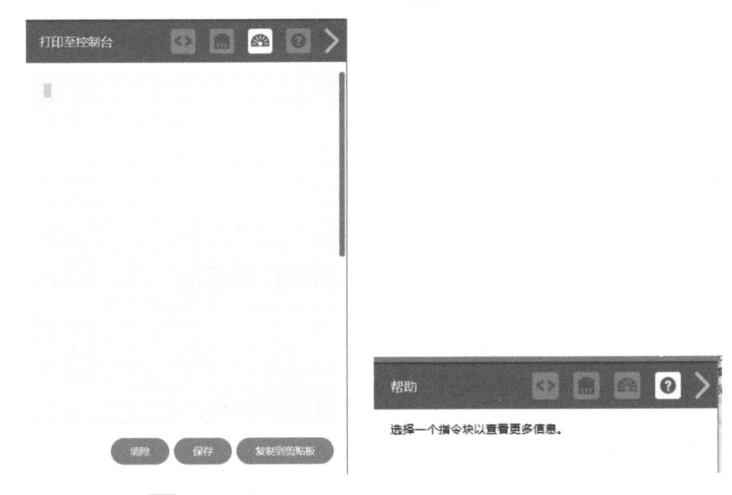

（5）单击最右边的箭头 可以隐藏弹出窗口。

3.3.3 代码区

在没有添加任何设备之前，代码区共有 9 种指令块，分别是外观、音效、事件、控制、传感、运算、变量、我的指令块、备注。

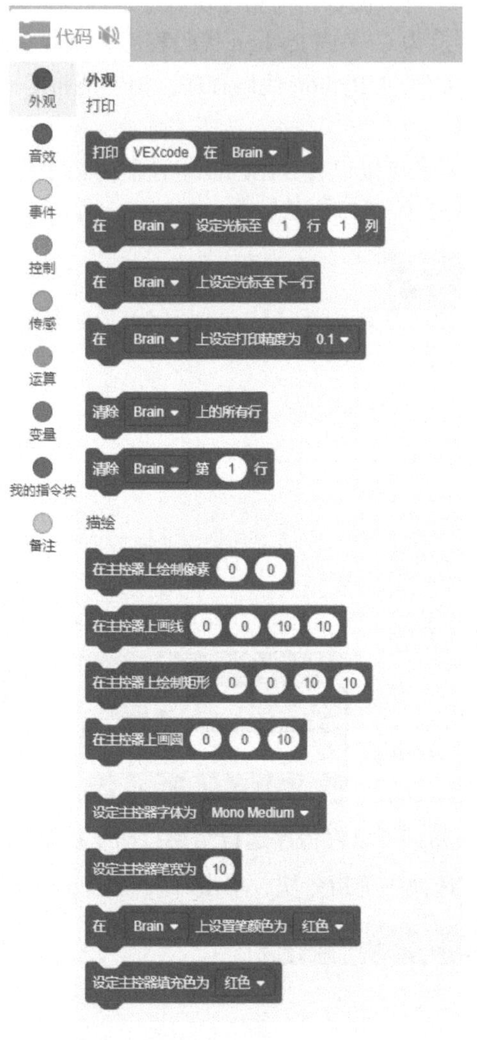

指令块可以分为以下几大类：

第一类：事件类型指令块。指令块中的“当……”指令，一般用在程序或者事件的开始。当指定条件成立时开始运行内部各程序命令。

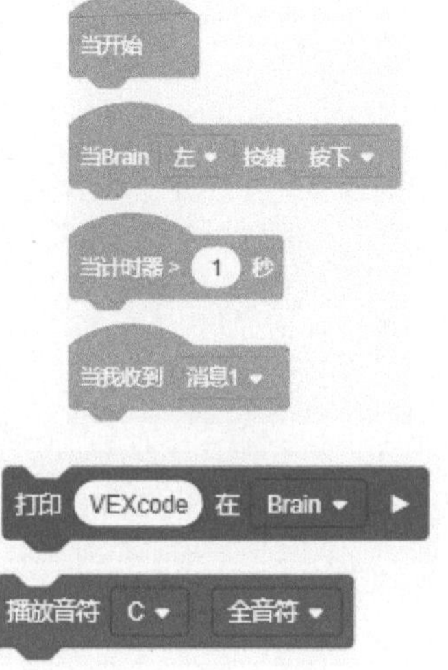

第二类：执行指令块。是一条完整的程序语句，用于执行特定程序命令，可以直接拼入程序块。例如，外观、音效类的指令都是一条完整的程序语句。

第三类：条件判断和循环指令块。形状类似“C”形的指令块，可包含其他完整的指令块。条件判断指令块是当指定条件成

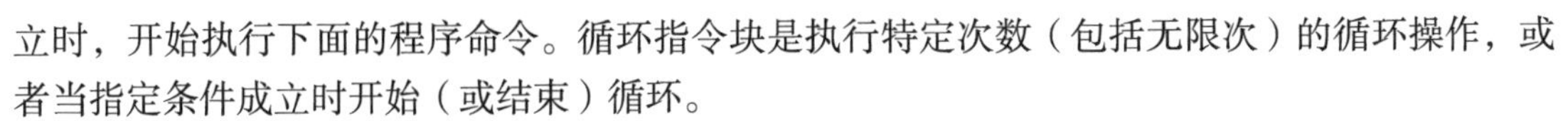

立时，开始执行下面的程序命令。循环指令块是执行特定次数（包括无限次）的循环操作，或者当指定条件成立时开始（或结束）循环。

第四类：数值和逻辑判断指令块。形状为六角形的指令块，可以进行数值大小判断（大于、小于、等于）或者逻辑判断（与、或、非），可以作为判断条件嵌在循环、判断语句中使用。

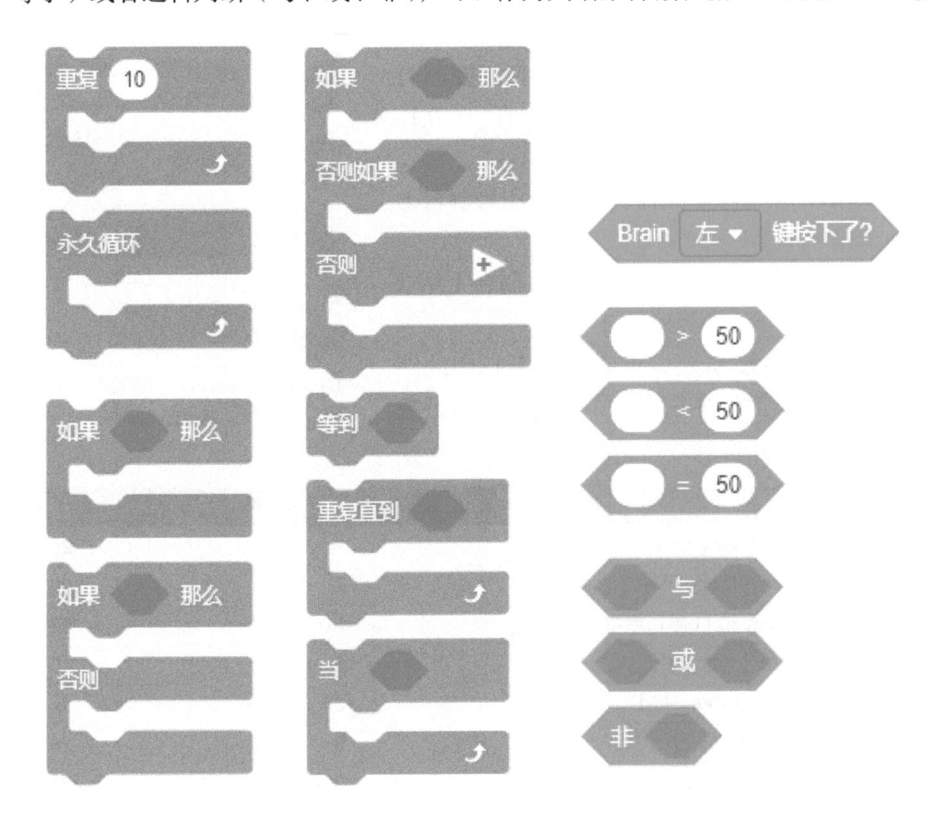

第五类：常量和变量指令块。形状为椭圆形的指令块，用于报告具体常量或变量，例如一些传感器、运算指令块。

下面按照具体功能来介绍一下各种指令块。

（1）外观—打印：“外观”指令块又分为“打印”和“描绘”两个子类。打印类指令块的功能是在主控器屏幕或控制台上设置光标位置，或打印数据。

外观—打印指令块如下：

1）打印：在主控器屏幕或打印控制台的光标位置打印数据。

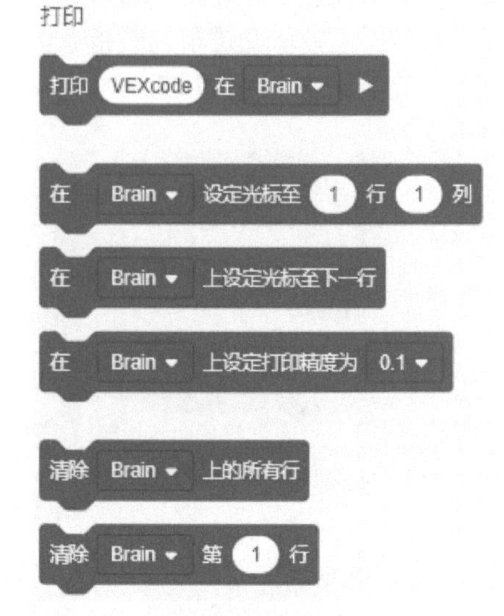

2）设定光标：在主控器屏幕或打印控制台上设定光标的位置。

3）下一行：在主控器屏幕或打印控制台上设定光标至下一行。

4）设定打印精度：在主控器屏幕或打印控制台上，设定打印数值时小数点后出现的位数（有“1、0.1、0.01、0.001、全部数字”5 个选项）。

5）清除所有行：清除主控器屏幕或打印控制台上所有行。

6）清除行：清除主控器屏幕或打印控制台上第 X 行的内容。

VEX IQ 第 2 代主控器允许设置屏幕上打印的字体、大小。更改字体会影响主控器屏幕上可用的行数和列数。

字体	行	列
mono 超小号（mono12）	9	26
mono 小号（mono15）	7	20
mono 中号（mono20）（默认字体）	5	16
mono 大号（mono30）	3	10
mono 超大号（mono40）	3	8
Prop 中号 (prop20)	5	28
Prop 大号 (prop30)	3	21
Prop 特大号 (prop40)	2	15
Prop 超大号 (prop60)	1	9

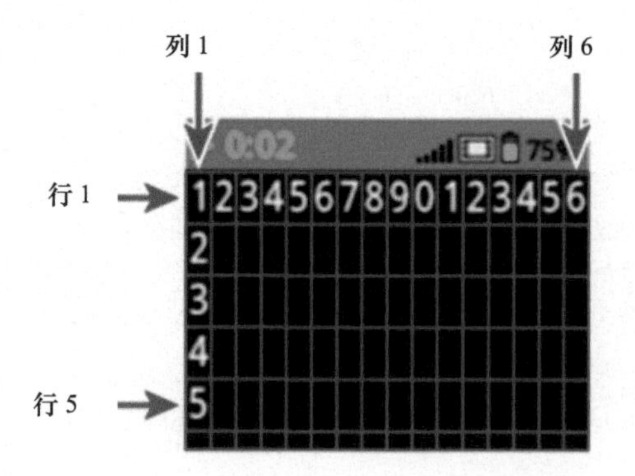

例：此例功能是将光标位置设定为第 3 行第 5 列，并打印文本“VEXcode！”，右图为 VEX IQ 主控器屏幕的显示情况。

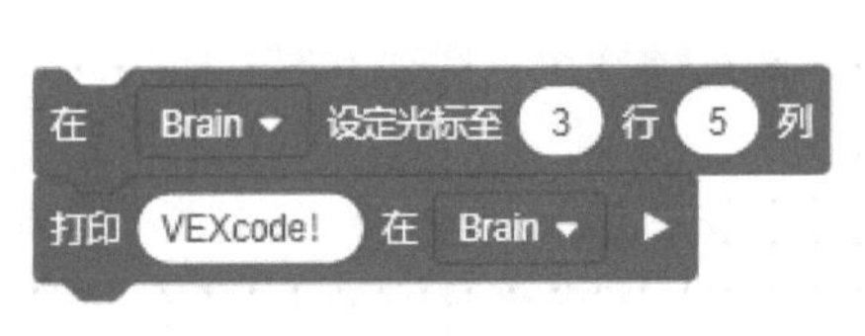

（2）外观—描绘：描绘类指令块的功能是在 VEX IQ 主控器屏幕上绘制像素、直线或图形。

外观—描绘指令块如下：

1）绘制像素：在主控器屏幕指定位置绘制一个像素点。该指令需要提供 2 个值：X 坐标、Y 坐标。像素颜色由设置的画笔颜色块确定。默认像素颜色为白色。

2）画线：在主控器屏幕上绘制一条线段。该指令需要 4 个值：开始点 X 坐标、开始点 Y 坐标、结束点 X 坐标、结束点 Y 坐标。像素颜色由设置的画笔颜色块确定。默认像素颜色为白色。

3）绘制矩形：在主控器屏幕上绘制一个矩形。该指令需要 4 个值：左上角 X 坐标、左上角 Y 坐标、矩形宽度、矩形高度。矩形外线颜色由设置的画笔颜色块确定，默认像素颜色为白色。矩形的内部填充颜色由设置的填充颜色块确定。默认填充颜色为黑色。

4）绘制圆形：在主控器屏幕上绘制一个圆形。该指令需要 3 个值：圆心 X 坐标、圆心 Y 坐标、圆的半径（以像素为单位）。圆形外线颜色由设置的画笔颜色块确定，默认像素颜色为白色。圆形的内部填充颜色由设置的填充颜色块确定。默认填充颜色为黑色。

5）设置字体字号：有 9 种字号可以选择。

6）设置笔宽：设置 VEX IQ 主控器屏幕上绘制形状的轮廓线的宽度。

7）设置笔色：设置 VEX IQ 主控器屏幕或控制台上绘笔的颜色，共有 14 种颜色可以选择。

8）设置填充色：设置 VEX IQ 主控器屏幕或控制台上绘制图形的填充色，共有 14 种颜色可以选择。

（3）音效：音效类指令块的功能是设置主控器播放声音的音效、音符等。

音效指令块如下：

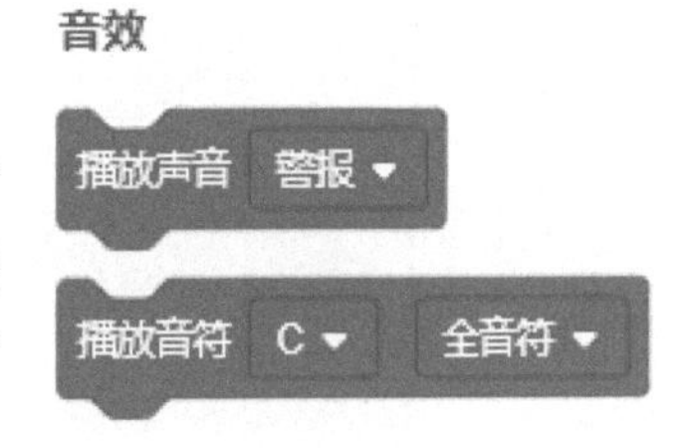

1）播放声音：共有 9 种选择。

2）播放音符：设定要播放的音符以及音符时长。音符共有 A、B、C、D、E、F、G 7 种选择，音符将要播放的时长有全音符（播放 1s，即 1000ms）、二分音符（播放 0.5s，即 500ms）、四分音符（播放 0.25s，即 250ms）3 种选择。

（4）事件：事件类指令块的功能是在以下“事件”发生时开始运行程序命令。

事件指令块如下：

1）当开始：当程序开始时，运行随后的指令段。“当开始”指令块可以从主控器菜单开始运行，也可以从 VEXcode IQ 运行按钮开始运行。所有新建程序将会自动包含一个“当开始”

指令块，程序可最多支持 3 个“当开始”指令块。

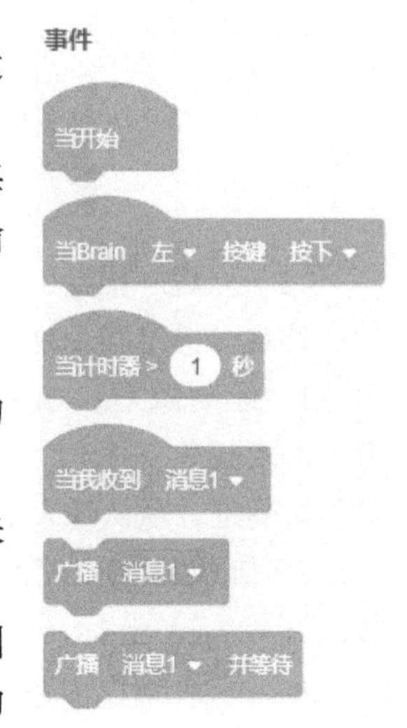

2）当主控器（Brain）：当指定的主控器按键被按下或松开时，运行随后的指令段。

3）当计时器：当计时器大于指定值时，运行随后的指令段。在每个程序开始时，主控器的计时器开始计时。当主控器的计时器大于输入时间数值时，“当计时器”事件将会运行。

4）当我收到：当收到指定的广播消息时，运行随后的指令段。

5）广播：广播一个消息来激活任何以“当我收到”指令块开始的且正在监听广播消息的指令段。

6）广播并等待：广播一个消息来激活任何以“当我收到”指令块开始的且正在监听广播消息的指令段，同时暂停后续的指令段。

例 1：触碰 LED 亮红灯并等待 2s 后，广播消息 1。当消息被收到时，指令段将正向驱动底盘（右侧第 2 行）并且机械臂同时向上移动（左侧第 5 行）。如箭头所示，两个指令段将同时运行。

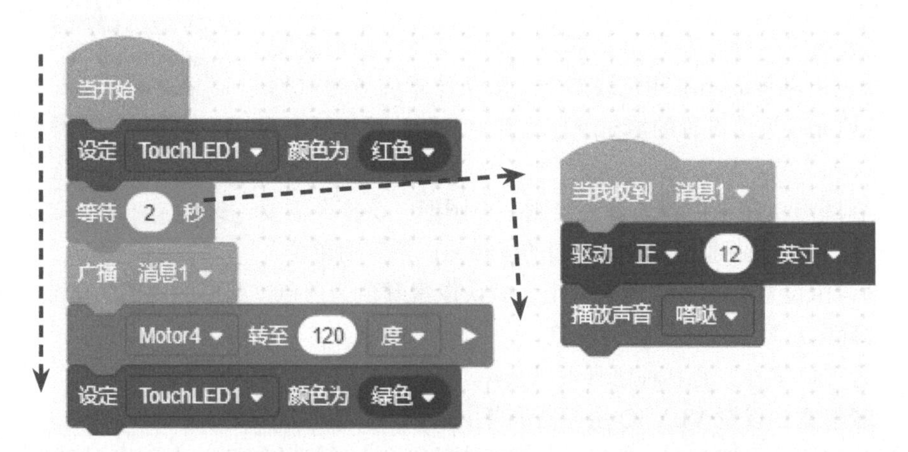

例 2：触碰 LED 亮红灯并等待 2s 后，广播消息 1。一旦消息被接收，指令段将正向驱动底盘并且播放一个音效。如同箭头所示，主程序在继续运行后续指令块之前，正在广播消息的指令段（左侧第 4 行）将等待，直到收到消息的指令段（右侧）运行完成。

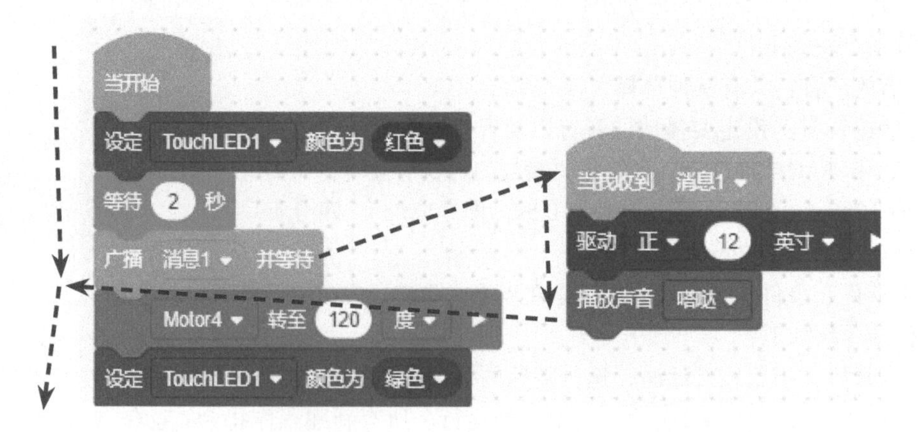

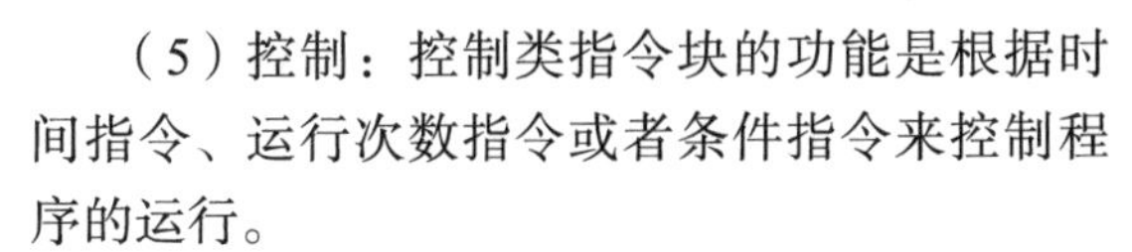

（5）控制：控制类指令块的功能是根据时间指令、运行次数指令或者条件指令来控制程序的运行。

控制指令块如下：

1）等待：在移动到下一条指令块之前等待设定数值的时间。

2）重复：设定重复多少次（语句块）。

3）永久循环：无限次（永远）重复执行（语句块）。

例 1：设置驱动速度为 50%，前进 2s。

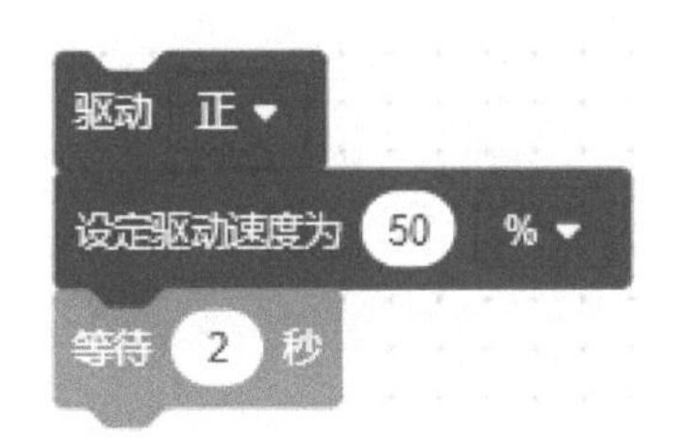

例 2：小车走正方形，即“前进 200mm，左转 90°”重复执行 4 次。

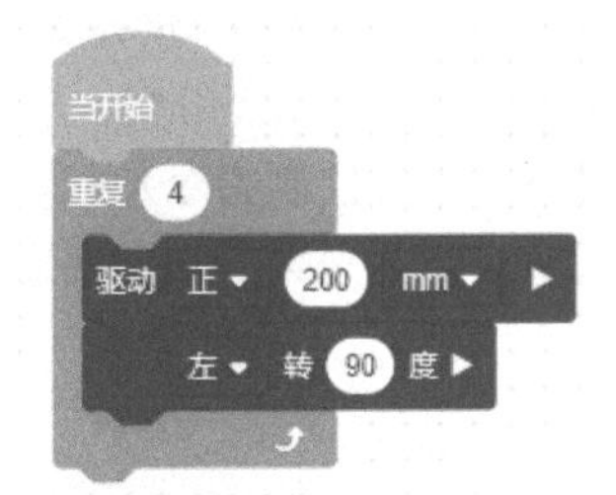

例 3：电机 4 一直不停地转动。

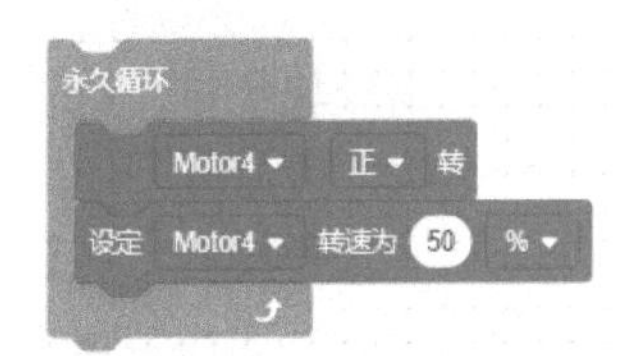

4）“如果……那么……”：“　”为条件表达式（判断条件）。在满足判断条件时（判断值为真，值为非零）执行语句块，不满足判断条件时（判断值为假，值为 0）不执行语句块，直接跳过。条件表达式可以是关系表达式、逻辑表达式或算数表达式。

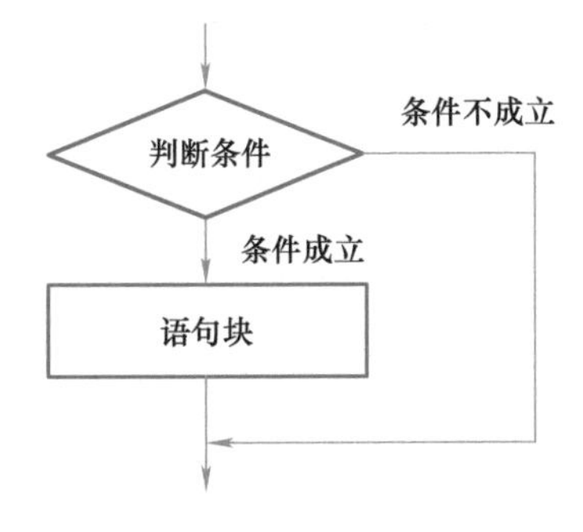

例：每次 VEX IQ 触碰传感器被按下时，播放一次音效。“如果……那么……”型控制指令块可以被“嵌套”或置于永久循环指令块内，以保证每次都会播放音效而不是只播放一次。

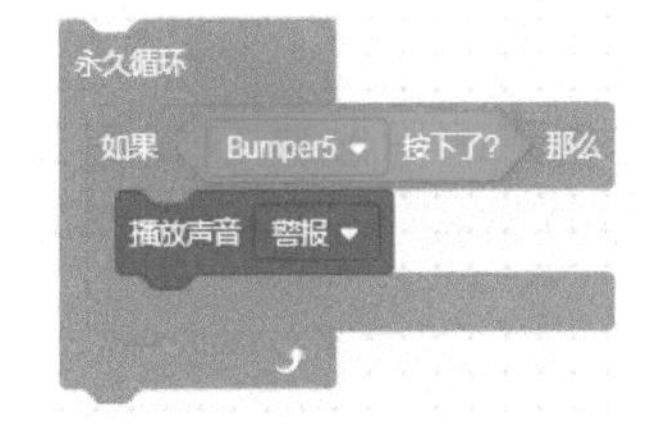

5）“如果……那么……否则……”：是两路分支结构，先对条件表达式进行判断，如果条件成立，则执行语句块 1，如果条件不成立，则执行语句块 2。

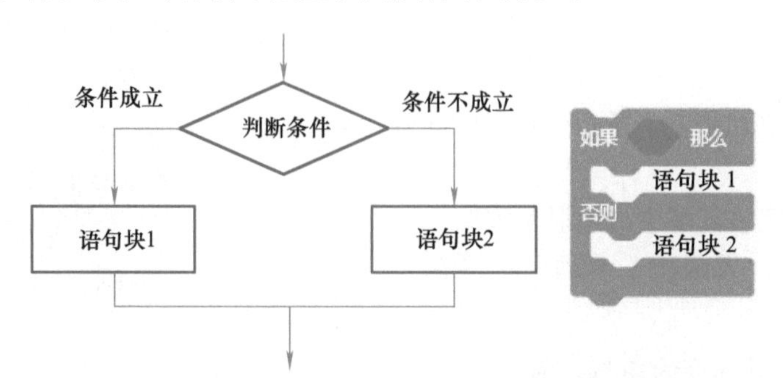

例：本例将演示触碰 LED 被触碰，则亮绿灯，如果其未被触碰，则亮红灯。“如果…… 那么……否则……”型控制指令块可以被“嵌套”或置于永久循环指令块内，以保证触碰 LED 不止运行一次。

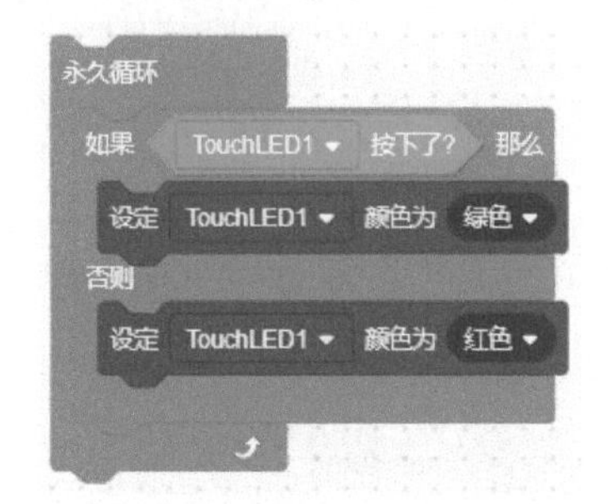

6）“如果……那么……否则如果……那么……否则……”：该指令块是由“如果……那么……否则……”指令块经过二次（也可多次）嵌套后形成的多分支选择结构。左下图是一个两层嵌套的选择结构。由上向下依次判断，如果判断条件 1 成立，则执行语句块 1。如果条件 1 不成立，则进入嵌套选择结构，进行条件表达式 2 的判断，如果条件 2 成立，则执行语句块 2。如果所有判断都不成立，则执行语句块 3。单击指令块中的 [+] 可以增加更多条件，形成 n 层嵌套。

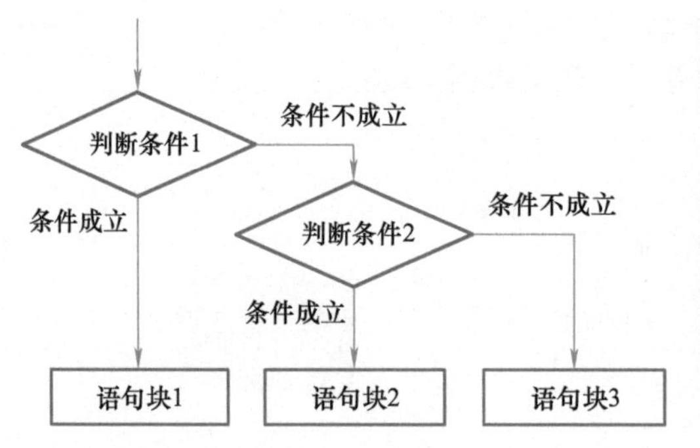

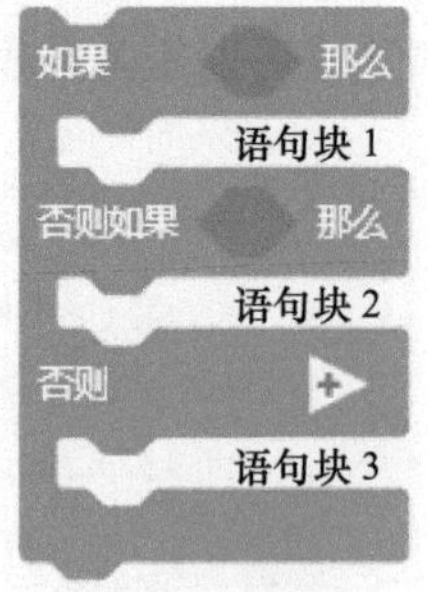

7）等到：等待满足判断条件时（判断值为真，或者值为 1）才执行下一条指令。

等到

例：本例将演示触碰 LED 亮黄灯，然后等到触碰 LED 被按下后，主控器屏幕将打印“yes！”。

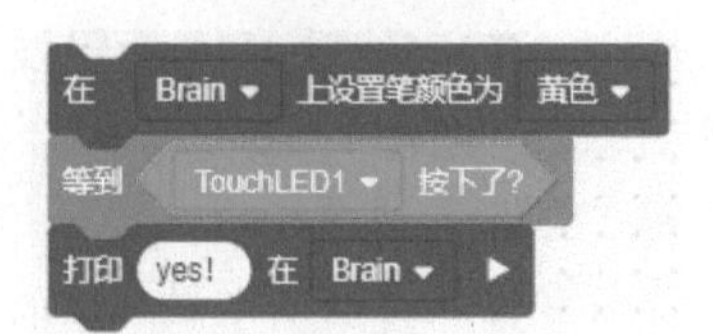

8）重复直到：重复执行所包含的语句块（指令块），直到满足判断条件时（判断值为真，或者值为 1）结束。

例：小车保持前进直到触碰传感器（Bumper5）撞到物体（布尔条件报告为真）为止。然后主控器屏幕上显示“danger!”，播放警报声，并且小车后退 200mm，然后停止。

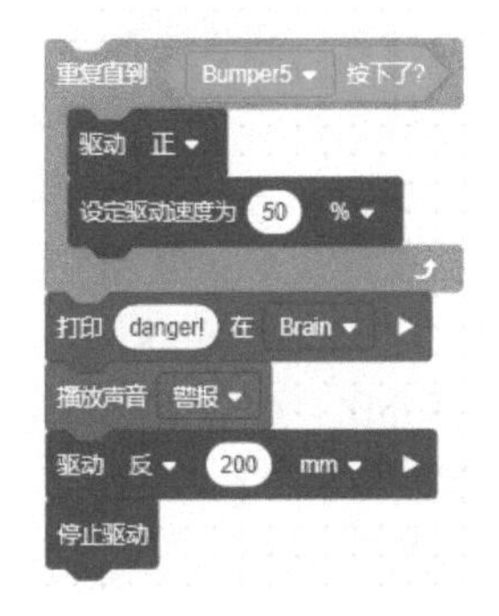

9）“当……”：当满足判断条件时（判断值为真，或者值为 1），该结构重复循环执行语句块，直到条件不再满足时退出循环。

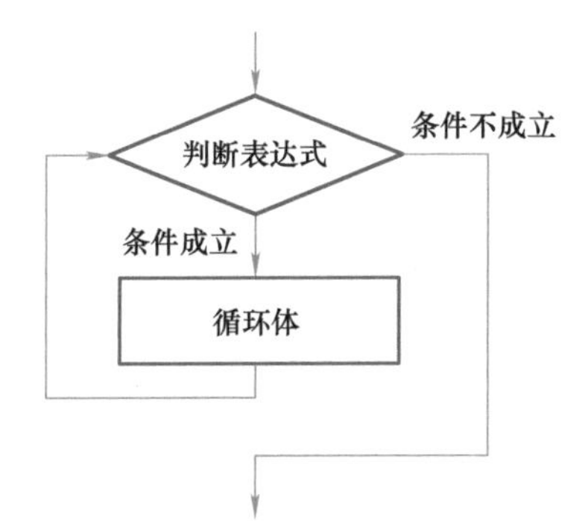

例：当条件“主控器计时器秒数值小于 5”成立时，小车以 50% 速度前进，当条件不成立时，小车停止。

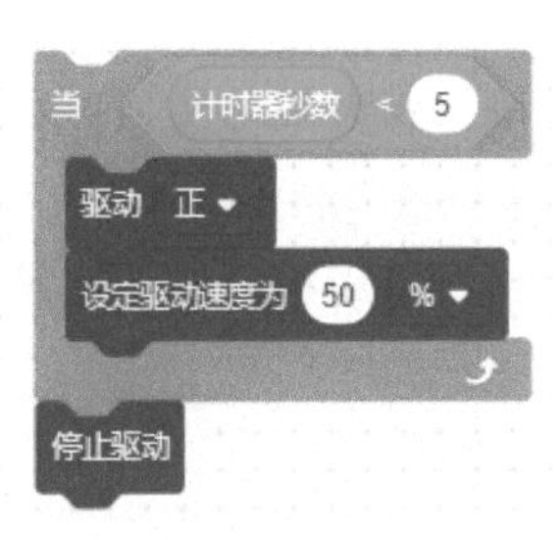

10）退出循环：直接退出一个正在重复的循环。

退出循环

例：正向驱动底盘运动并检验主控器左按键是否被按下。如果左按键被按下，退出循环指令块将使程序退出永久循环，然后底盘停止运动。

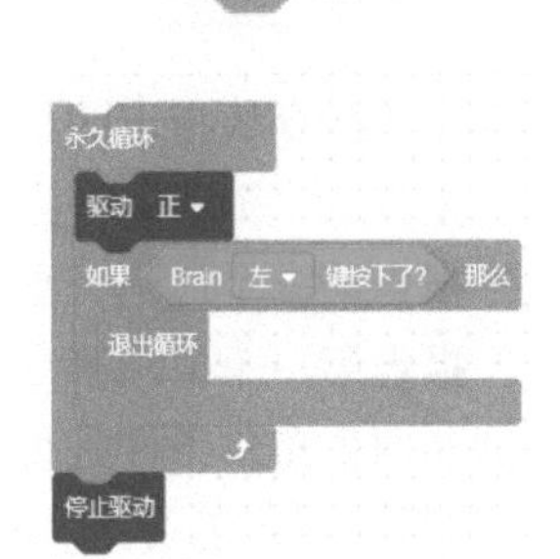

（6）传感：在没有添加设备时，传感指令块主要是主控器内置的传感器指令块。

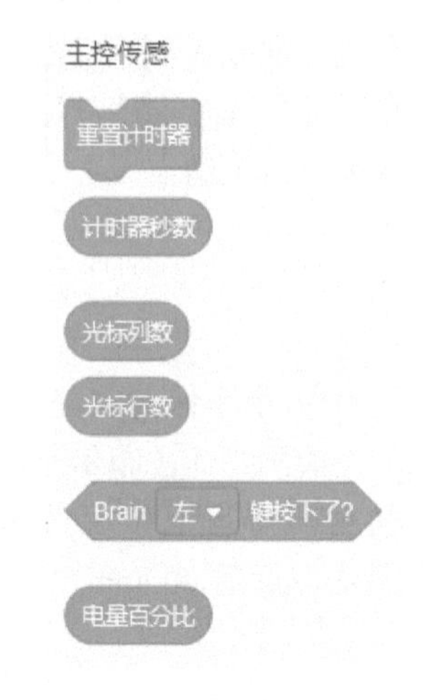

主控传感指令如下：

1）重置计时器：重置主控器的计时器。

2）计时器秒数：报告主控器计时器秒数值。

3）光标列数：报告主控器屏幕光标位置的列数。

4）光标行数：报告主控器屏幕光标位置的行数。

5）主控器按键按下：报告主控器的某一个按键是否被按下。可选择的值有“左、右、确认”。

6）电量百分比：报告主控器电池的电量水平。

陀螺仪传感指令如下：

7）设定陀螺仪归位：设定陀螺仪当前归位为指令块内设定的值。

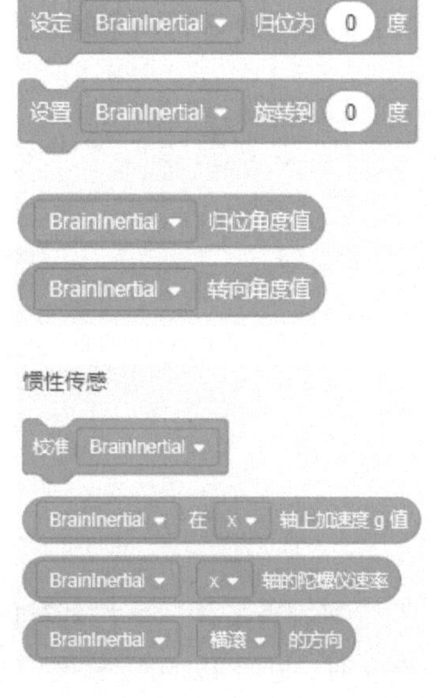

8）设定陀螺仪转向：设定陀螺仪转向角度为指令块内设定的值。

9）陀螺仪归位角度值：报告陀螺仪当前归位的角度值。

10）陀螺仪转向角度值：报告陀螺仪当前转向的角度值。

惯性传感指令如下：

11）校准：“校准”可以减少主控器内置惯性传感器产生的运动误差(偏差)。

12）加速度：报告来自主控器惯性传感器的一个轴（x、y 或 z）的加速度值。

13）速率：从主控器惯性传感器的一个轴（x、y 或 z）获取旋转速率。

14）定位：获取主控器惯性传感器的方向角。报告主控器惯性传感器参数指定的单位值。

（7）运算：使用相应的运算符对各种常量、变量或数据进行运算。

运算指令如下：

1）加法：把任意两个值加起来，并报告总和。

2）减法：从一个值减去另一个值并报告差值。

3）乘法：两个值相乘并报告乘积。

4）除法：第一个值除以第二个值并报告除法运算值。

5）随机数：从指令块指定的最小值和最大值之间，随机报告一个值。

6）大于：报告第一个值是否大于第二个值。

7）小于：报告第一个值是否小于第二个值。

8）等于：报告第一个值和第二个值是否相同(相等)。

9）与：判断两个布尔条件是否均为真值。

10）或：判断两个布尔条件中的一个是否为真。

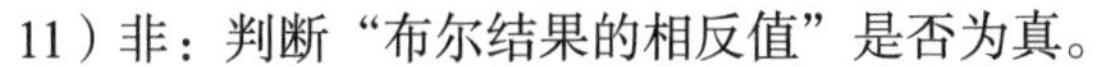

11）非：判断“布尔结果的相反值”是否为真。

12）取整：将输入的值取整至最近的整数。

13）函数：执行一个选定的函数。

① 绝对值：取绝对值。

② 下取整：向下取最近的整数值。

③ 上取整：向上取最近的整数值。

④ 平方根：求平方根。

⑤ sin：正弦函数。

⑥ cos：余弦函数。

⑦ tan：正切函数。

⑧ asin：反正弦函数。

⑨ acos：反余弦函数。

⑩ atan：反正切函数。

⑪ ln：以自然数 e 为底的对数。

⑫ log：以 10 为底的对数。

⑬ e ^：自然数 e 的幂次方。

⑭ 10 ^：10 的幂次方。

14）取余：用第一个值除以第二个值并报告余数。

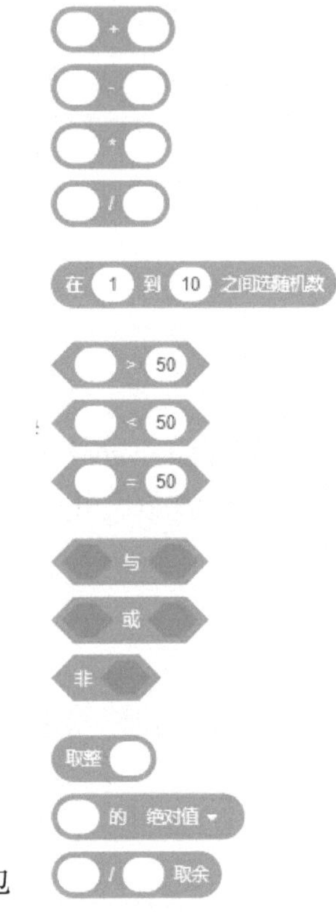

（8）变量：变量是程序执行过程中可以变化的量。变量类指令包括了一系列可以对变量进行操作的指令。

1）定义一个变量。

说明：单击 定义一个变量 按钮，弹出对话框来定义新变量，变量的名称可以为一个字母，或者字母、数字组成的字符串，VEXcode IQ 支持最长的变量名称为 20 位。

2）myVariable（变量）：报告变量的值。变量指令块用于报告存储在变量中的值。

说明：当定义了变量，就会显示对应的变量。例如当定义了 *abc*、*x*、*yy* 这三个变量后，就会显示变量 *abc*、*x*、*yy*，如下图所示。鼠标右键单击已定义的变量，可以对其进行重命名或者删除。

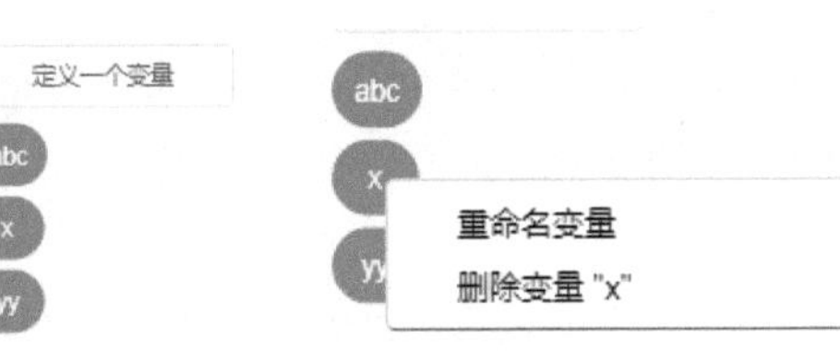

3）设定变量：设定变量为一个指定值。

说明：选择一个已定义变量（这些变量也可以被重命名或删除），然后对其变量值进行设定。设定变量指令块可接受小数、整数或数字指令。

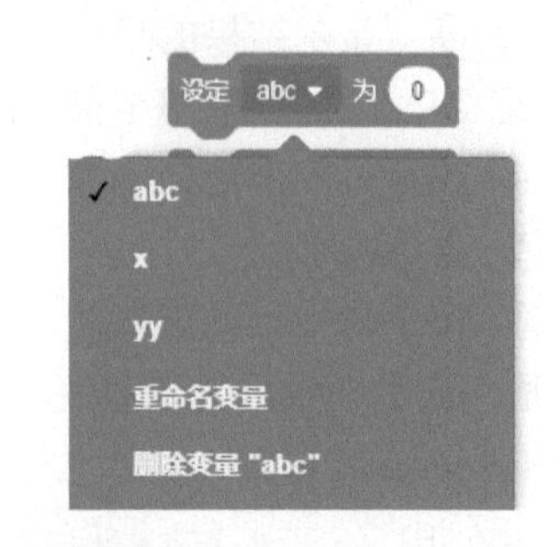

例：设定“*abc*”变量值为距离传感器感应的值，然后使用“*abc*”变量来设定驱动速度。

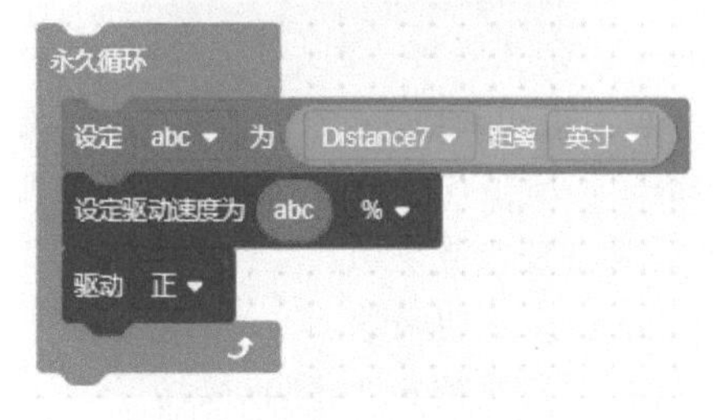

4）修改变量：根据指定的值修改变量。

说明：选择一个已定义变量（被选择的变量也可以被重命名或删除），然后根据指定值对原变量值进行修改（加法）。修改变量指令块可接受小数、整数或数字指令。

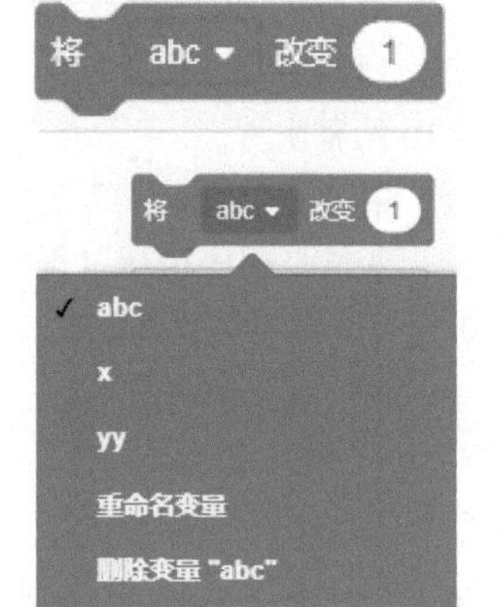

例 1：相当于：$abc = abc + 10$。

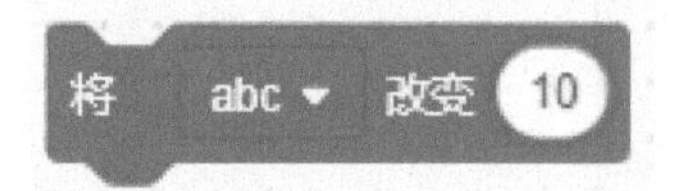

例 2：相当于：$abc = abc - 10$。

例 3：每重复循环一次，驱动速度变量值将增加 10%。

5）创建一个布尔变量。

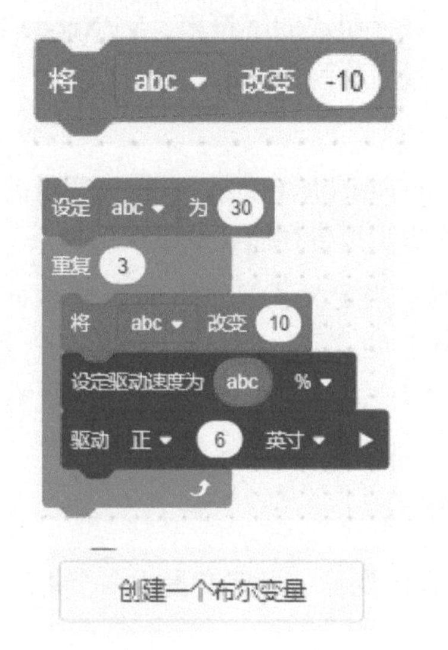

说明：单击 创建一个布尔变量 按钮，弹出对话框，然后输入新布尔变量名称以定义一个新布尔变量。布尔变量的名称可接受一个字母，或者字母、数字组成的字符串，VEXcode IQ 支持最长的变量名称为 20 位。布尔变量指令块用于报告存储在该变量内的布尔值。布尔值也叫逻辑值，其值为“真”（常用“1”表示）或“假”（常用“0”表示）。

6）报告一个布尔变量的值——真或假（即 1 或 0）。该指令块为六角形指令块。

说明：当定义了布尔变量，就会显示对应的变量。例如当定义了 h、q 这两个布尔变量后，就会显示布尔变量 h、q，如下图所示，鼠标右键单击已定义的布尔变量，可以重命名变量或者删除变量。

7）设定某一个布尔变量为一个指定值（真或假，即 1 或 0）。

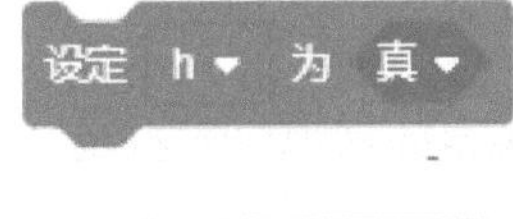

8）定义一个数组。

定义一个数组

说明：数组 (Array) 是在程序设计中，为了便于处理数据，把具有相同类型的若干数据元素按有序的形式组织起来的一种形式。这些有序排列的同类数据元素的集合称为数组。数组名就是该数据集合的名称。组成数组的各个变量称为数组的分量，也称为数组的元素，有时也称为下标变量。“下标”是用于区分数组各个元素的数字编号。

单击 定义一个数组 按钮，弹出对话框，可定义新数组。数组的名称可以为一个字母，或者字母、数字组成的字符串，VEXcode IQ 支持最长的数组名称为 20 位。数组长度就是数组内的元素个数（1~20）。

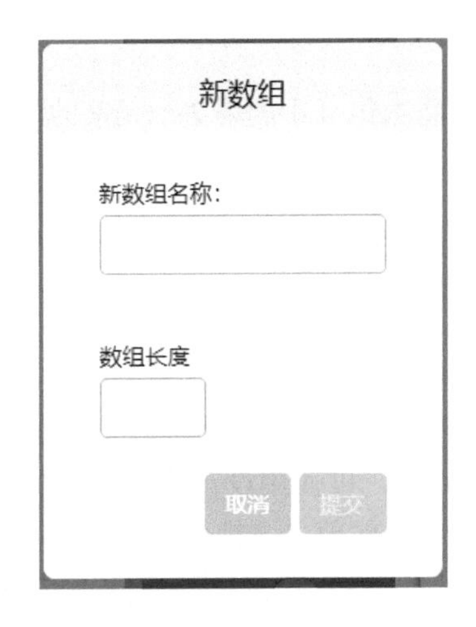

说明：当定义了数组，指令块区就会增加关于数组的 4 个指令块。

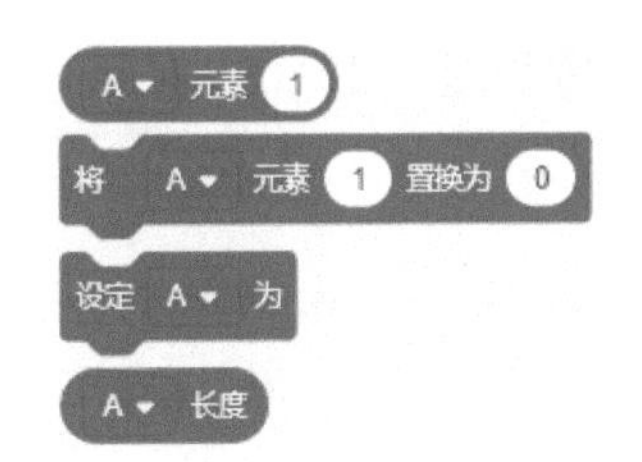

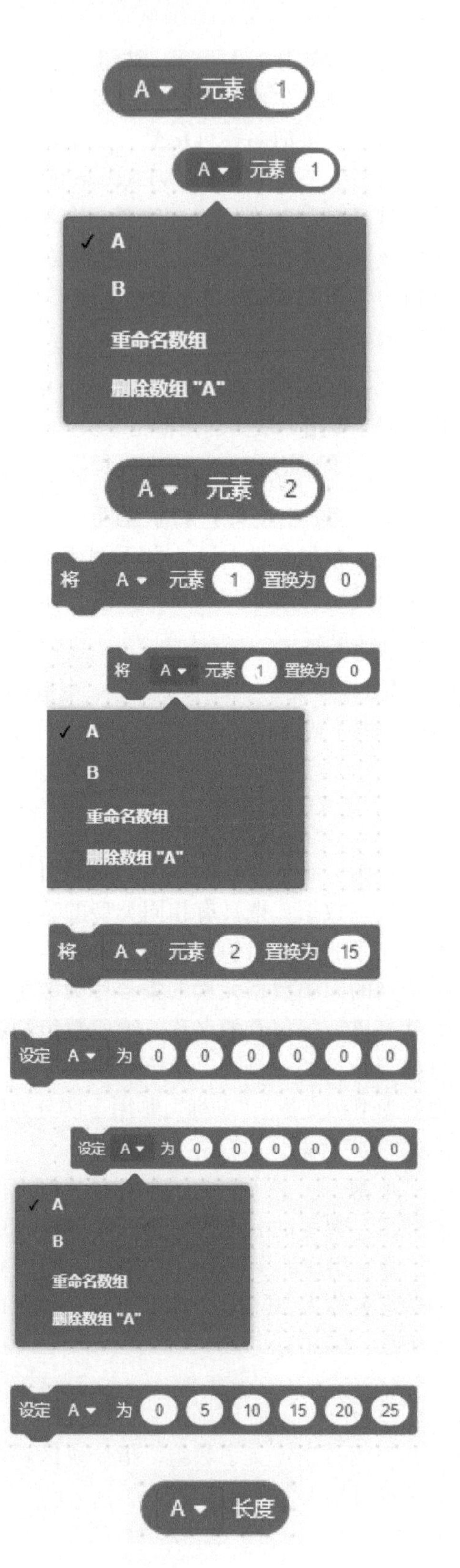

9）报告一个数组中某个元素的值。元素指令块可接受小数、整数或数字指令。

说明：选择使用哪一个数组，该数组也可以被重命名或删除。

说明：输入数组内元素的位置序号为 2，则报告数组中第 2 个元素的值。

10）更新数组中某个元素的值。置换元素指令块可接受小数、整数或数字指令。

说明：选择使用哪一个数组，该数组也可以被重命名或删除。

例：将数组 *A* 中的第 2 个元素的值更新为 15。

11）通过输入数值来设定数组每个元素的值。

说明：数组的长度（1~10）在定义数组并生成时已设定。选择某一个数组后（该数组也可以被重命名或删除），可使用设定数组指令块来设定该数组中每个元素的值。该指令块可接受小数、整数或数字指令。

例：设置数组 *A* 中元素的值分别为 0、5、10、15、20、25。

12）报告一个数组中元素的数量。

说明：选择使用哪一个数组（该数组也可以被重命名或删除）并报告其元素的数量。

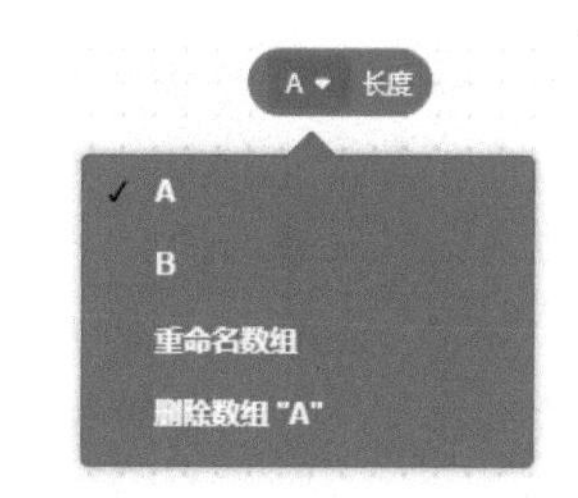

例：在主控器屏幕上打印数组 A 的长度（即 6）。

13）定义一个二维数组。

说明：二维数组本质上是以数组作为数组元素的数组，即数组中的每个元素也是一个数组，类型说明符为：数组名 [常量表达式 x][常量表达式 y]。二维数组又称为矩阵，包括 x 行 y 列数据。行列数相等（x=y）的矩阵称为方阵。方阵中有一些特殊方阵，如对称矩阵、对角矩阵等。对称矩阵是指以主对角线为对称轴，各元素对应相等的方阵（$a[i][j] = a[j][i]$），而对角矩阵是除主对角线外其他都是零元素的方阵。

单击 定义一个二维数组 按钮，弹出对话框后，可定义新二维数组。数组的名称可以为一个字母，或者字母、数字组成的字符串，VEXcode IQ 支持最长的变量名称为 20 位。数组高度、宽度均可设置为 1~20 之间的某个值，但是注意 VEXcode IQ 二维数组元素最大数量为 100（即行数 × 列数≤ 100）。

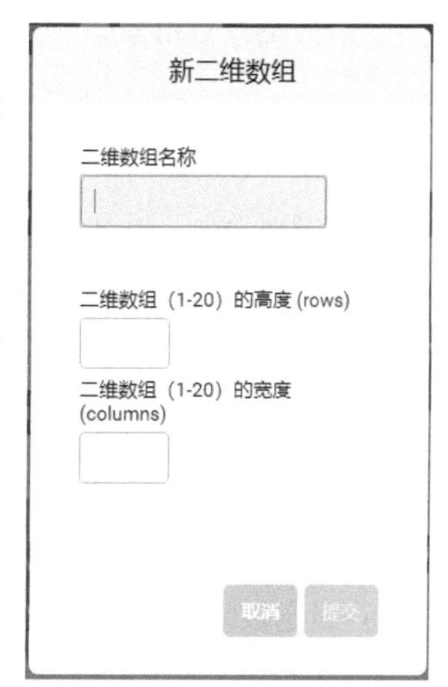

说明：当定义了数组，指令块区就会增加关于数组的 4 个指令块。

14）报告一个二维数组中某个位置的元素的值，元素指令块可接受小数、整数或数字指令。

说明：选择使用哪一个二维数组（该二维数组也可以被重命名或删除）。

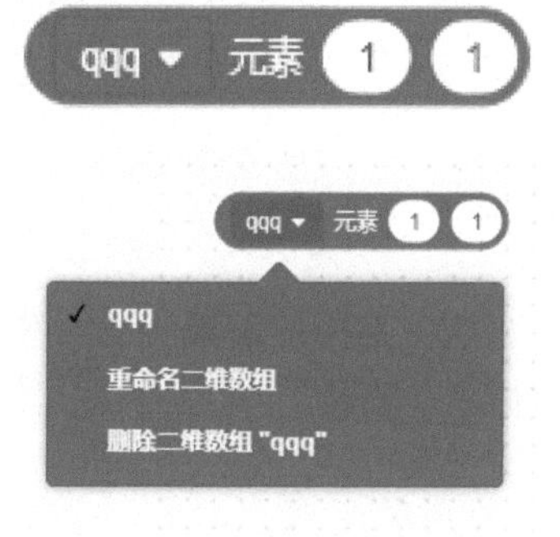

说明：输入数组内被报告的元素的行（第 1 个数字）和列（第 2 个数字）位置。如下图，即报告二维数组 *qqq* 中第 3 行第 2 列元素的值。

15）置换二维数组中某个元素为一个新的值，置换元素指令块可接受小数、整数或数字指令。

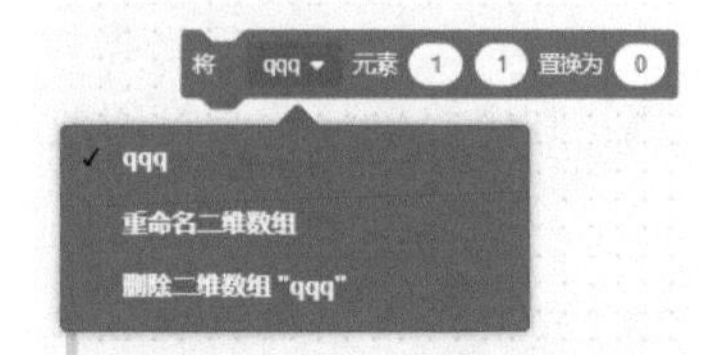

说明：输入某数组（该数组也可以被重命名或删除）将要被置换元素的行（第 1 个数）和列（第 2 个数）位置。

例：更新数组 *qqq* 中第 3 行第 2 列元素的值为 6。

16）通过输入数值来设定二维数组每个元素的值。

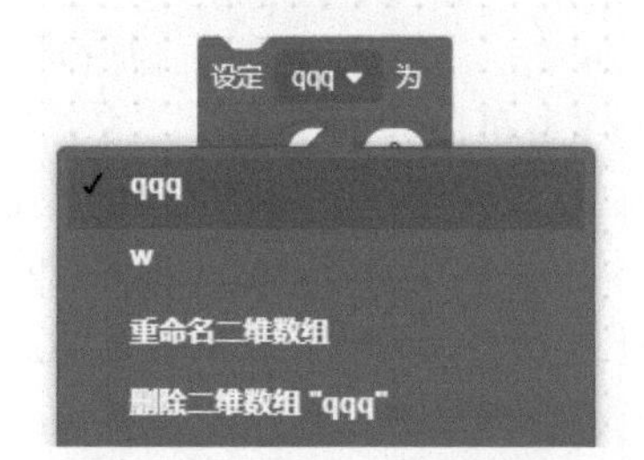

说明：数组的高度、宽度在数组生成时已设定。选择使用哪一个二维数组（该二维数组也可以被重命名或删除）。设定数组指令块可接受小数、整数或数字指令。

例：设置数组 *qqq* 中第 1 行第 1 列元素值为 3、第 1 行第 2 列元素值为 5、第 2 行第 1 列元素值为 2、第 2 行第 2 列元素值为 4、第 3 行第 1 列元素值为 5、第 3 行第 2 列元素值为 1~10 之间的随机数。

17）报告一个二维数组的行数或列数。

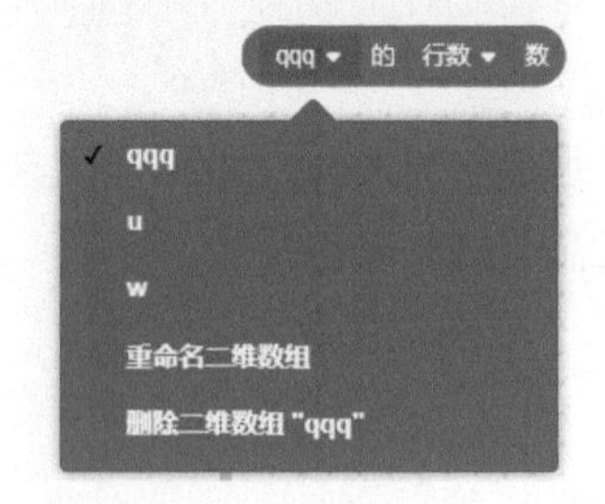

说明：选择使用哪一个二维数组（该二维数组也可以被重命名或删除）。

例：在主控器屏幕上打印数组 *qqq* 的行数（即 3）。

（9）我的指令块：是用户自己编写的指令块，类似子函数。

创建一个用户自己定义的指令块。用于生成一系列可以在一个程序中被多次使用的指令块。

创建指令块

说明：

1）单击 创建指令块 按钮，弹出对话框。

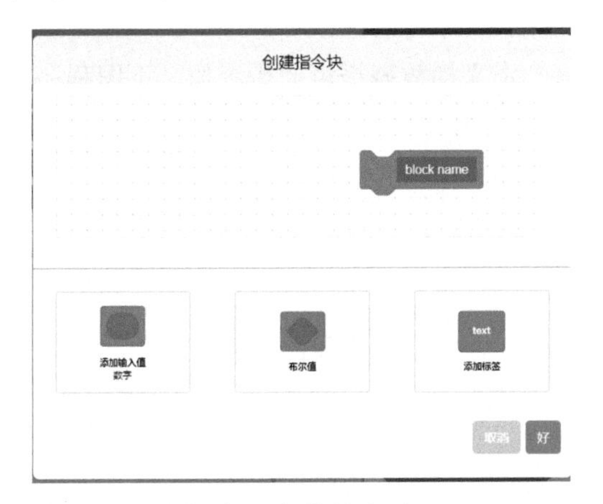

2）单击 text 按钮，可以修改或删除创建指令块的名称。

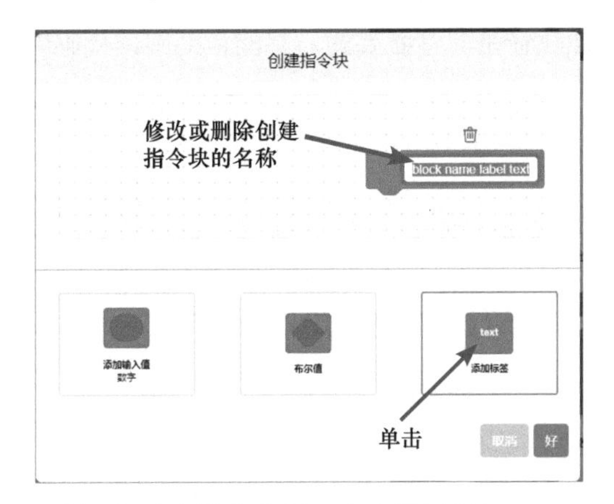

3）单击 按钮，可以添加或删除数字变量，如下图所示。

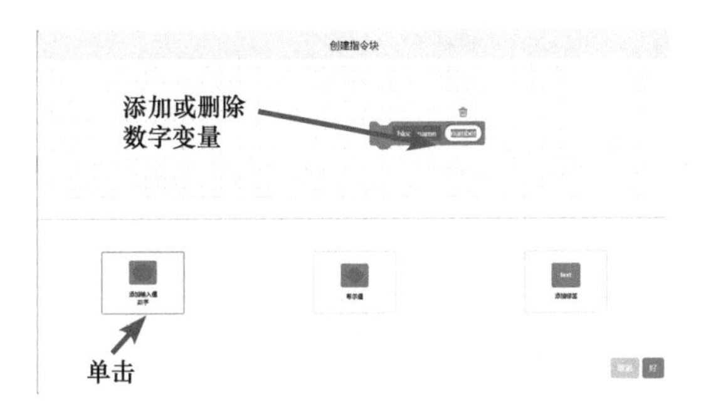

4）单击■按钮，可以添加或删除布尔变量，如下图所示。

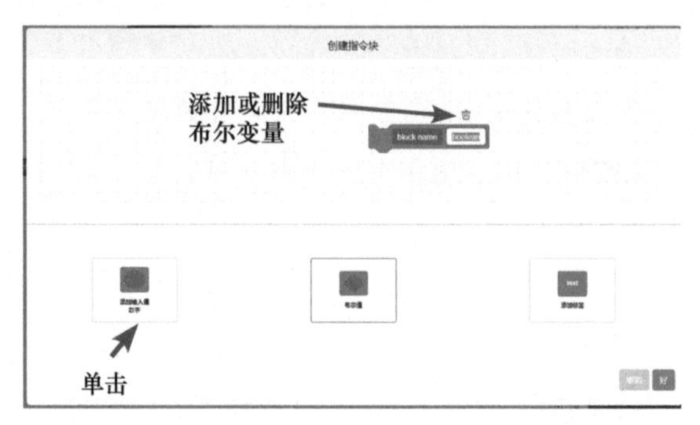

例：使用“我的指令块”定义播放警报声的指令块。下图程序功能为：播放警报声 3 次，向前运动 1000mm，播放警报声 2 次。

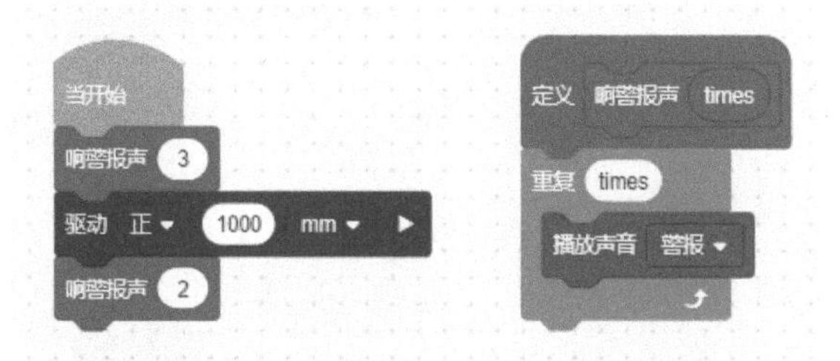

（10）备注：用来编写帮助描述程序的信息。

备注部分将不会参与程序代码的编译和执行，它们只起说明、解释作用。对于复杂的程序，经常添加注释是非常必要的。它能帮助阅读代码者更好地理解某些程序代码的含义。

3.3.4 添加设备后的新指令

下面介绍通过工具栏“设备（设置）”窗口添加设备后代码区新增的指令。我们以添加每一种设备为例来分别介绍。

（1）添加设备：双电机驱动（DRIVETRAIN 2-MOTOR）。

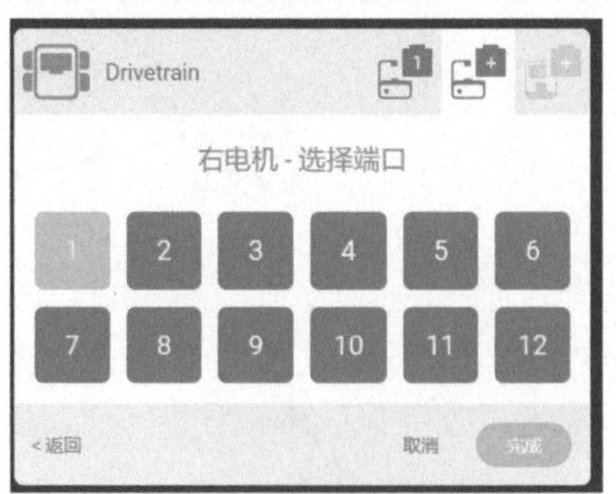

第三步：默认无陀螺仪（第 2 代主控器内置陀螺仪），单击“完成”。

添加了双电机驱动后，代码区新增的指令有“底盘”和“底盘传感”两部分。

底盘指令如下：

1）驱动指令块将一直驱动底盘运行，直到使用一个新的底盘指令块或程序停止。驱动时可以选择驱动的方向（正或反）。

2）驱动底盘运行一个指定距离。

3）驱动底盘转动（左转或右转），直到使用一个新的底盘指令块或程序停止。

4）驱动底盘转动（左转或右转）一定度数。

5）停止驱动底盘运行。

例 1：小车一直前进直到碰撞传感器被按下，然后后退 200mm，停止。

例 2：小车左转 2s 后停止。

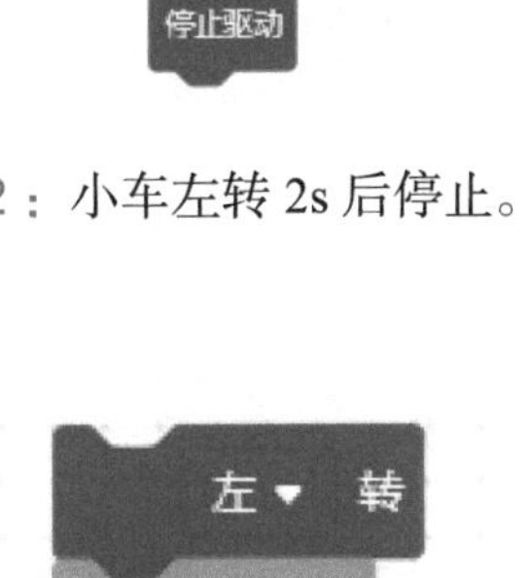

例 3：小车前进 300mm，右转 90°，重复 4 次（即小车完成走正方形）。

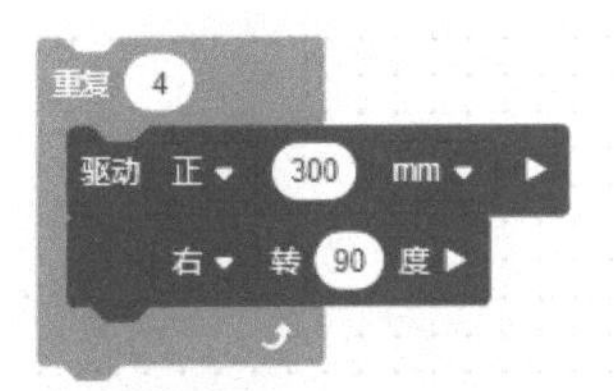

6）设定底盘的驱动速度，默认速度为 50%。

说明：

① 设定驱动速度只是设定底盘的运行速度，但是不会使底盘移动。要让底盘移动仍然需要

一个驱动指令块。

② 设定驱动速度的范围为 -100%~100%，或者为 -127~127rpm（r/min）。

③ 设定底盘驱动速度为负值将会使底盘反向移动。

④ 设定底盘驱动速度为 0 将会使底盘停止移动。

⑤ 设定驱动速度指令块可接受小数、整数或数字指令。

例：以 100% 的速度前进 300mm。

7）设定底盘的转向速度，默认速度为 50%。

说明：

① 设定转向速度只是设定底盘的转向速度，但是不会使底盘移动。要让底盘移动仍然需要一个转向指令块。

② 设定转向速度的范围为 -100%~100%，或者为 -127~127rpm（r/min）。

③ 设定底盘转向速度为负值将会使底盘反向转动。

④ 设定底盘转向速度为 0 将会使底盘停止转动。

⑤ 设定转向速度指令块可接受小数、整数或数字指令。

例：以 30% 的速度左转。

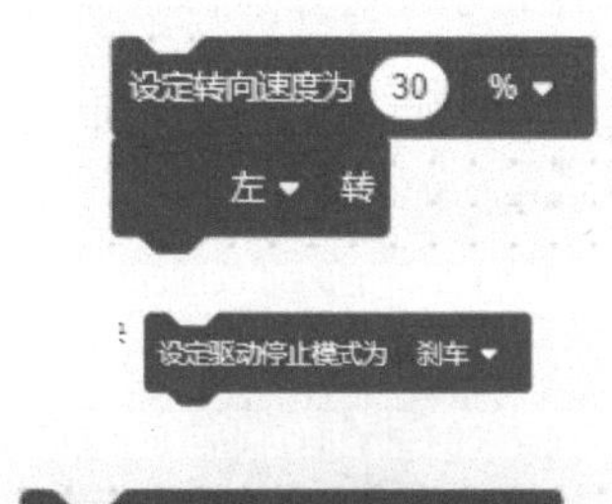

8）设定底盘停止驱动时的行为。

说明：

①“刹车”将使底盘立即停止。

②“滑行”将使底盘减速转动至停止。

③“锁住”将使底盘立即停止，同时如果有移动会转回到它停止的位置。

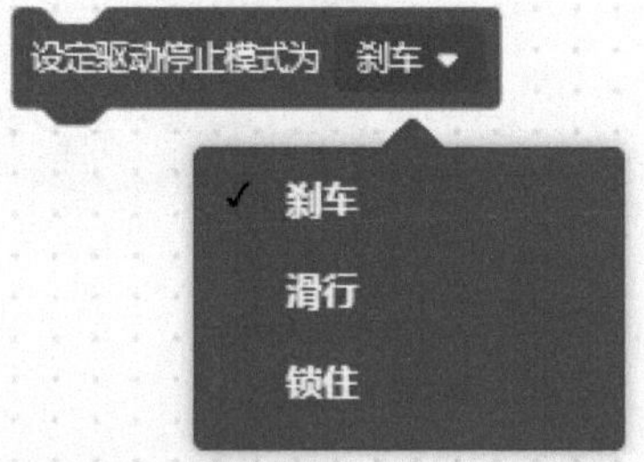

例：正向移动 2s，然后在要停止的位置锁住。

9）给底盘“驱动”指令设定一个超时限制。

说明：

① 当驱动指令因为某些原因未成功到达指定位置，且该指令运行时间已超过底盘时间限制时，程序会结束该条驱动指令。这样可防止驱动指令卡在某一步而影响后续指令的运行。例如，当机器人撞到一面墙后有可能无法移动到指定位置，这时机器人有可能因无法完成指令而“卡”在该步骤。为了防止这种情况发生，可以给驱动指令设置一个超时限制（如 2s），如果驱动指令执行时间超过了时间限制还无法完成，则程序会结束该条驱动指令，继续执行下一条指令。

② 设定驱动超时指令块可接受小数、整数或数字指令。

例：如果底盘没有到达目标值（12in），则在 2s 后结束驱动指令。如果正常到达指定距离，则底盘将继续执行右转 90° 指令。

底盘传感指令如下：

1）报告底盘驱动是否结束。

说明：

①“驱动已结束？”指令块报告一个“真”或“假”值，且可被用在六角形空白指令块中。

② 当底盘电机完成驱动时，“驱动已结束？”指令块会报告“真”。

③ 当底盘电机仍在驱动时，“驱动已结束？”指令块会报告“假”。

例：直到驱动结束为止。

2）报告底盘是否正在驱动。

说明：

①“驱动在继续？”指令块报告一个“真”或“假”值，且可被用在六角形空白指令块中。

② 当底盘电机正在驱动时，“驱动在继续？”指令块会报告“真”。

③ 当底盘电机已停止时，“驱动在继续？”指令块会报告“假”。

例：如果驱动在继续，将执行包含的指令块。

3）报告底盘当前速度。

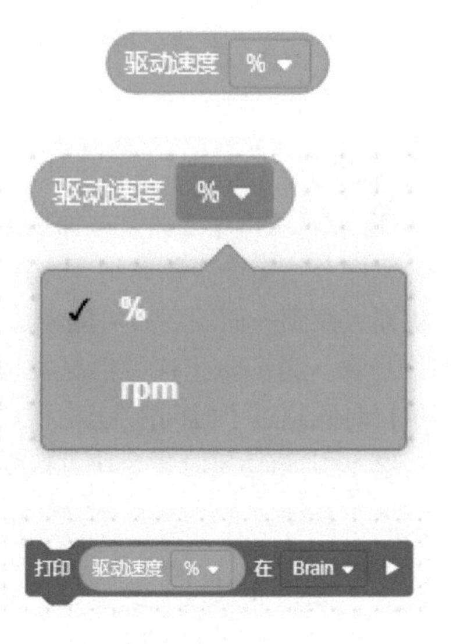

说明：

① 驱动速度报告范围为 −100%~100%，或 −127~127rpm（r/min）。

② 选择驱动速度单位为百分比（%）或转每分钟 rpm（r/min）。

③ 驱动速度指令块可被用在圆形空白指令块中。

例：在主控器屏幕上显示驱动速度（以 % 为单位）。

4）报告底盘当前驱动电流值。

说明：驱动电流报告范围为 0.0~1.2amps（A），驱动电流指令块可被用在圆形空白指令块中。

例：在主控器屏幕上显示驱动电流。

（2）添加设备：四电机驱动（DRIVETRAIN 4-MOTOR）。

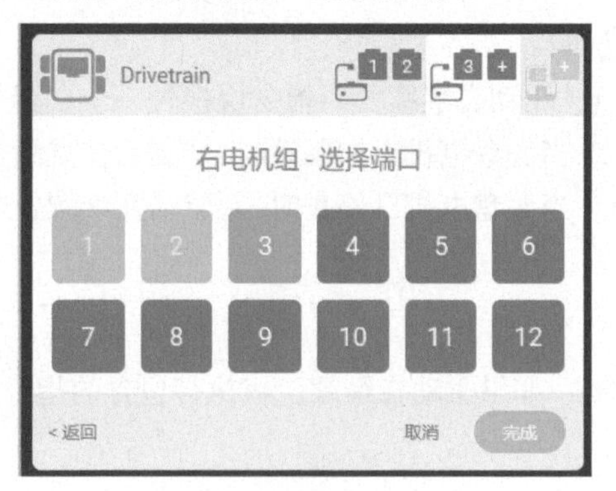

第三步：默认无陀螺仪（第 2 代主控器内置陀螺仪），单击“完成”。

添加了四电机驱动后，代码区新增的指令有“底盘”和“底盘传感”两部分，这和前面添加了双电机驱动后的情况类似，内容不再赘述。我们要注意，只可能添加一种驱动方式：双电机驱动或四电机驱动。

（3）添加设备：电机（MOTOR）或电机组（MOTOR GROUP）。

前面我们发现添加双电机驱动或四电机驱动都会在代码区增加相同的指令块。同样添加电机或电机组，也会在代码区增加相同的指令块。有区别的是可以添加多个电机或电机组。所以，添加这两种设备的情况将在下面一起讲解。

第二步：（红框中的参数可以修改）
添加电机组：电机组选择 1、2 号端口（选择与硬件一致的端口），默认两个电机组都为正向，单击“完成”。

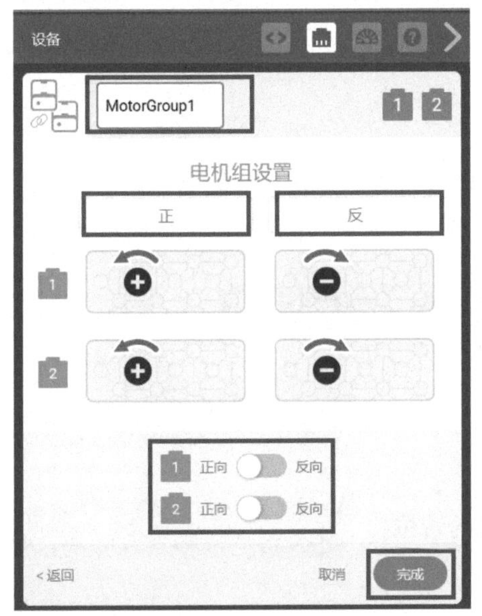

添加电机：电机选择 3 号端口（选择与硬件一致的端口），默认电机为正向，单击“完成”。

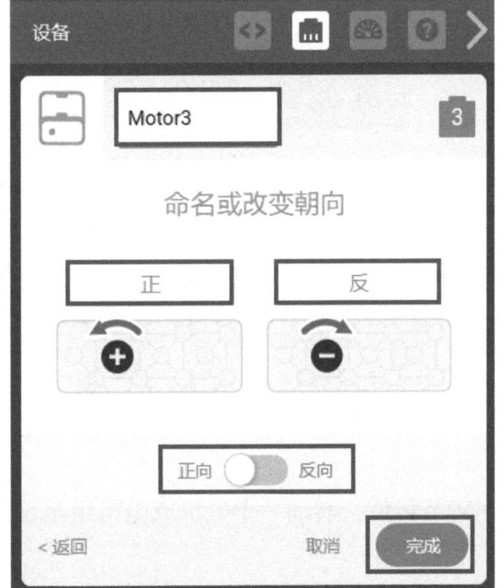

添加了电机或电机组后，代码区新增的指令有“运动”和“电机传感”两部分。

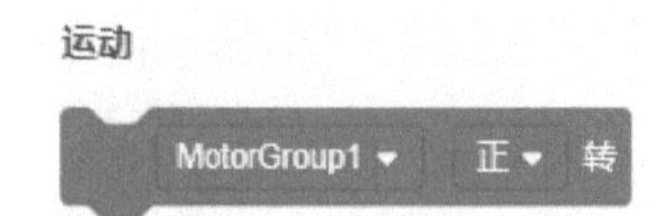

运动指令如下：

1）转：转动一个智能电机或电机组直到停止。

说明：“转”指令块将永远转动一个电机或电机组，直到使用一个新的电机指令块或程序停止。指令块左侧下拉菜单可选择使用哪一个电机或电机组（左图），右侧下拉菜单可选择转动的方向（右图），方向名称可以在设备窗口更改。

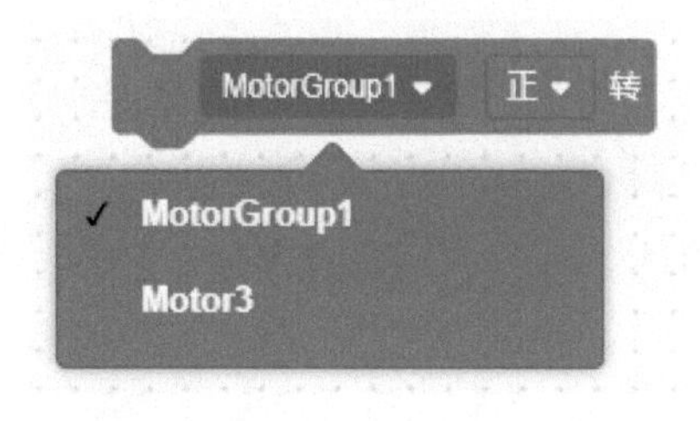

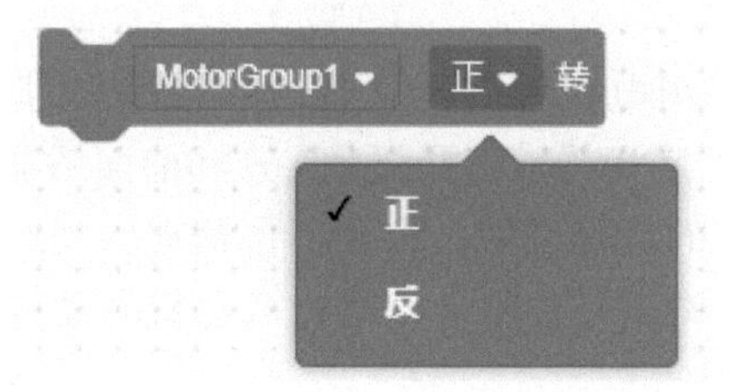

例：电机组 MotorGroup1 反向转动 45°。

2）按指定方向转至某个位置（转位）：按指定方向转动一个电机或电机组到指定的度数或转数。

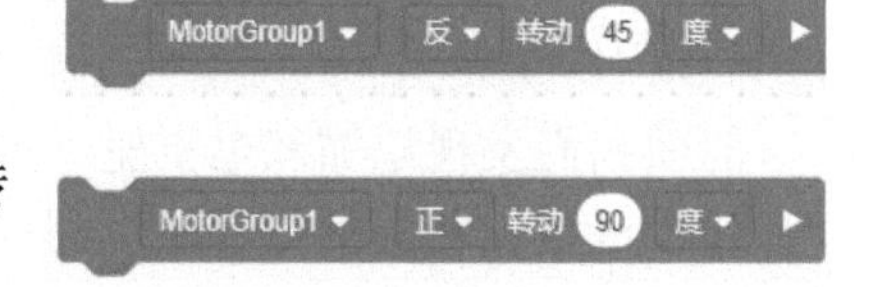

说明：

① 让电机或电机组转动一定的度数或转数。指令块左侧下拉菜单可选择使用哪一个电机或电机组，中间下拉菜单选择转动的方向（左图），右侧下拉菜单可选择转动的度数或转数（右图）。方向名称可以在设备窗口更改。

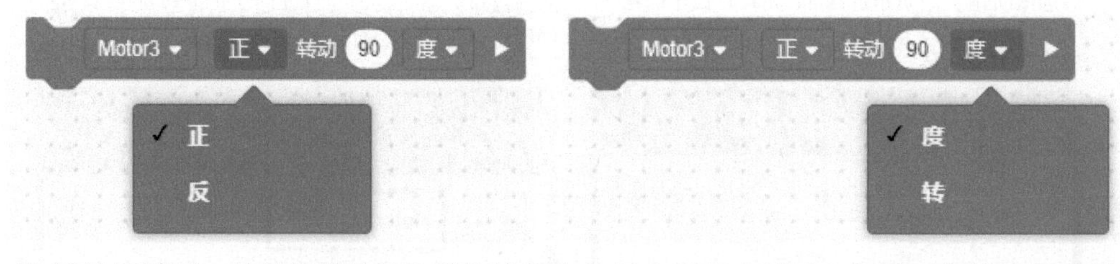

② 默认情况下，其他指令块将会等待该指令执行直到完成转动。如果不想等待，也可以在指令块右侧箭头处选择“并且不等待”，这将会使其他指令块在电机转动的同时继续运行。

例：电机 Motor3 正向转动 90°。

3）转至转位：转动一个电机或电机组至设定的转位。

说明：

① 让电机或电机组转动到一个设定的转位。根据电机当前转位，转至转位指令块将决定转动的方向。转至转位指令块可接受小数、整数或数字指令。指令块左侧下拉菜单可选择使用哪一个电机或电机组（左图），右侧下拉菜单可选择转位的度数或转数（右图）。

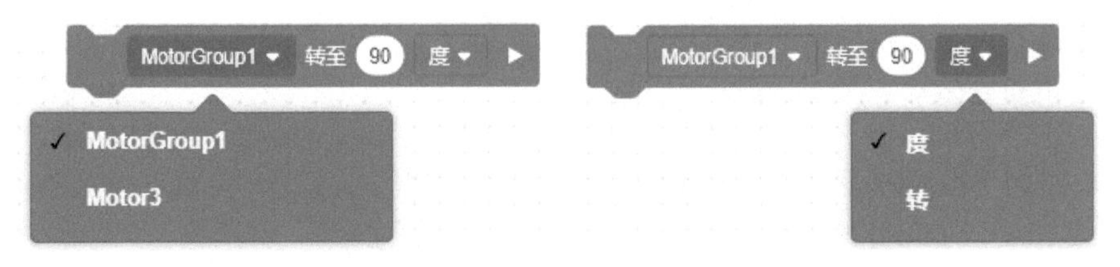

② 默认情况下，其他指令块将等待，直到电机完成转动。如不想等待，可以在右侧箭头处选择“并且不等待”，这将会使其他指令块在电机转动的同时继续运行。

例：电机 Motor3 转至 45°。

4）停止电机或电机组。

说明：选择停止哪一个电机或电机组。

例：停止电机 Motor3。

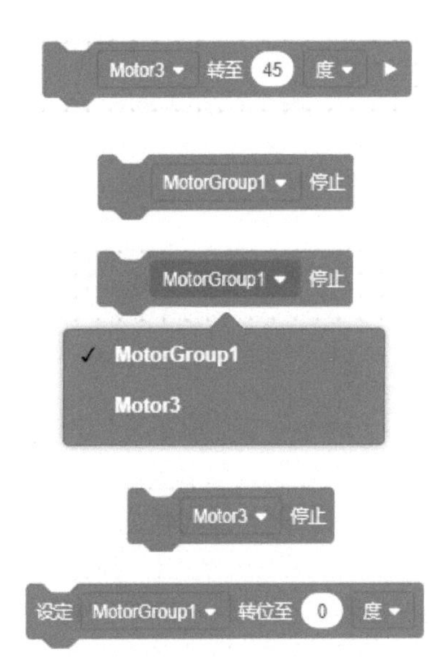

5）设定电机转位：设定电机编码器转位为输入值。

说明：电机转位指令可用于设定电机转位为任意指定值。通常情况下，电机转位指令通过设定转位为 0 来重置电机编码器转位。指令块左侧下拉菜单可选择使用哪一个电机或电机组（左图），右侧下拉菜单可选择转位的度数或转数（右图）。

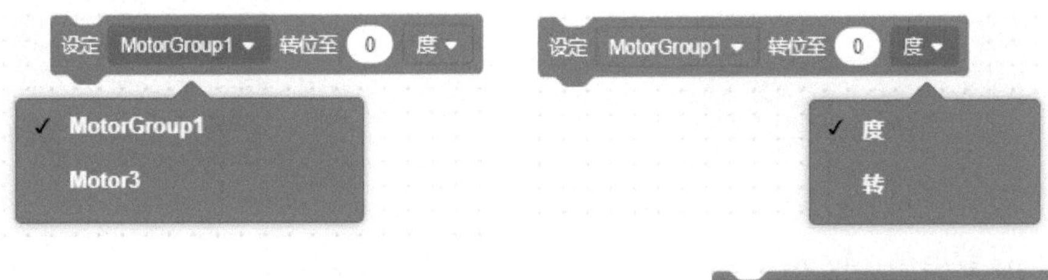

例：电机组 MotorGroup1 转位至 45°。

6）设定电机转速：设定电机编码器转速为输入值。

说明：
① 设定电机转速范围为 −100%~100%，或 −127~127rpm（r/min）。
② 设定电机转速为负值将会使电机反转。
③ 设定电机转速为 0 将会使电机停止转动。

指令块左侧下拉菜单可选择使用哪一个电机或电机组（左图），右侧下拉菜单可选择转速单位为 % 或 rpm（r/min）。

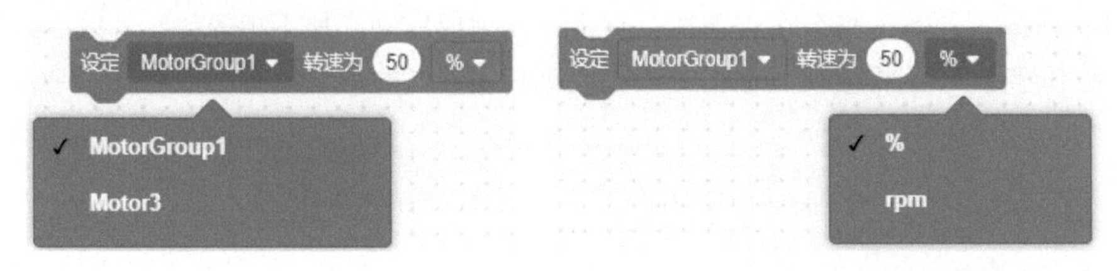

例：设定电机组 MotorGroup1 转速为 30%，正转至 90° 转位。

7）设定电机停止模式：设定智能电机停止时的行为。

说明：
①“刹车”将使电机立即停止。
②“滑行”将使电机逐渐减速直到停止。
③“锁住”将使底盘立即停止，同时如果有移动会转回到它停止的位置。
注：设定电机停止将对随后程序中所有电机指令生效。
指令块左侧下拉菜单可选择使用哪一个电机或电机组（左图），右侧下拉菜单可选择电机或电机组停止模式（右图）。

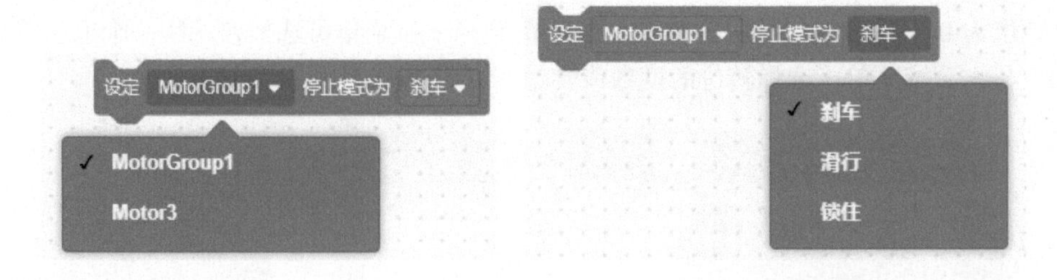

例：机械臂电机正转 90°，然后抵抗外部作用力（比如重力）来锁住它的位置。

8）设定电机转矩（扭矩）：设定智能电机的力量。

说明：设定电机转矩范围为 0%~100%，设定电机转矩指令块可接受小数、整数或数字指令。指令块下拉菜单可选择使用哪一个电机或电机组。

例：设置最大转矩为 20% 来转动钳爪，电机转位至 40°，这将使得钳爪可以抓取一个物体，且不会因为力量过大而损坏物体。

9）设定电机超时：针对智能电机或电机组运动指令设定一个时间限制。

说明：当驱动指令因为某些原因未成功到达指定转位（如一个机械臂受到机械限制而无法完成转动），且该指令运行时间已超过底盘时间限制，则程序会结束该条指令。这样可防止驱动指令卡在某一步而影响后续指令的运行。设定电机超时指令块可接受小数、整数或数字指令。

例：如果钳爪电机未达到 270° 转位，则会在 2s 后结束“设定电机”指令。当到达时间限制或达到目标，钳爪电机（clawmotor）将转位至 0°。

电机传感如下：

智能电机不仅像大多数电机一样可将电能转化为机械能，还具有大多数电机所不具备的一些“智能”特性。其中一个重要特性是正交编码器。

通过智能电机的正交编码器报告可以确定以下内容：

1）电机转动方向（正转 / 反转或开 / 关）。

2）电机的位置以及转动量（以转数或度数为单位）。

3）电机转动的速度（基于编码器的位置数据和跟踪时间）。

由于正交编码器可报告电机的状态，VEXcode IQ 程序可以调用许多运动和传感块状态。

电机传感指令如下：

1）电机已结束：报告指定的电机或电机组转动是否已完成。

说明：

①“电机已结束”指令块报告一个“真”或“假”值，且可被用在六角形空白指令块中。

② 当指定的电机转动已完成时，“电机已结束”指令

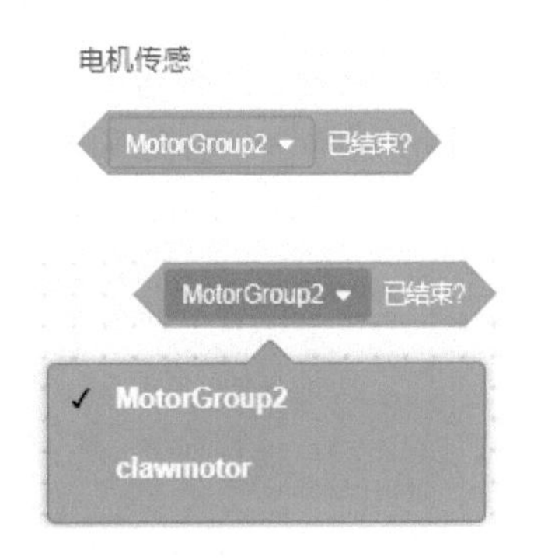

块会报告“真”。

③ 当指定的电机仍在转动时，“电机已结束”指令块会报告“假”。

指令块下拉菜单可选择使用哪一个电机或电机组。

例：等待直到电机组 MotorGroup2 转动完成。

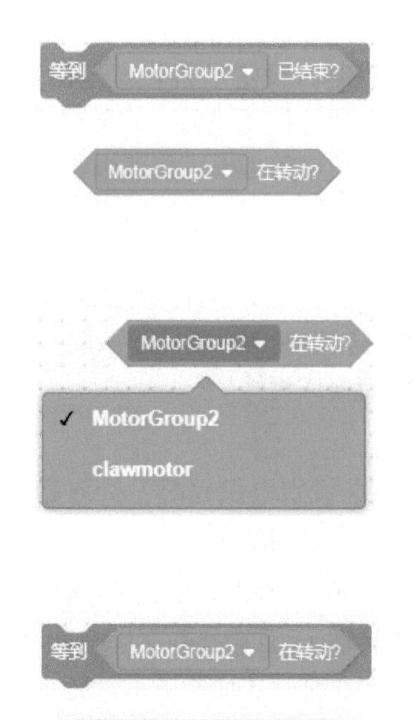

2）电机在转动：报告指定的电机或电机组当前是否在转动。

说明：

①“电机在转动”指令块报告一个“真”或“假”，值，且可被用在六角形空白指令块中。

② 当指定的电机正在转动时，“电机在转动”指令块会报告“真”。

③ 当指定的电机转动已停止时，“电机在转动”指令块会报告“假”。

指令块下拉菜单可选择使用哪一个电机或电机组。

例：等待，直到电机组 MotorGroup2 转动。

3）电机转位：报告电机已转动的度数或转数。

说明：“电机转位”指令块以整数数值角度和小数数值转数报告电机转位。指令块左侧下拉菜单可选择使用哪一个电机或电机组（左图），右侧下拉菜单可选择转位的度数或转数。电机转位指令块可被用在圆形空白指令块中。

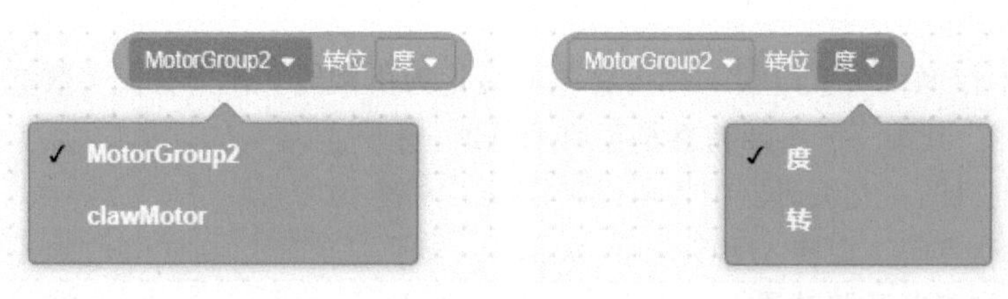

例：在主控器屏幕上显示电机组 MotorGroup2 的转位。

4）电机转速：报告智能电机当前的转速。

说明：电机转速报告范围为 −100%~100%，或 −127~127rpm（r/min）。指令块左侧下拉菜单可选择使用哪一个电机或电机组（左图），右侧下拉菜单可选择电机转速单位为 % 或 rpm（r/min）。电机转速指令块可被用在圆形空白指令块中。

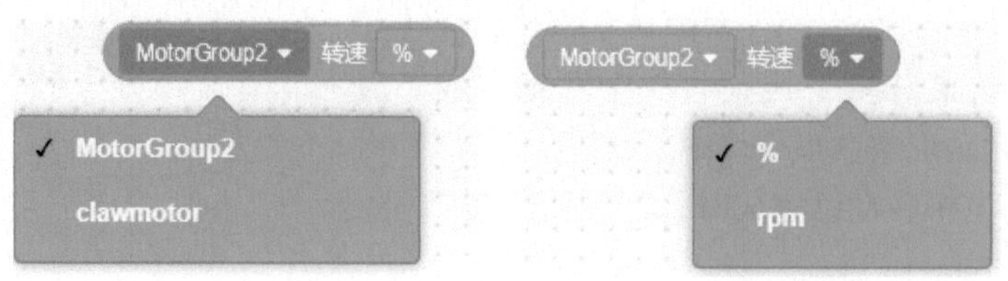

例：在主控器屏幕上显示电机组 MotorGroup2 的转速。

5）电机电流：报告电机当前使用的电流值（A）。

说明：电机电流报告范围为 0.0~1.2 amps（A），电机电流指令块可被用在圆形空白指令块中，指令块左侧下拉菜单可选择使用哪一个电机或电机组。

例：在控制台上打印电机组 MotorGroup2 的电流。

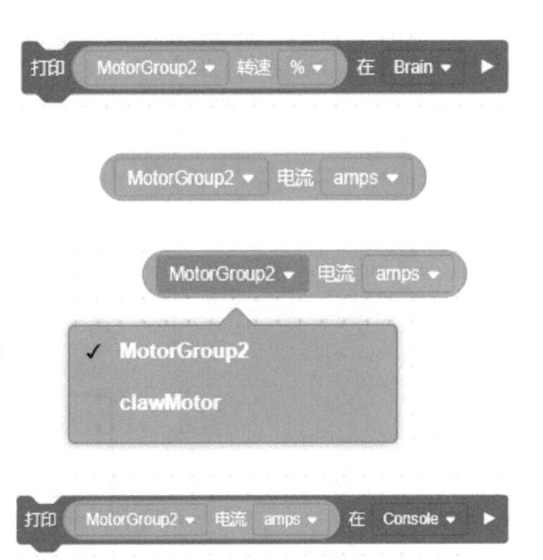

（4）添加设备：碰撞传感器（BUMPER）。

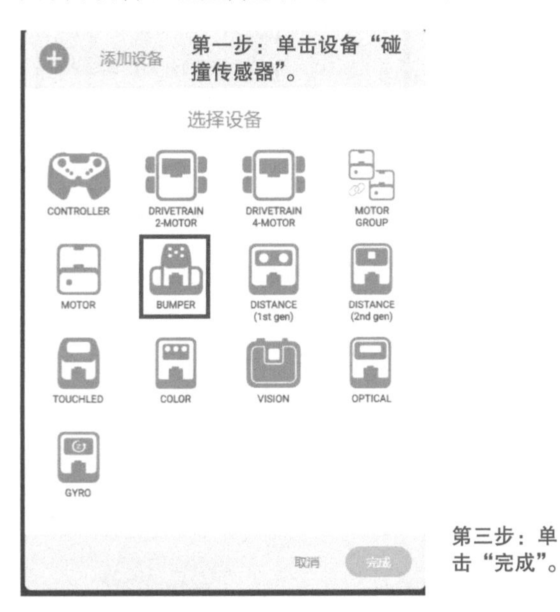

第二步：选择 8 号端口（选择与硬件一致的端口）。

添加了碰撞传感器后，代码区新增的指令有“碰撞传感”。

碰撞传感：报告碰撞传感器是否被按下。

说明：如果碰撞传感器碰撞开关被按下，“碰撞开关按下”指令块报告“真”值。如果碰撞开关未被按下，“碰撞开关按下”指令块报告“假”值。指令块下拉菜单可选择使用哪一个碰撞开关。

例：驱动机器人一直正向前进，直到碰撞传感器 Bumper8 被按下。

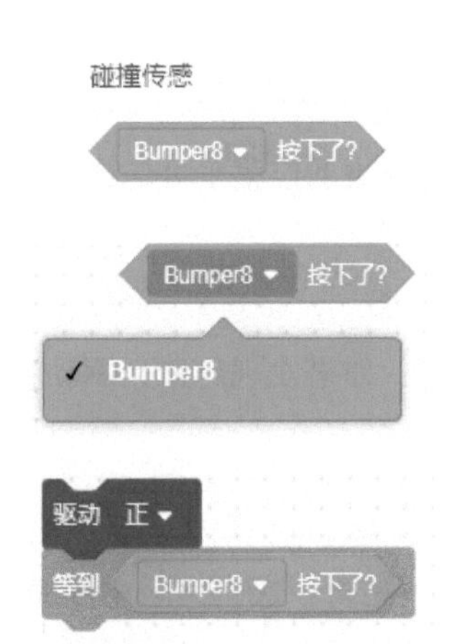

（5）添加设备：距离传感器（第 1 代）（DISTANCE（1st gen））。

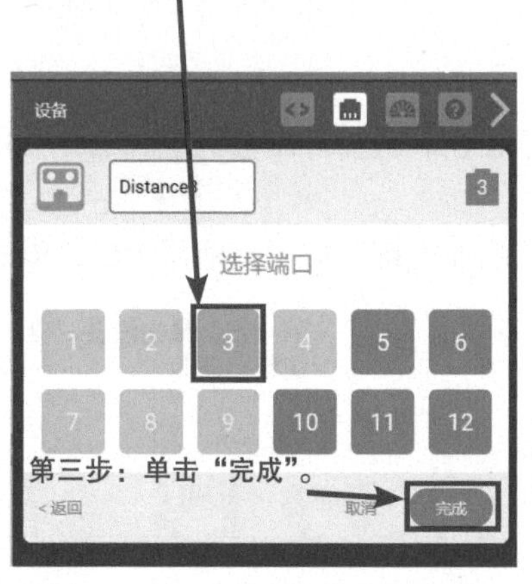

添加了距离传感器（第 1 代）后，代码区新增的指令有“距离感应（第 1 代）”。

距离感应（第 1 代）指令如下：

1）发现对象：报告距离传感器（第 1 代）是否在它测距范围内检测到一个对象。

说明：

①“发现对象”指令块报告一个“真”或“假”值，且可被用在六角形空白指令块中。

② 当距离传感器在测距范围内检测到对象或平面时，“发现对象”指令块会报告“真”。

③ 当距离传感器在测距范围内未检测到对象或平面时，“发现对象”指令块会报告“假”。

指令块下拉菜单可选择使用哪一个距离传感器。

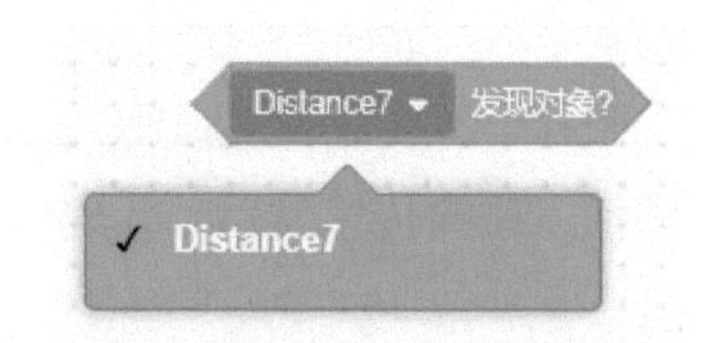

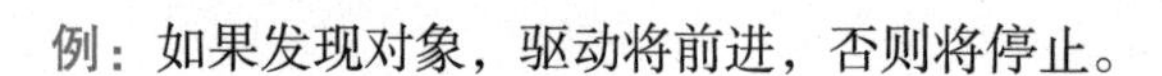

例：如果发现对象，驱动将前进，否则将停止。

2）距离：报告离距离传感器最近对象的距离值。

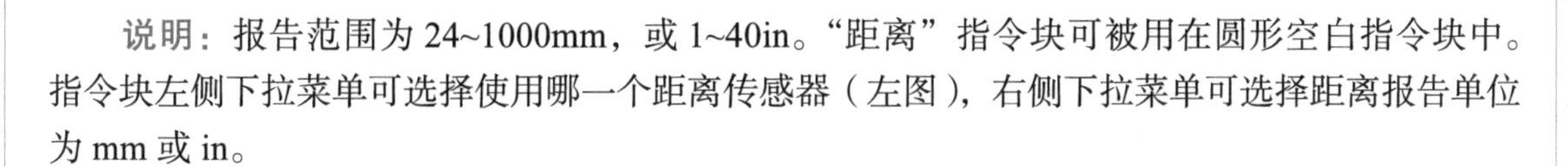

说明：报告范围为 24~1000mm，或 1~40in。“距离”指令块可被用在圆形空白指令块中。指令块左侧下拉菜单可选择使用哪一个距离传感器（左图），右侧下拉菜单可选择距离报告单位为 mm 或 in。

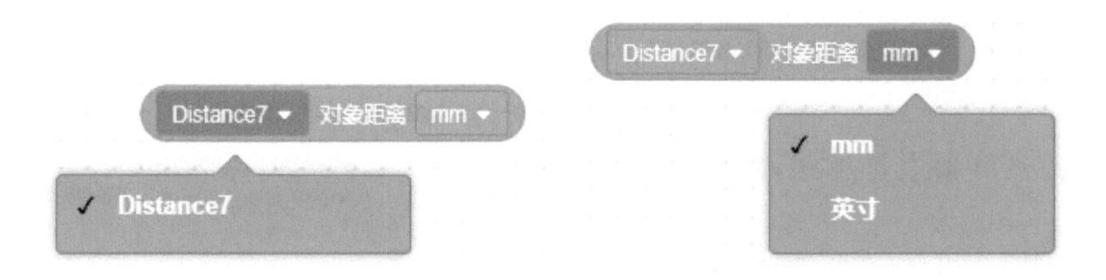

例：在主控器屏幕上显示距最近对象的距离。

（6）添加设备：距离传感器（第 2 代）（DISTANCE（2nd gen））。

添加了距离传感器（第 2 代）后，代码区新增的指令有“距离感应（第 2 代）”。

距离感应（第 2 代）指令如下：

1）距离：报告离距离传感器最近对象的距离值。

距离感应（第 2 代）

Distance7 ▾ 对象距离 mm ▾

说明：报告范围为 24~1000mm，或 1~ 40in。“距离”指令块可被用在圆形空白指令块中。指令块左侧下拉菜单可选择使用哪一个距离传感器（左图），右侧下拉菜单可选择距离报告单位为 mm 或 in（右图）。

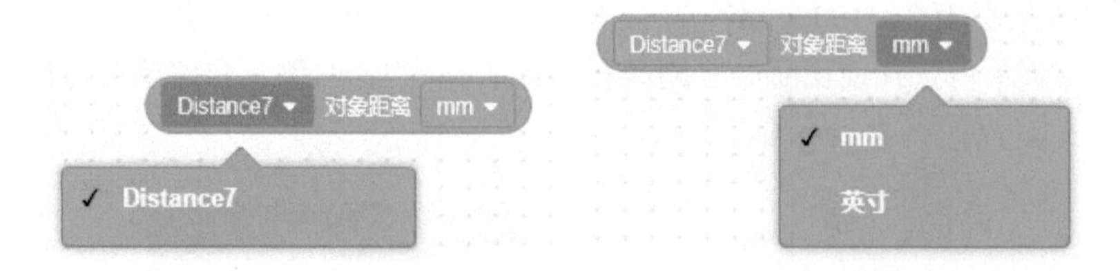

例：在主控器屏幕上显示距最近对象的距离。

2）对象速度：报告离距离传感器最近对象的当前速度。

说明：报告对象的当前速度，单位为 m/s（米 / 秒），“对象速度”指令块可被用在圆形空白指令块中。指令块下拉菜单可选择使用哪一个距离传感器。

例：在主控器屏幕上显示距最近对象的速度。

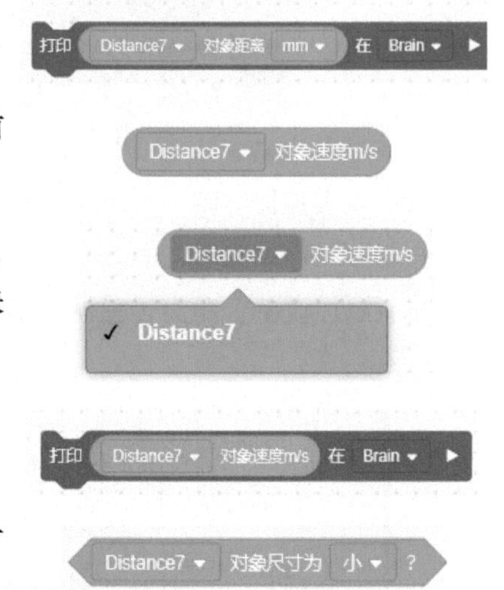

3）对象尺寸：报告距离传感器是否检测到相应尺寸的对象。

说明：距离传感器根据反射回传感器的光量确定检测到的对象的尺寸（小、中、大）。指令块左侧下拉菜单可选择使用哪一个距离传感器（左图），右侧下拉菜单可选择要距离传感器检查的对象尺寸（右图）。

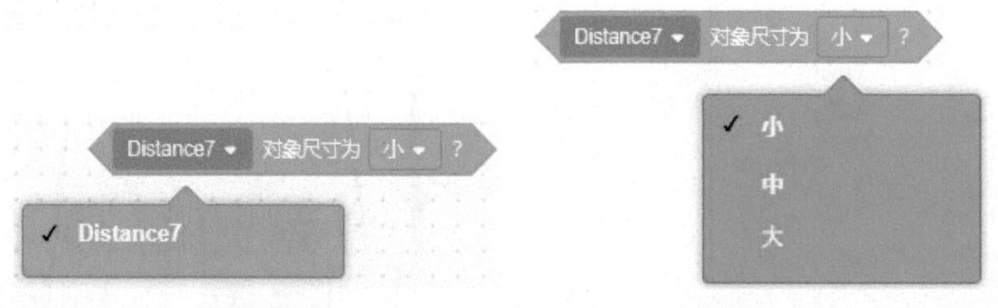

①“对象尺寸为”指令块报告一个“真”或“假”值，可被用在六角形空白指令块中。
② 当距离传感器检测到指定大小时，“对象尺寸为”指令块会报告“真”。
③ 如果未检测到指定的大小，“对象尺寸为”指令块会报告“假”。

例：如果对象尺寸（小）报告为“真”值，驱动将后退 2s。

4）发现对象：报告距离传感器是否在它测距范围内检测到一个对象。

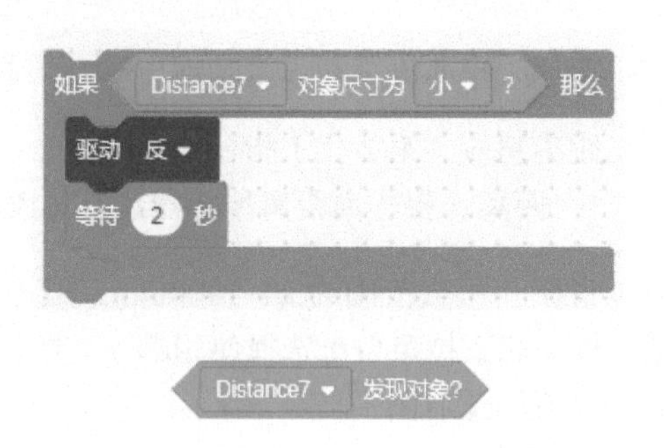

说明：

①“发现对象”指令块报告一个“真”或“假”值，且可被用在六角形空白指令块中。

② 当距离传感器在测距范围内检测到一个对象或平面时，“发现对象”指令块会报告“真”。

③ 当距离传感器在测距范围内未检测到对象或平面时，“发现对象”指令块会报告“假”。

指令块下拉菜单可选择使用哪一个距离传感器。

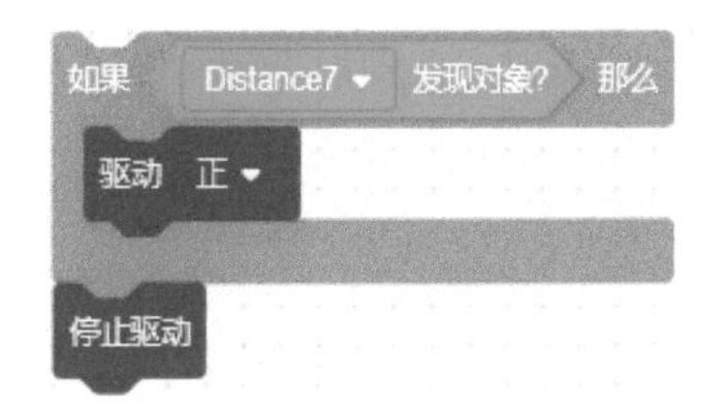

例：如果发现对象，驱动将前进，否则将停止。

（7）添加设备：触碰 LED（TOUCHLED）。

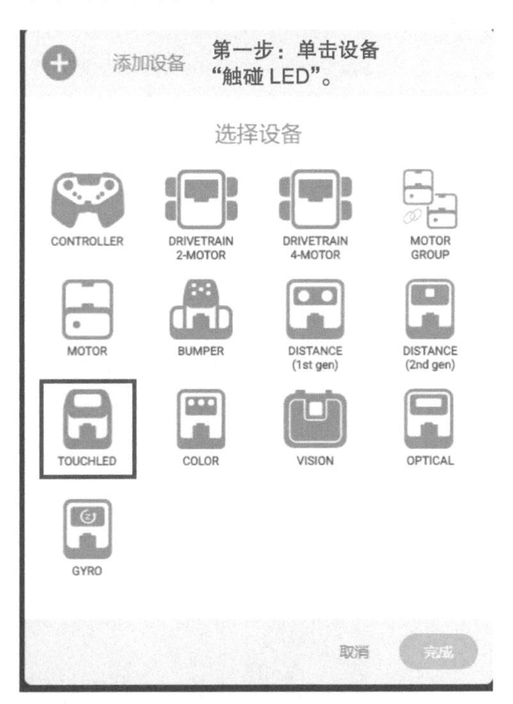

第二步：选择 5 号端口（选择与硬件一致的端口）

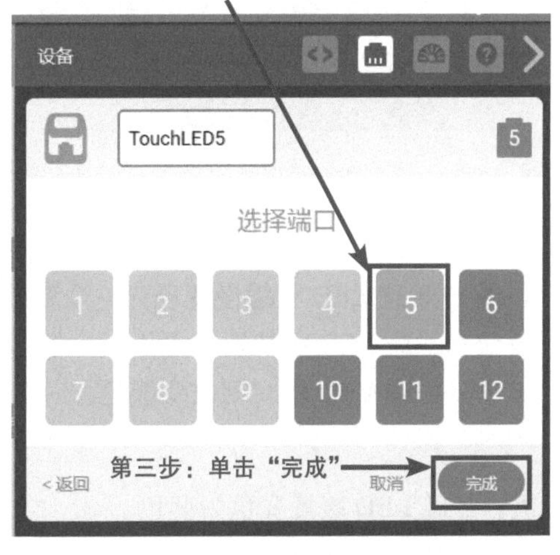

触碰 LED 具有两种功能，LED 彩灯功能和触碰传感器功能。添加了触碰 LED 后，代码区新增的指令有“触摸 LED ”和“触碰 LED 传感”。

触摸 LED

设定 TouchLED5 ▾ 颜色为 无色 ▾

触碰 LED（即触摸 LED）指令如下：

1）颜色：设定触碰 LED 颜色。

说明：指令块左侧下拉菜单可选择使用哪一个触碰 LED（左图），右侧下拉菜单可选择将要显示的颜色。如果要关闭触碰 LED 颜色，则设定颜色为无色。

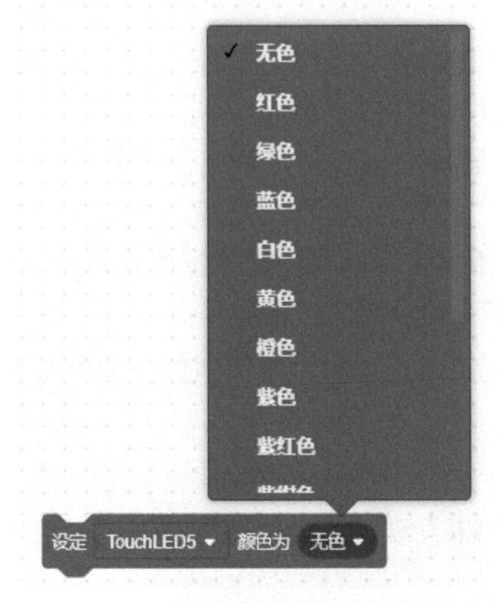

例：将触碰 LED 设置为红色。

2）设定触碰 LED 变色速度：设定触碰 LED 在不同颜色之间变换速度的快慢。

说明：指令块左侧下拉菜单可选择使用哪一个触碰 LED（左图），右侧下拉菜单可选择触碰 LED 变色速度的快慢（右图）。

① 慢 ：触碰 LED 将缓慢变色为一个新的颜色。
② 快：触碰 LED 将快速变色为一个新的颜色。
③ 灭：触碰 LED 将立刻改变颜色。

例：触碰 LED 缓慢变色为蓝色。

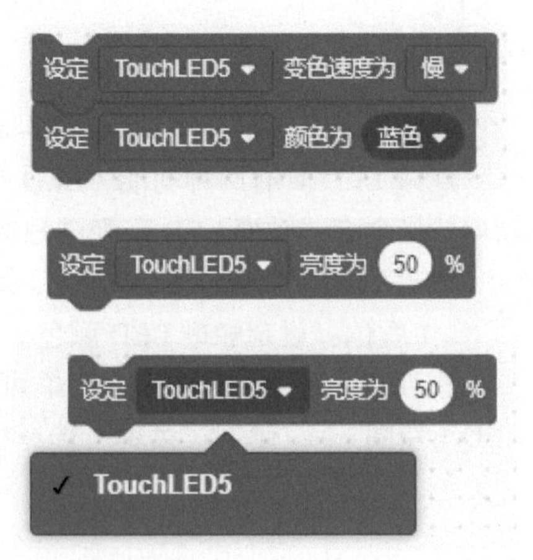

3）设定触碰 LED 亮度：设定触碰 LED 的亮度水平。

说明：设定触碰 LED 亮度范围为 0% ~ 100%，可接受整数或数字指令。指令块下拉菜单可选择使用哪一个触碰 LED。

例：触碰 LED 亮度为 20%，亮起绿灯。

触碰 LED 传感指令如下：

触碰 LED 按下：报告触碰 LED 是否被按下。

说明：

①“触碰 LED 按下”指令块报告一个“真”或“假”值，且可被用在六角形空白指令块中。

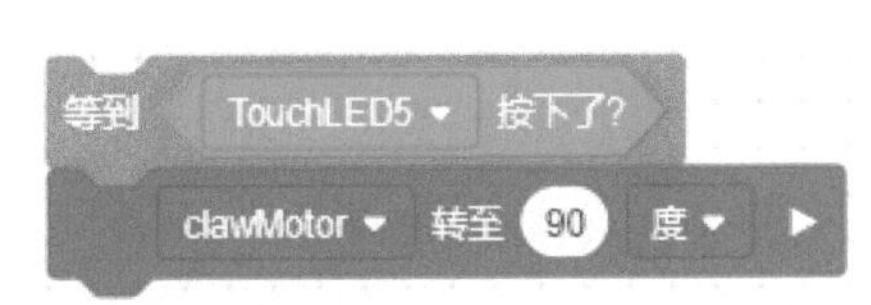

② 如果选择的触碰 LED 被按下时，“触碰 LED 按下”指令块会报告“真”。

③ 如果选择的触碰 LED 未被按下时，“触碰 LED 按下”指令块会报告“假”。

指令块下拉菜单可选择使用哪一个触碰 LED。

例：当触碰 LED 被触碰时，钳爪电机将转动至 90°。

（8）添加设备：颜色传感器（辨色仪）（COLOR）。

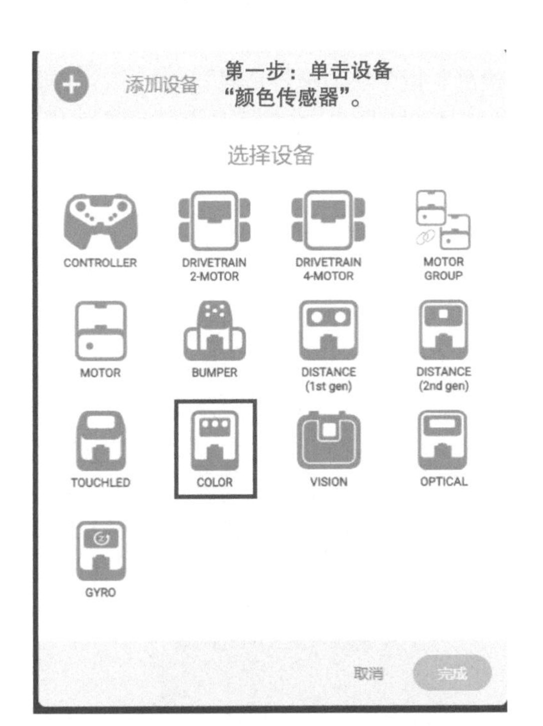

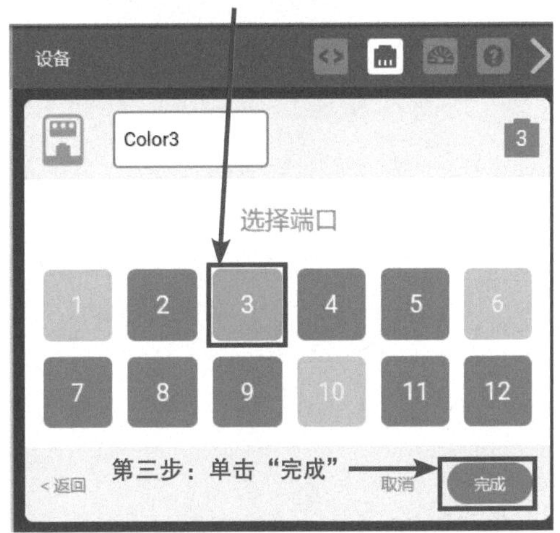

添加了颜色传感器后，代码区新增的指令有“颜色传感”。

颜色传感指令如下：

1）靠近对象：报告颜色传感器是否检测到一个对象靠近。

说明：

①“靠近对象”指令块报告一个“真”或“假”值，且可被用在六角形空白指令块中。

② 当颜色传感器检测到一个对象或表面靠近传感器前方时，“靠近对象”指令块会报告“真”。

③ 当颜色传感器检测到传感器前方空白时，“靠近对象”指令块会报告“假”。

指令块下拉菜单可选择使用哪一个颜色传感器。

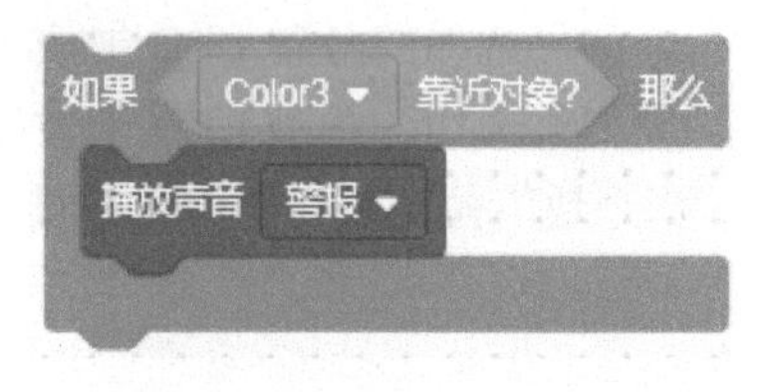

例：如果靠近对象，则播放警报声。

2）颜色检测：报告颜色传感器是否检测到指定颜色。

说明：

①“颜色检测”指令块报告一个“真”或“假”值，且可被用在六角形空白指令块中。

② 当颜色传感器检测到指定颜色时，“颜色检测”指令块会报告“真”。

③ 当颜色传感器未检测到指定颜色时，“颜色检测”指令块会报告“假”。

指令块左侧下拉菜单可选择使用哪一个颜色传感器（左图），右侧下拉菜单可选择检测哪一种颜色（右图）。

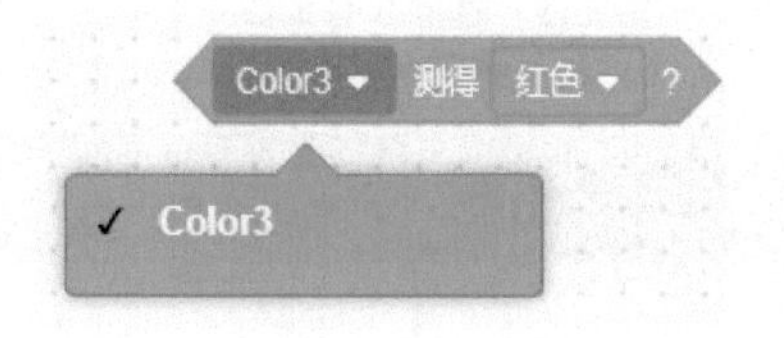

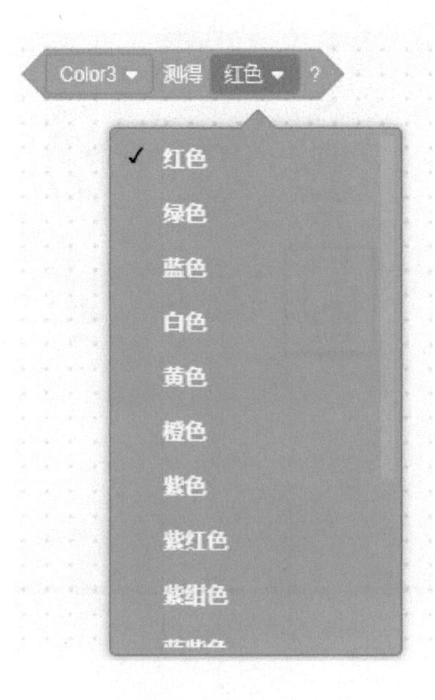

例：根据颜色传感器是否检测到红色，在主控器屏幕上显示红色或其他颜色。

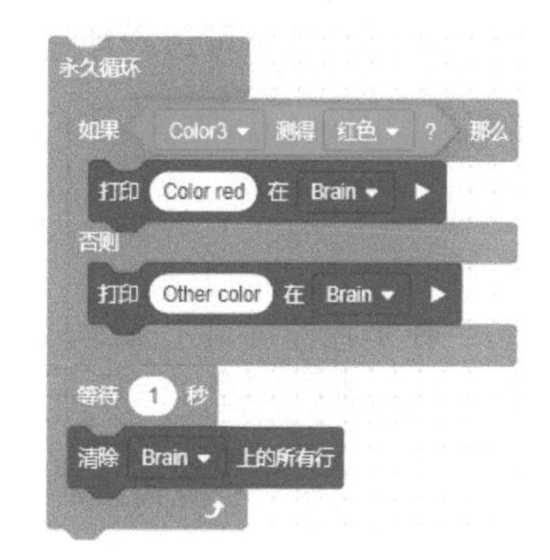

3）颜色名称：报告颜色传感器检测到的颜色名称。

说明："颜色名称"指令块可被用在圆形空白指令块中。

指令块下拉菜单可选择使用哪一个颜色传感器。

例：设定触碰 LED 颜色为颜色传感器检测到的颜色。

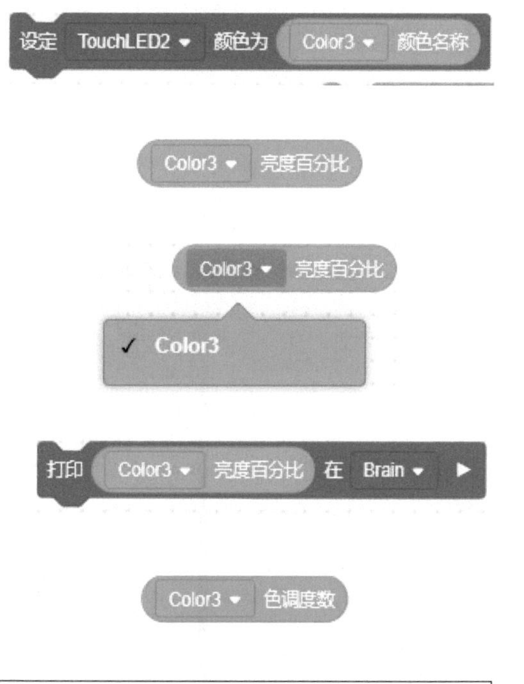

4）亮度百分比：报告颜色传感器检测到的光线亮度。

说明：亮度百分比报告范围为 0 ~ 100%。指令块下拉菜单可选择使用哪一个颜色传感器。亮度百分比指令块可被用在圆形空白指令块中。

例：在主控器屏幕上显示颜色传感器检测到的光线亮度。

5）色调度数：报告颜色传感器检测到的颜色色调值。

说明：色调度数报告范围为 0 ~ 360。"色调度数"指令块可被用在圆形空白指令块中。

指令块下拉菜单可选择使用哪一个颜色传感器。

例：在主控器屏幕上显示颜色传感器检测到的颜色色调值。

（9）添加设备：视觉传感器（VISION）。

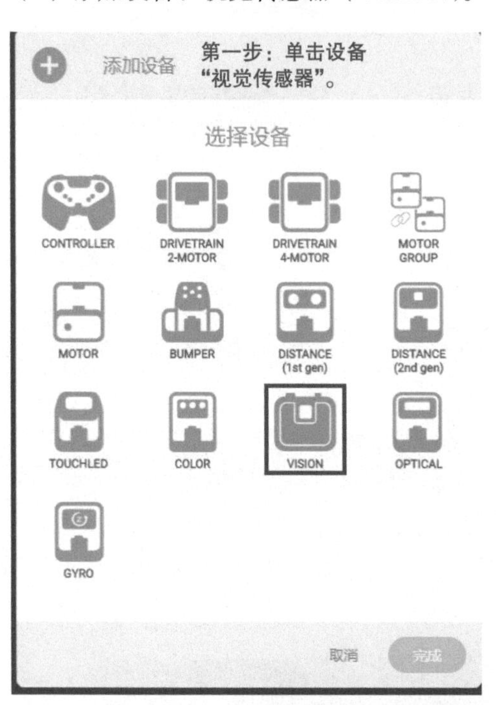

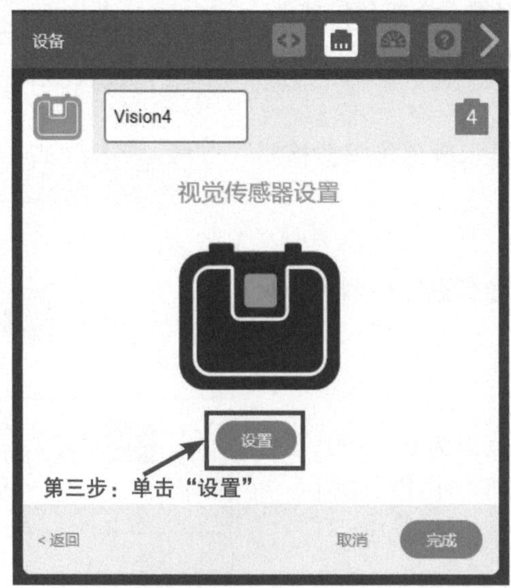

在“设置”屏幕上选择“设置”之前，要使用 Micro USB 数据线将视觉传感器直接连接到计算机。

第四步：在视觉传感器前面放置一个物体，然后选择“冻结”（Freeze）

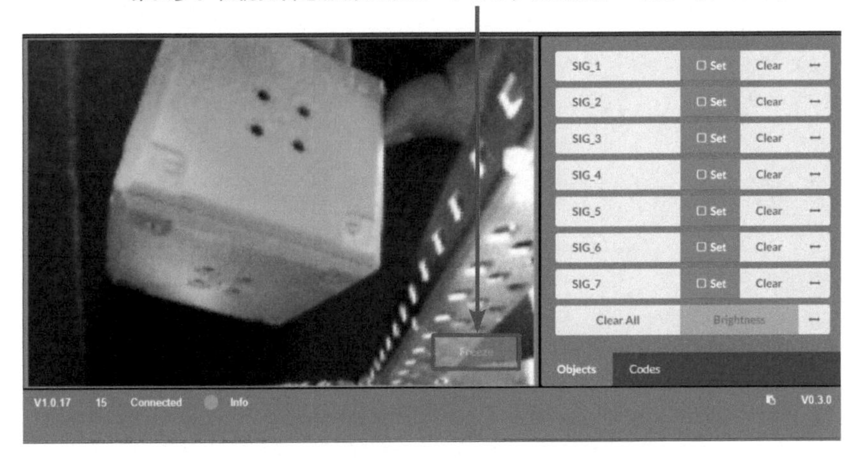

第五步：选择屏幕上的图像并在其周围拖动一个边界框。然后选择七个标记其中的一个。确保选择尽可能少的背景。在这个例子中，选择了 SIG_1

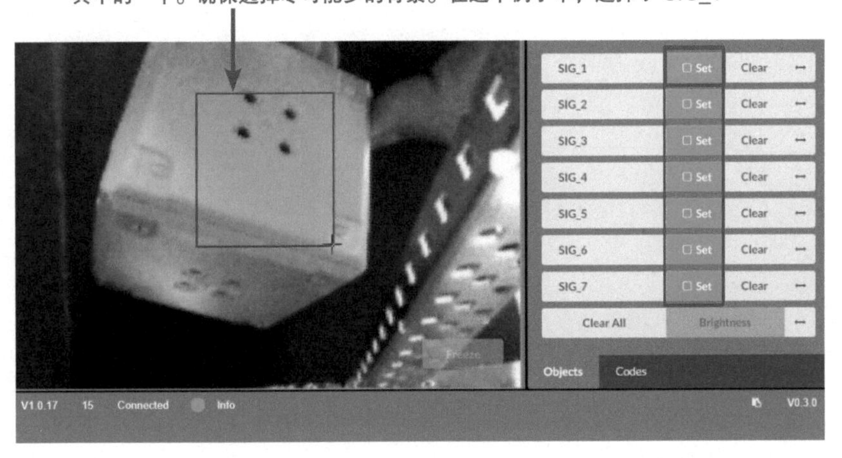

第六步：选择滑块图标校准颜色标记。移动滑块，直到大部分彩色对象被高亮显示，而背景和其他物体没有被高亮显示

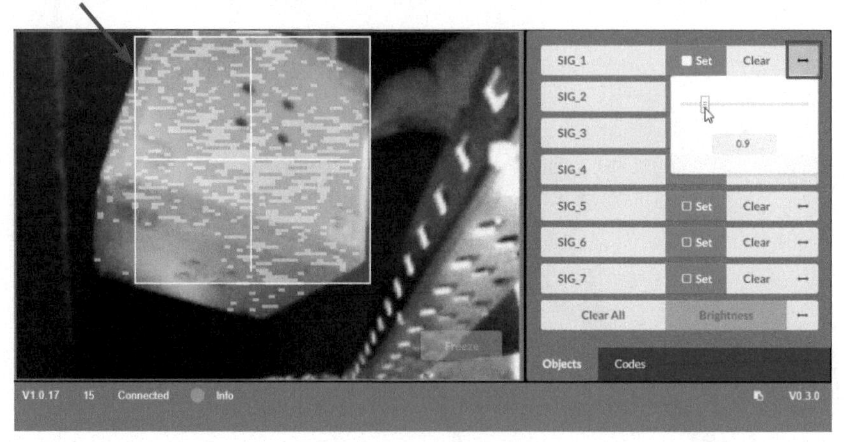

第七步：通过选择其标签并输入名称来命名并保存标记。
在这里，SIG_1 被保存为 G_CUBE

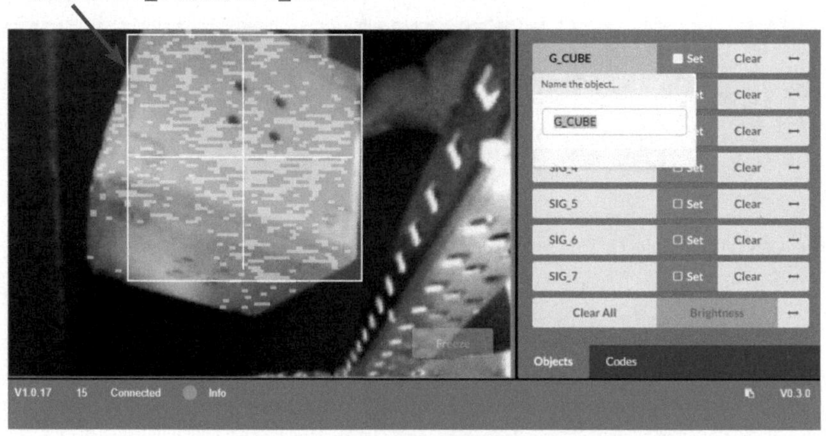

说明：如果要删除保存的一个标记，在该标记的行中选择“清除”(Clear)。
也可以选择“全部清除”(Clear All) 以删除所有保存的标记

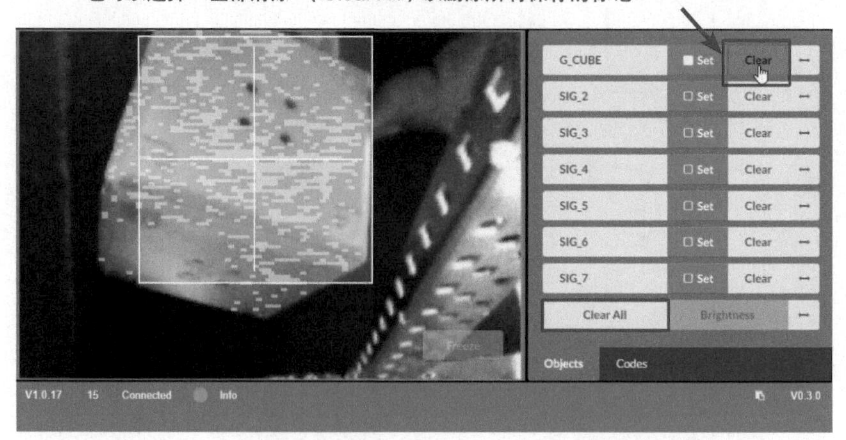

使用视觉传感器对象指令块的步骤如下：

1）使用设备窗口设置视觉传感器。

2）使用“拍照”来捕捉一个视觉传感器画面，并寻找某个标记 / 颜色编码。

3）使用“对象存在”来检验视觉传感器是否检测到了需要的标记 / 颜色编码。

当视觉传感器检测到一个对象时，可以使用其他视觉传感器指令块来获取更多检测到的对象的信息。

1）使用“设定视觉传感器对象标号”来设置你想获取更多信息的已检测对象。默认情况下，使用检测到的最大对象。

2）使用“对象数目”来决定需要被检测到的标记 / 颜色编码对象数量。

3）使用“视觉传感器对象”来决定报告对象的哪些信息。

视觉传感指令如下：

视觉传感

Vision4 ▾ 拍照 SELECT_A_SIG ▾

1）拍照：使用视觉传感器拍照并寻找某个标记 / 颜色编码。

说明：“拍照”指令块将从视觉传感器的当前画面中，寻找将被处理和分析的标记 / 颜色编码。一般在使用其他视觉传感器指令块之前，首先需要一个“拍照”指令。

指令块下拉菜单可选择使用哪一个视觉传感器（左图）。右侧下拉菜单可选择使用视觉传感器标记。视觉传感器标记在设备窗口中配置（右图）。

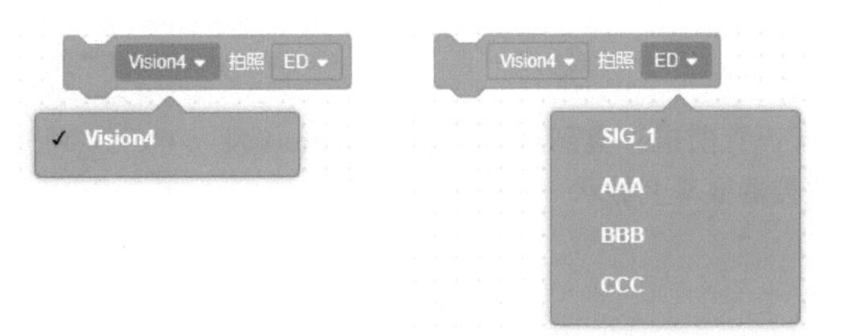

例：选择视觉传感器 Vision4 拍照，并寻找 SIG_1 标记。

2）设定视觉传感器对象标号：从检测到的对象之中设定对象（你想要获取更多信息的那个对象）标号。

说明：“对象数目”指令块可用在“设定视觉传感器对象标号”指令块之前来决定检测到的对象数目。“设定视觉传感器对象标号”指令块可接受整数或数字指令。指令块下拉菜单可选择使用哪一个视觉传感器。

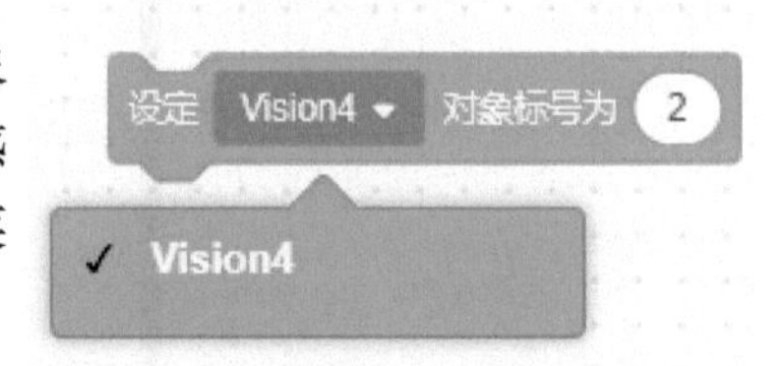

3）对象数目：报告视觉传感器检测到的对象数目。

说明：在使用“对象数目”指令块报告对象数目之前需要先使用“拍照”指令块。“对象数目”指令块只会检测来自最后拍照标记的对象的数目。指令块下拉菜单可选择使用哪一个视觉传感器。

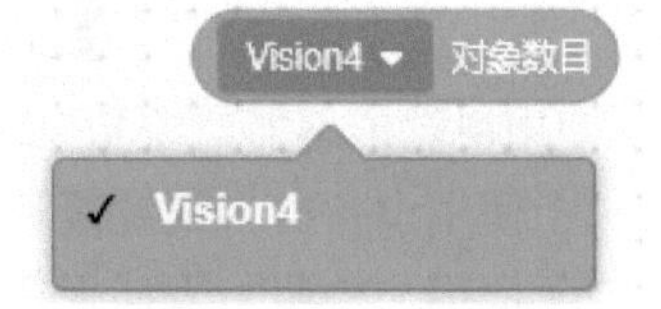

4）对象存在：报告视觉传感器是否检测到一个已配置对象。一个对象需要先被配置，之后，“对象存在”指令块才能够检测到它。

说明：

①“对象存在”指令块报告一个“真”或“假”值，且可被用在六角形空白指令块中。

② 当视觉传感器检测到一个已配置对象时，“对象存在”指令块会报告“真”。

③ 当视觉传感器未检测到一个已配置对象时，“对象存在”指令块会报告“假”。

指令块下拉菜单可选择使用哪一个视觉传感器。

注：在“对象存在”指令块报告一个“真”或“假”值之前需要先使用“拍照”指令块。

例：驱动机器人一直前进，直到视觉传感器 Vision4 发现对象存在，并在主控器屏幕上显示“Found Object”。

5）视觉传感器对象：报告视觉传感器检测到的一个对象信息。

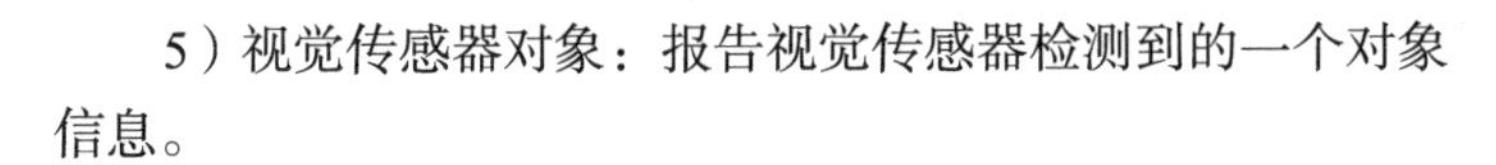

说明：“视觉传感器对象”指令块可被用在圆形空白指令块中。

①指令块左侧下拉菜单可选择使用哪一个视觉传感器。

②右侧下拉菜单可选择报告视觉传感器的哪一项值。

➢ 宽：对象像素有多宽，返回值范围为 2 ~ 316px。

➢ 高：对象像素有多高，返回值范围为 2 ~ 212px。

➢ 中心 X 坐标：报告检测到对象的中心点 X 轴坐标，返回值范围为 0 ~ 315px。

➢ 中心 Y 坐标：报告检测到对象的中心点 Y 轴坐标，返回值范围为 0 ~ 211px。

➢ 夹角：报告检测到对象的角度。返回值范围为 0° ~ 180°。

例：在主控器屏幕上显示视觉传感器 Vision4 发现对象的宽度。

（10）添加设备：光学传感器（OPTICAL）。

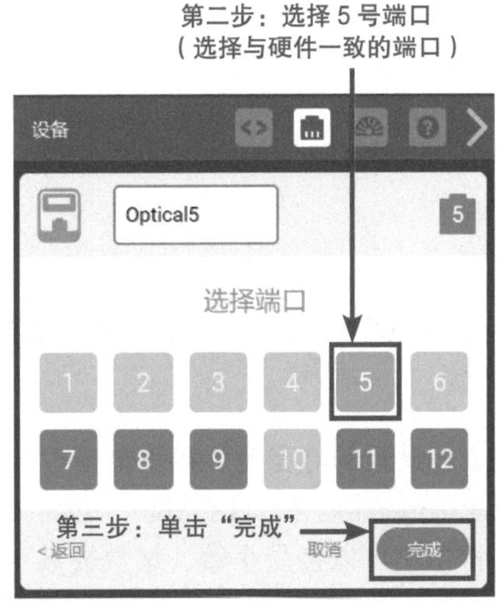

添加了光学传感器后，代码区新增的指令有“光学传感”。

光学传感

光学传感指令如下：

1）设置光学传感器模式：设置光学传感器为“颜色”或“手势”模式。

将 Optical5 设置为 颜色 模式

说明：可以将光学传感器设置为检测颜色或手势模式，指令块左侧下拉菜单可选择要使用哪一个光学传感器（左图），右侧下拉菜单可选择将光学传感器的模式设置为检测颜色或手势（右图）。

注：默认情况下，光学传感器设置为检测颜色。在使用任何光学传感器手势命令块之前，必须先将光学传感器设置为检测手势。

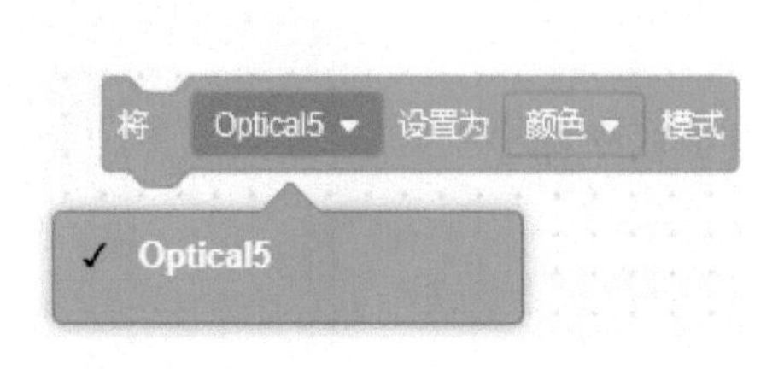

2）设定光学传感器灯：将光学传感器上的灯设置为“亮”或“灭”。

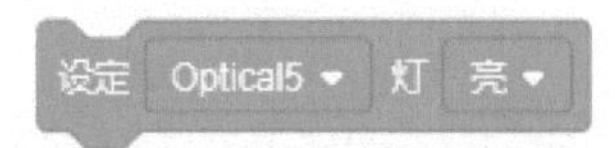

说明：“设定光学传感器灯”将允许打开或关闭光学传感器上的灯。如果传感器要在黑暗区域工作，打开灯可以让传感器更容易看到对象。指令块左侧下拉菜单可选择要使用哪一个光学传感器（左图），右侧下拉菜单可选择是否要将光学传感器上的灯光设置为“亮”或“灭”。

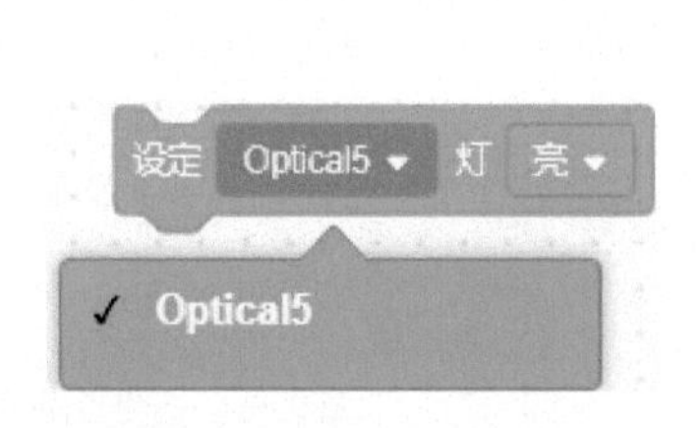

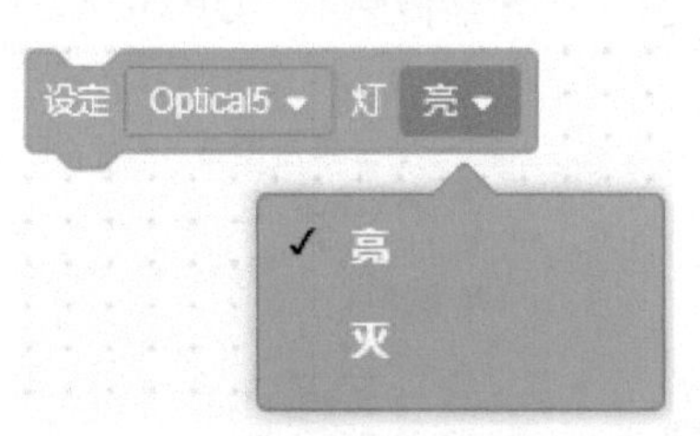

例：设置光学传感器打开灯。然后，如果光学传感器检测到一个对象，则将对象的颜色显示在主控器屏幕上。

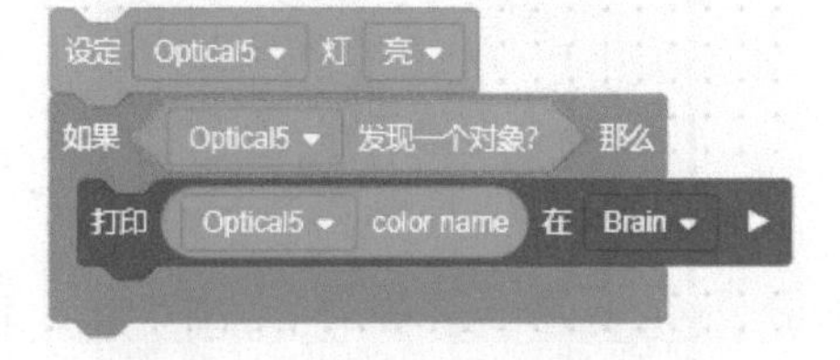

3）设定光学传感器灯亮度：设置光学传感器上的灯的亮度。

说明：设置的灯亮度可接受范围为 0 ~ 100%，其将改变光学传感器上的灯的亮度。“设定光学传感器灯亮度”指令块可以接受小数、整数或数字指令。指令块下拉菜单可选择要使用哪一个光学传感器。

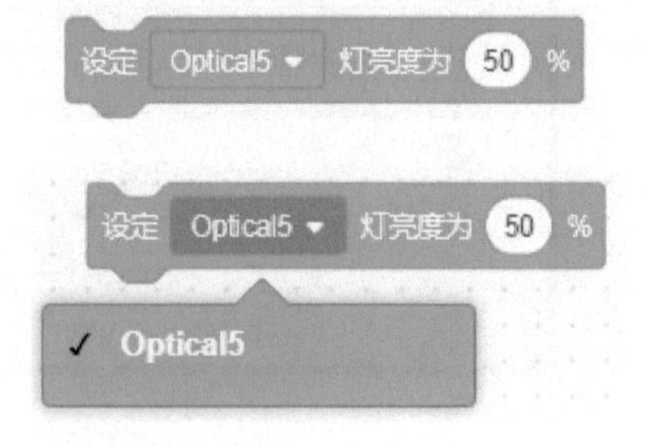

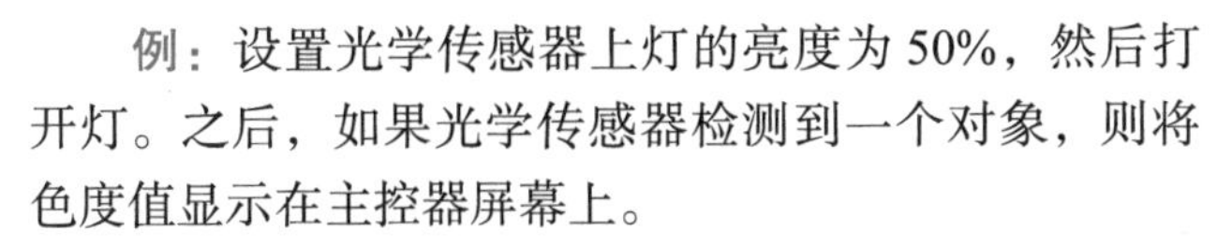

例：设置光学传感器上灯的亮度为 50%，然后打开灯。之后，如果光学传感器检测到一个对象，则将色度值显示在主控器屏幕上。

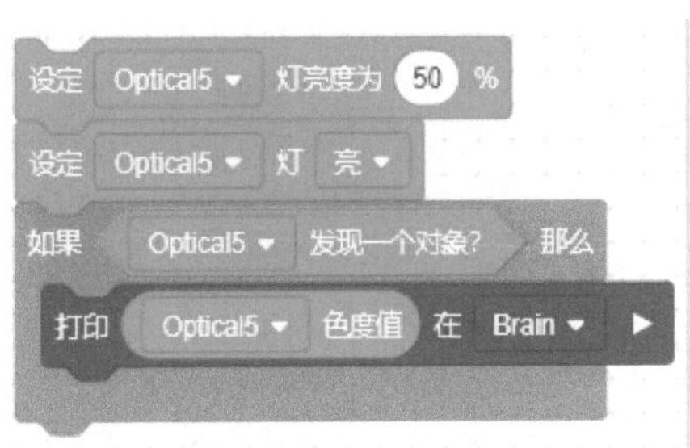

4）光学传感器发现对象：报告光学传感器是否检测到靠近它的对象。

说明：

①“发现对象”指令块报告“真”或“假”值，可被用在六角形空白指令块中。

② 如果光学传感器检测到靠近它的对象时，“发现对象”指令块会报告“真”。

③ 如果光学传感器未检测到对象，“发现对象”指令块会报告“假”。

④“发现对象”指令块可用于检查对象是否靠近光学传感器，以便光学传感器探测色块的颜色读数能更准确。

指令块下拉菜单可选择要使用哪一个光学传感器。

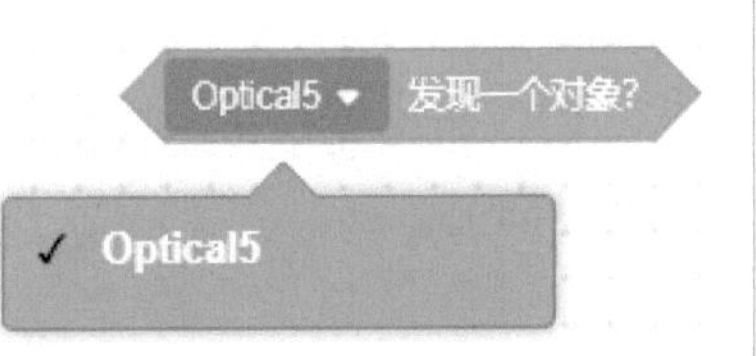

例：当光学传感器检测到一个对象，驱动将后退 200mm。

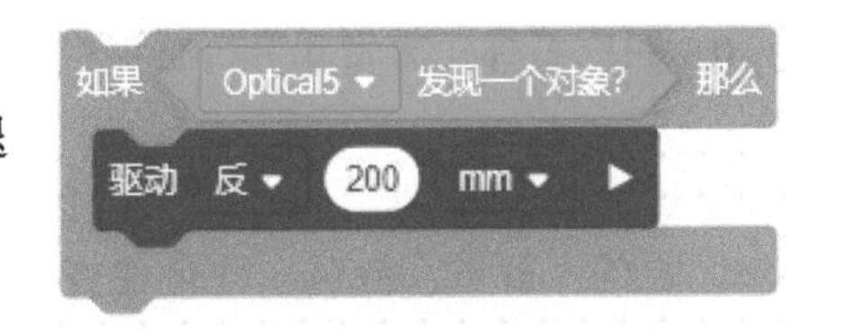

5）光学传感器检测颜色：报告光学传感器是否检测到指定颜色。

说明：

①“检测颜色”指令块报告“真”或“假”值，可被用于六角形空白指令块中。

② 如果光学传感器检测到指定颜色时，“检测颜色”指令块会报告“真”。

③ 如果光学传感器未检测到指定颜色时，“检测颜色”指令块会报告“假”。

指令块左侧下拉菜单可选择要使用哪一个光学传感器（左图），右侧下拉菜单可选择指定的颜色（右图）。

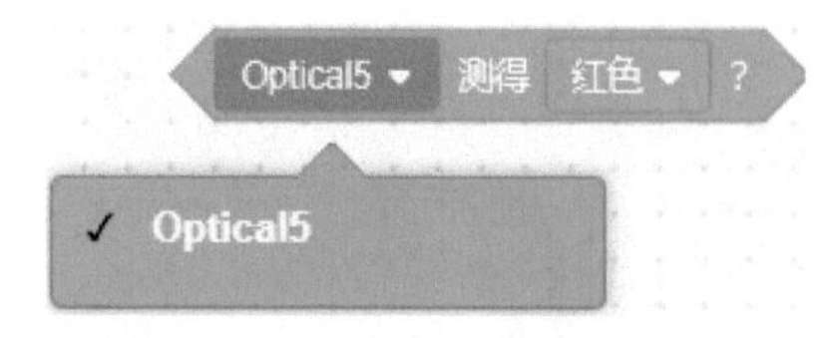

例：如果光学传感器检测到红色则驱动停止，否则驱动向前。

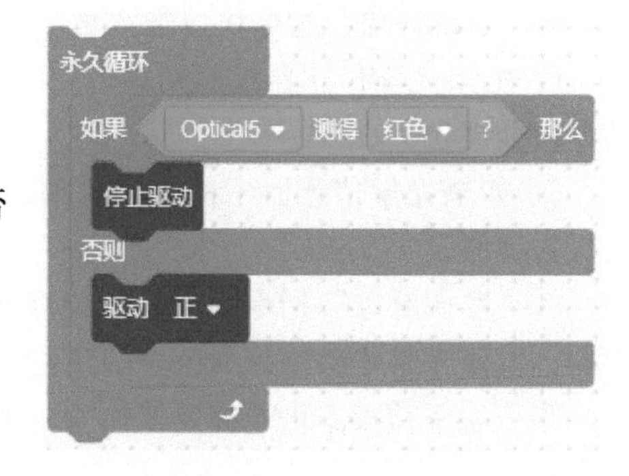

6）颜色名称：报告光学传感器检测到的颜色。

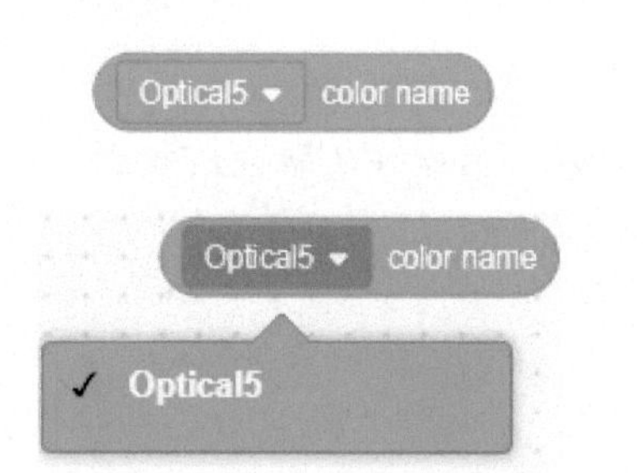

说明："颜色名称"指令块报告以下颜色：红色、绿色、蓝色、黄色、橙色、紫色或青色，"颜色名称"指令块可被用在圆形空白指令块中。指令块下拉菜单可选择要使用哪一个光学传感器。

例：在主控器屏幕上显示光学传感器检测到的颜色。

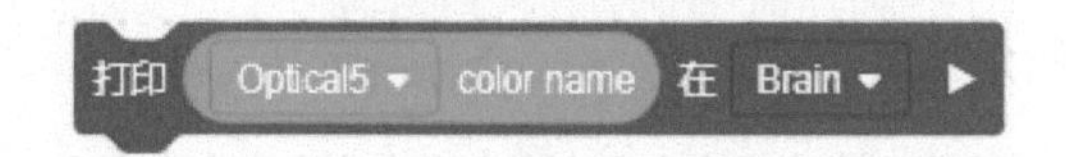

7）亮度百分比：报告光学传感器检测到的光的亮度。

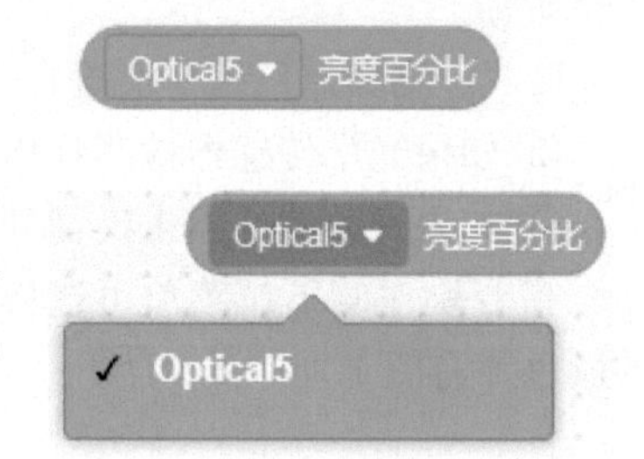

说明："亮度百分比"指令块报告数值范围为 0 ~ 100%，可被用于圆形空白指令块中。当光学传感器检测到大量光线时其将报告高亮度值；检测到少量光线时其将报告低亮度值。指令块下拉菜单可选择要使用哪一个光学传感器。

例：在主控器屏幕上显示光学传感器检测到的光的亮度。

8）色度值：报告光学传感器检测到的颜色的色度值（色调值）。

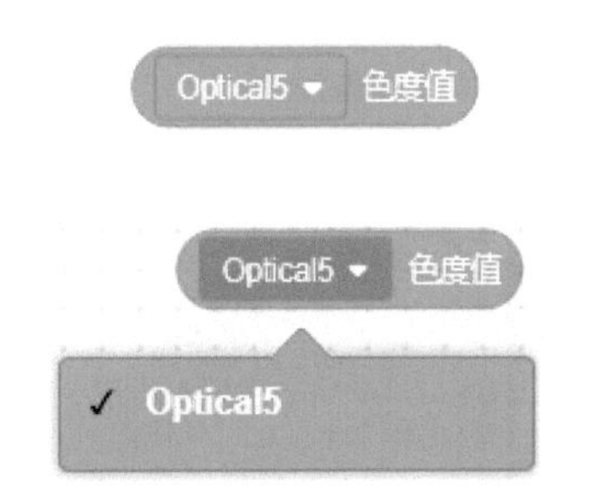

说明："色度值"指令块报告一个数值，该数值表示对象颜色的色调，数值范围为0~359。"色度值"指令块可用于圆形空白指令块中。指令块下拉菜单可选择要使用哪一个光学传感器。

例：在主控器屏幕上显示光学传感器检测到的颜色的色度值。

9）光学传感器手势检测：报告光学传感器是否检测到指定的手势。

说明："手势检测"指令块报告是否检测到手势。在使用"手势检测"指令块之前，需要先将光学传感器设置为手势模式。

指令块左侧下拉菜单可选择要使用哪一个光学传感器（左图），右侧下拉菜单可选择指定手势的方向，可以选择"向上、向下、左、右"。

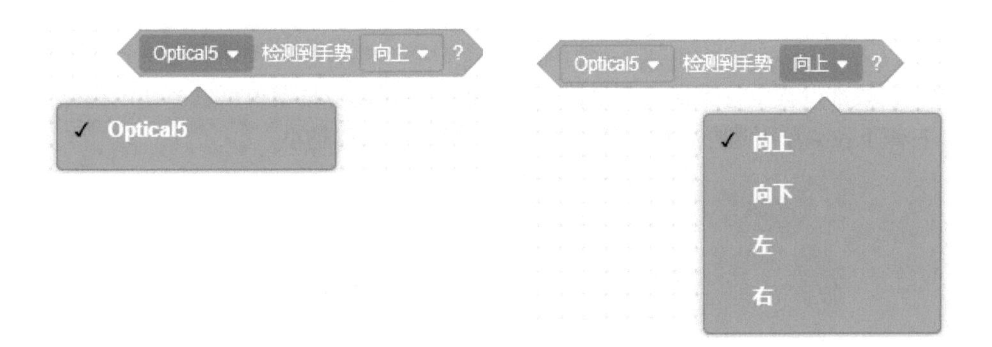

例：等待直到光学传感器检测到一个向上的手势，然后再驱动机器人前进200mm。

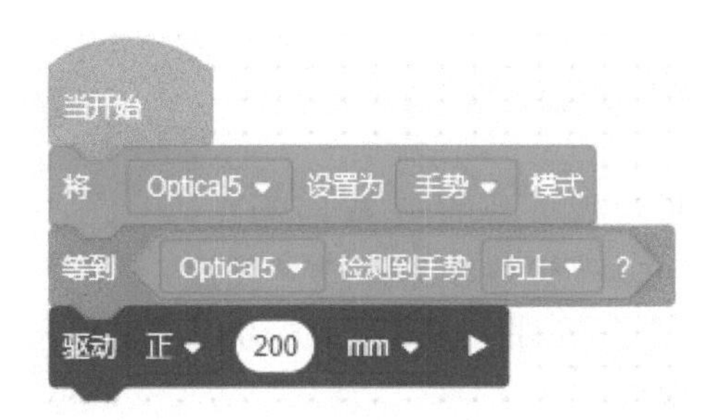

（11）添加设备：陀螺仪（GYRO）。

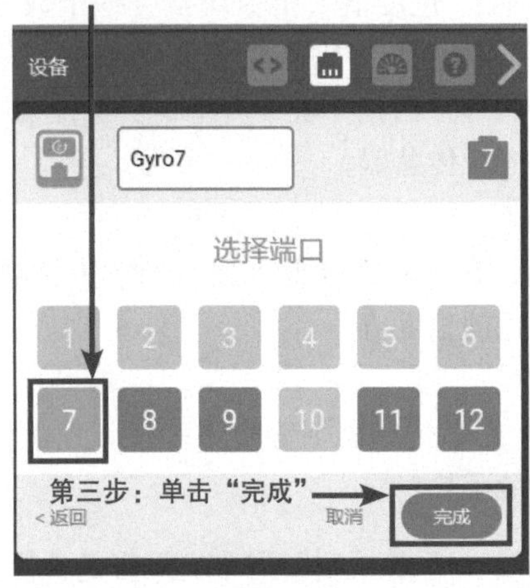

由于 VEX IQ 第 2 代主机内置陀螺仪，所以指令区已有陀螺仪传感指令，添加了陀螺仪后，代码区新增的指令在原有的基础上只增加了两个。

陀螺仪传感指令如下：

1）校准陀螺仪：校准陀螺仪用于减小由陀螺仪产生的漂移值。

说明：在校准过程中陀螺仪必须保持静止，指令块左侧下拉菜单可选择使用哪一个陀螺仪（左图），右侧下拉菜单可选择校准时间，校准时间越长，漂移越小。

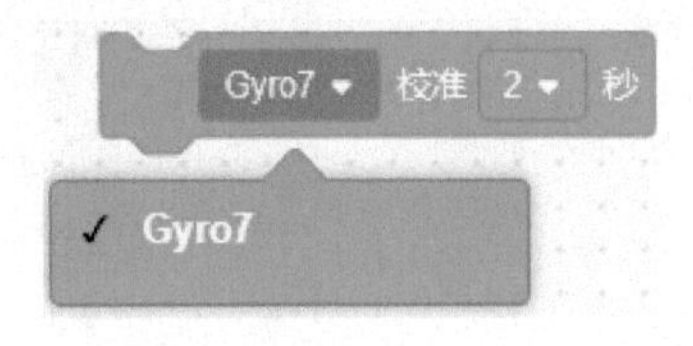

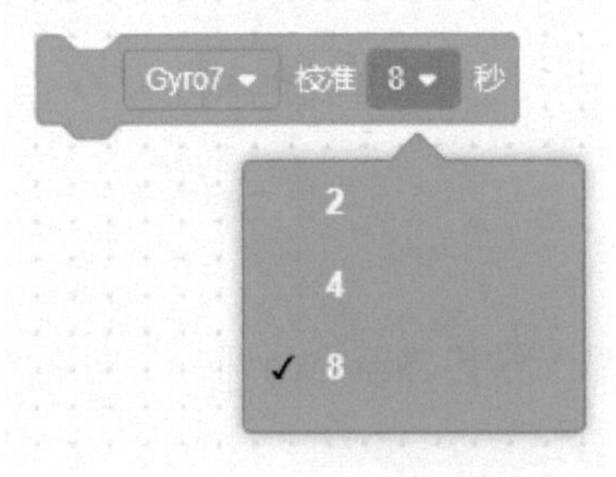

2）陀螺仪角速度：报告陀螺仪传感器的角速度。

说明：“陀螺仪角速度”指令块报告范围为 0 ~ 249.99。陀螺仪角速度的单位为“度每秒（°/s）”。“陀螺仪角速度”指令块可被用于圆形空白指令块中。指令块下拉菜单可选择使用哪一个陀螺仪。

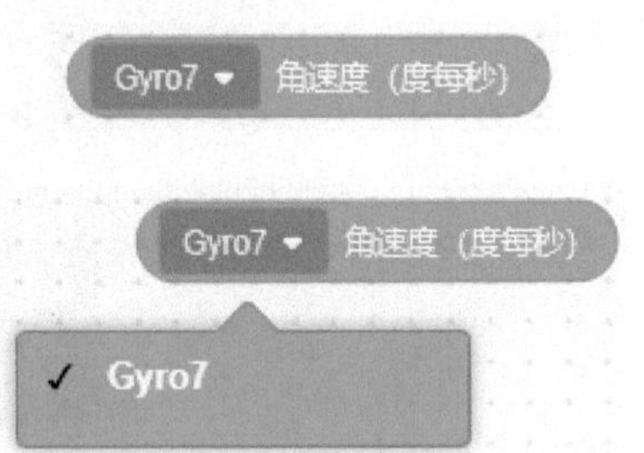

例：将陀螺仪角速度显示在主控器屏幕上。

（12）添加设备：遥控器（CONTROLLER）。

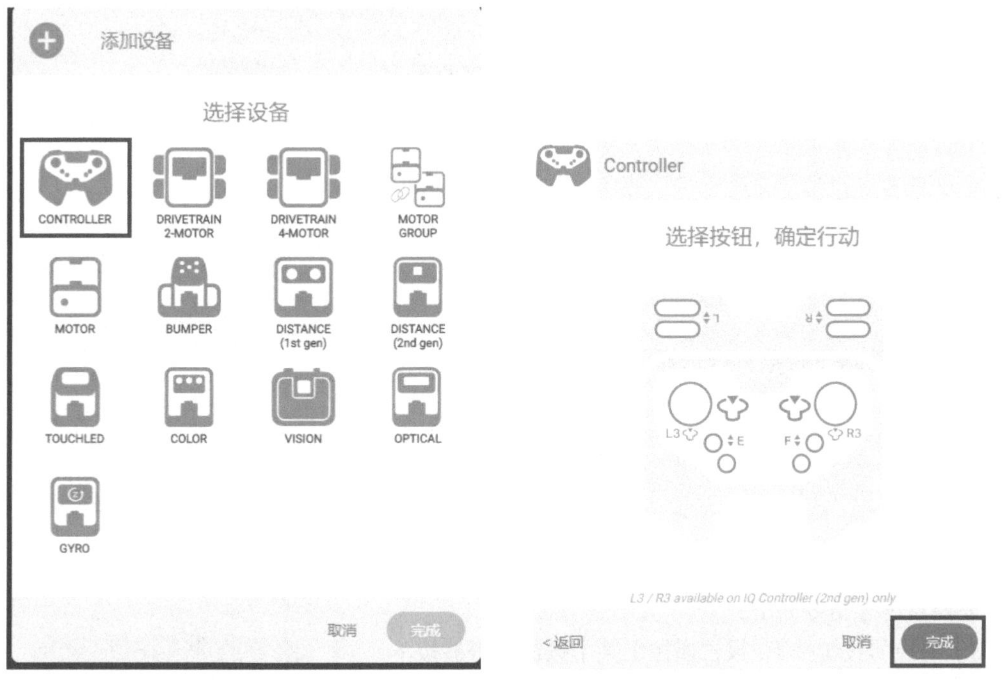

如果使用 VEXcode IQ 对遥控器进行编程，选择添加遥控器（CONTROLLER）并单击“完成”。添加了遥控器后，代码区新增的指令有“事件”和“遥控器传感”。

事件指令如下：

1）当遥控器按键：当指定的遥控器按键被按下或松开时，运行随后的指令段。

说明：指令块左侧下拉菜单可选择使用遥控器哪一个按键（左图），右侧下拉菜单可选择哪一个动作事件将被触发（“按下”或“松开”）。

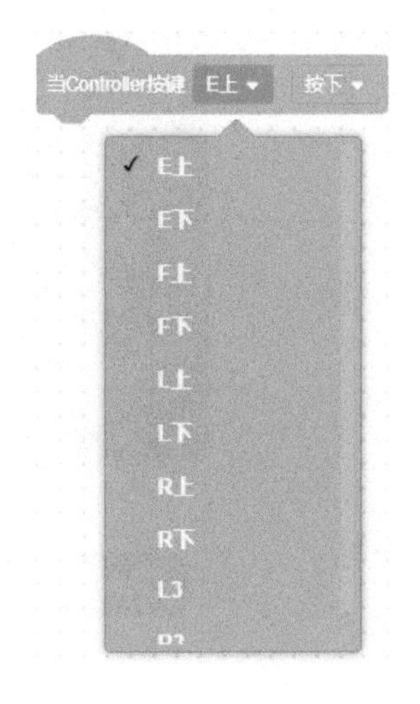

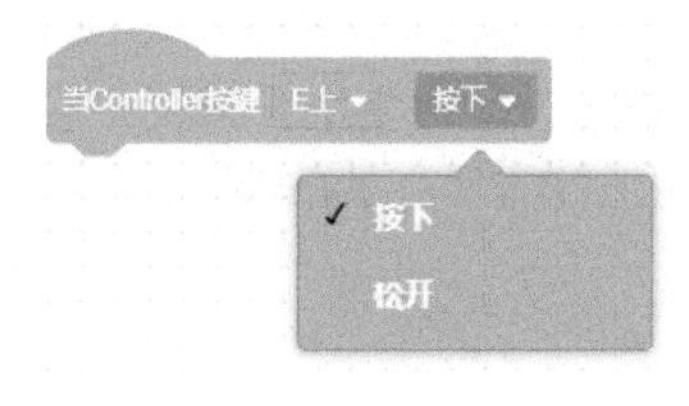

例：当“E 上”按钮按下时，电机组 2 正转。

2）当遥控器摇杆轴改变：当指定的遥控器摇杆轴移动时，运行随后的指令段。

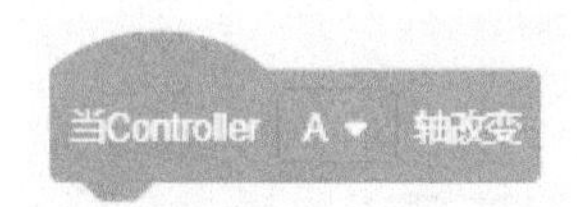

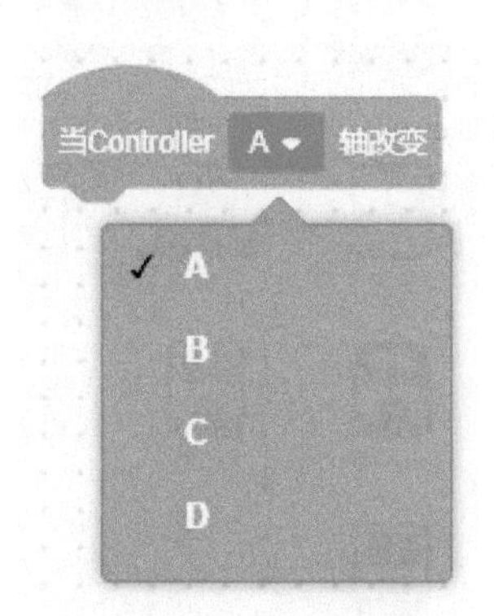

说明：指令块下拉菜单可选择使用遥控器哪一个遥杆。

遥控器传感指令如下：

3）遥控器按键按下：报告遥控上某个按键是否被按下。

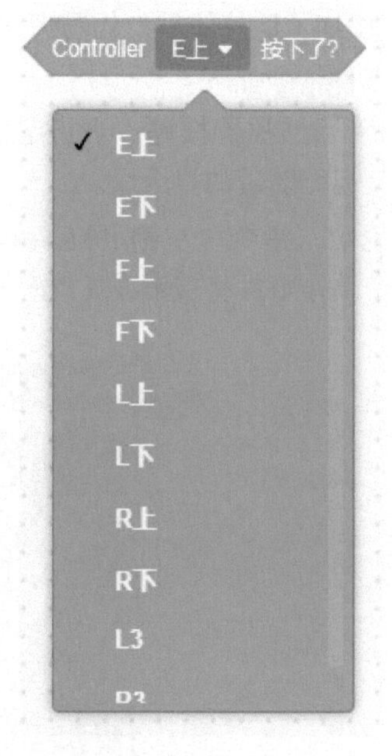

说明：如果指定的遥控器按键被按下，“遥控器按键按下”指令块会报告“真”。如果指定的遥控器按键未被按下，“遥控器按键按下”指令块会报告“假”。指令块下拉菜单可选择使用遥控器哪一个按键。

4）遥控器摇杆位移：报告遥控器一个摇杆沿一个轴向的位移。

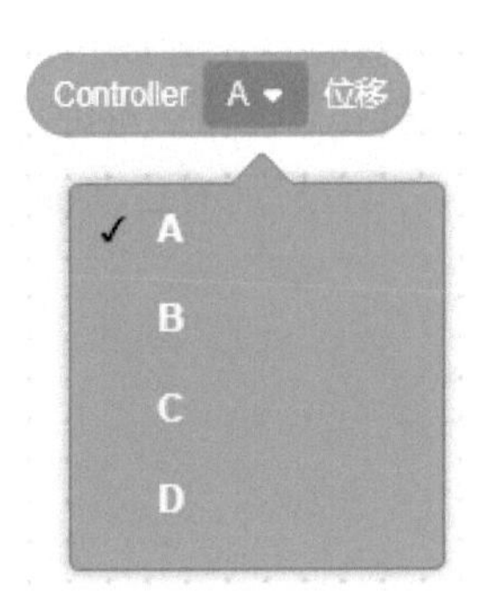

说明：“遥控器摇杆位移”指令块报告范围为 -100 ~ 100，当一个摇杆轴向在中心，将报告“零”（0）。指令块下拉菜单可选择使用遥控器哪一个摇杆。

5）遥控器启用 / 停用：可设置遥控器的启用或停用。

说明：指令块下拉菜单可选择启用或停用遥控器已配置的动作。默认情况下，在每个程序中遥控器均为启用状态。

VEXcode IQ 可以通过设置遥控器在不编程的情况下使用，具体方法如下。

1）选择“遥控器”。

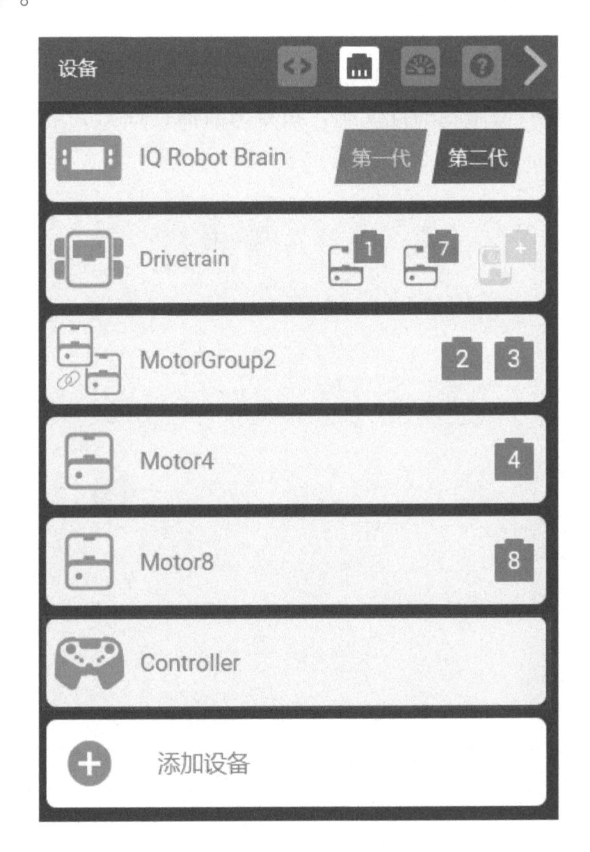

2）选择摇杆图标以在选项之间切换，多次选择摇杆图标将循环显示所有选项，当选择所需的驱动模式后停止。可以选择的四种驱动模式是：左单杆、右单杆、分离单杆、双杆。

① 左单杆：所有运动都由左摇杆控制。

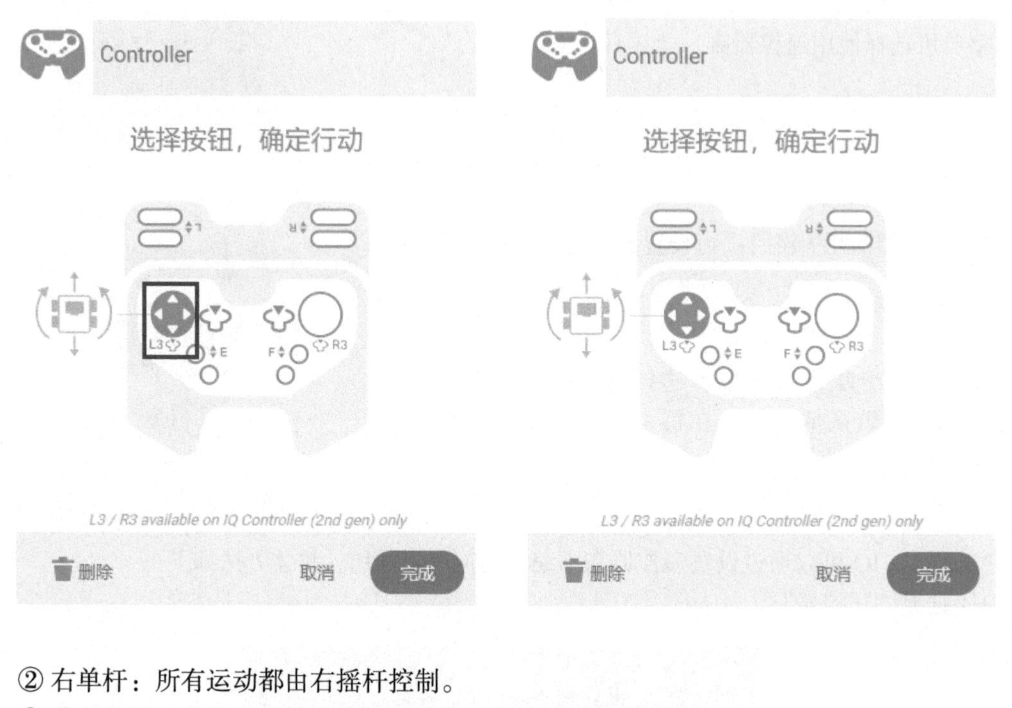

② 右单杆：所有运动都由右摇杆控制。

③ 分离单杆：前进和后退由左摇杆控制，转弯由右摇杆控制。

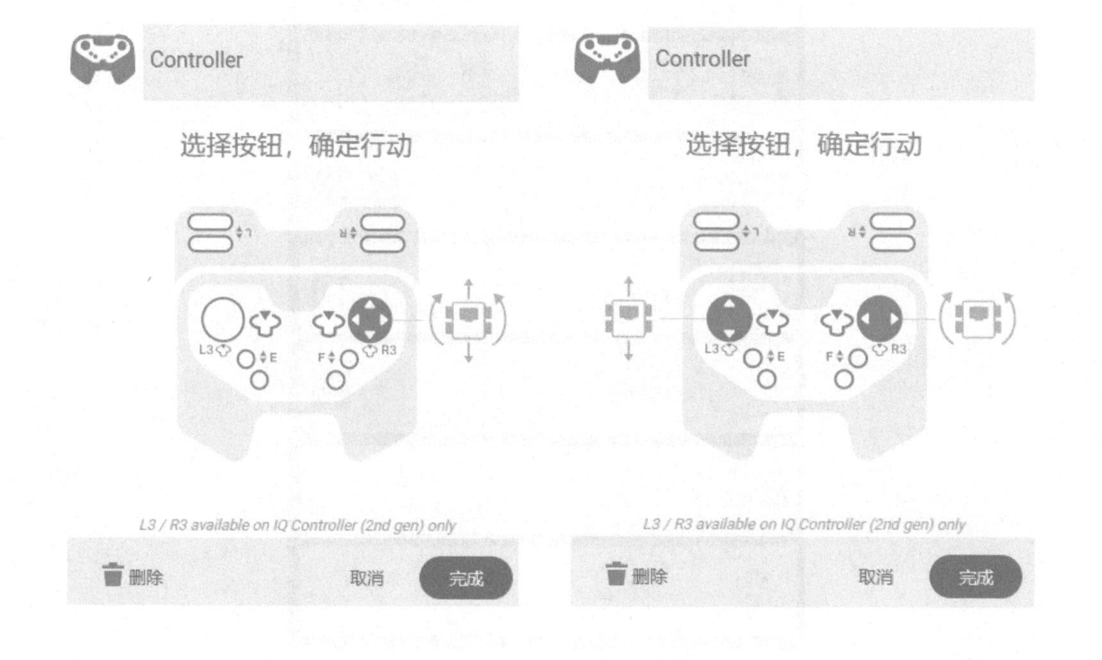

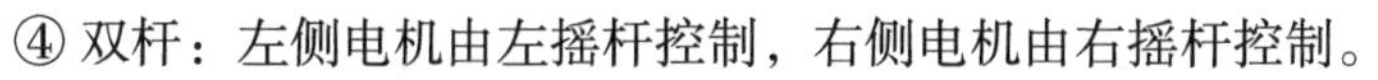

④ 双杆：左侧电机由左摇杆控制，右侧电机由右摇杆控制。

点击“完成”保存设置。

将电机分配给遥控器的按键：在设备窗口中同样可以设置由按键控制单个电机或电机组，而无须添加代码。

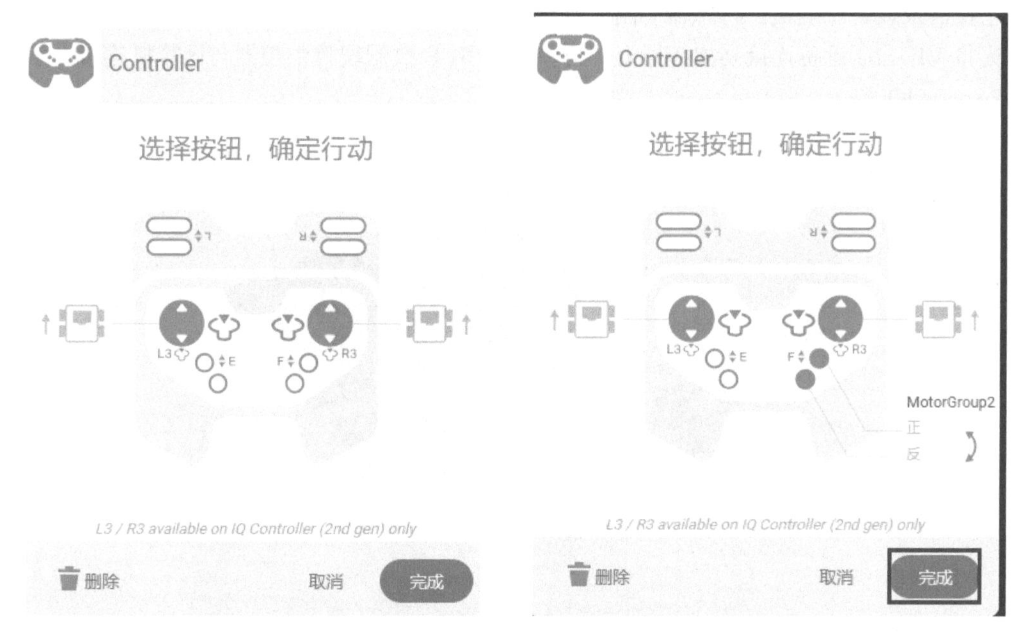

通过单击遥控器上的按键将某个按键设置为控制某个电机或电机组。多次单击同一个按键将循环显示设置的电机。当选择所需电机后停止。遥控器有四个按键组（L、R、E 和 F）。 每个组都可以配置一个单独的电机或电机组（不属于底盘）。

注意：一旦配置了电机，它就不会显示按钮的其他选项。

固件更新是 VEX IQ 机器人编程中必不可少的环节，可确保 VEX IQ 系统正常运行在最佳状态。VEXcode IQ 的每次更新都需要在机器人“大脑”（主控器）上安装最新版本的 VEXos 固件，然后才能下载用户程序。VEXos 更新可修复已发现的软件缺陷，添加 VEX IQ 系列中引入的新设备所需的软件，或引入新的高级编程功能。

主控器及设备（电机、传感器）固件更新方法如下。

先将 VEX IQ 设备连接到主控器上，再使用 USB-C 数据线将主控器与计算机连接，然后启动 VEXcode IQ。

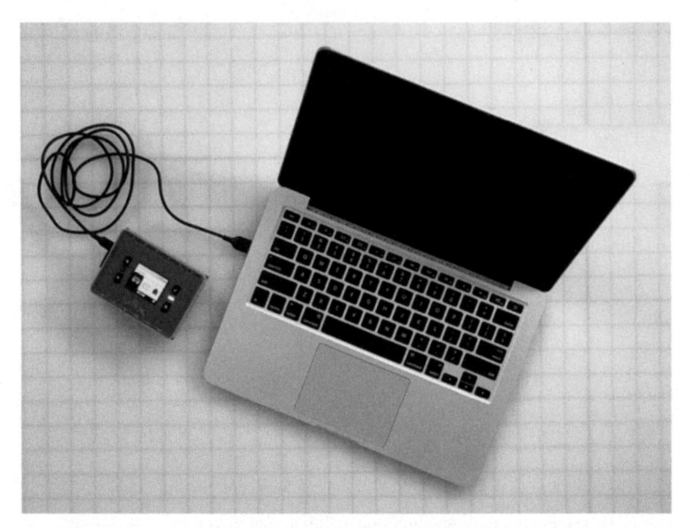

如果 VEXcode IQ 菜单栏上的主控器图标颜色为橙色，则表示需要更新固件。 可以在 VEXcode IQ 中通过选择“更新”（Update）按钮来更新主控器。

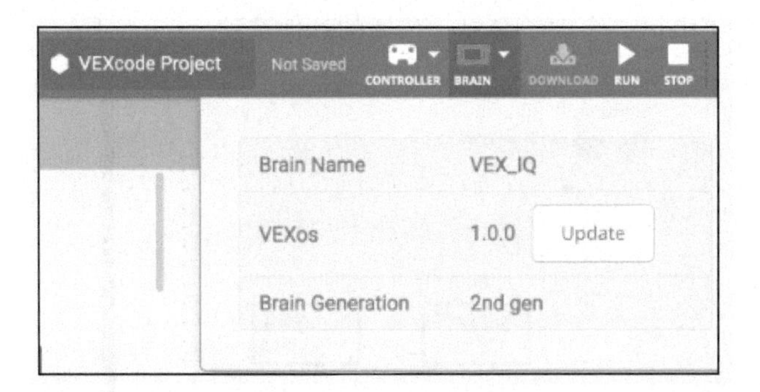

等待固件更新。

Please wait! Updating...

Do not unplug or turn off the Brain.

完成后，选择“确认”（OK），主控器将重启。

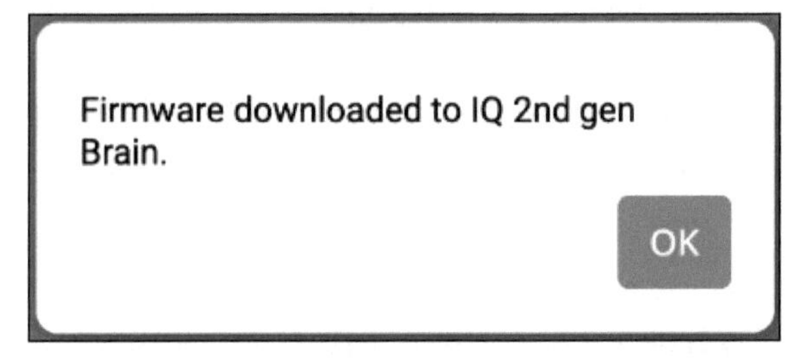

固件更新完成后，主控器图标将变为绿色。

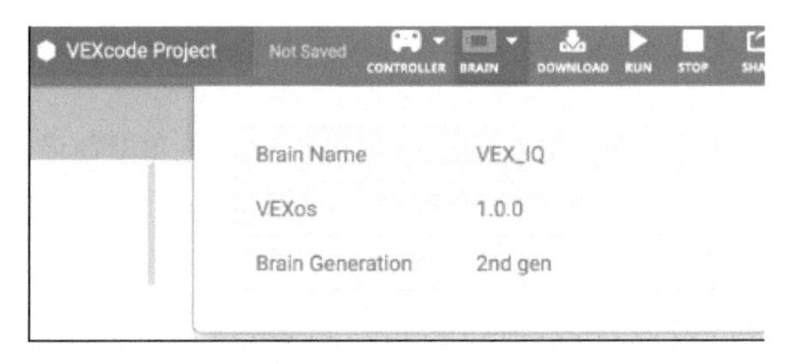

遥控器固件更新方法如下。

在开始之前，确保遥控器和主控器已配对。使用 USB-C 数据线将遥控器连接到计算机，并开启遥控器，启动 VEXcode IQ。如果 VEXcode IQ 菜单栏上的遥控器图标颜色为橙色，则需要更新固件。可以通过选择“更新”（Update）按钮来更新 VEXcode IQ 中的遥控器。

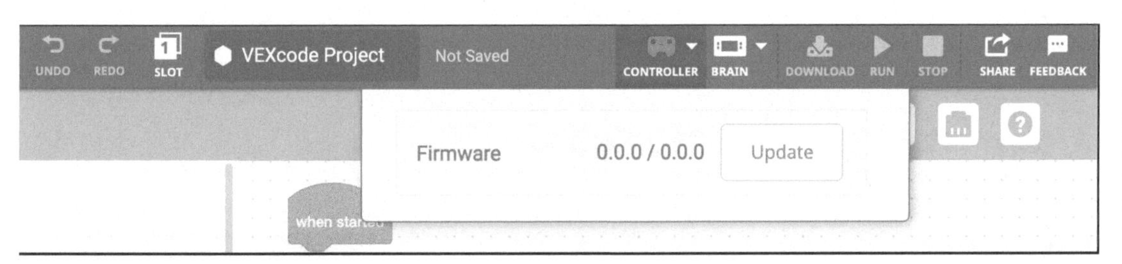

等待固件更新。

Please wait! Updating...

Do not unplug or turn off the Controller.

固件更新完成后，遥控器图标颜色将变为绿色。如果已经与主控器配对，则主控器图标颜色也会变为绿色。

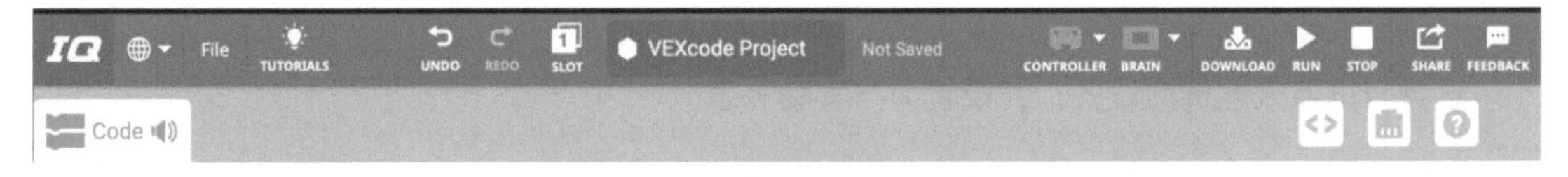

注意：如果遥控器未与主控器配对，则主控器图标颜色将保持橙色。

3.4 制作一个完整机器人的流程

前面介绍了 VEX IQ 的硬件和软件知识。最后，我们综合软硬件知识进行一个总结，并介绍制作一个可以工作的机器人的完整过程。

（1）安装编程软件。

下载 VEXcode IQ 软件，完成安装。

（2）完成固件更新、遥控器无线配对等准备工作。

（3）搭建机器人。

根据自己的设计，完成机器人的结构搭建，将需要的电机、传感器用黑色水晶头连接线连接到主控器的端口。

（4）新建一个机器人程序，在 VEXcode IQ 中进行“电机和设备设置”。

用 VEXcode IQ 软件为机器人新建一个程序。根据机器人主控器各个端口连接设备情况，单击“设置”按钮进行设置。

选择“第二代”，单击“ 加号 ”按钮添加设备。

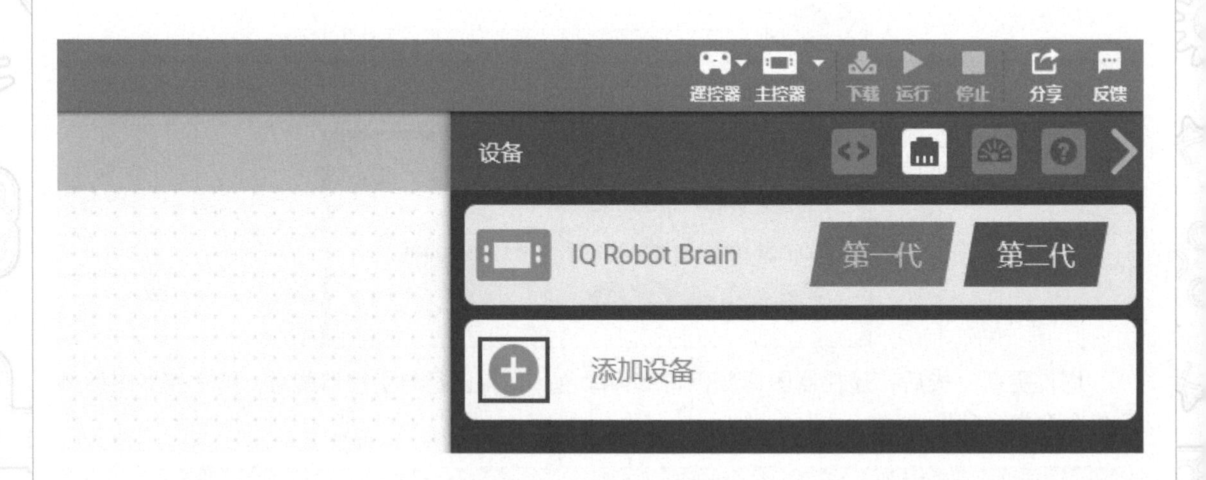

选择与机器人连接的设备，并设置为与实物一致。

（5）进行机器人程序编写。

使用 VEXcode IQ（代码工具或图形工具均可）进行编程工作。

（6）将程序下载到机器人。

把机器人主控器用数据线连接到计算机，保持电源打开状态。如果连接成功，“下载”按钮变亮，单击“下载”按钮，等待进度条显示下载完成。

（7）运行机器人。

如果程序没有问题，就可以正式运行机器人了。拔掉机器人和计算机之间的数据线。重启机器人主控器，进入主控器“Programs”页面，根据编写程序的控制模式，选择相应的“Tele-Op Pgms”或“Auto Pgms”模式。进入相应模式后，会看到存储在里面的程序名。用主控器按键移动光标到要运行的程序，按“√”按键选中运行，机器人就可以工作了。

第 4 章

VEX IQ机器人程序设计

程序结构共有三种，分别是顺序结构、分支结构（选择结构）和循环结构。我们首先搭建一个基础小车机器人，并以小车为例来学习一下 VEX IQ 机器人的程序设计。

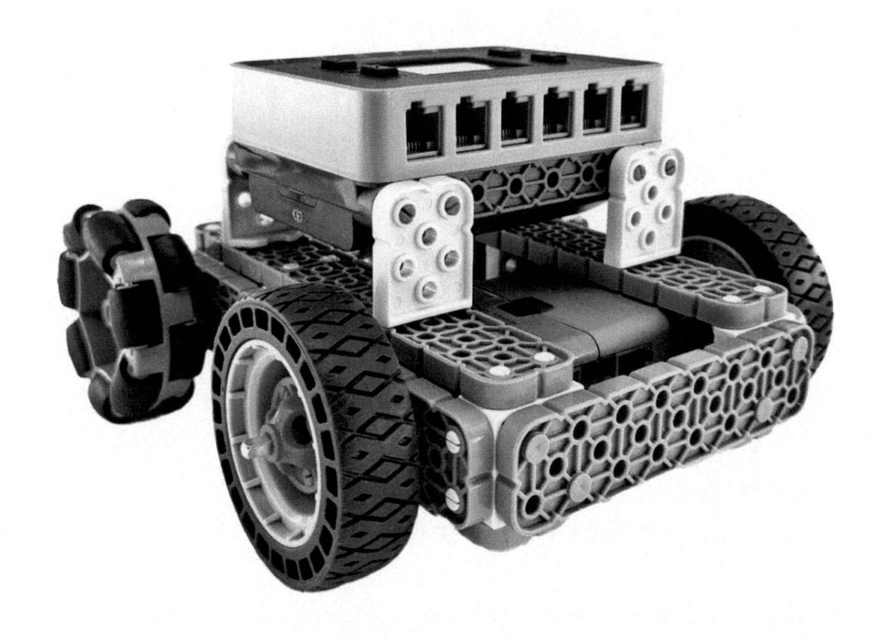

器材准备

序号	名称	图片	数量	序号	名称	图片	数量
1	连接销 1-1		40	5	3 向角连接器		4
2	双条梁 2-12		6	6	角连接器 2-3		4
3	双条梁 2-8		1	7	金属电机轴 4		2
4	双条梁 2-2		4	8	金属轴 4		2

（续）

序号	名称	图片	数量	序号	名称	图片	数量
9	惰轮钉销 1-1		15	14	万向轮		2
10	垫片		2	15	主控器		1
11	2×2 中心偏置圆形锁梁		4	16	智能电机		2
12	橡胶轴套 1		4	17	连接线		2
13	轮胎轮毂		2				

搭建步骤

1

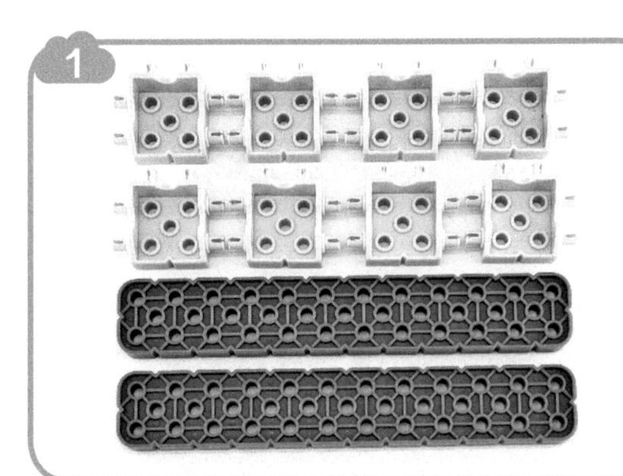

2

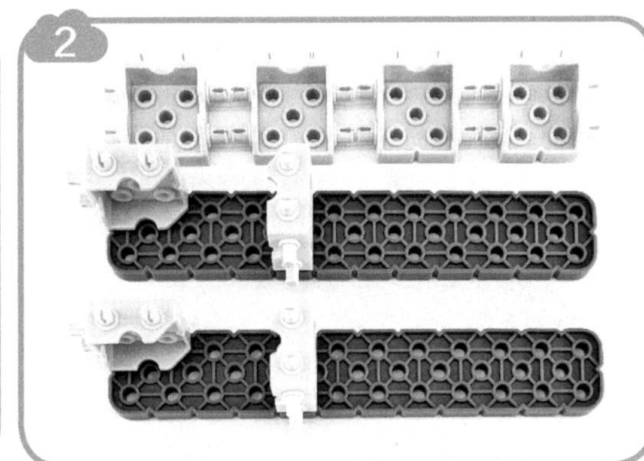

3

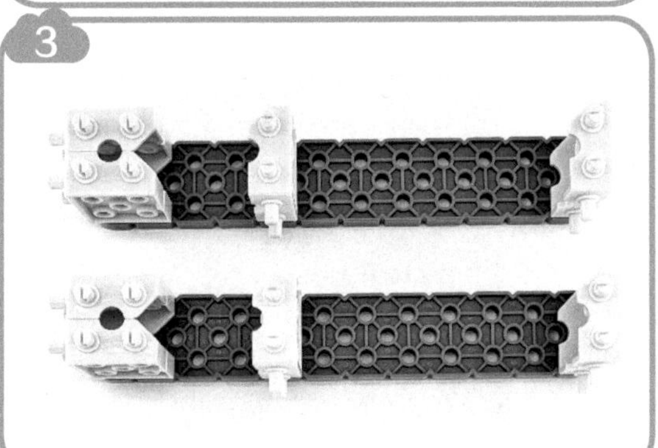

4

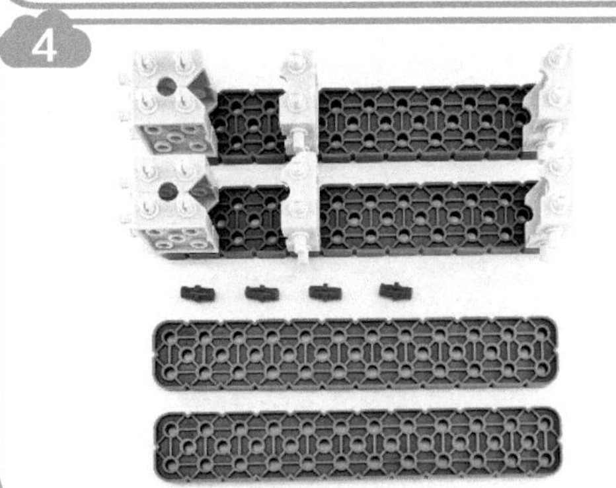

5

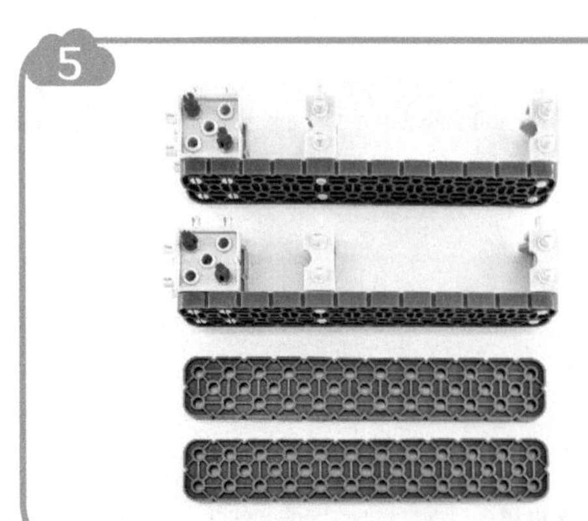

6

7

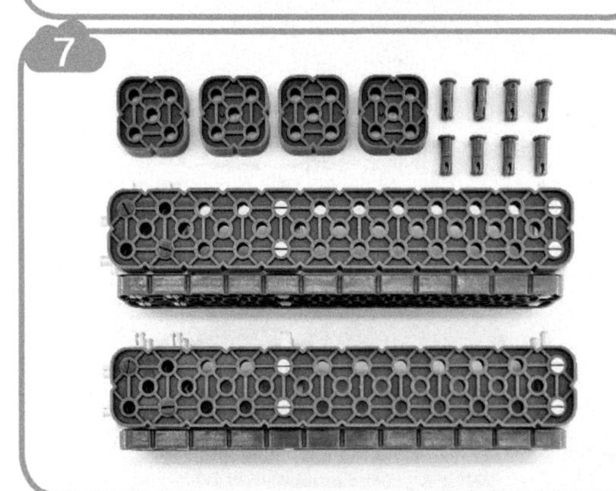

8

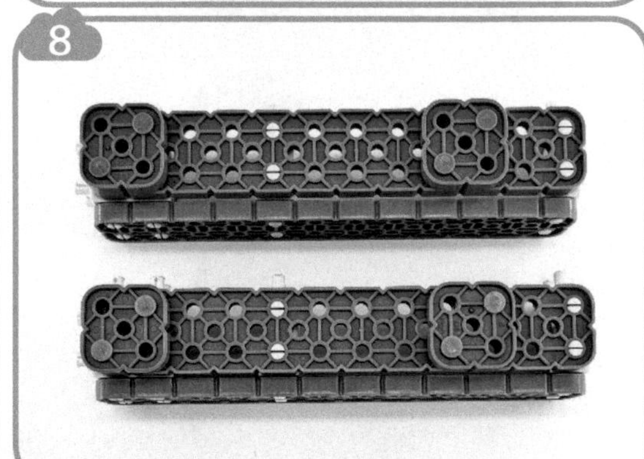

9

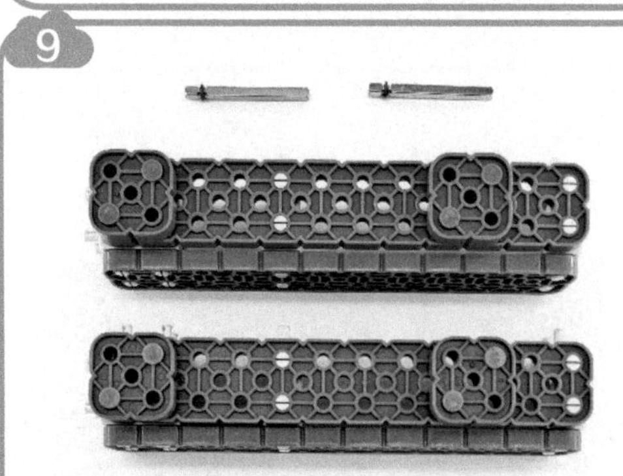

10

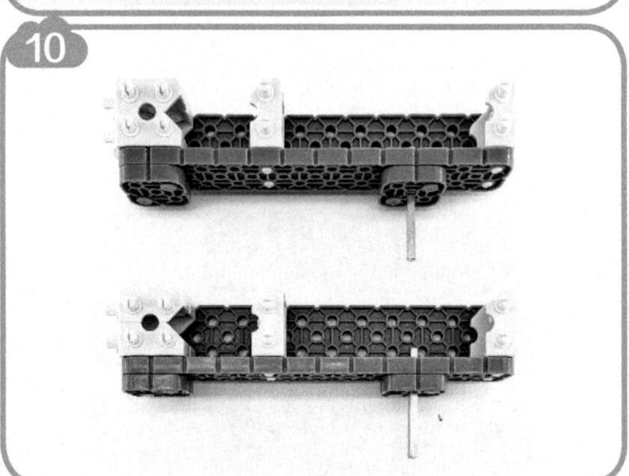

11

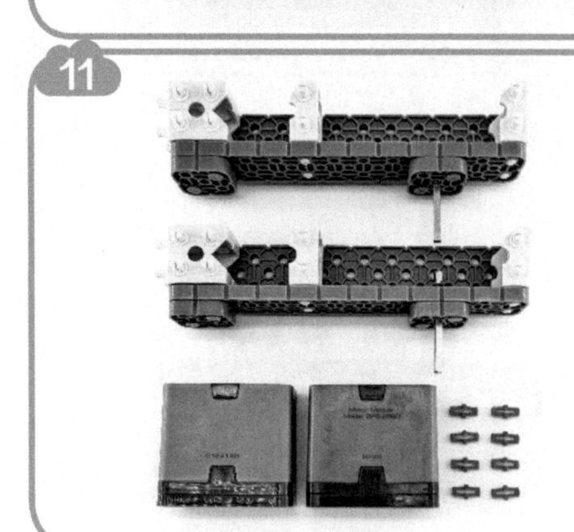

12

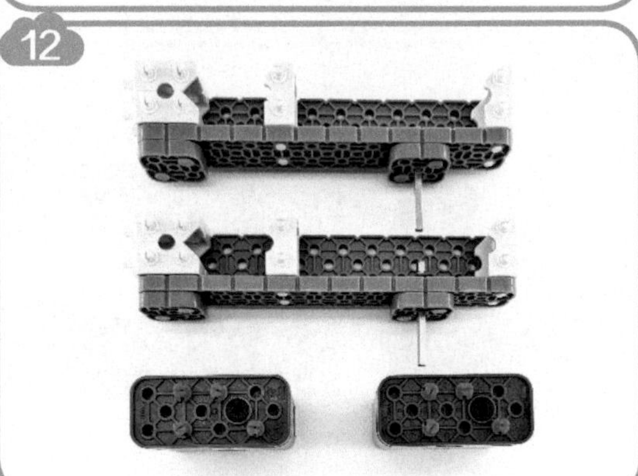

13

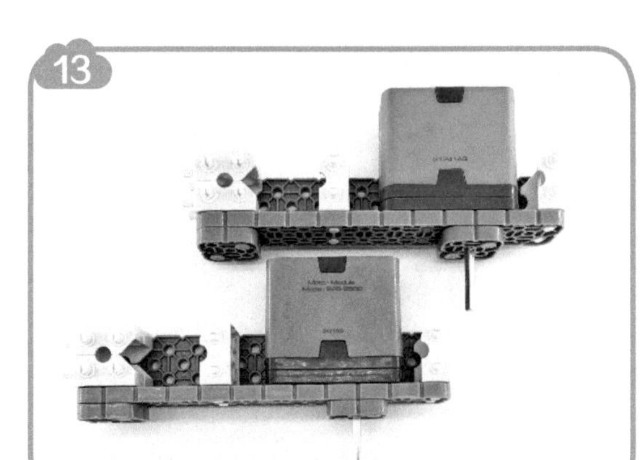

14

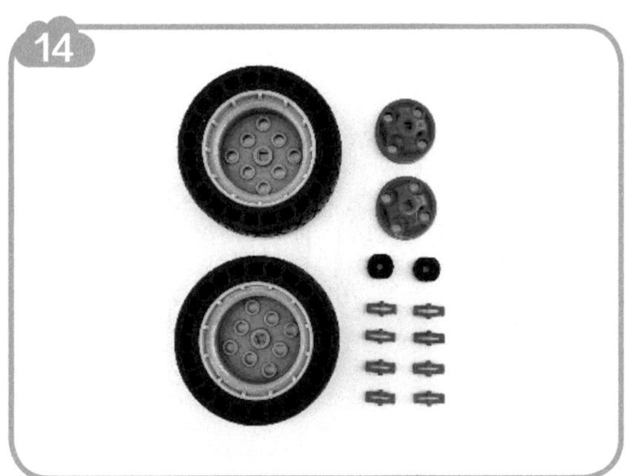

15

16

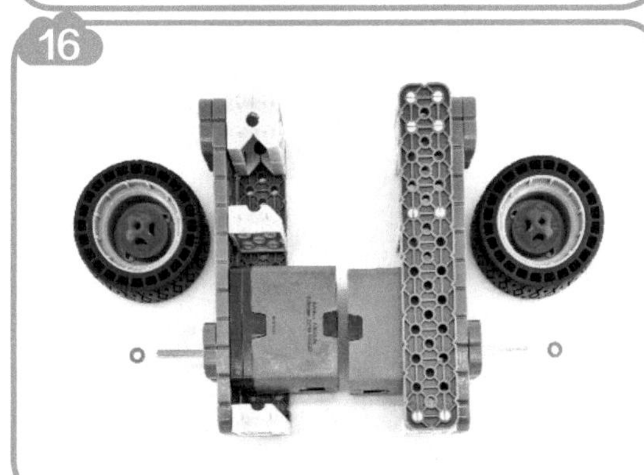

17

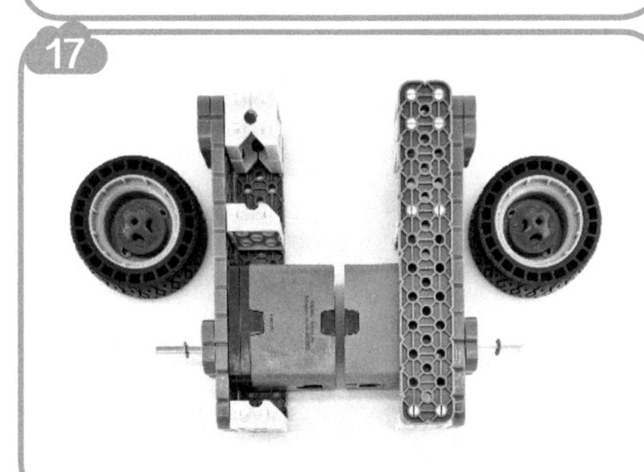

18

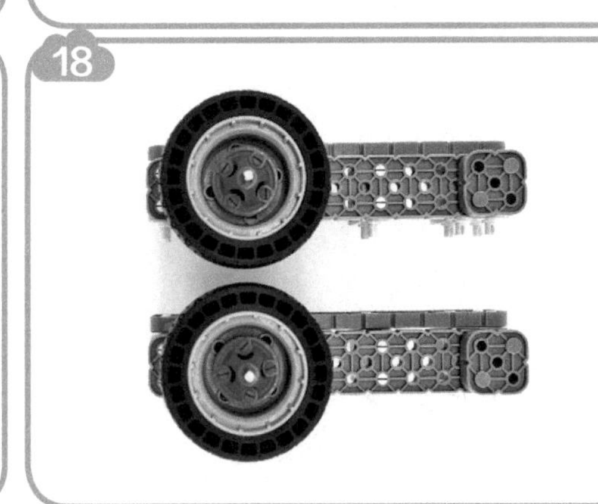

19

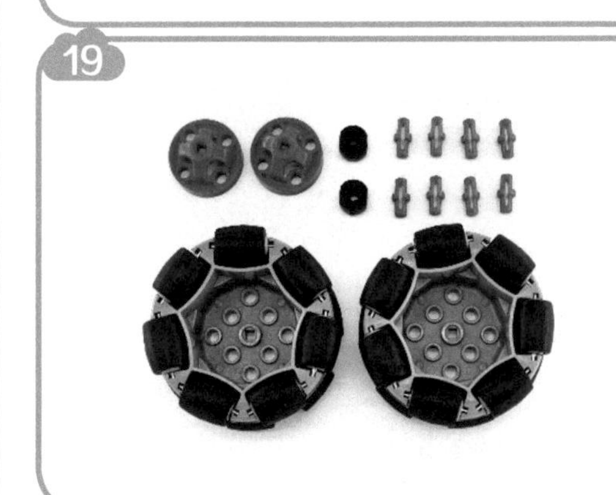

20

21

22

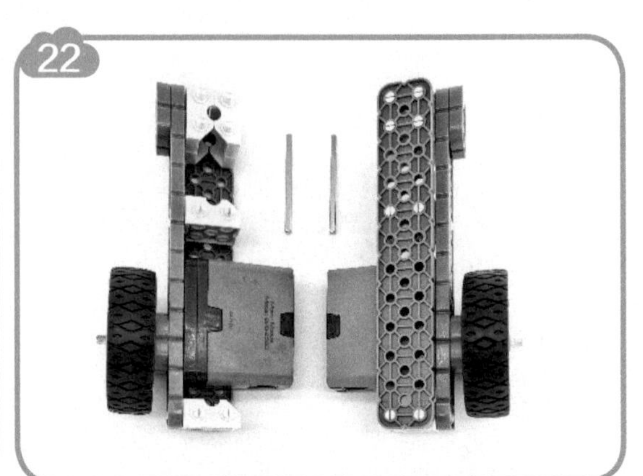

23

24

25

26

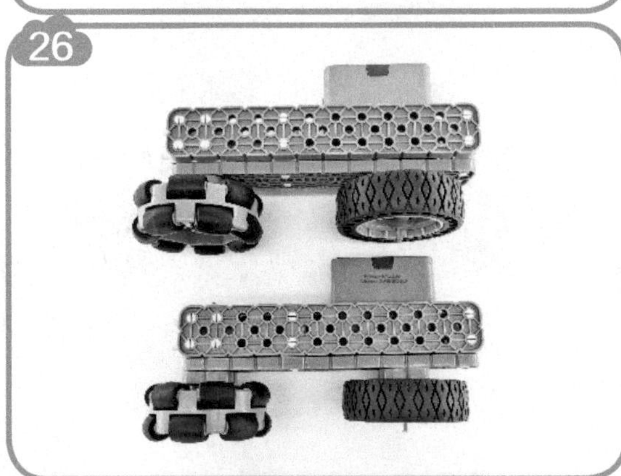

27

28

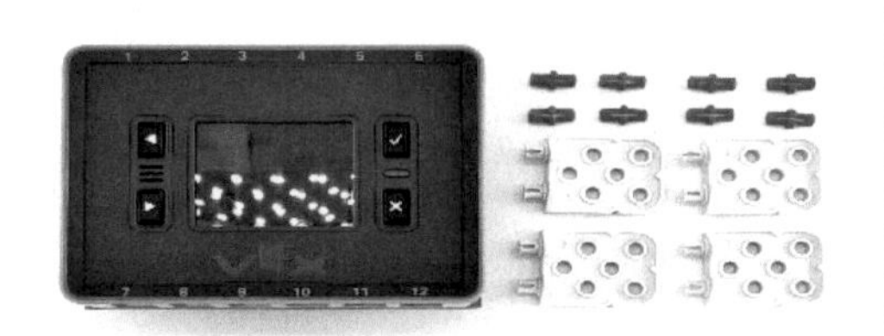

31

32

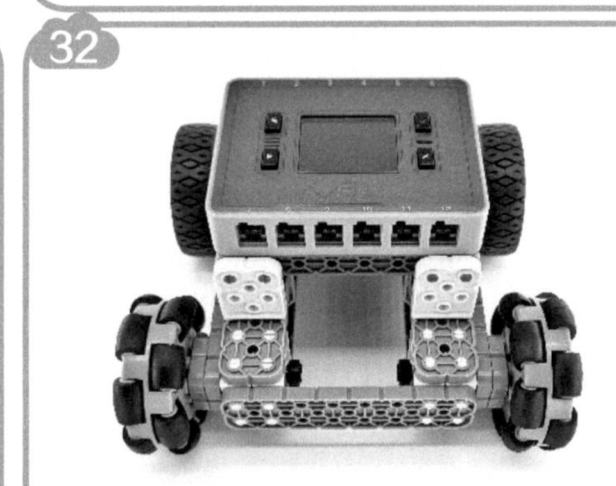

33

34

4.1　任务 1 小车移动

任务描述

小车前进 300mm，后退 200mm。

说　明

（1）本任务属于顺序结构。

（2）让小车动起来的过程：

1）添加设备。

2）设置端口。

3）编写程序。

4）给小车下载程序。

5）小车运行程序。

流程图

开始 → 前进300mm → 后退200mm → 结束

流程图是以特定的图形符号加上说明来表示算法的图，使用图形表示算法的思路是一种非常好的方法。

为便于识别流程内容，绘制流程图的常用符号包括：

（1）圆角矩形表示开始与结束。

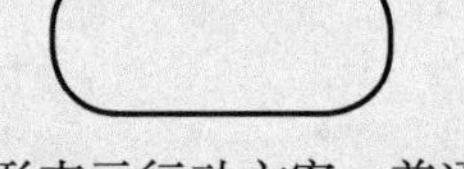

（2）矩形表示行动方案、普通工作环节。

（3）菱形表示问题判断或判定环节。

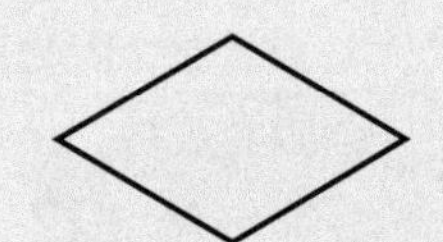

（4）箭头表示工作流方向。

设置端口

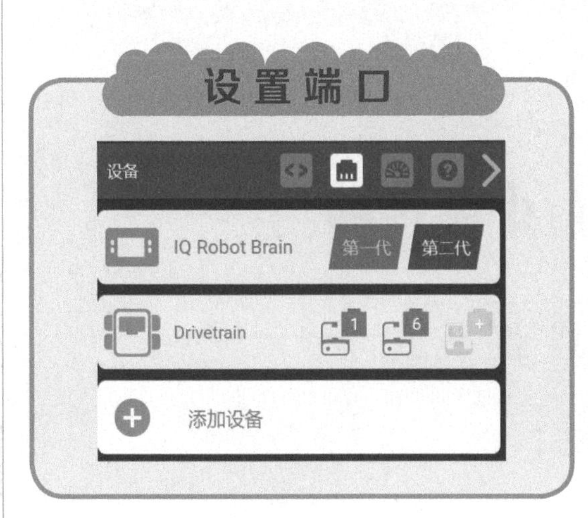

程　序

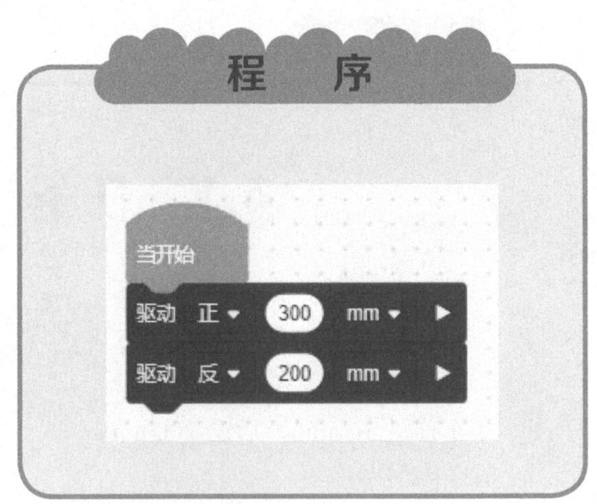

4.2 任务 2 小车移动并循环

任务描述

小车前进 300mm，后退 200mm，重复 3 次。

说 明

本任务属于循环结构。

流程图

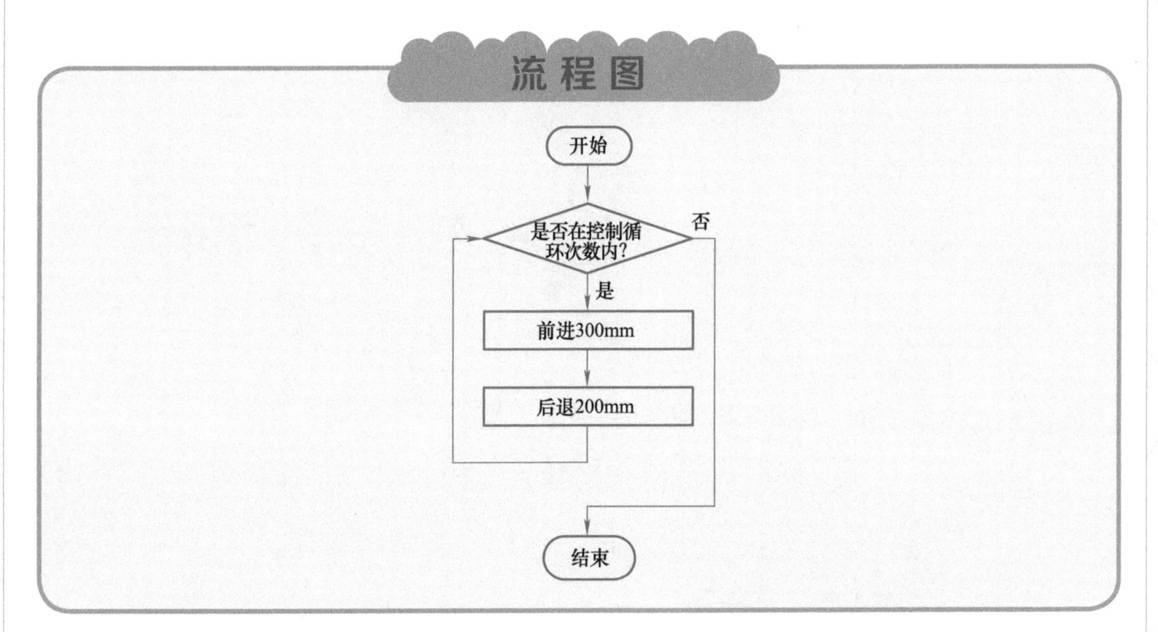

设置端口

同任务 1。

程 序

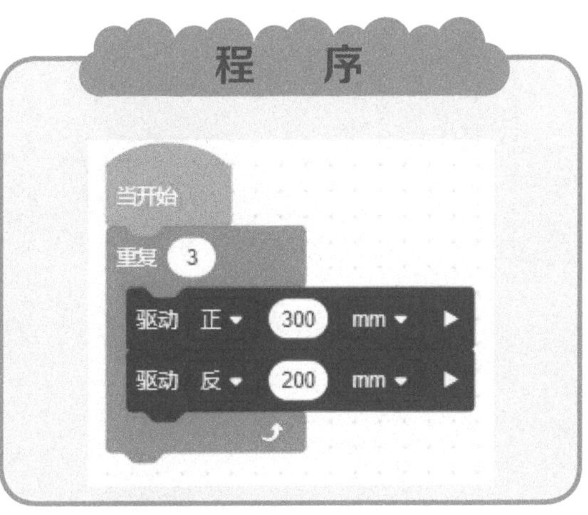

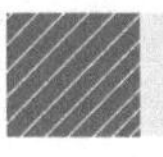

4.3 任务 3 小车走正方形 1

任务描述

小车走正方形，要求正方形的边长是 600mm。

说　明

本任务属于循环结构。

流程图

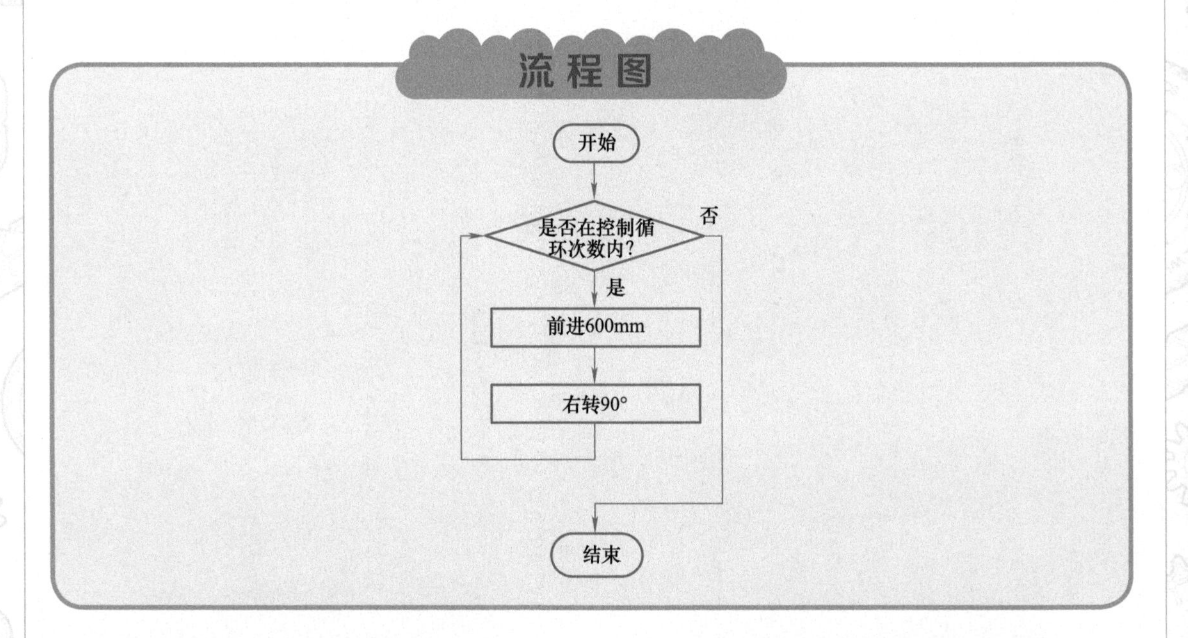

设置端口

同任务 1。

程　序

依据实际情况，转的角度需要调整。

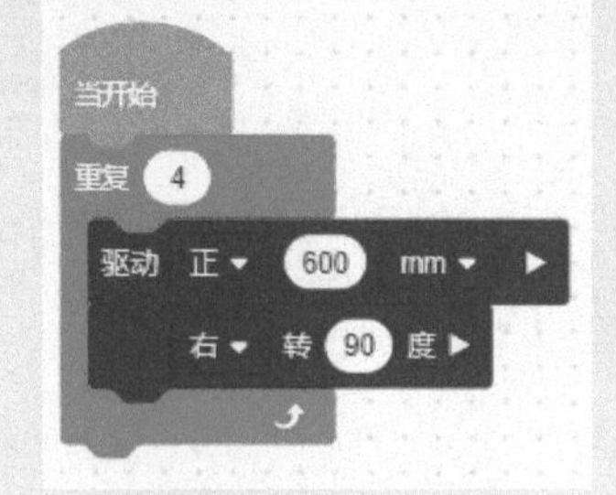

4.4　任务 4　定点行车

任务描述

定点行车，按照以下场地图小车从起点按 A—B—C—D—E 点顺序行驶到终点。

说　明

本任务属于顺序程序结构，目的是加强学习者对底盘程序块的运用能力。

起点　A点　B点　C点　D点　E点　终点

流程图

设置端口

同任务 1。

程　序

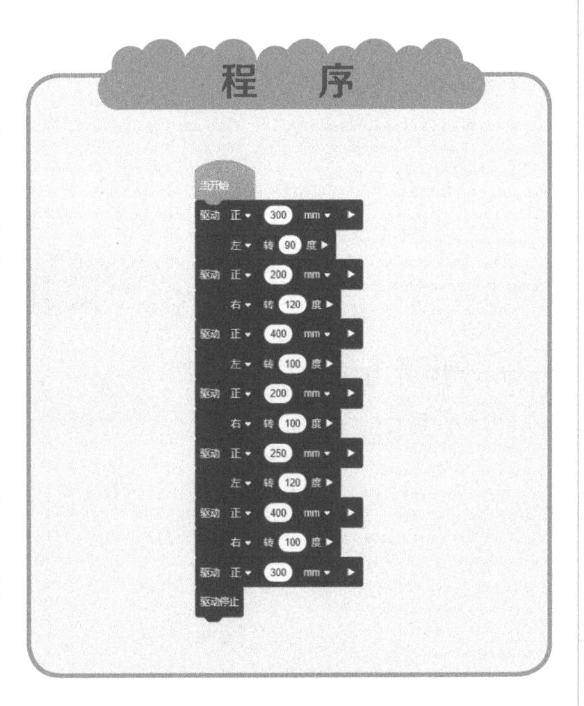

4.5 任务 5 绕障碍行走

任务描述

绕障碍行走。从起点出发，绕障碍 1～4 行走。路线如蓝线所示。

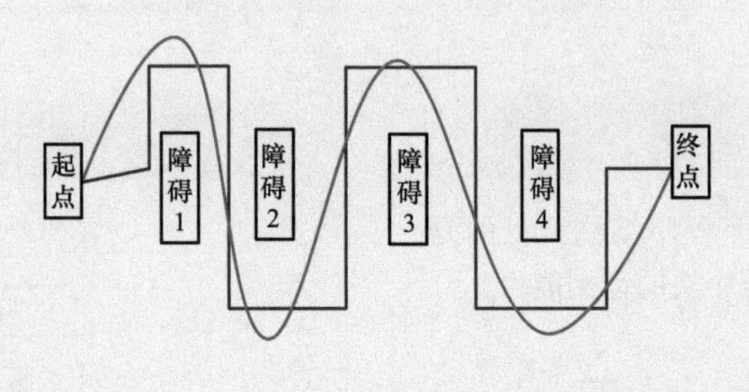

说 明

由于各障碍距离不同，所以采用顺序程序结构。本任务的目的是强化学生对底盘程序块的运用能力。由于曲线行走难于直线行走，所以本任务可以采用如红线所示的折线行走路线。

设置端口

同任务 1。

程　序

```
当开始
驱动 正 100 mm
左 转 90 度
驱动 正 200 mm
右 转 90 度
驱动 正 120 mm
右 转 90 度
驱动 正 500 mm
左 转 90 度
驱动 正 250 mm
左 转 90 度
驱动 正 500 mm
右 转 90 度
驱动 正 300 mm
右 转 90 度
驱动 正 500 mm
左 转 90 度
驱动 正 250 mm
左 转 90 度
驱动 正 300 mm
右 转 90 度
驱动 正 150 mm
驱动停止
```

4.6 任务 6 碰碰车 1

任务描述

用触碰传感器制作碰碰车。即小车碰到障碍物就后退 200mm，然后再前进。

器材准备

搭建步骤

1

2

说　明

本任务大的结构是循环结构，循环体里需要条件判断，因此要嵌套分支结构。

流程图

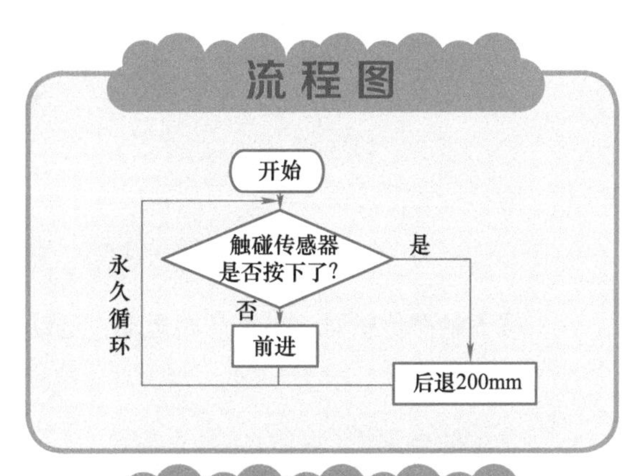

设置端口

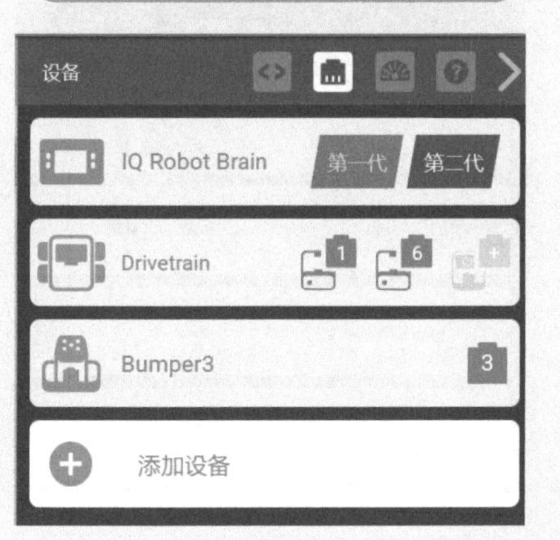

程　序

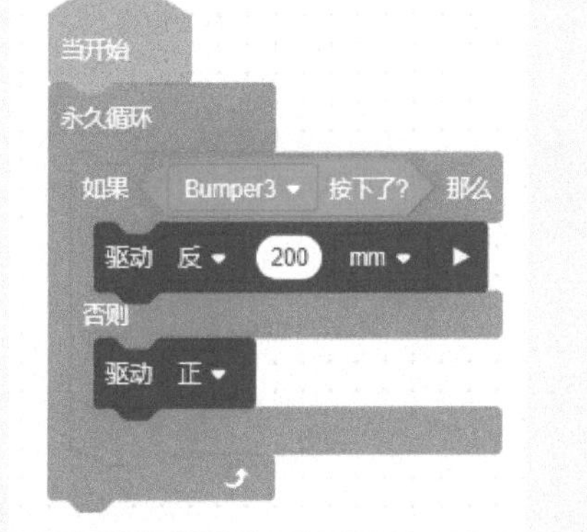

说　明

1. 触碰传感器的常用功能

1）该传感器可以在按下（或释放）时触发机器人的动作。

2）该传感器可以在按下（或释放）时作为打开（或关闭）电机的拨动开关。

3）当触碰开关碰到墙壁或物体时，该传感器可以检测墙壁或物体。

4）该传感器可以检测到机器人的某一部分，比如一个机械臂上的触碰开关碰到机器人其他部位。

2. 触碰开关在竞赛机器人上的应用

1）在自动模式下，可以使用触碰开关控制机器人动作。例如机器人可以处于待机状态，直到触碰开关被某种物体按下时开始执行一个特定动作。

2）触碰开关可以检测到它何时与其他物体（例如场地围栏或比赛道具）发生接触。

3）可以使用两个触碰开关（例如放置在机器人的正面和侧面）使机器人在一个角落对自己进行定位。然后使机器人从那个角落准确导航到比赛场地的其他位置。

4）可以使用触碰开关让机器人检测它的一个部分（例如它的机械臂）何时与它的另一部分（例如底盘）产生接触。

4.7 任务 7 触碰后小车移动

任务描述

按下触碰传感器，小车开始运动，运动距离为 300mm。搭建如任务 6。

流程图

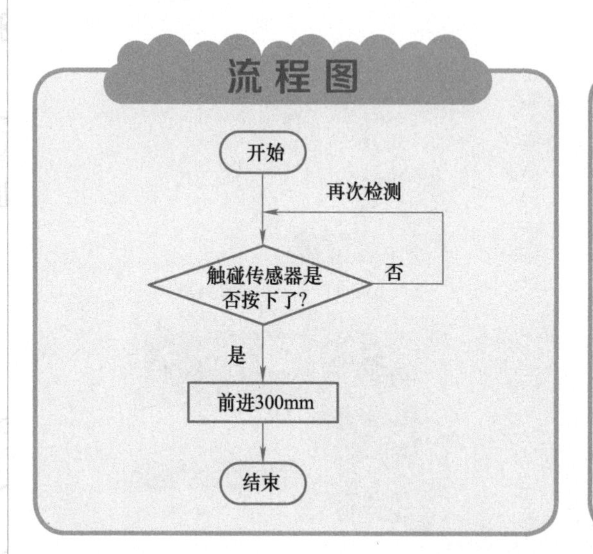

设置端口

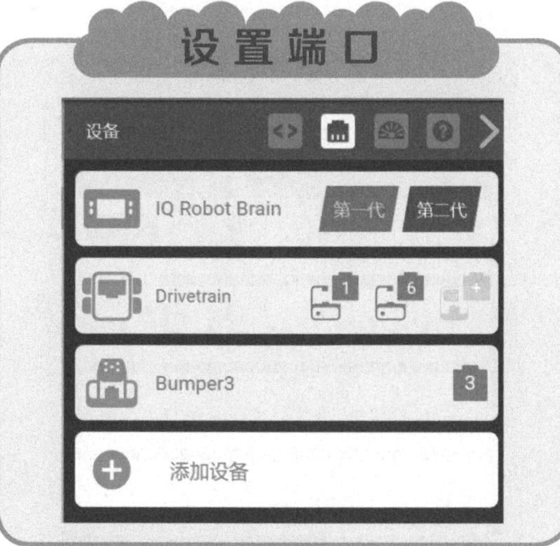

程序

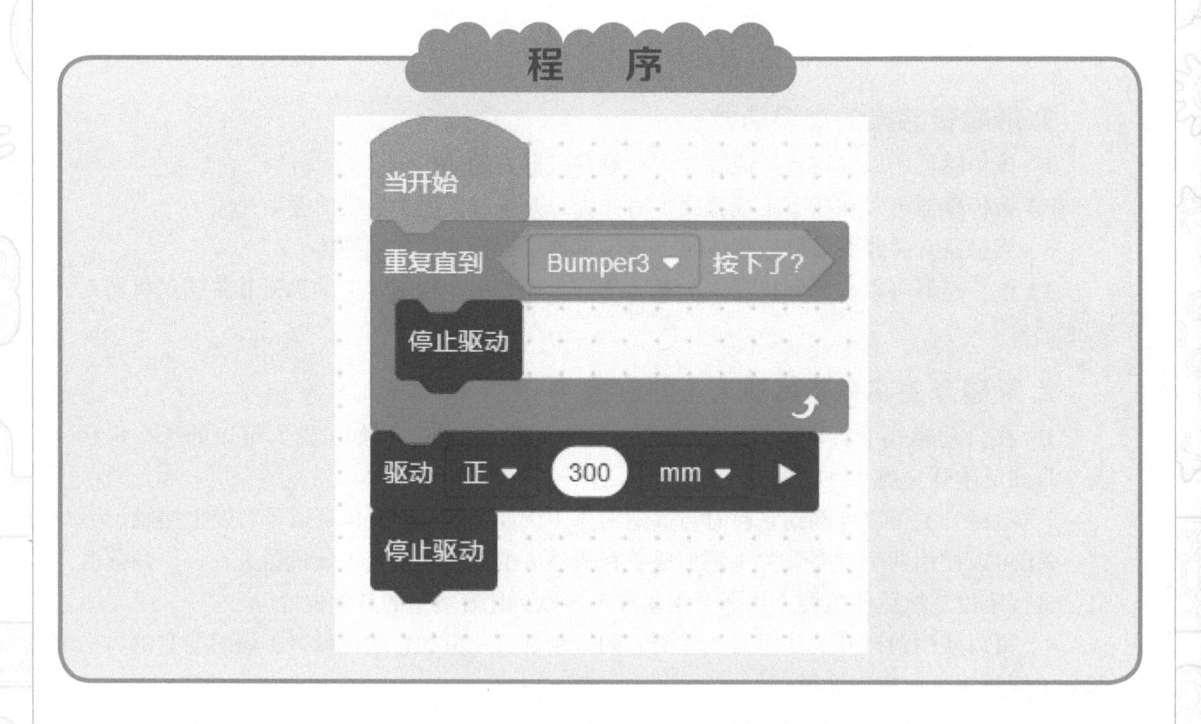

4.8　任务 8 碰碰车 2

任务描述

用 TouchLED 代替任务 6 中的触碰传感器，同样可以实现碰碰车的功能。

器材准备

搭建步骤

1

2

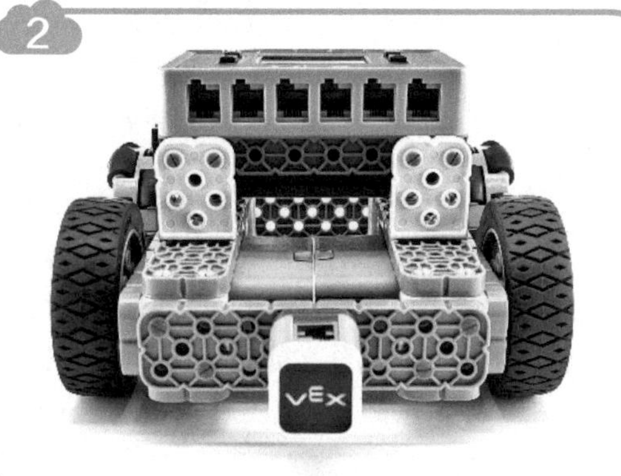

说　明

本任务大的结构是循环结构，循环体里需要条件判断，因此要嵌套分支结构。

流程图

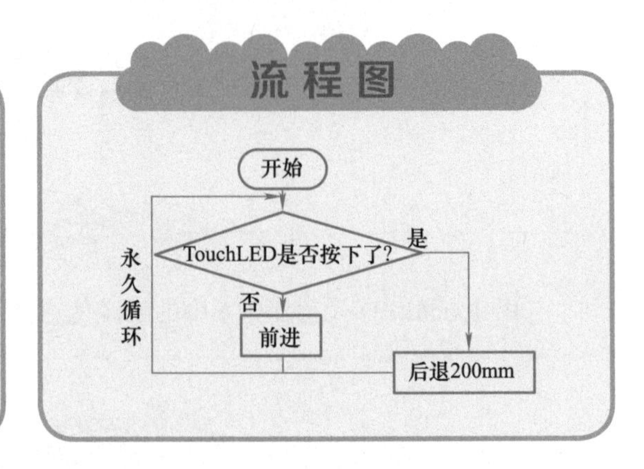

设置端口

程　序

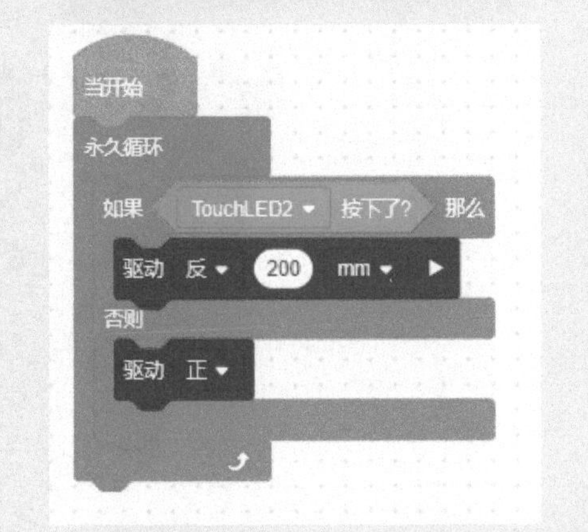

说　明

1. TouchLED 的常用功能

1）可用于通过手指触碰来启动或暂停程序。

2）可用于在程序的不同部分显示不同的颜色。

2. Touch LED 在竞赛机器人上的应用

1）可通过手指按压 Touch LED 来启动或暂停程序。

2）赛队成员可以对 Touch LED 进行编程以让程序不同部分显示不同颜色，从而查看自动程序的不同部分在何时运行。

3）如果出现问题，还可以使用 Touch LED 帮助排查故障的编程问题。

4.9　任务 9　进阶碰碰车

任务描述

进阶碰碰车。如果碰到障碍物，Touch LED 亮红灯，同时播放“错误”警报声，并后退 200mm，否则前进，亮绿灯。搭建如任务 8。

说　明

本任务大的结构是循环结构，循环体里需要条件判断，因此要嵌套分支结构。

流程图

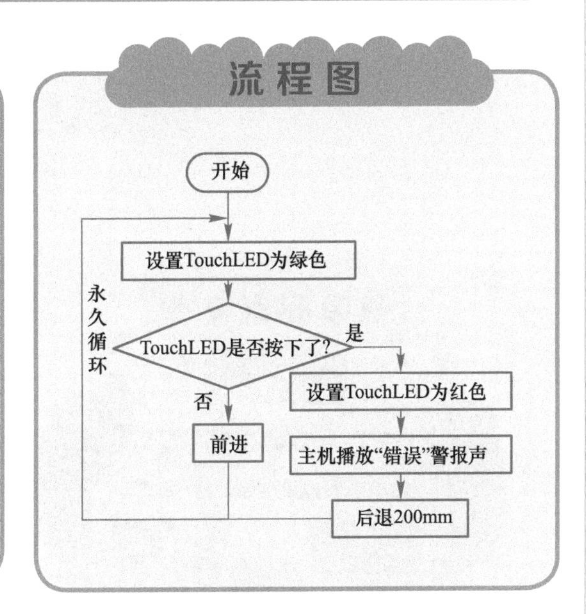

设置端口

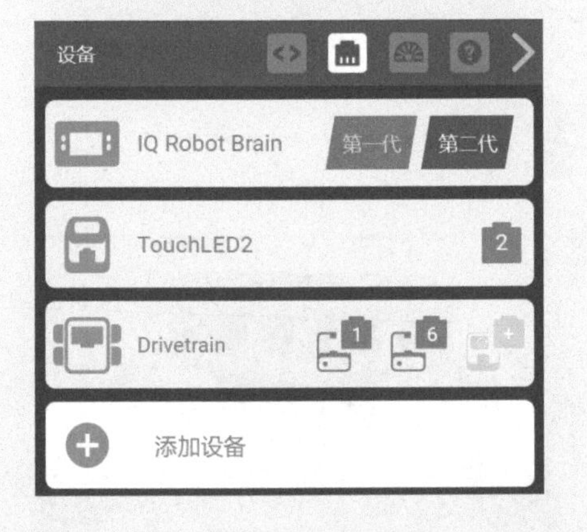

程　序

当开始
永久循环
设定 TouchLED2 颜色为 绿色
如果 TouchLED2 按下了? 那么
设定 TouchLED2 颜色为 红色
播放声音 错道
驱动 反 200 mm
否则
驱动 正

4.10 任务 10 避障车 1

任务描述

避障车。小车距离障碍物小于 80mm 时，后退右转。

器材准备

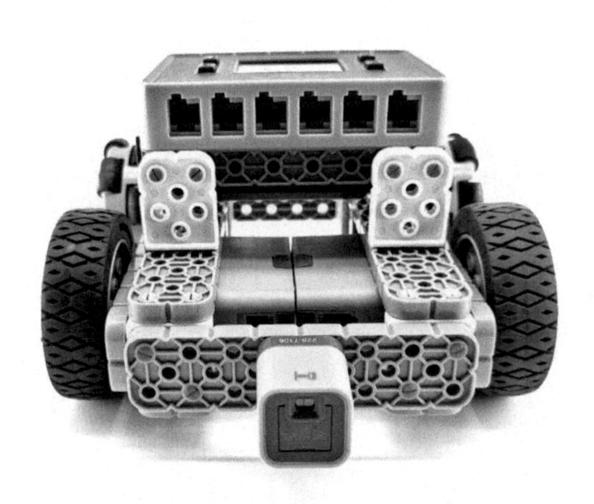

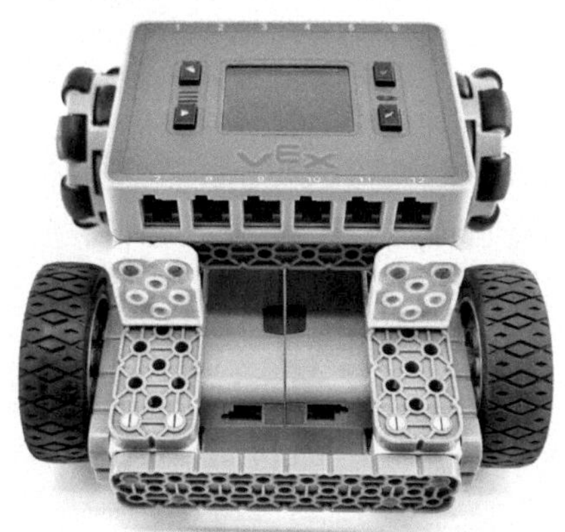

搭建步骤

1

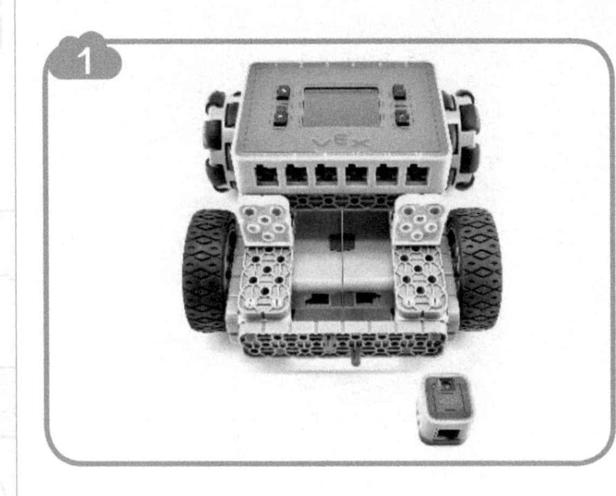

2

说　明

本任务大的结构是循环结构，循环体里需要条件判断，因此要嵌套分支结构。

流程图

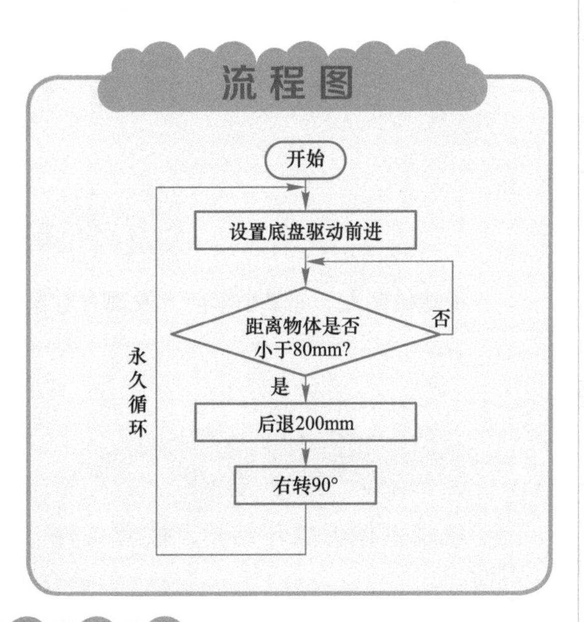

设置端口

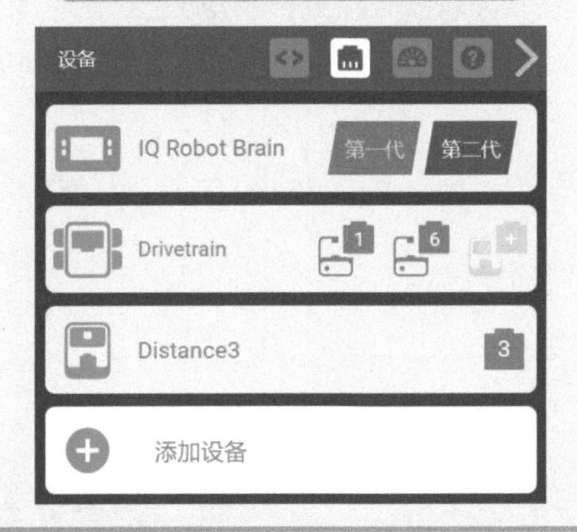

程　序

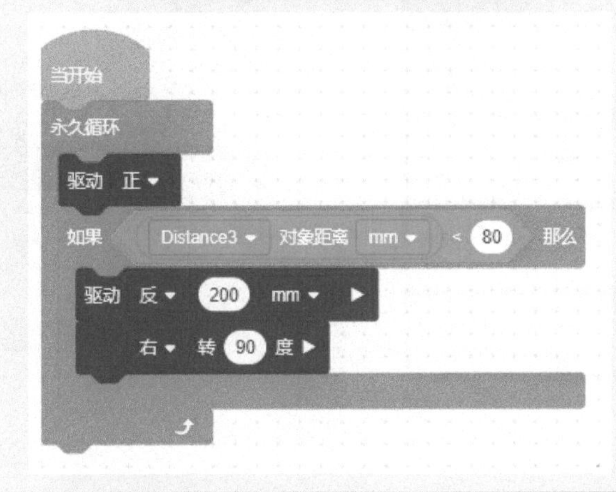

4.11 任务 11 跟随机器人 1

任务描述

跟随机器人。如果小车前方发现有对象小车就跟随行进，否则停止。搭建如任务 10。

说 明

程序主体为循环结构，嵌套条件判断。

流程图

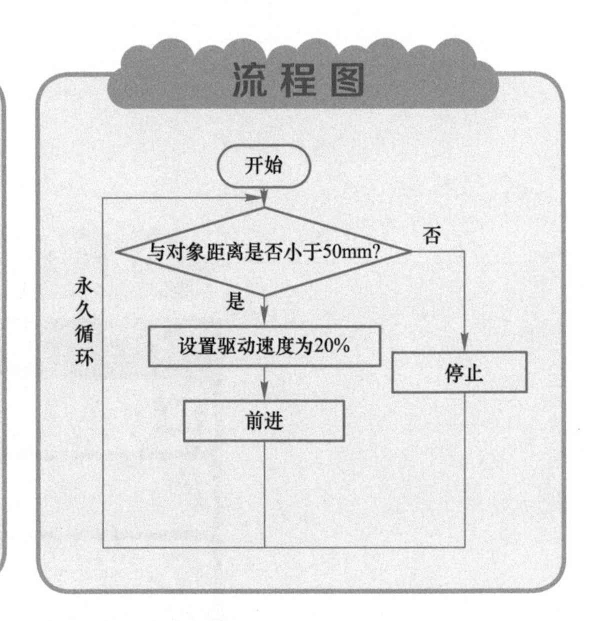

设置端口

设备
IQ Robot Brain 第一代 第二代
Drivetrain 1 6
Distance3 3
添加设备

程 序

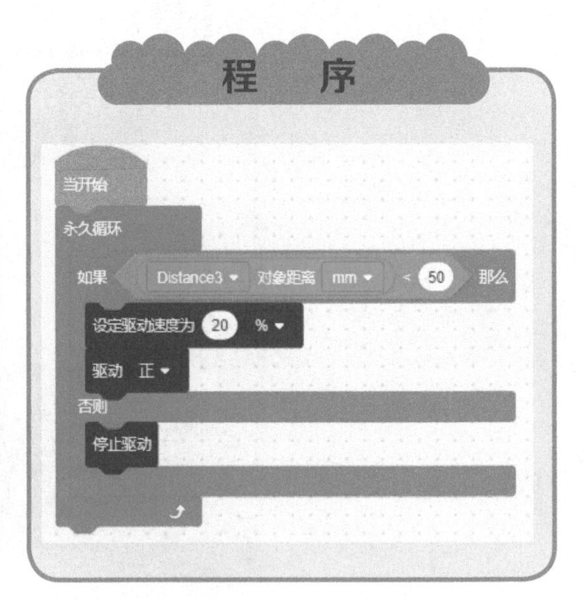

4.12　任务 12　悬崖勒马

任务描述

悬崖勒马。小车行驶到桌子的边缘（悬崖）就马上停止。

器材准备

搭建步骤

1

2

说明

程序主体为循环结构，嵌套条件判断。

流程图

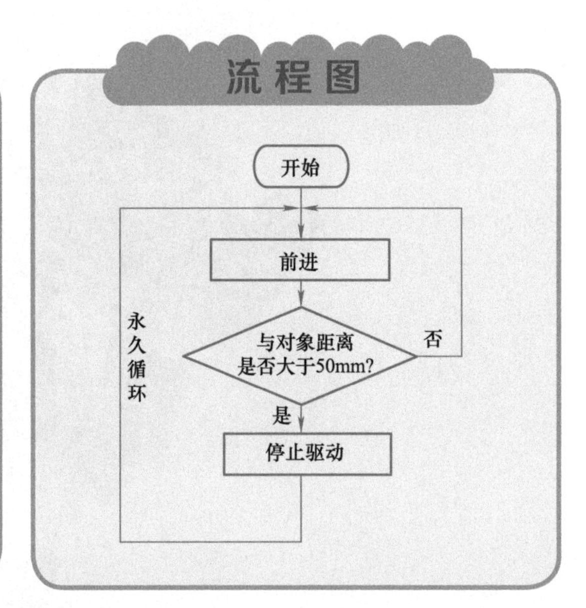

程序

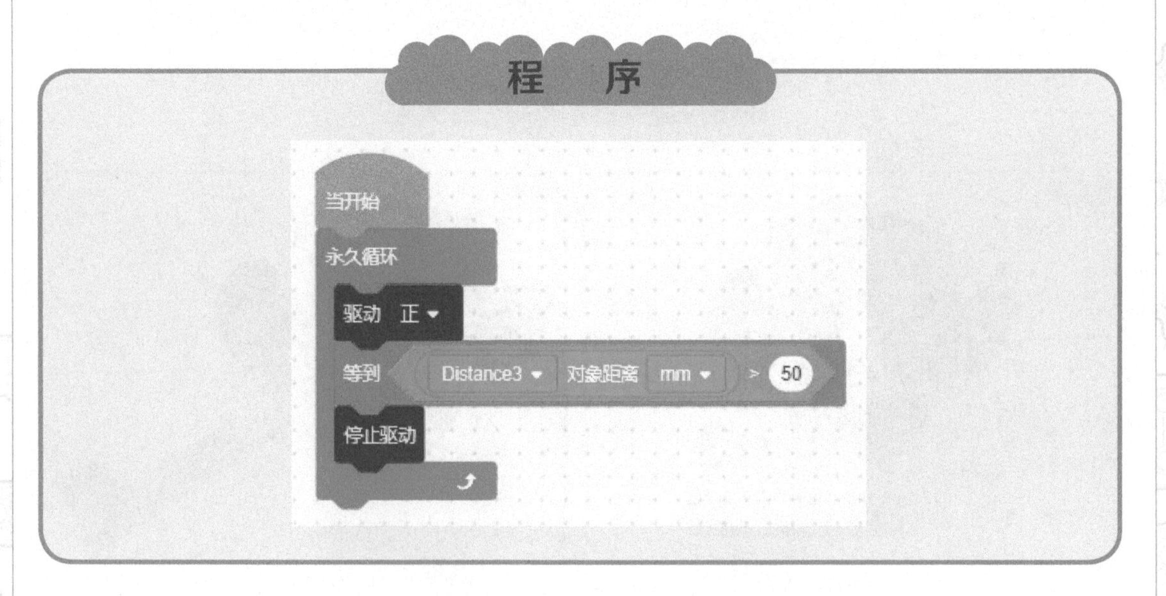

4.13　任务 13　避障车 2

任务描述

使用光学传感器制作避障车。小车发现障碍物后，后退右转。

器材准备

搭建步骤

1

2

说　明

程序主体为循环结构，嵌套条件判断。

流程图

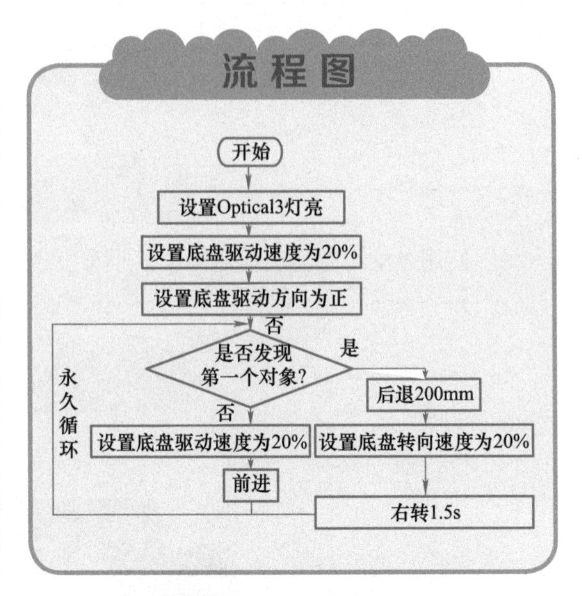

设置端口

设备

IQ Robot Brain　第一代　第二代

Drivetrain　1　6

Optical3　3

添加设备

程　序

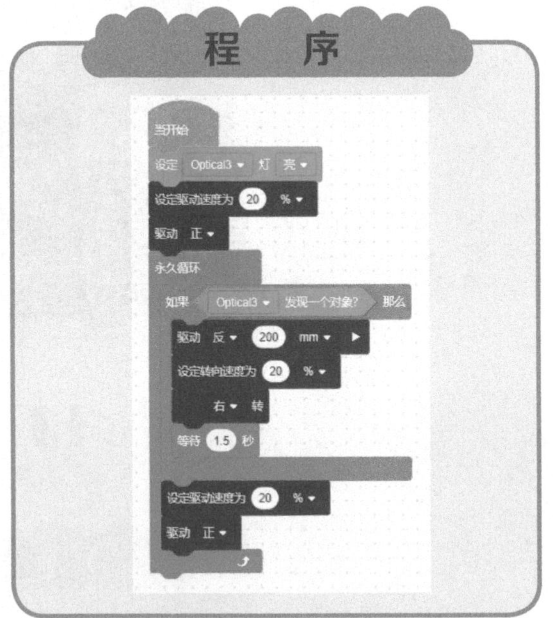

说　明

1）光学传感器功能：光学传感器是 VEX IQ 第 2 代中新出的传感器，在 VEX IQ 第 1 代套装里没有。光学传感器的功能比较强大，有两种模式，分别是颜色模式和手势模式。其默认模式是颜色模式，手势模式需要设置。另外，光学传感器还可以设置灯亮、灯灭状态，也可以调整灯亮的程度（0%～100%）。

2）颜色模式下能够识别红、绿、蓝、黄、橙、紫、青等颜色；能够识别亮度百分比、0～355 色度值；能够发现对象。

3）手势模式下能够识别手势向上、向下。

4.14　任务 14　跟随机器人 2

任务描述

使用光学传感器制作跟随机器人，搭建如任务 13。

说　明

程序主体为循环结构，嵌套条件判断。

流程图

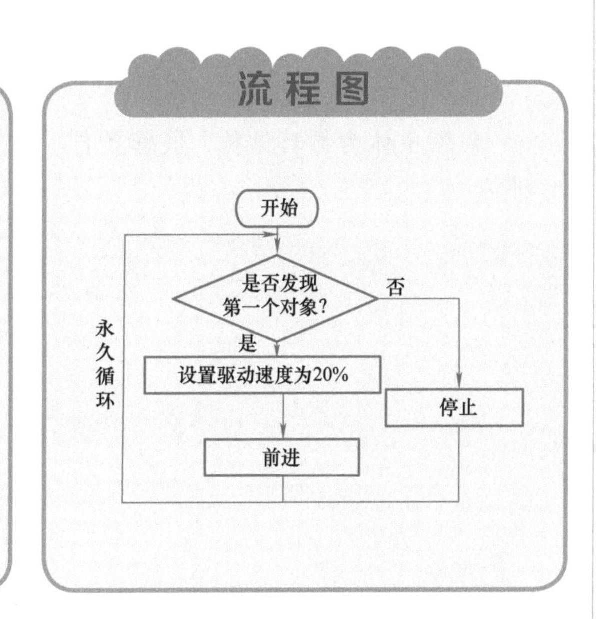

设置端口

程　序

当开始
永久循环
如果 Optical3 发现一个对象? 那么
设定驱动速度为 20 %
驱动 正
否则
停止驱动

4.15 任务 15 手势识别机器人

任务描述

手势识别机器人。识别到“向下”手势时，小车就前进 300mm。搭建如任务 14。

说 明

程序主体为循环结构，嵌套条件判断。

流程图

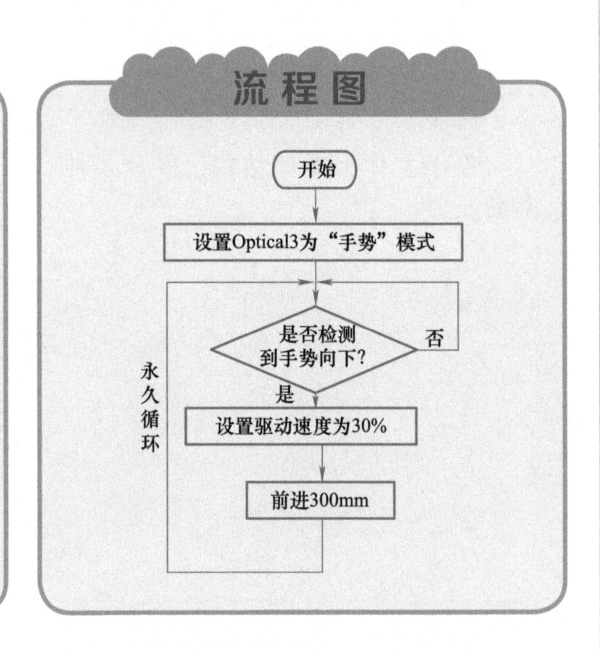

设置端口

设备
IQ Robot Brain 第一代 第二代
Drivetrain 1 6
Optical3 3
添加设备

程 序

当开始
将 Optical3 设置为 手势 模式
永久循环
如果 检测到 Optical3 手势 向下 ? 那么
设定驱动速度为 30 %
驱动 正 300 mm

4.16　任务 16 小车遇线停止

任务描述

小车遇到黑线停止。

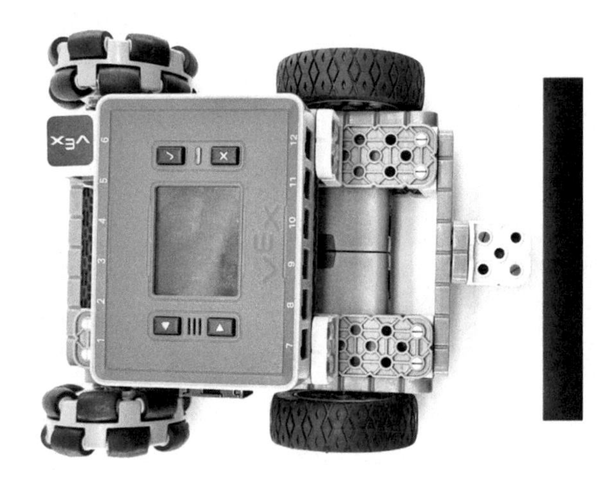

器材准备

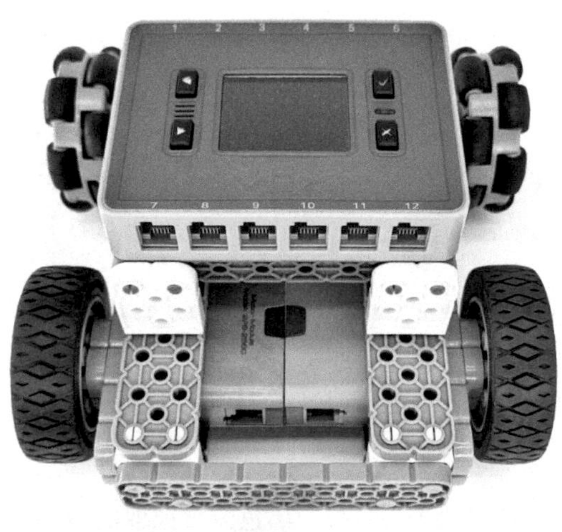

搭建步骤

1

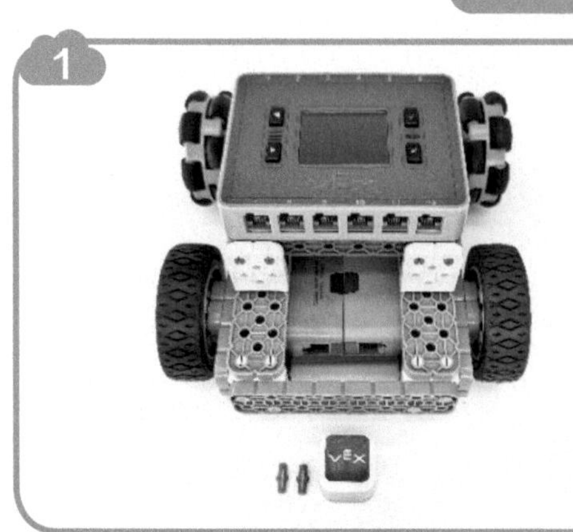

2

3

4

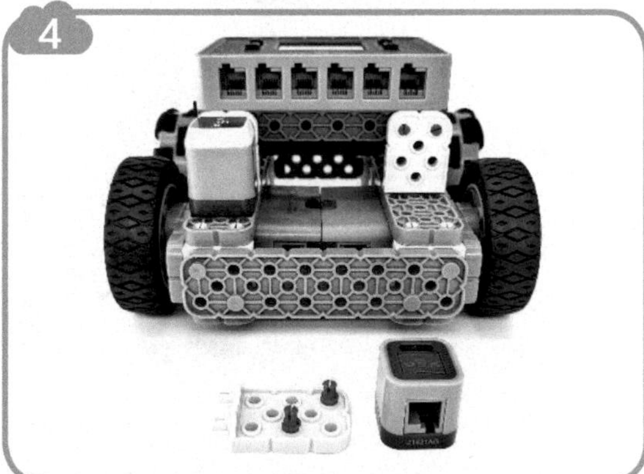

5

6

说　明

对阈值的确定。

白色位置读取的 HUE 值设为 H_1：347。黑色位置读取的 HUE 值设为 H_2：10。

阈值 =（H_1+H_2）/2=179。

读取的 HUE 值大于阈值时，判断为白色；小于阈值时，判断为黑色。

注：如果当白色被误判为黑色时，将阈值减小 20。反复调试，找到合适的阈值。

流程图

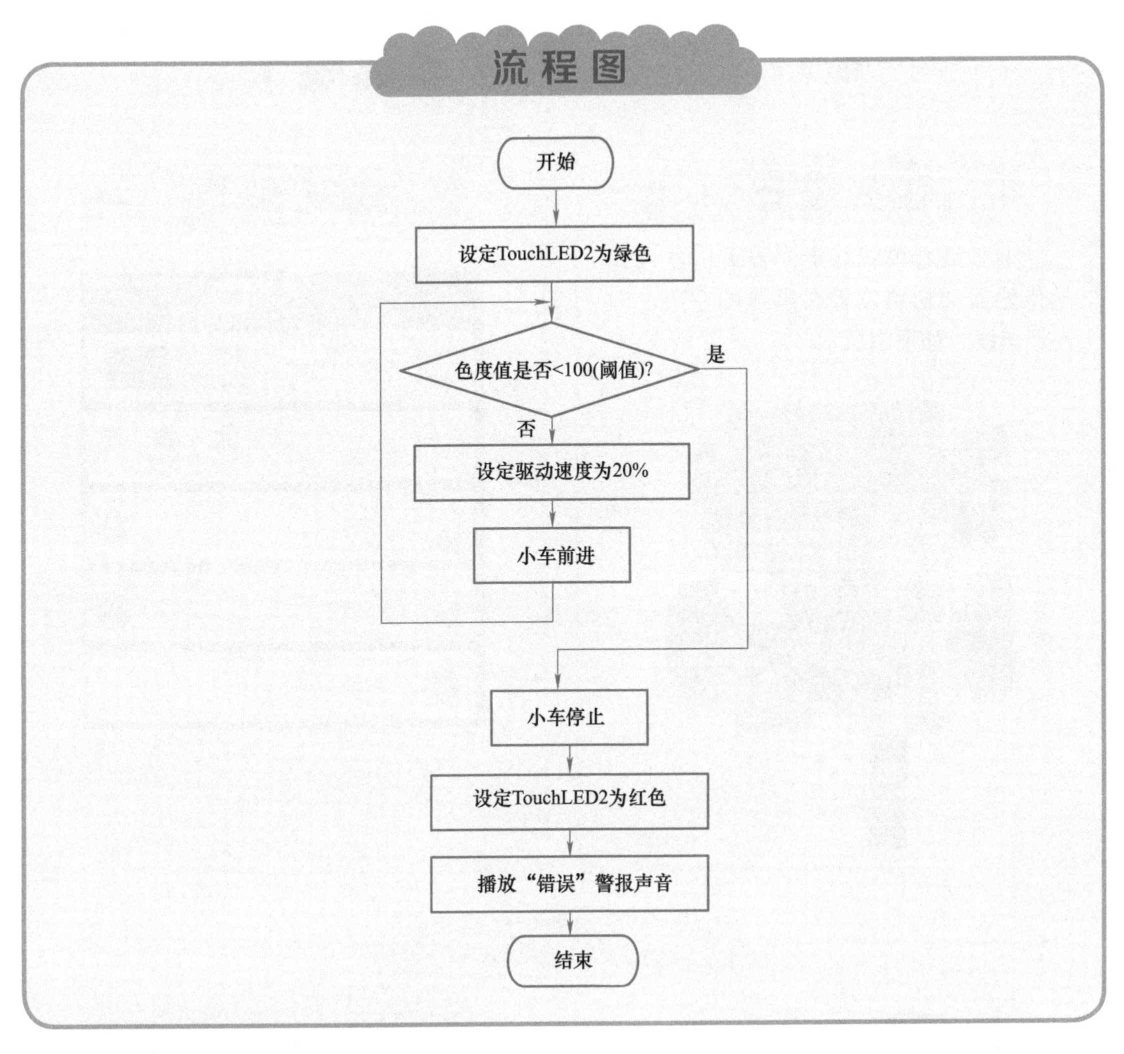
开始
设定TouchLED2为绿色
色度值是否<100(阈值)?
是
否
设定驱动速度为20%
小车前进
小车停止
设定TouchLED2为红色
播放“错误”警报声音
结束

设置端口

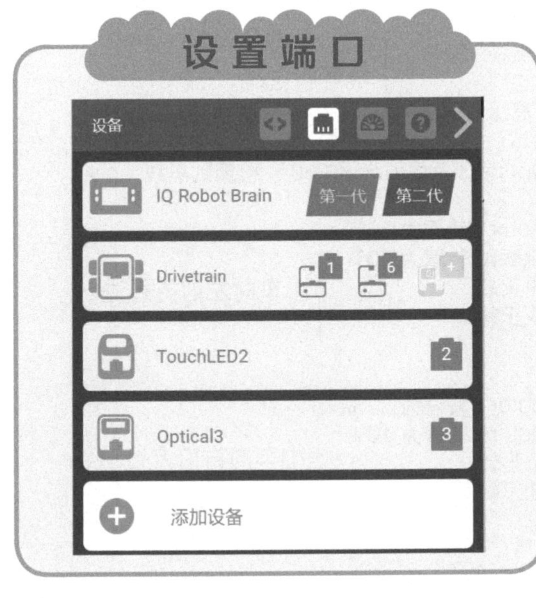
设备
IQ Robot Brain
第一代
第二代
Drivetrain
1
6
TouchLED2
2
Optical3
3
添加设备

程　序

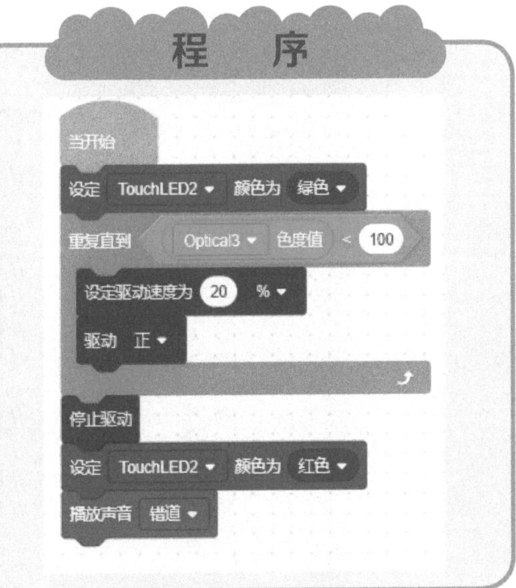
当开始
设定 TouchLED2 颜色为 绿色
重复直到 Optical3 色度值 < 100
设定驱动速度为 20 %
驱动 正
停止驱动
设定 TouchLED2 颜色为 红色
播放声音 错误

4.17 任务 17 小车巡线 1

任务描述

小车沿着黑线行走，要求机器人光学传感器的初始位置在黑线的左边，即左巡黑线，如下图所示。

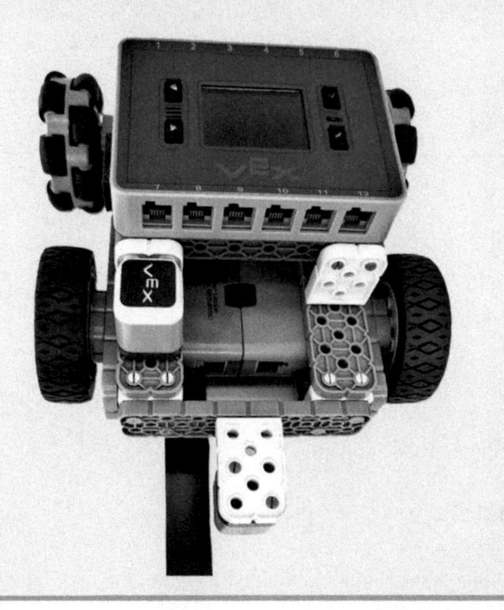

设置端口

程序

// TouchLED2 亮红灯直到
// TouchLED2 被按下
// TouchLED2 亮绿灯
（按键的作用）

// 永久循环
// 如果 Optical3 色度值小于 250；检测到黑线

// 设定 Motor1 转速为 10%
// 设定 Motor6 转速为 30%
// Motor1 正转
// Motor6 正转
// 否则
（小车向左前方行进）

// 设定 Motor1 转速为 30%
// 设定 Motor6 转速为 10%
// Motor1 正转
// Motor6 正转
（小车向右前方行进）

4.18　任务 18　小车巡线 2

任务描述

小车沿着黑线行走，要求机器人光学传感器的初始位置在黑线的右边，即右巡黑线，如下图所示。

设置端口

程　序

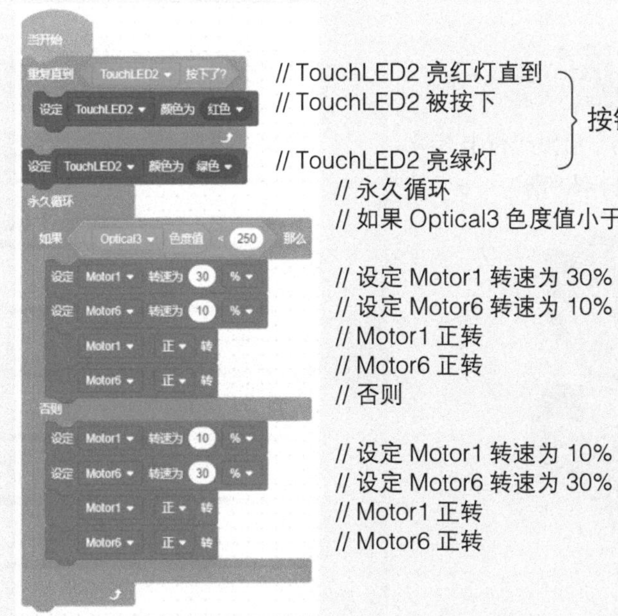

// TouchLED2 亮红灯直到
// TouchLED2 被按下
// TouchLED2 亮绿灯
} 按键的作用

// 永久循环
// 如果 Optical3 色度值小于 250；检测到黑线

// 设定 Motor1 转速为 30%
// 设定 Motor6 转速为 10%
// Motor1 正转
// Motor6 正转
// 否则
} 小车向右前方行进

// 设定 Motor1 转速为 10%
// 设定 Motor6 转速为 30%
// Motor1 正转
// Motor6 正转
} 小车向左前方行进

4.19 任务 19 小车走正方形 2

任务描述

通过创建“我的程序块”，以实现小车连续走边长为 2000mm 的正方形、3000mm 的正方形和 4000mm 的正方形。

(1) 创建“我的程序块”

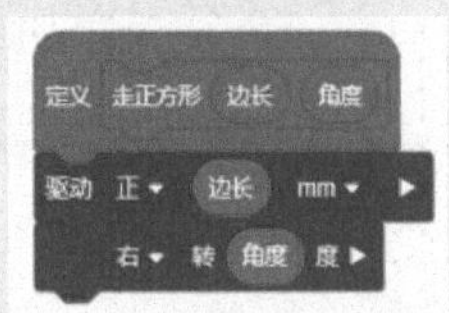

// 定义有两个参数的“我的程序块”

// 正方形的边长

// 转的角度（理论上是 90°，但要根据实际情况调整）

(2) 调用“我的程序块”

// 边长为 2000，角度为 100°（经调试，角度为 100°，能够实际转直角）
// 边长为 3000，角度为 100°
// 边长为 4000，角度为 100°

4.20 任务 20 小车巡线 3

任务描述

使用两个传感器实现小车沿黑线行走，即双光学传感器巡黑线，如下图所示。

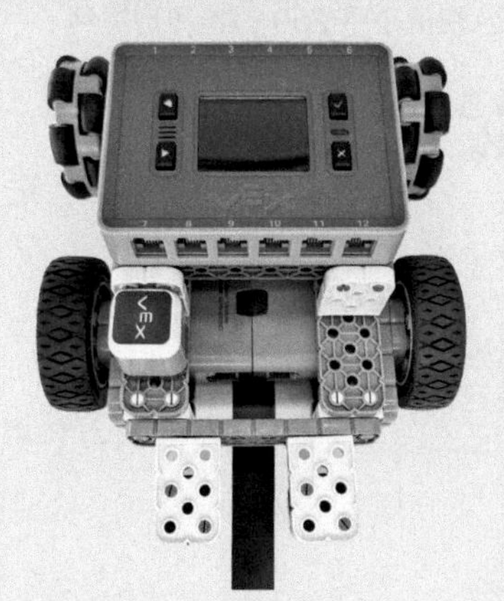

设置端口

1. 方法一

定义“我的程序块”：

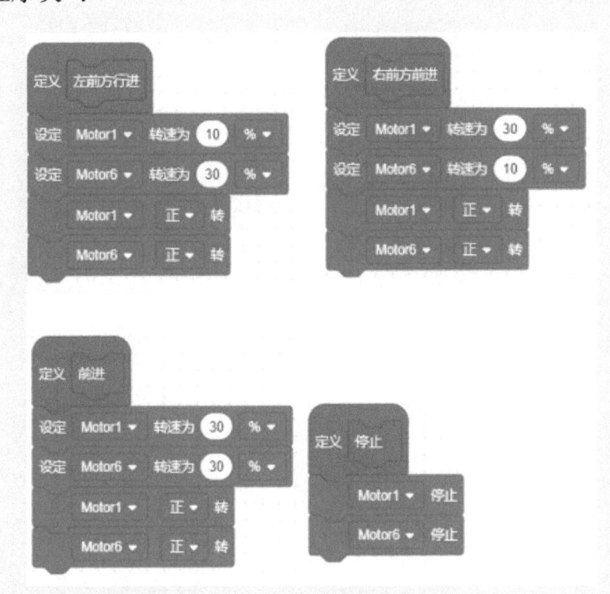

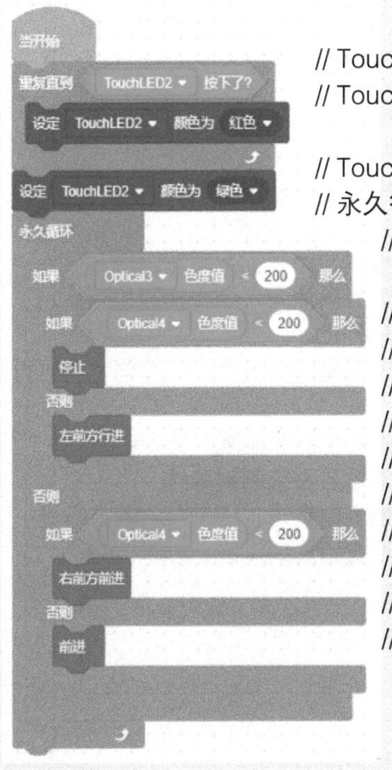

// TouchLED2 显示红色一直到
// TouchLED2 被按下
// TouchLED2 显示绿色
（以上三行：按键的作用）
// 永久循环
// 判断左侧传感器是否检测到黑线
// 左侧传感器检测到黑线，判断右侧传
// 感器是否检测到黑线，右侧传感器检测
// 到黑线，小车停止
// 右侧传感器没有检测到黑线，小车向左前
// 方行进
// 左侧传感器没有检测到黑线
// 判断右侧传感器是否检测到黑线
// 右侧传感器检测到黑线，小车向右前
// 方行进
// 右侧传感器没有检测到黑线，小车前进

程　序

2. 方法二

定义我的程序块：

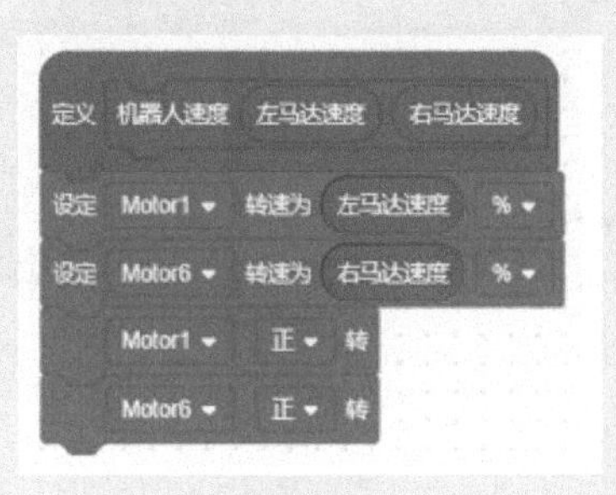

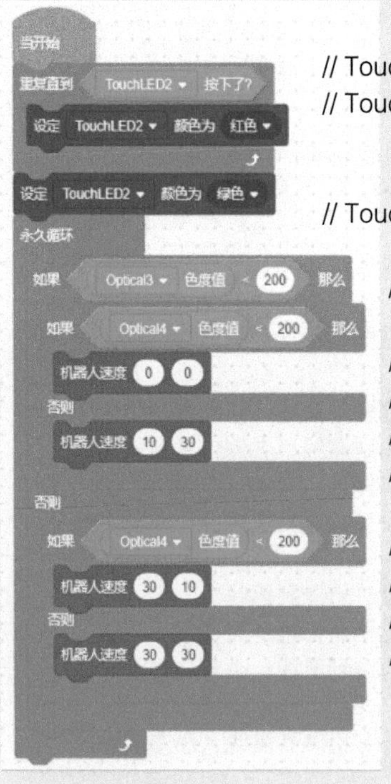

// TouchLED2 显示红色一直到
// TouchLED2 被按下

按键的作用

// TouchLED2 显示绿色

// 判断左侧传感器是否检测到黑线

// 左侧传感器检测到黑线，判断右侧传
// 感器是否检测到黑线，右侧传感器检测
// 到黑线，小车停止
// 右侧传感器没有检测到黑线，小车向左前方行进

// 左侧传感器没有检测到黑线
// 判断右侧传感器是否检测到黑线
// 右侧传感器检测到黑线，小车向右前方行进
// 右侧传感器没有检测到黑线，小车前进

4.21　任务 21　夹瓶子机器人

任务描述

夹瓶子机器人。机器人检测到瓶子，夹住，后退，右转，放开瓶子，后退，停止。

搭建步骤

1

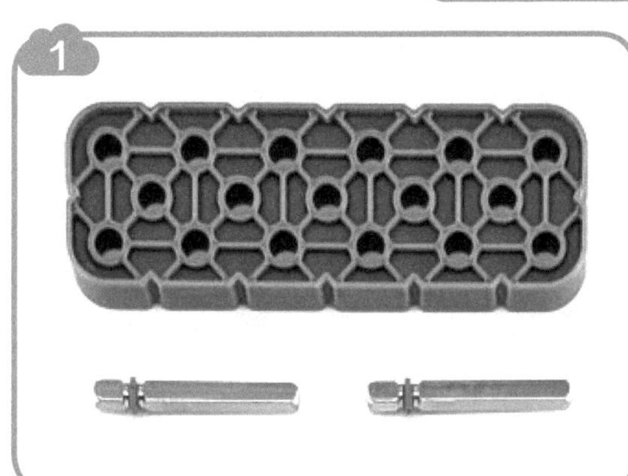

2

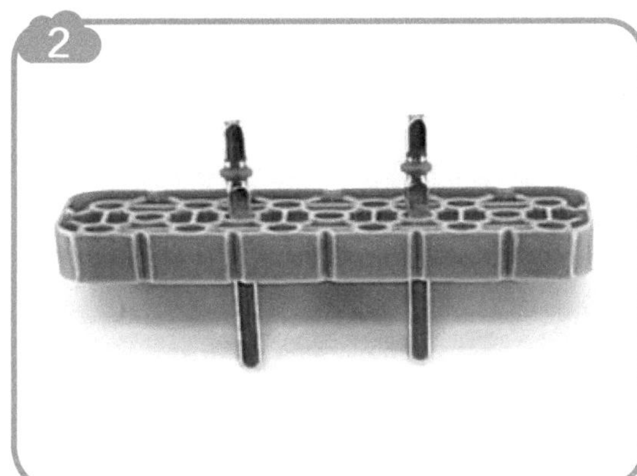

3

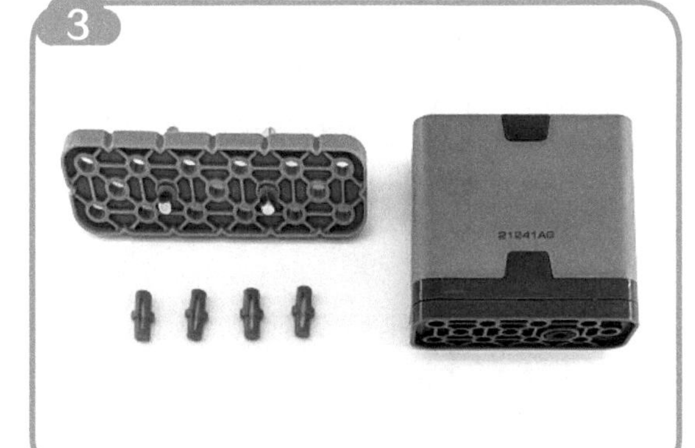

4

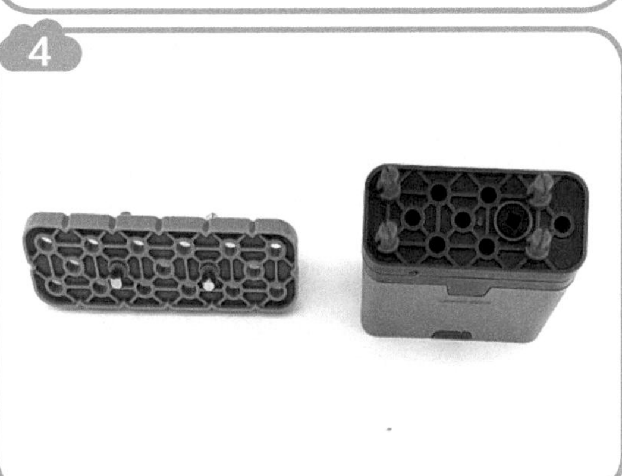

5

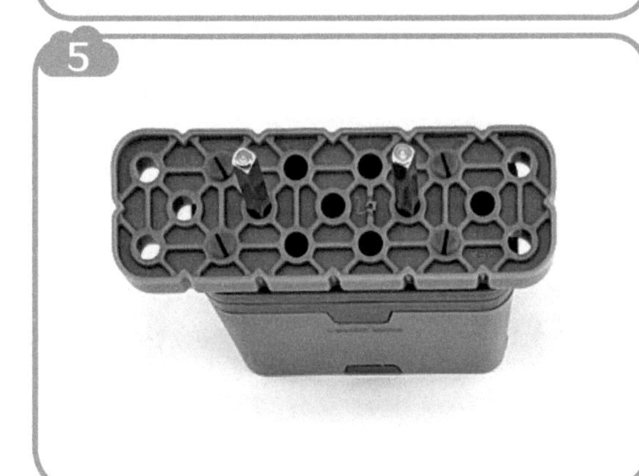

6

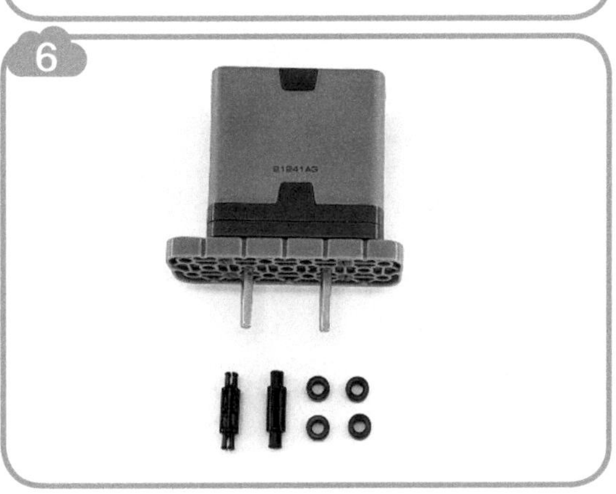

7

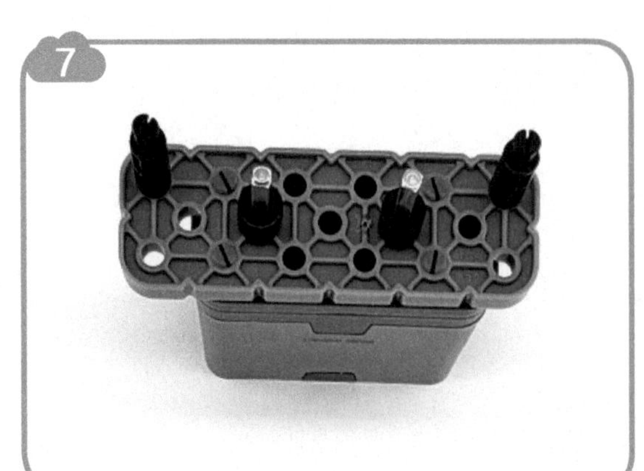

8

9

10

11

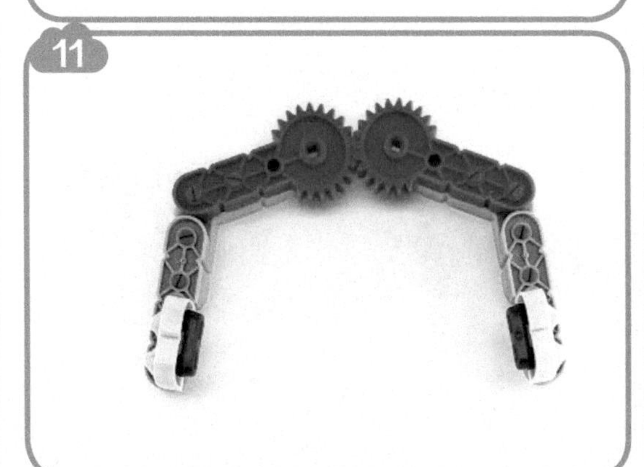

12

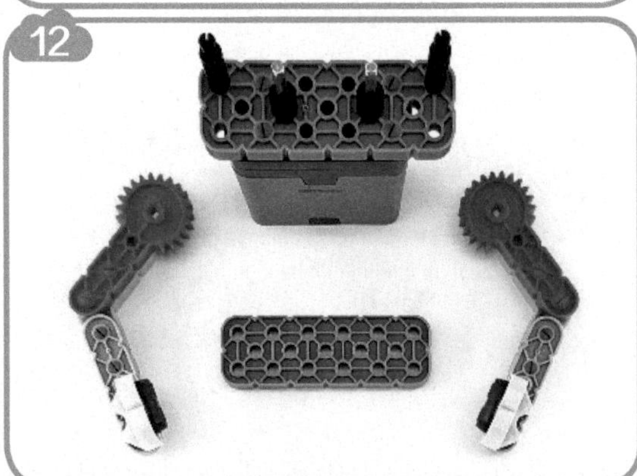

13

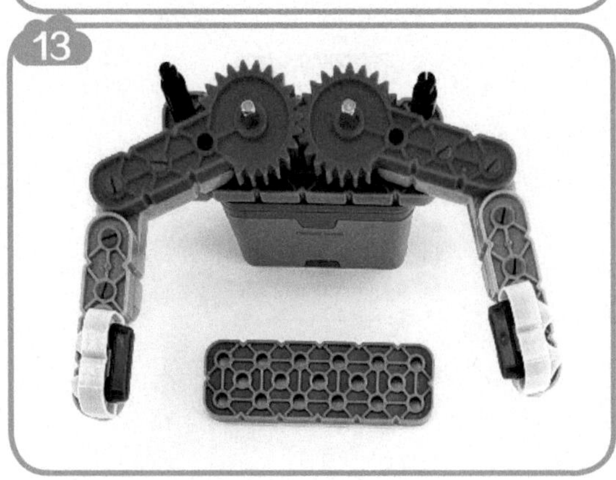

14

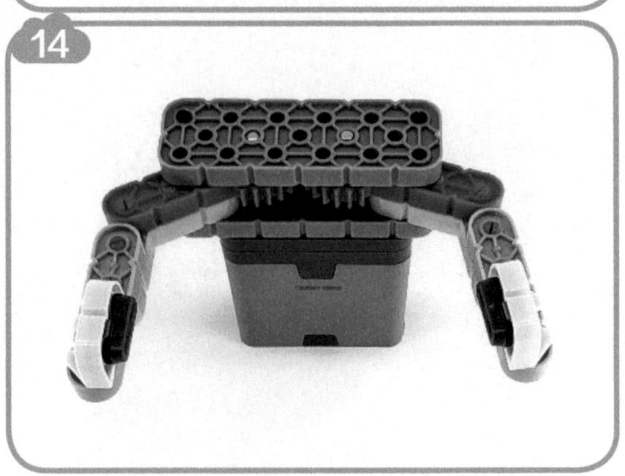

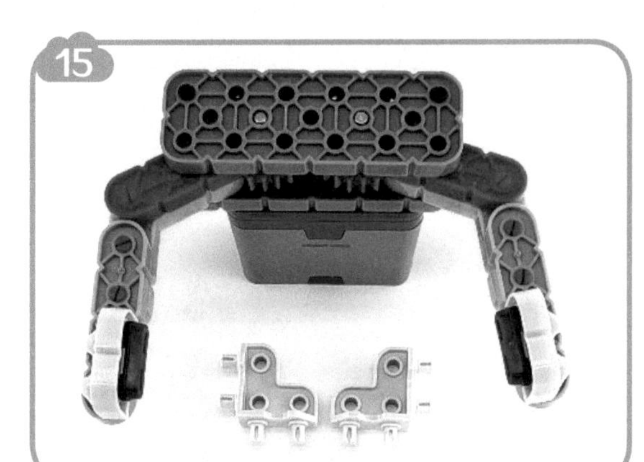
15

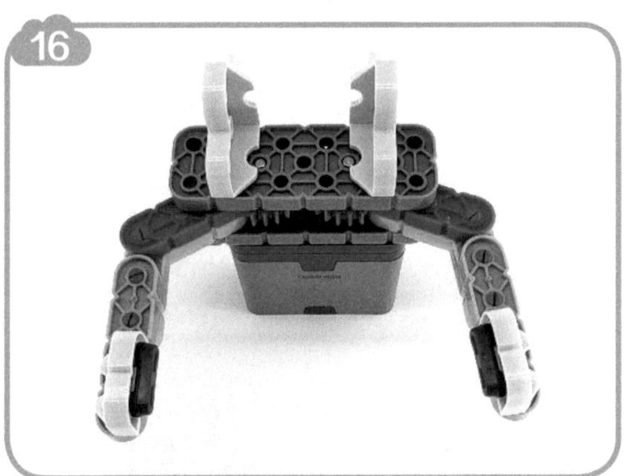
16

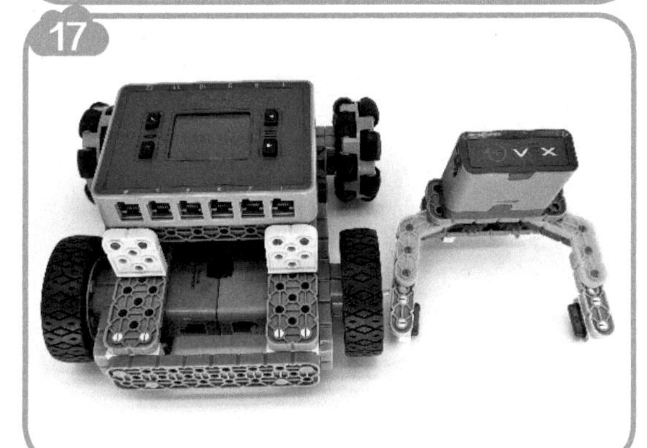
17

18

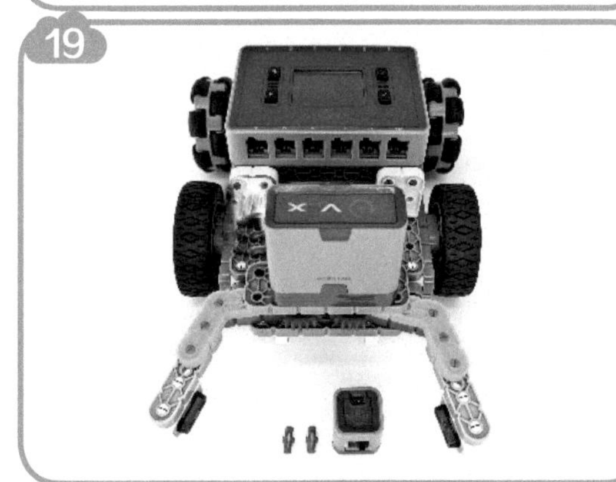
19

20

21

设置端口

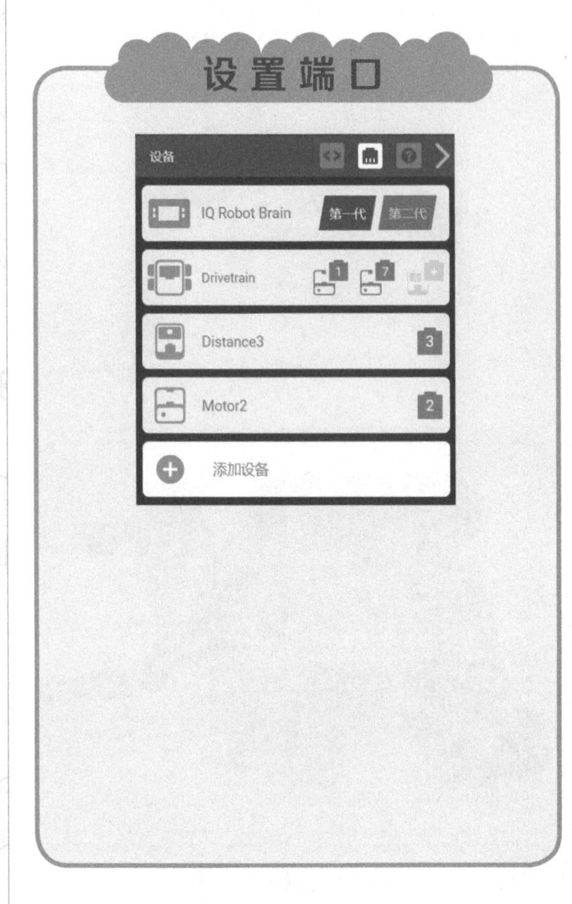

程 序

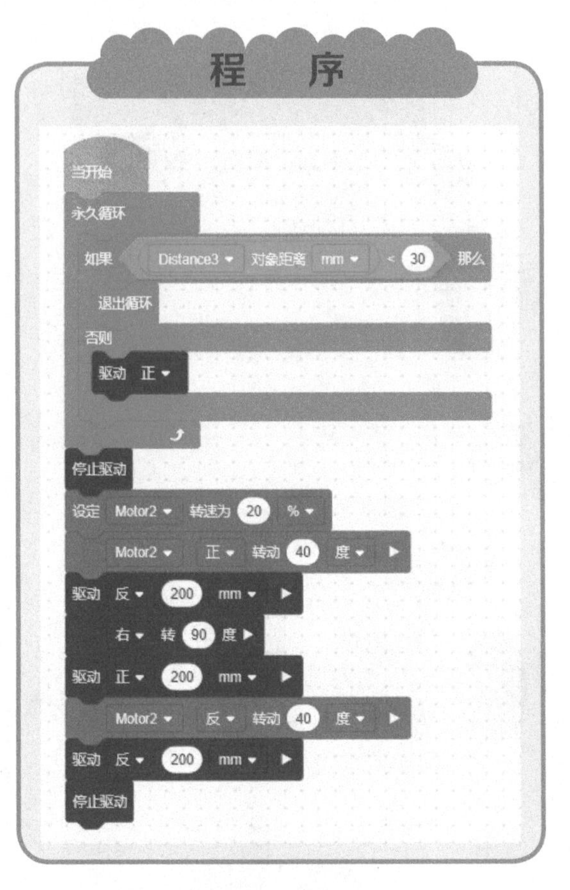

4.22 任务 22 搬运机器人

任务描述

实现遥控机器人搬运立方体，从 A 点搬运到 B 点，每搬运一个，得 1 分，计时 30s，记录成绩。搭建如任务 21。

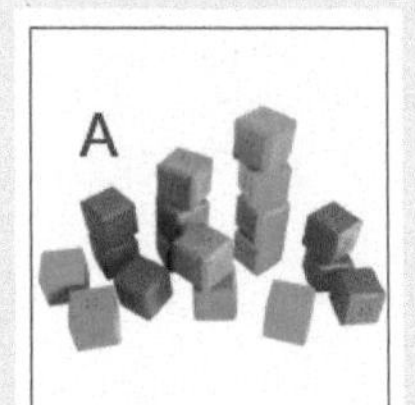

B

设置端口

遥控器设置

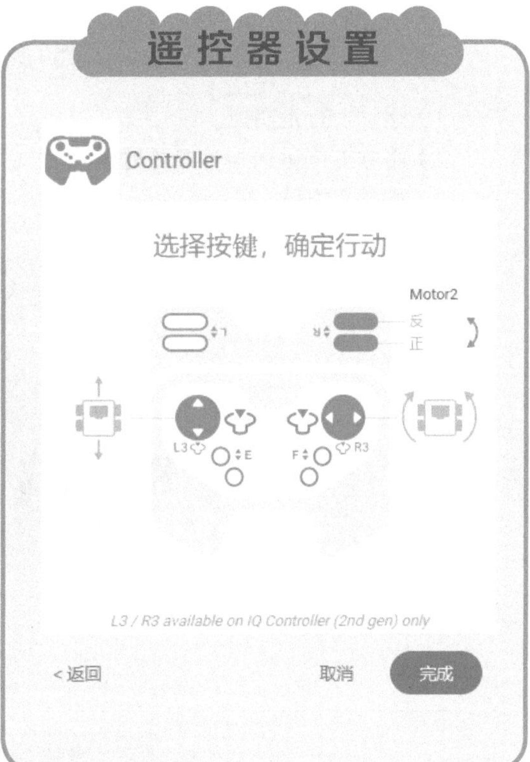

说　明

摇杆 A：控制前进、后退；摇杆 C：控制左转、右转；按键“R 上”“R 下”：控制小爪（电机 2）。

4.23　任务 23　合作搬运

任务描述

A、B 双方合作完成任务。

1）A 方需要将蓝色立方体运到 B 方场地区域，不能破坏中间隔挡；B 方需要将绿色立方体运到 A 方场地区域；每正确运送一个立方体得 1 分，6 个都运送成功，再奖励 5 分。

2）A 方将运送过来的绿色立方体在本区域堆叠起来，2 个得 10 分、3 个得 20 分、4 个得 30 分、5 个得 40 分、6 个得 60 分。

3）比赛时间为 1min，两个队伍合作，得分记双方得分总分。

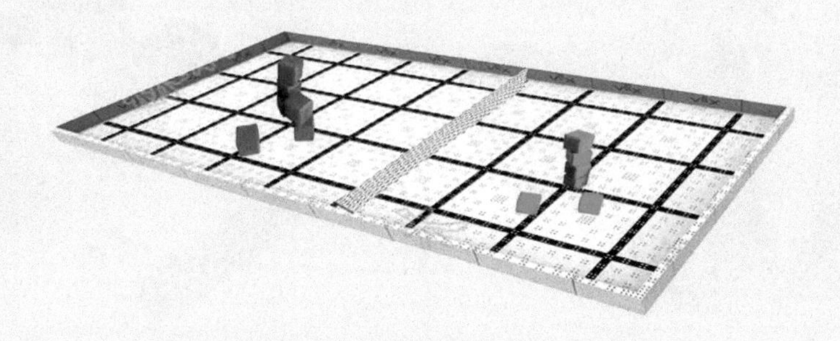

任务分解

1）运动、行走功能。

2）将立方体运送到对方场地区域。

3）堆叠立方体。

搭建步骤

1

2

3

4

5

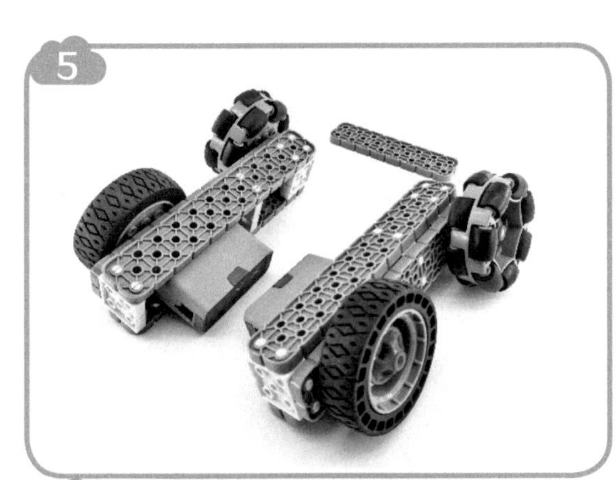

6

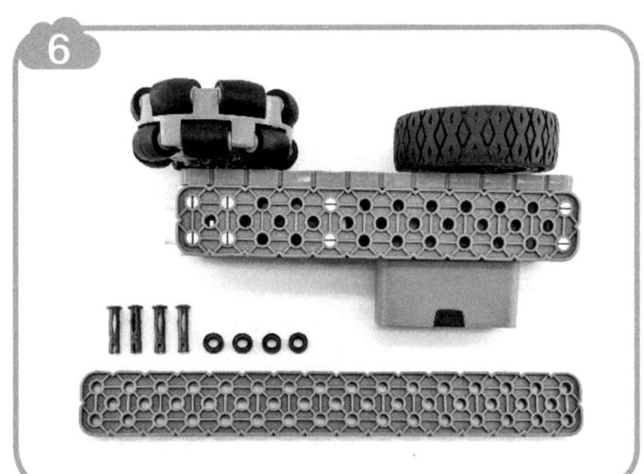

7

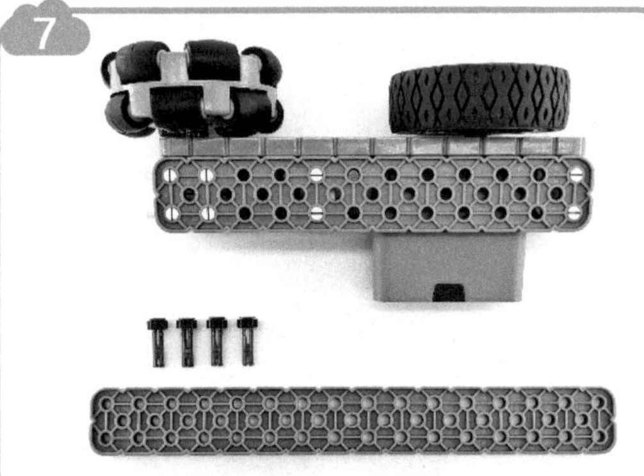

8

9

10

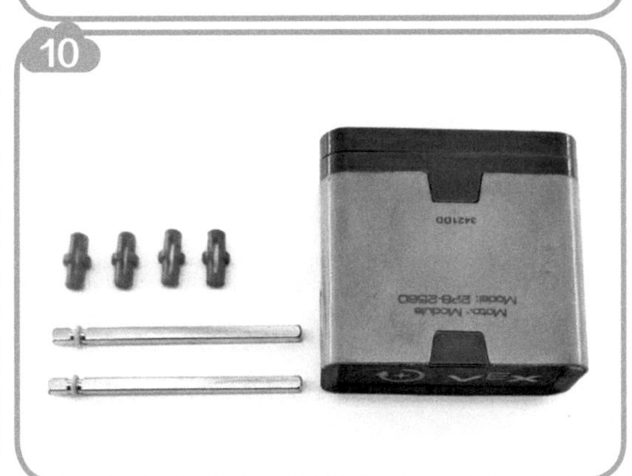

11

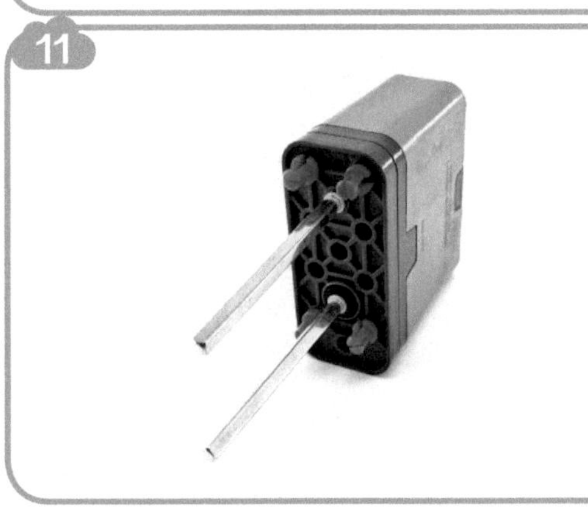

12

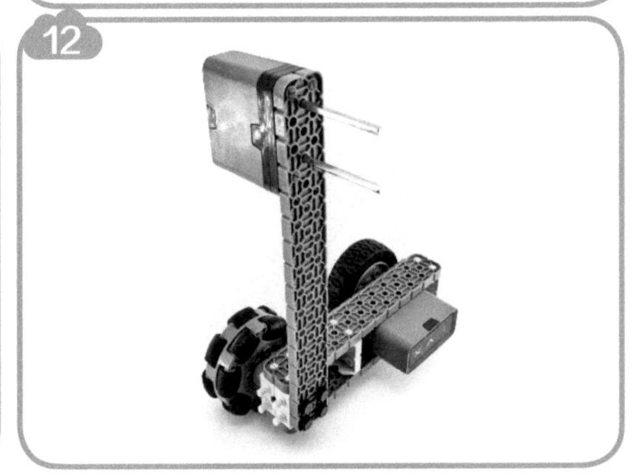

13

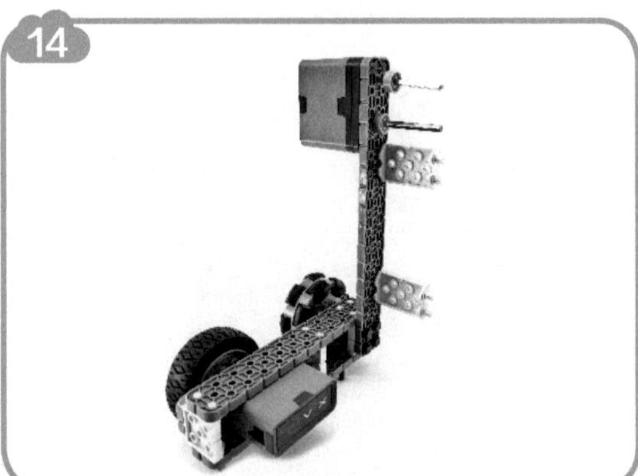
14

15

16

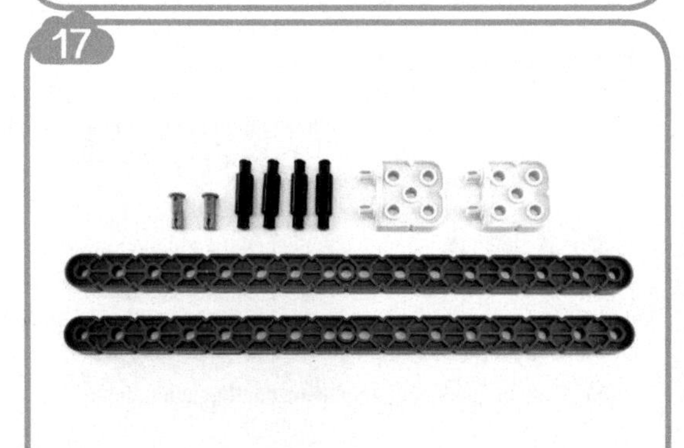
17

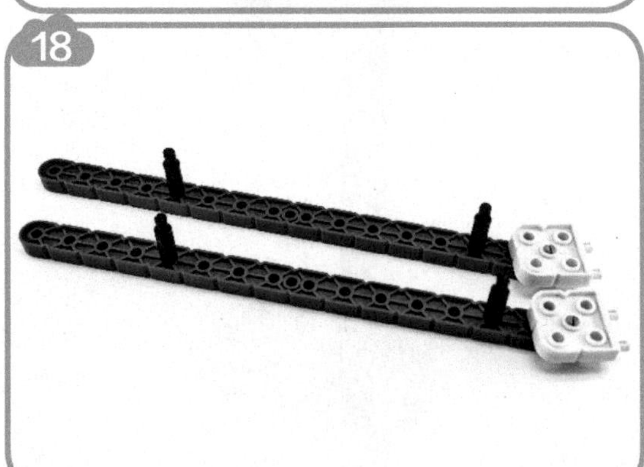
18

19

20

21

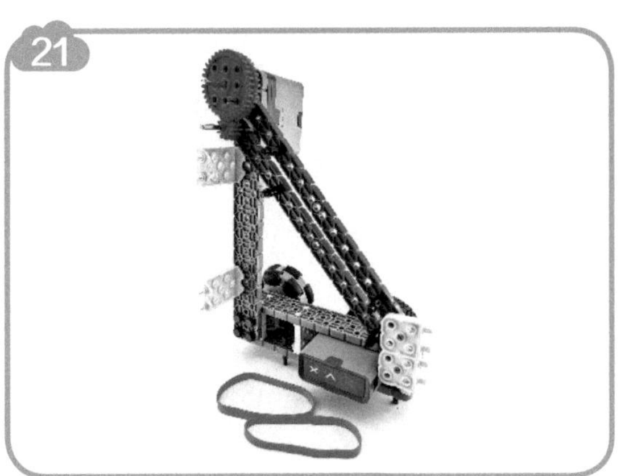

22

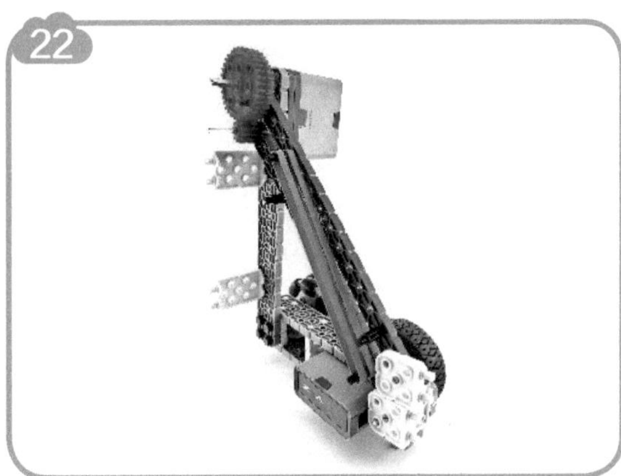

23

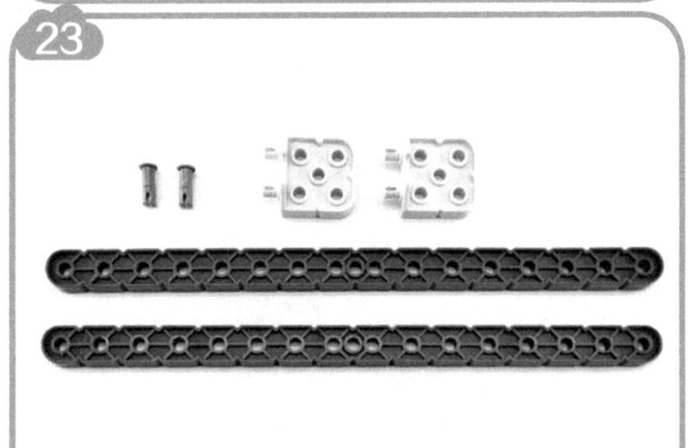

24

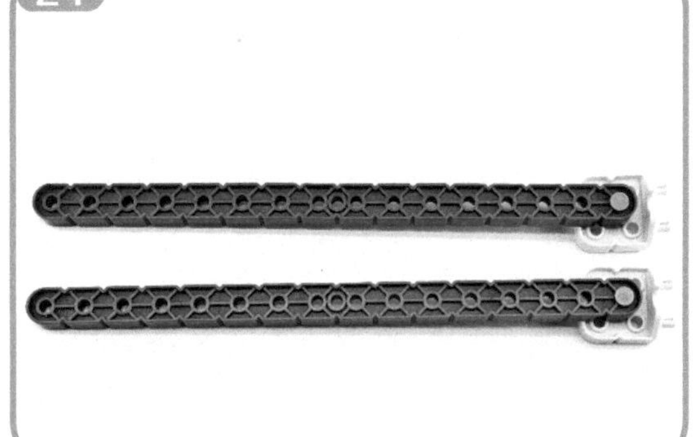

25

26

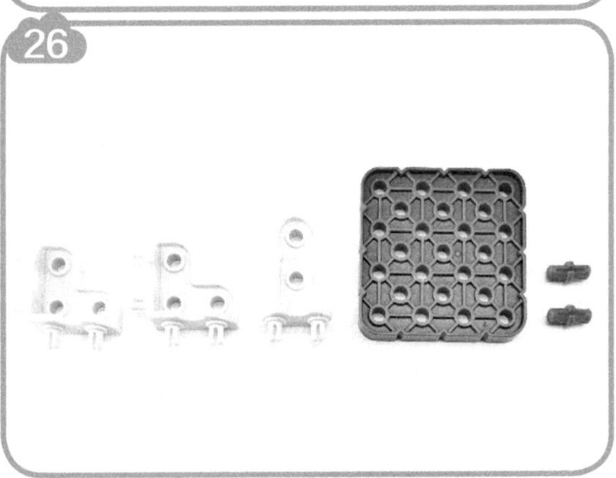

27

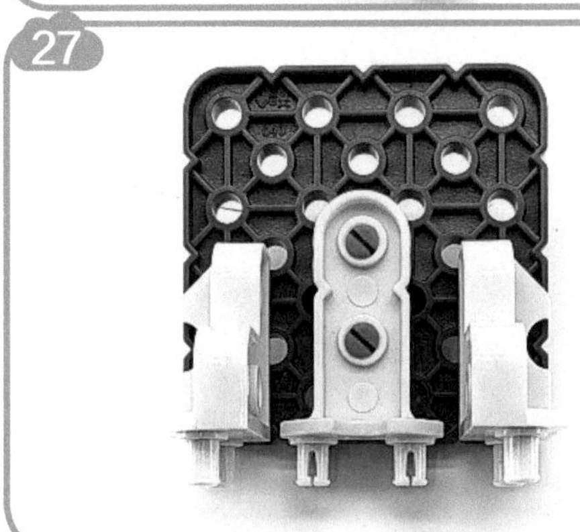

28

29

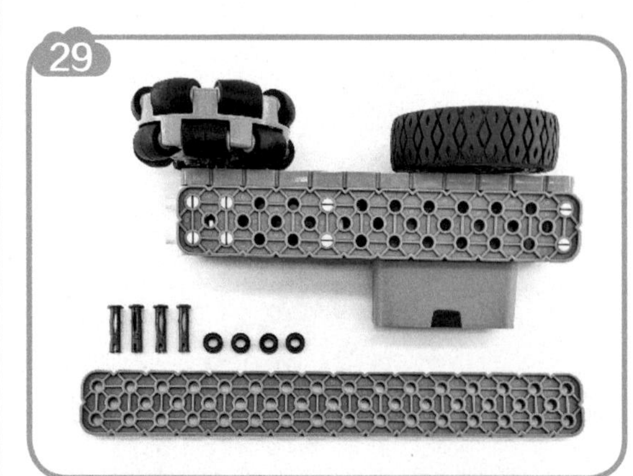

30

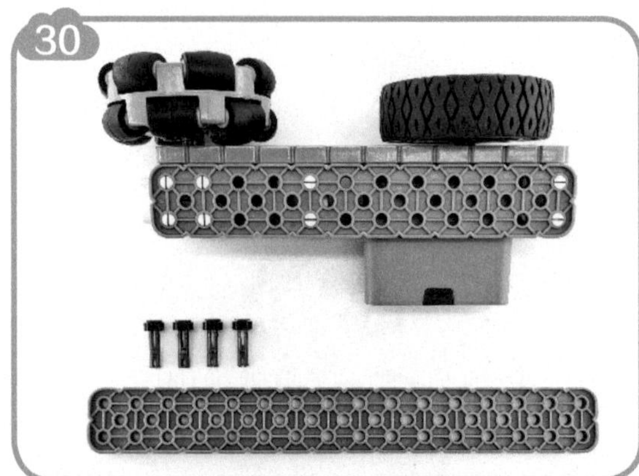

31

32

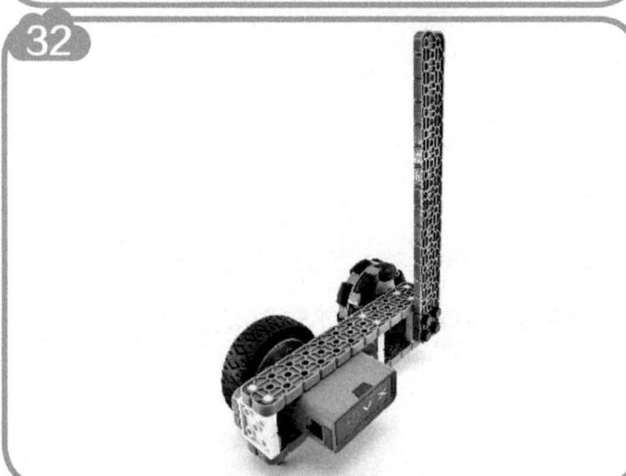

33

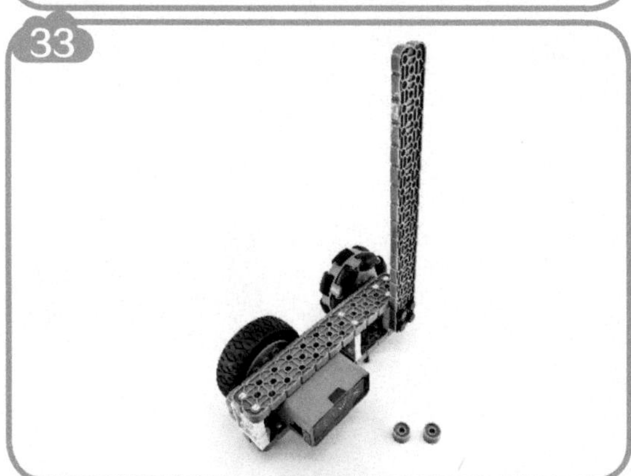

34

35

36

37

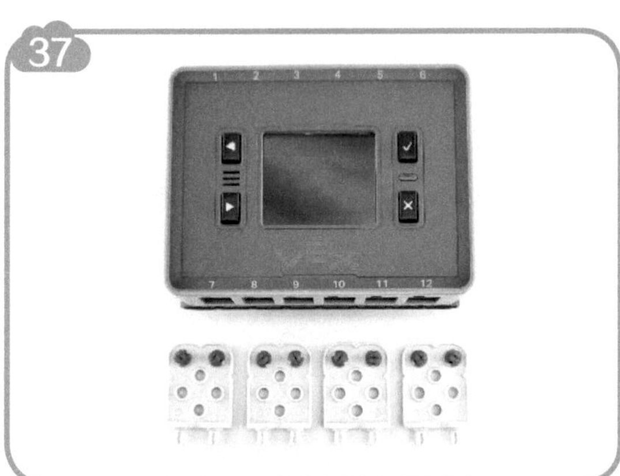

38

39

40

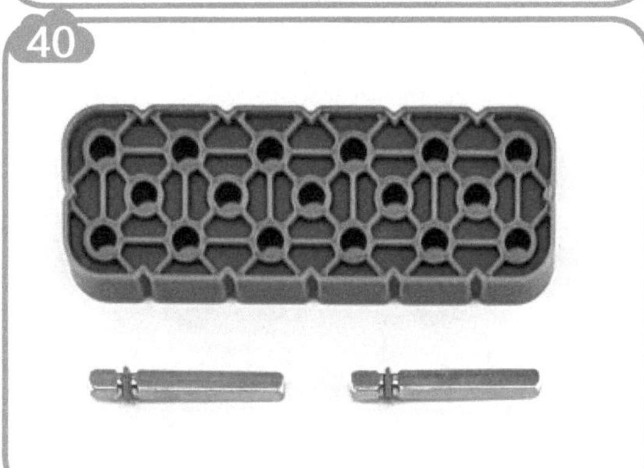

41

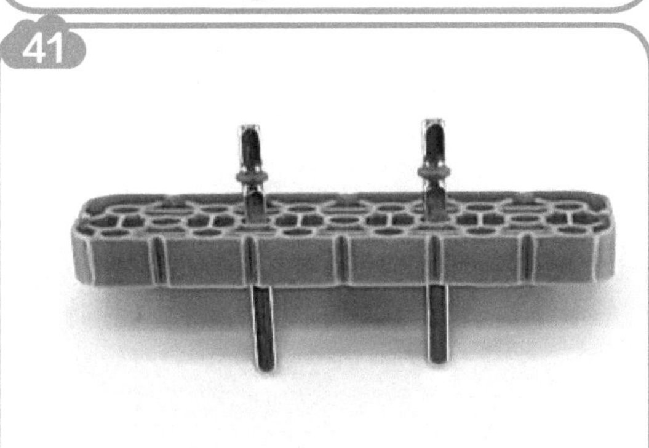

42

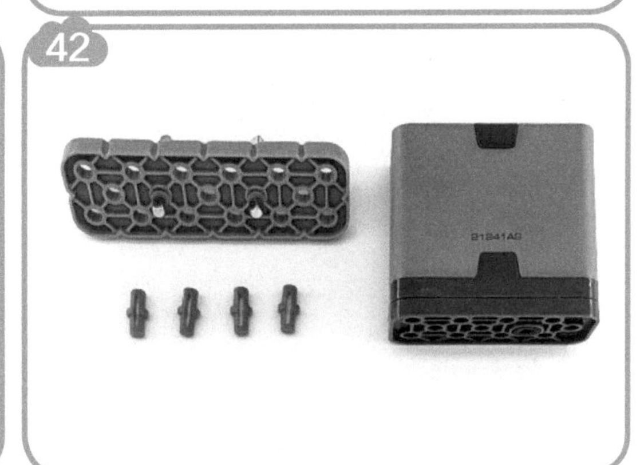

43

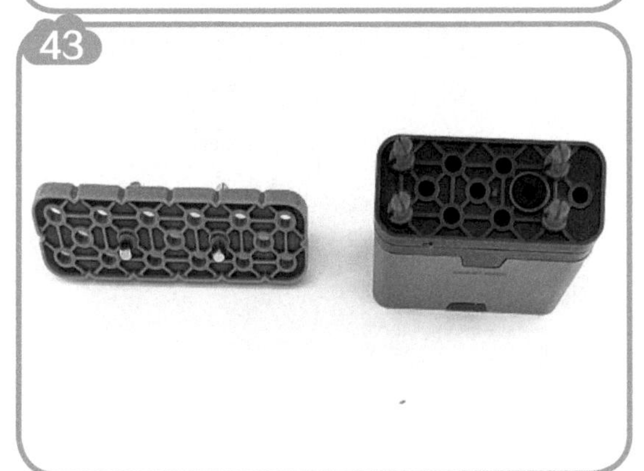

44

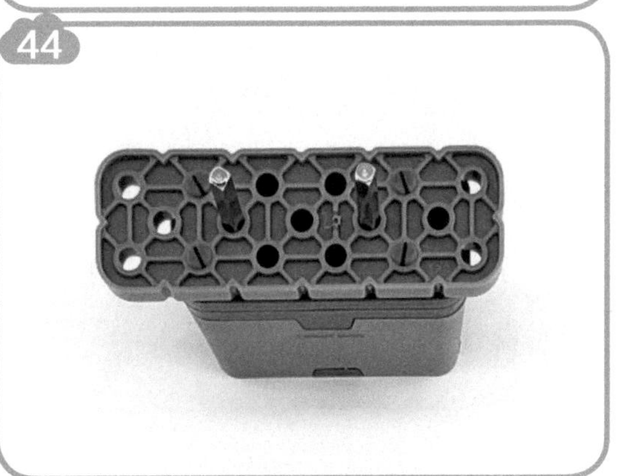

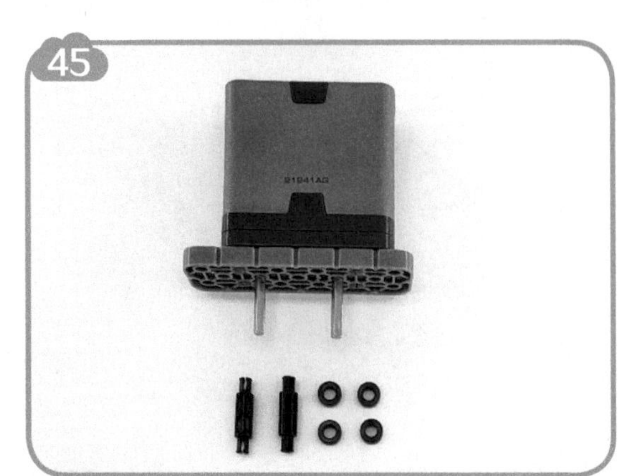
45

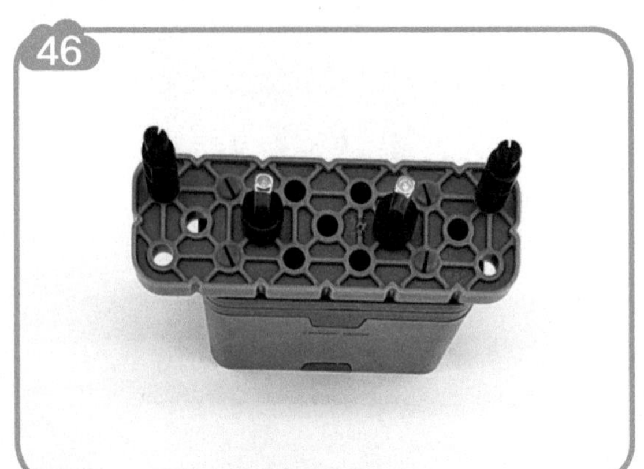
46

47

48

49

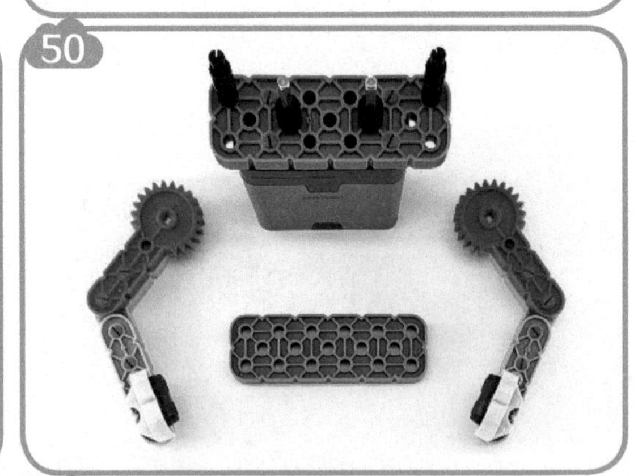
50

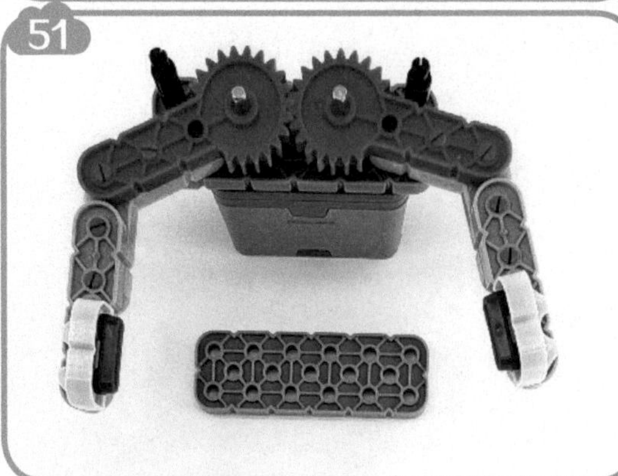
51

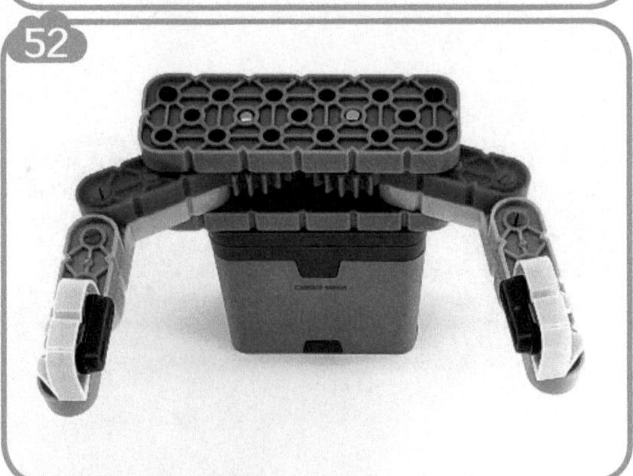
52

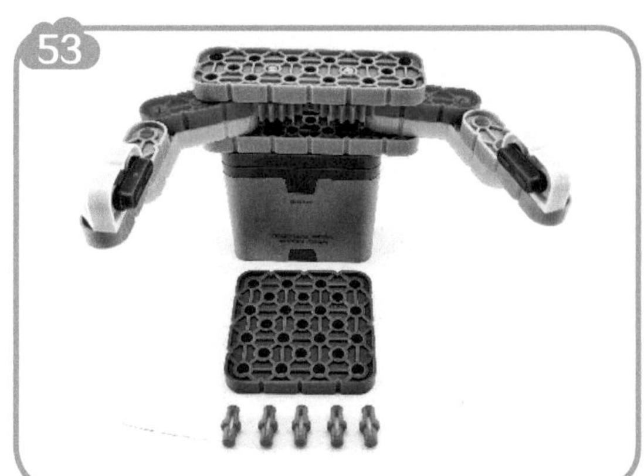
53

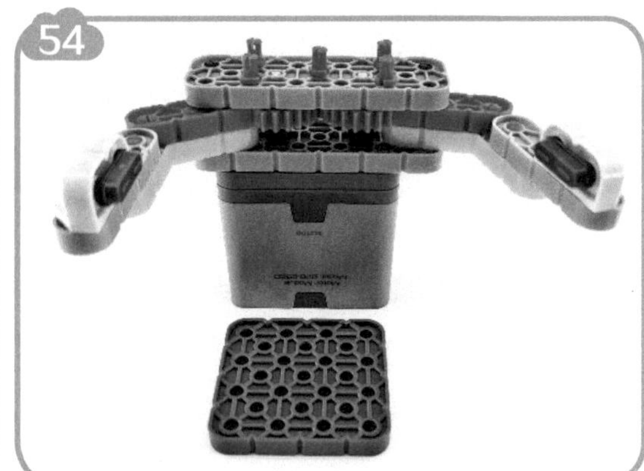
54

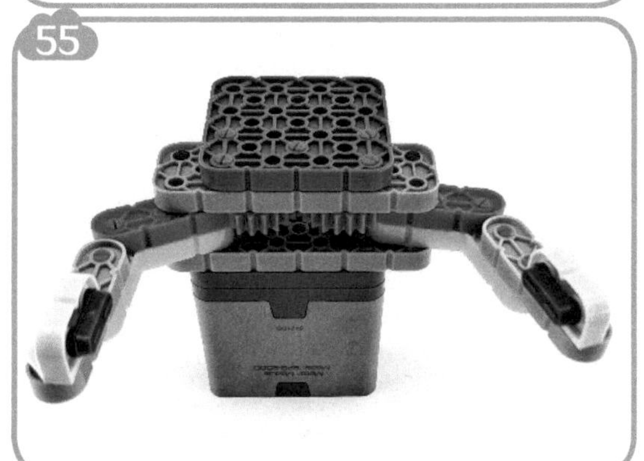
55

56

57

58

设置端口

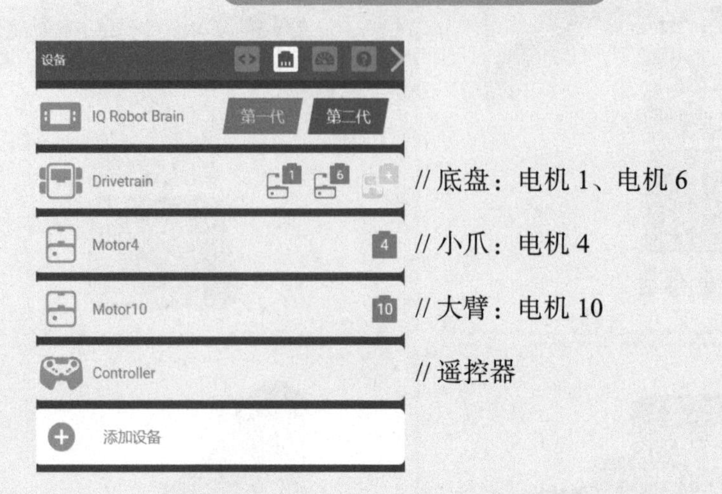

// 底盘：电机 1、电机 6

// 小爪：电机 4

// 大臂：电机 10

// 遥控器

遥控器设置

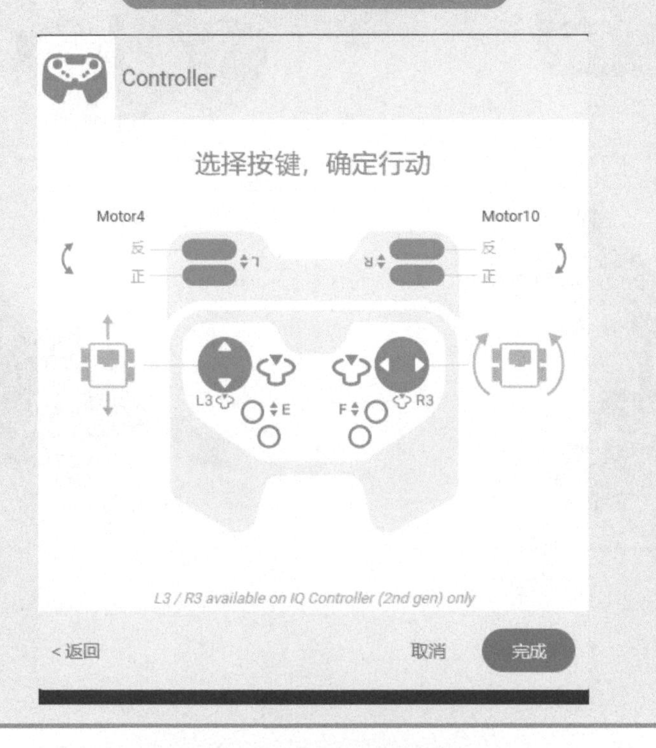

说　明

摇杆 A：控制前进、后退；摇杆 C：控制左转、右转；按键“L 上”“L 下”：控制小爪（电机 4）；按键“R 上”“R 下”：控制大臂（电机 10）。

第 5 章 经典案例

5.1 机械翅膀

案例描述

鸟儿飞翔需要展开翅膀，有很多利用仿生学制作的机械翅膀，下面我们制作 VEX IQ 机械翅膀。

案例分析

没有使用电机的机械翅膀。

结构设计

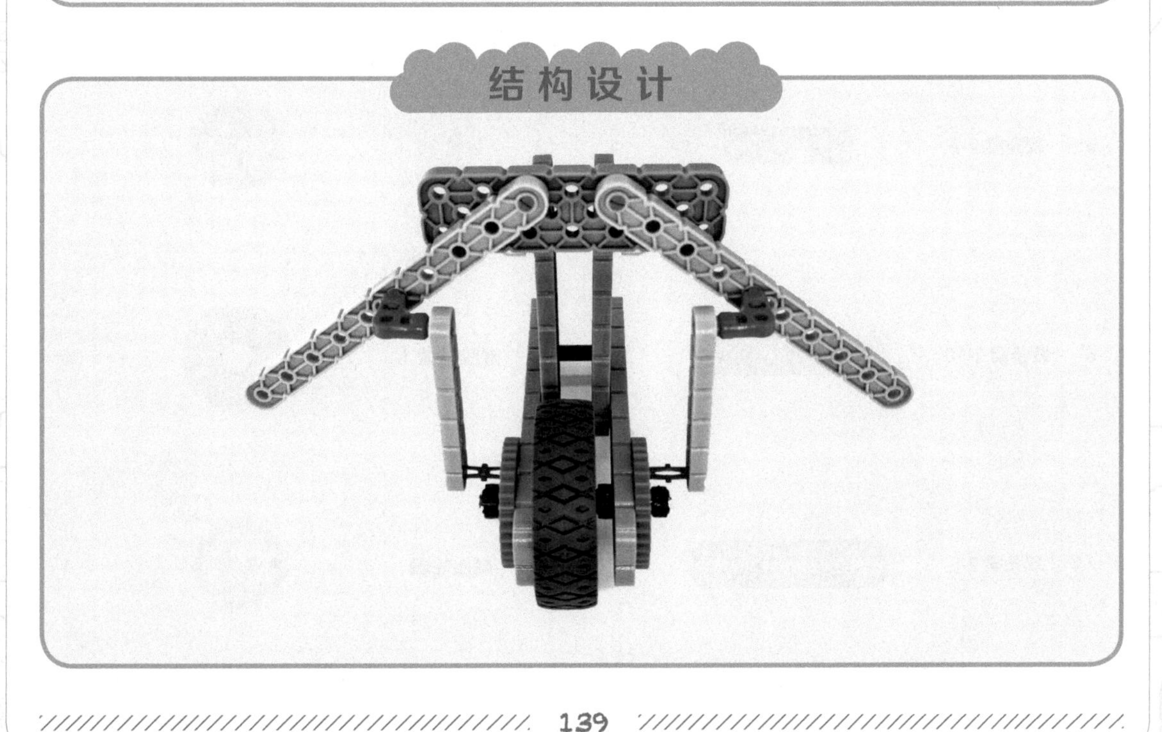

器材准备

序号	名称	图片	数量	序号	名称	图片	数量
1	连接销 1-1		12	8	两孔宽连接器		2
2	连接销 2-2		2	9	支撑销 4		1
3	单条梁 1-10		2	10	直角连销器		2
4	单条梁 1-6		2	11	金属钉轴 5		1
5	双条梁 2-7		1	12	齿轮 36		2
6	双条梁 2-10		2	13	橡胶轴套 1		5
7	双条梁 2-8		2	14	轮胎轮毂		1

搭建步骤

1

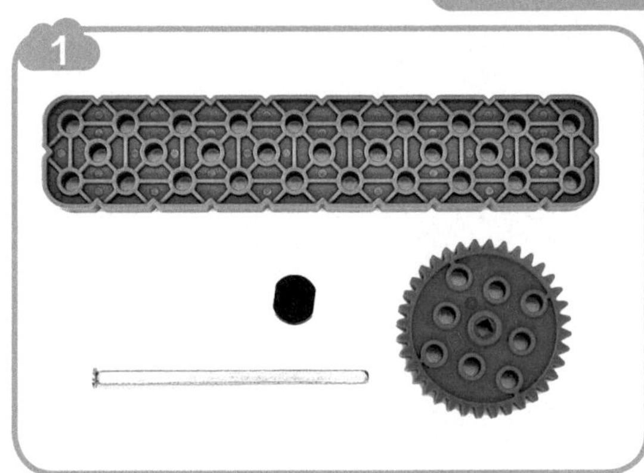

2

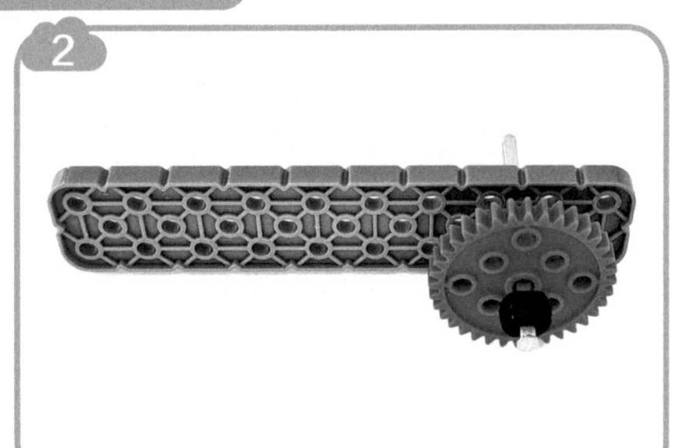

3

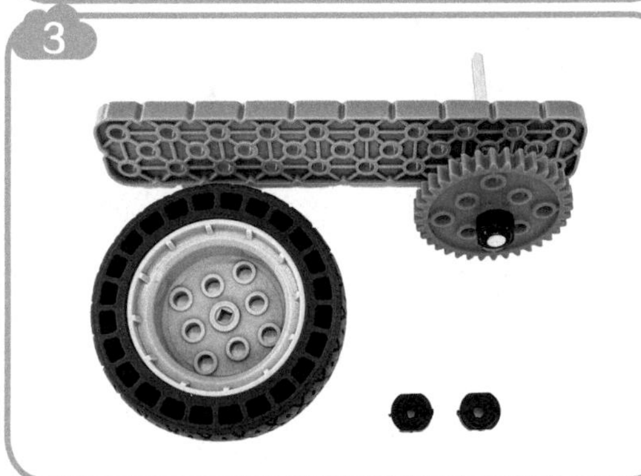

4

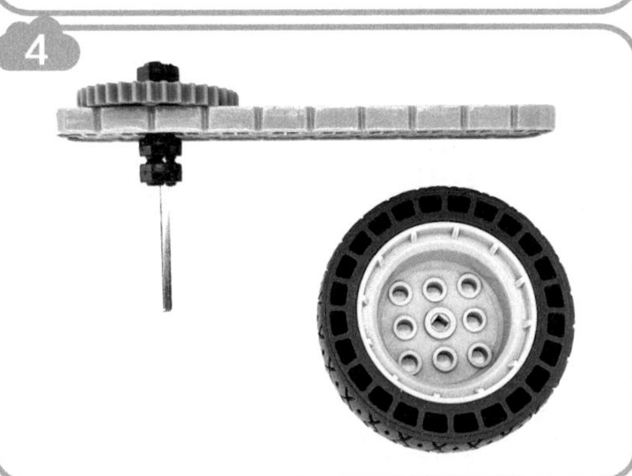

5

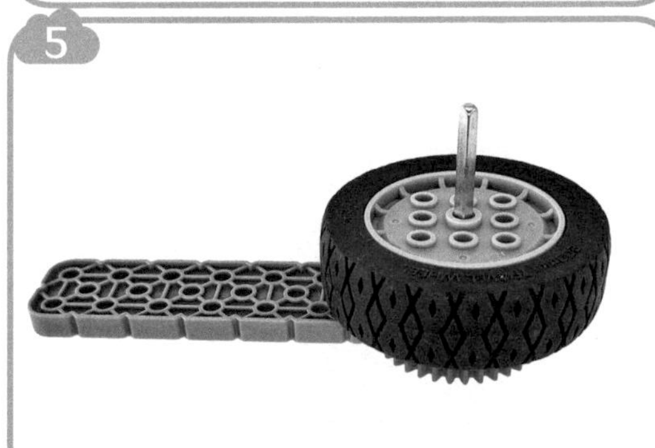

6

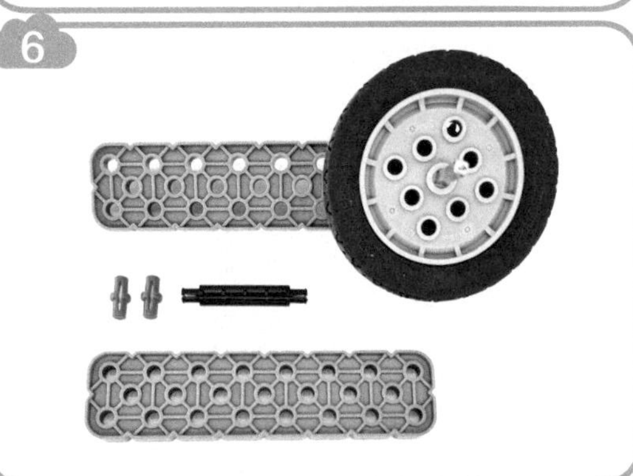

7

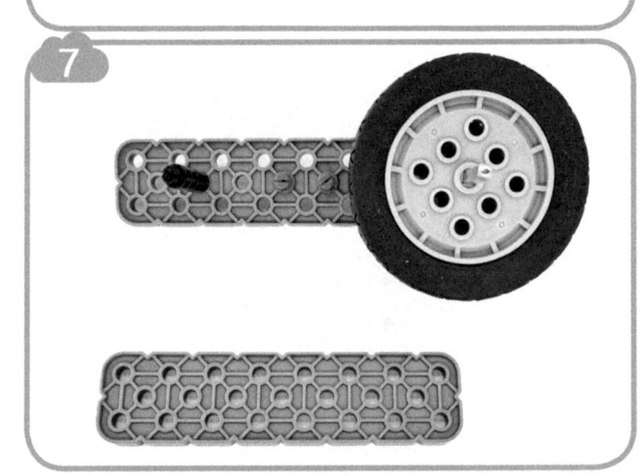

8

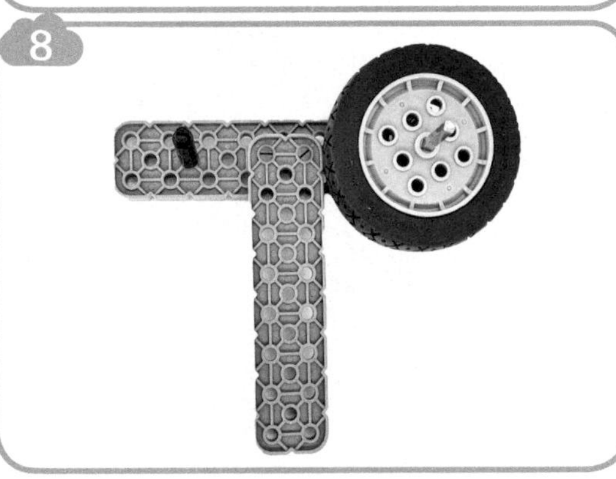

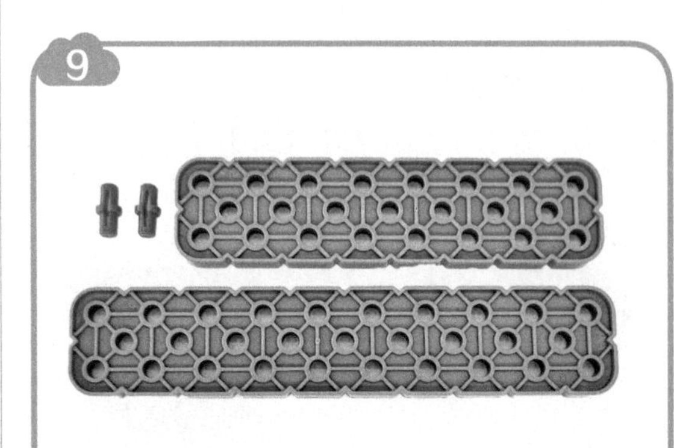
9

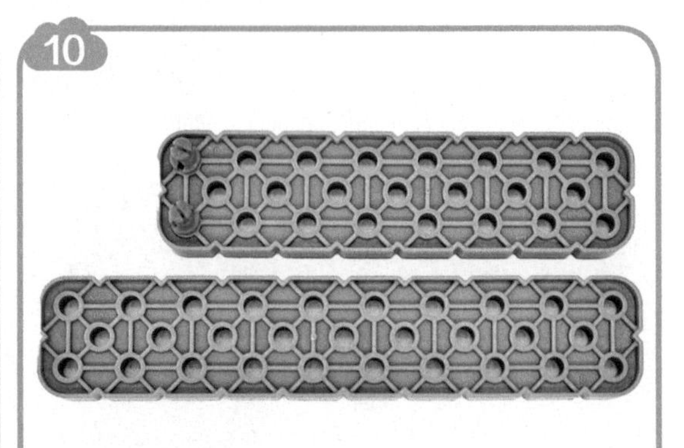
10

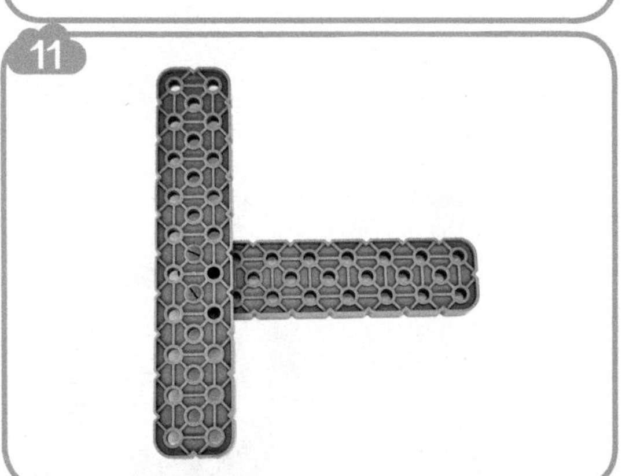
11

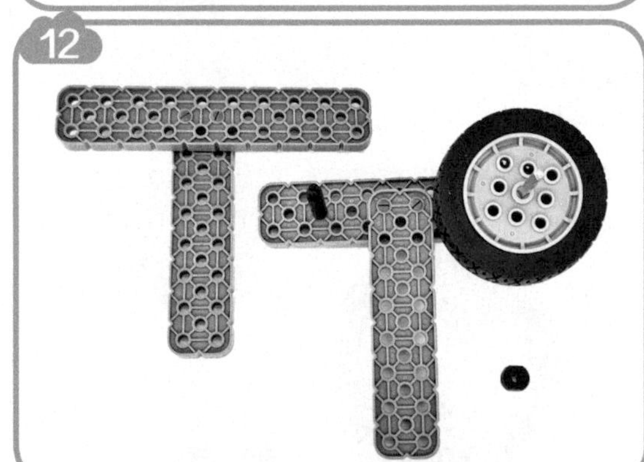
12

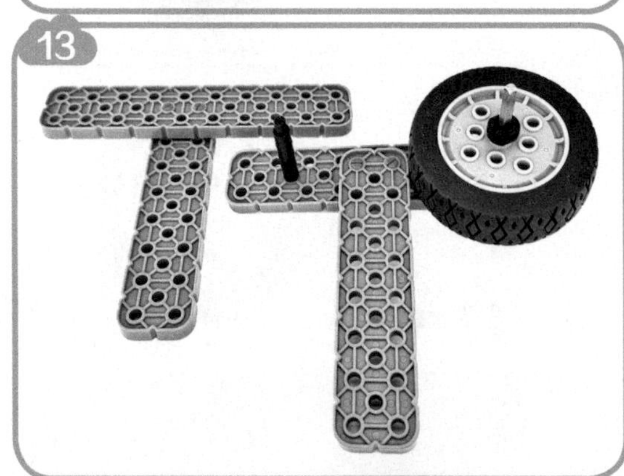
13

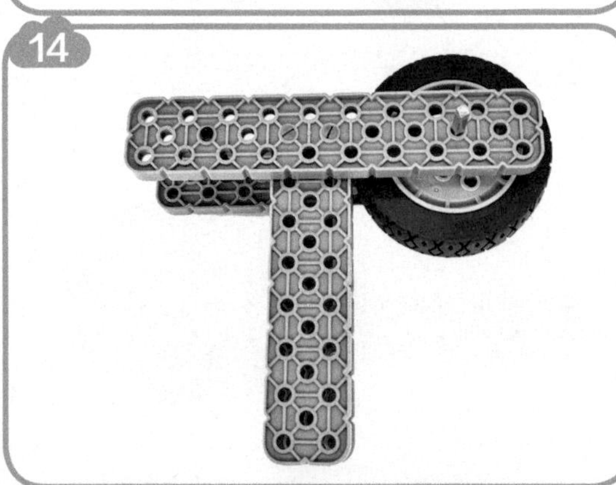
14

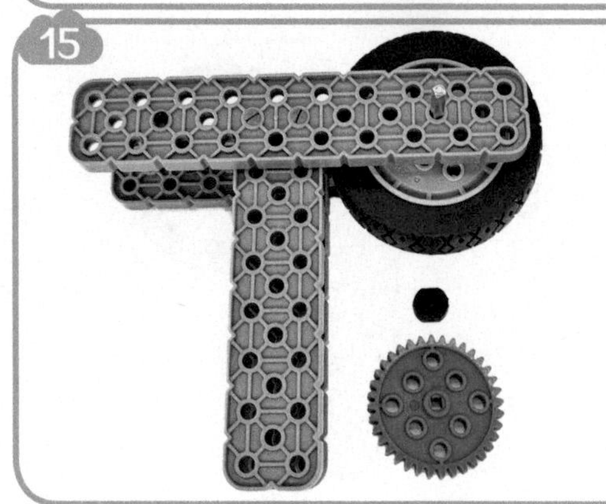
15

16

17

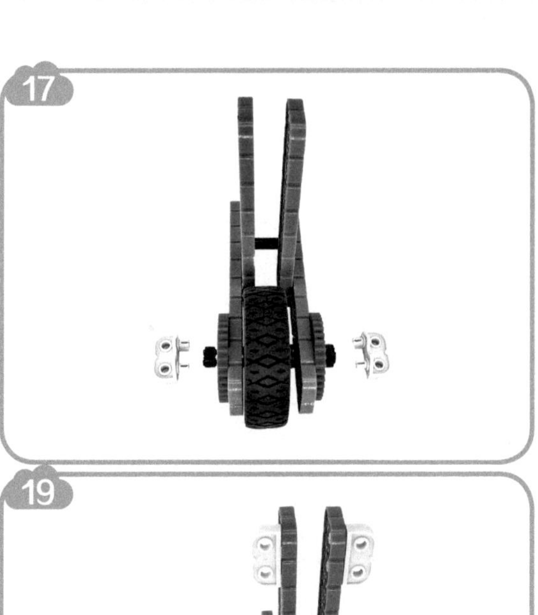

18

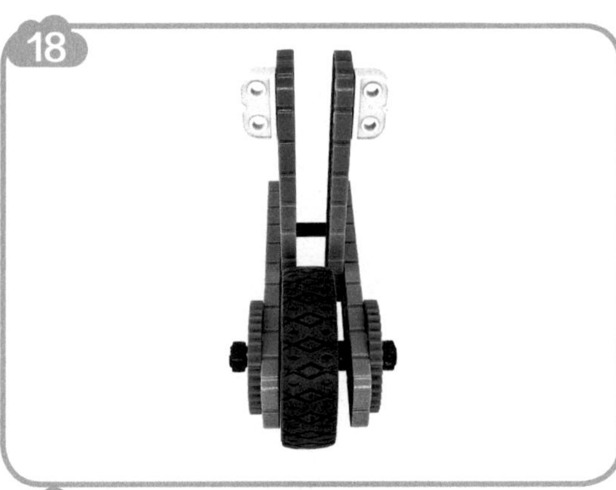

19

20

21

22

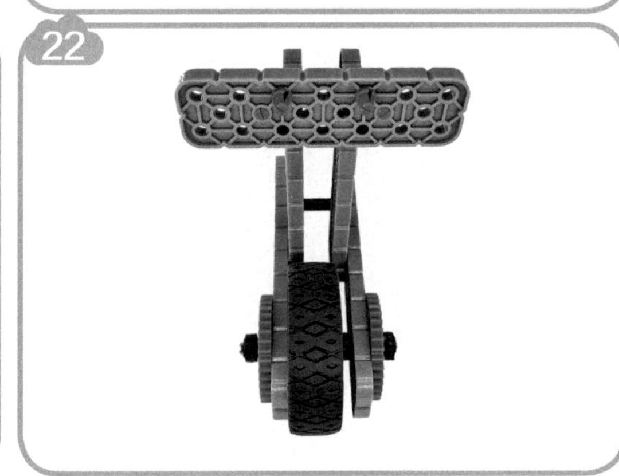

23

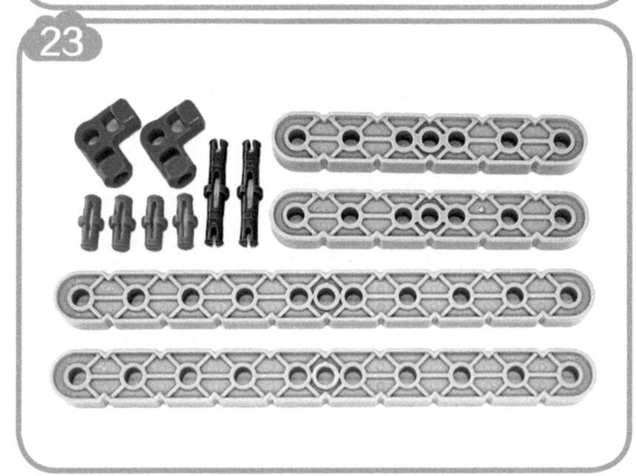

24

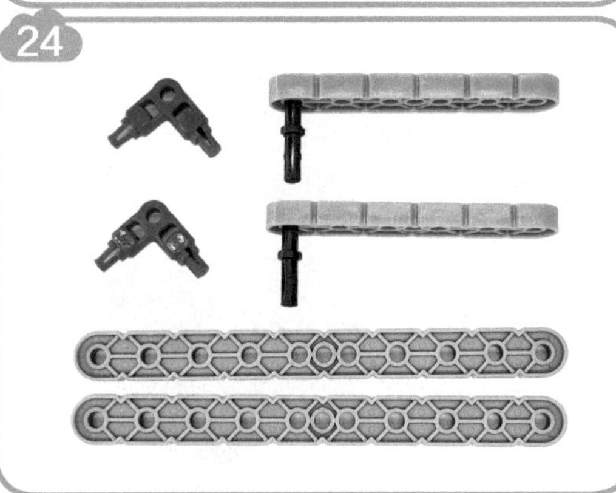

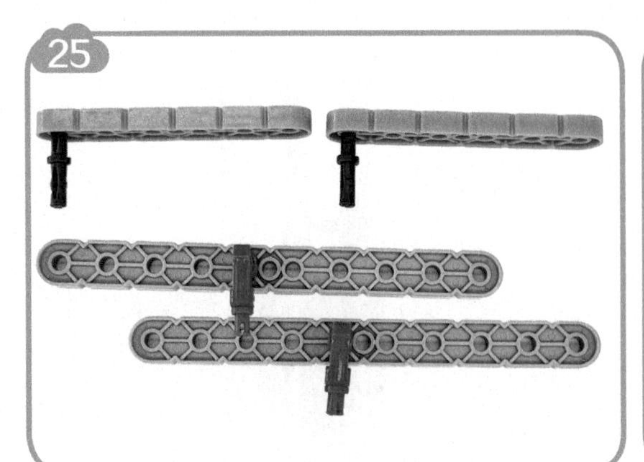
25

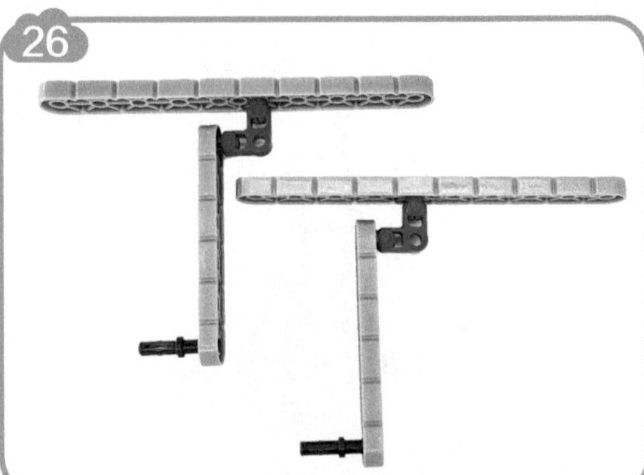
26

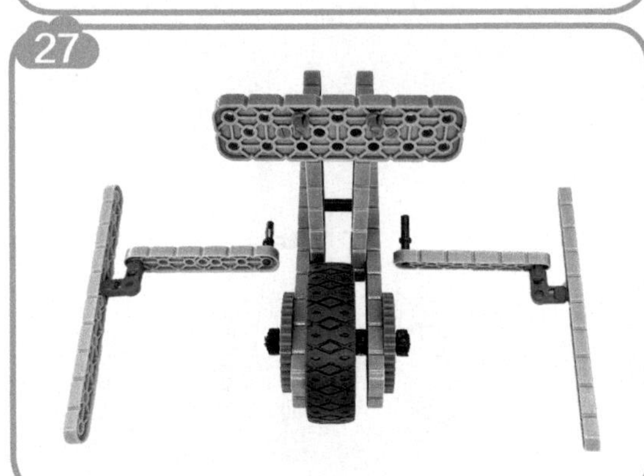
27

28

29

30

31

5.2　起重机

案例描述

在很多建筑工地上，都可以看到起重机，起重机是指在一定范围内垂直提升和水平搬运重物的多动作起重机械，又称天车、航吊、吊车。下面我们制作 VEX IQ 起重机。

案例分析

没有使用电机的手摇起重机。

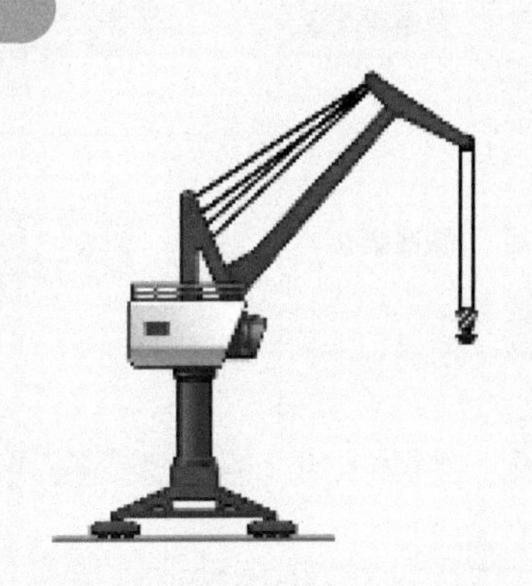

结构设计

器材准备

序号	名称	图片	数量	序号	名称	图片	数量
1	连接销 1-1		14	13	金属钉轴 8		1
2	单条梁 1-16		2	14	金属轴 8		1
3	单条梁 1-3		2	15	齿轮 36		1
4	双条梁 2-4		4	16	齿轮 24		1
5	双条梁 2-16		2	17	橡胶轴套 1		8
6	平板 4-4		3	18	垫圈		1
7	两孔长连接器		2	19	垫片		1
8	1×4 薄型端锁梁		2	20	惰轮销 1-1		1
9	单孔（双销）连接器		2	21	轮胎轮毂		1
10	五孔连接器		2	22	1 倍宽线轴		1
11	支撑销 4		6	23	24 倍间距长度绳		1
12	支撑销 1		2				

搭建步骤

1

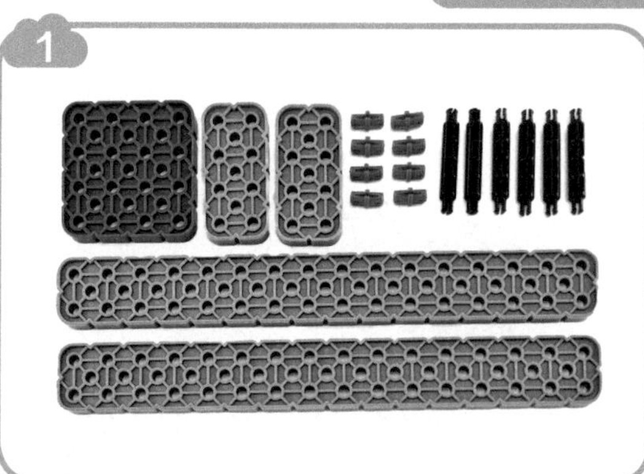

2

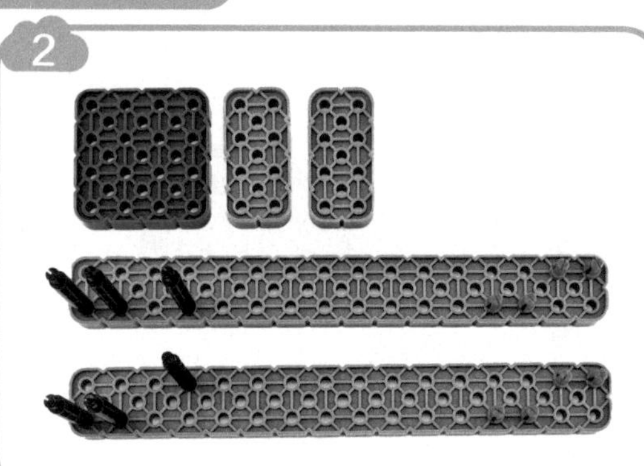

3

4

5

6

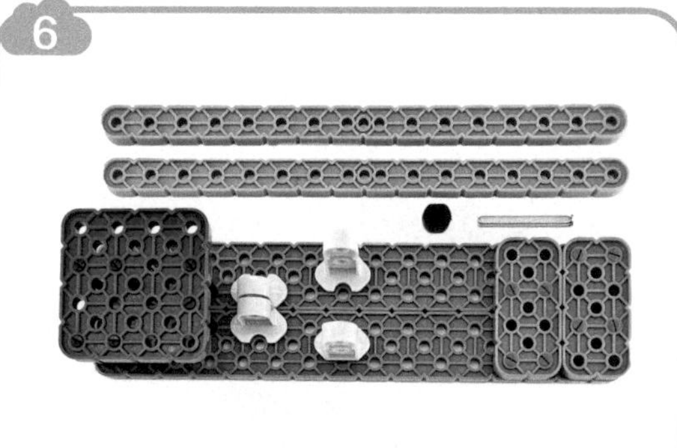

7

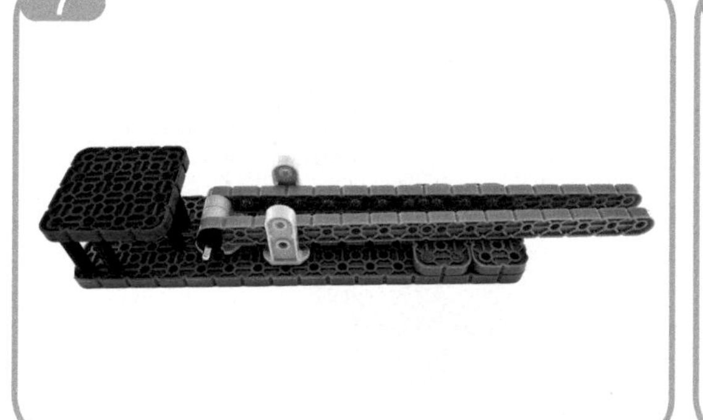

8

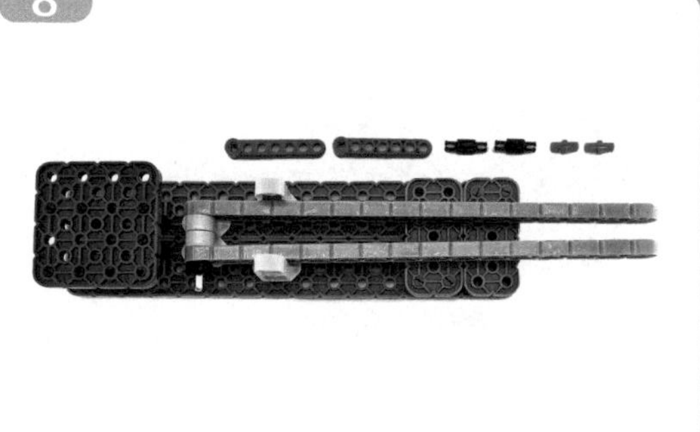

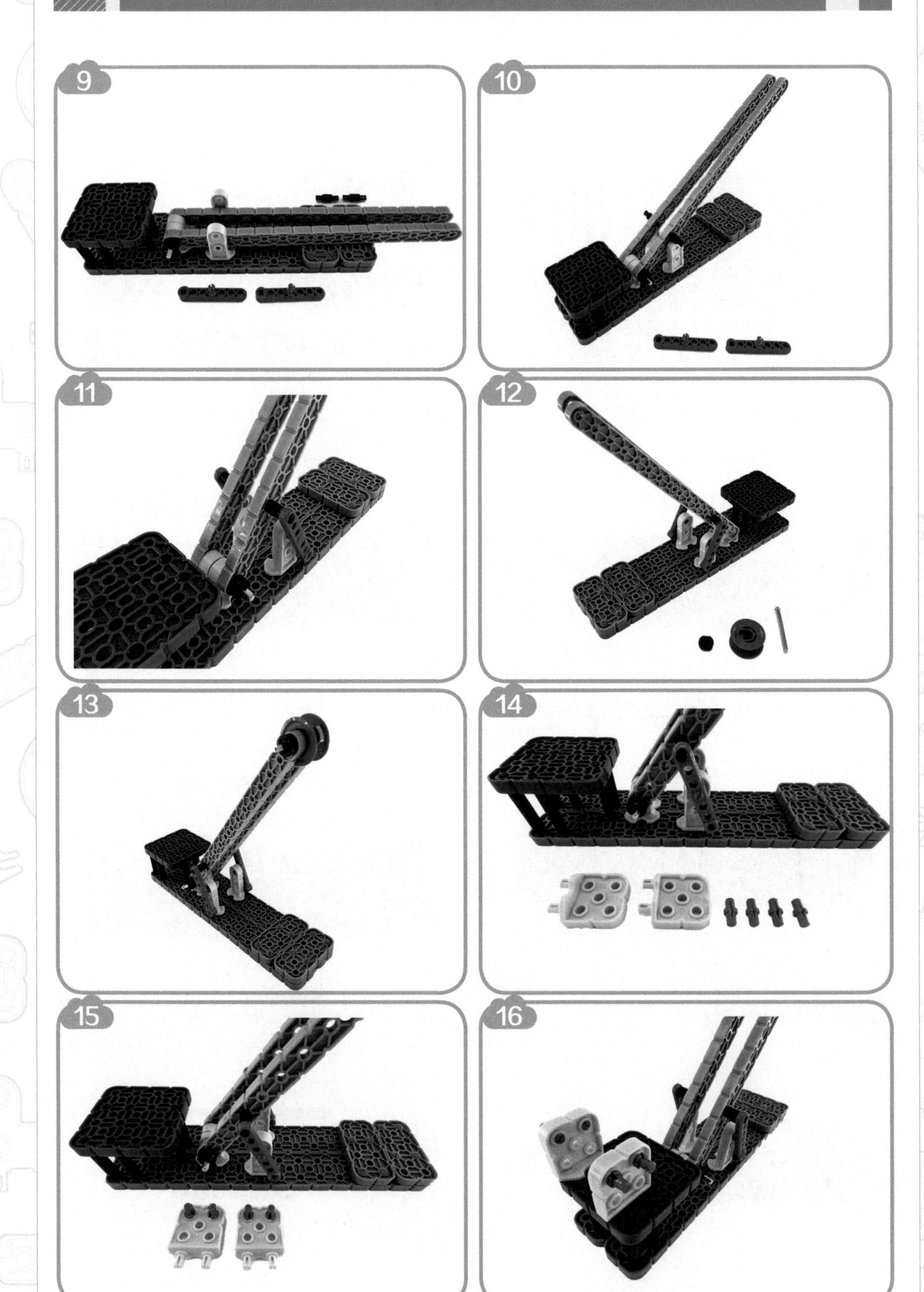
9
10
11
12
13
14
15
16

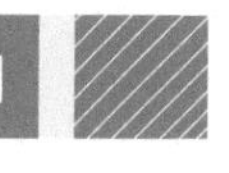

17

18

19

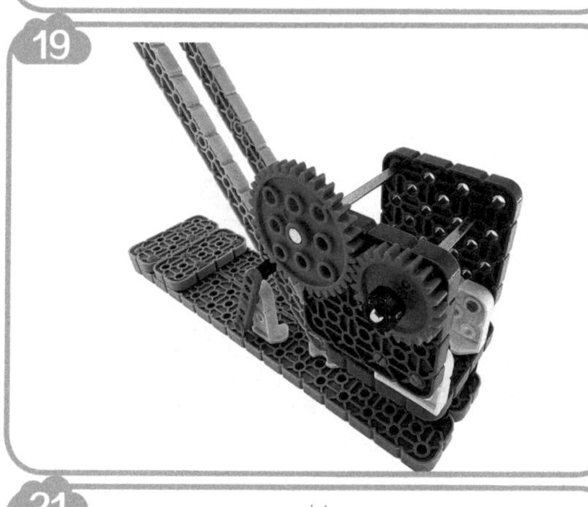

20

21

22

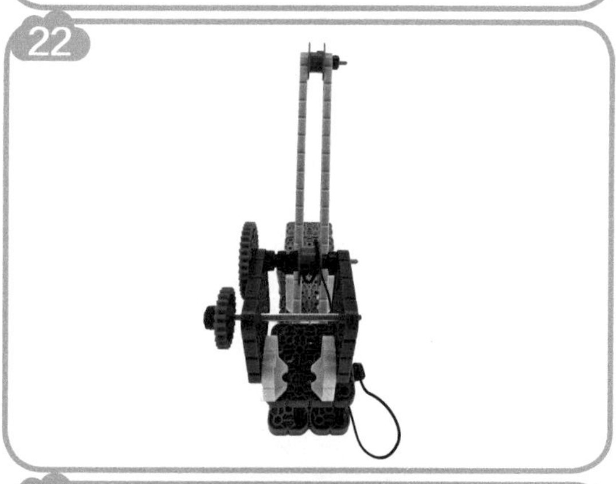

23

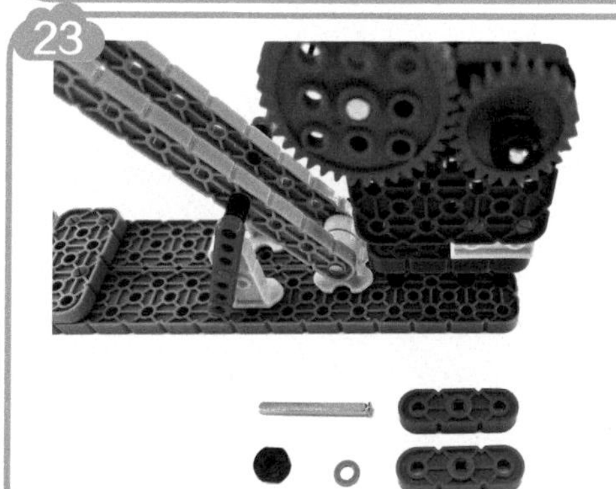

24

25

26

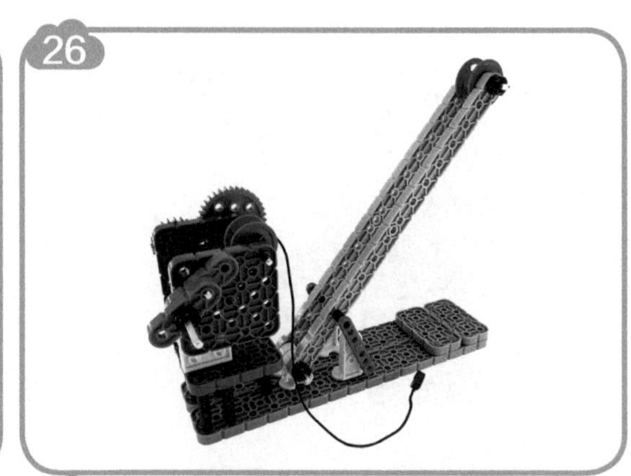

27

28

5.3　飞翔的翅膀

案例描述

雄鹰展翅飞翔，下面我们制作 VEX IQ 飞翔的翅膀。

案例分析

利用连杆结构原理。
电机数量：1。

结构设计

器材准备

序号	名称	图片	数量	序号	名称	图片	数量
1	连接销 1-1		22	11	五孔双向连接器		1
2	连接销 1-2		2	12	支撑销 1		4
3	连接销 2-2		4	13	直角连销器		2
4	单条梁 1-10		2	14	电机塑料轴 3		1
5	单条梁 1-8		3	15	齿轮 36		2
6	特殊梁（45° 梁）		2	16	齿轮 48		1
7	特殊梁（60° 梁）		2	17	主控器		1
8	双条梁 2-10		2	18	智能电机		1
9	双条梁 2-8		2	19	连接线		1
10	五孔连接器		2				

1

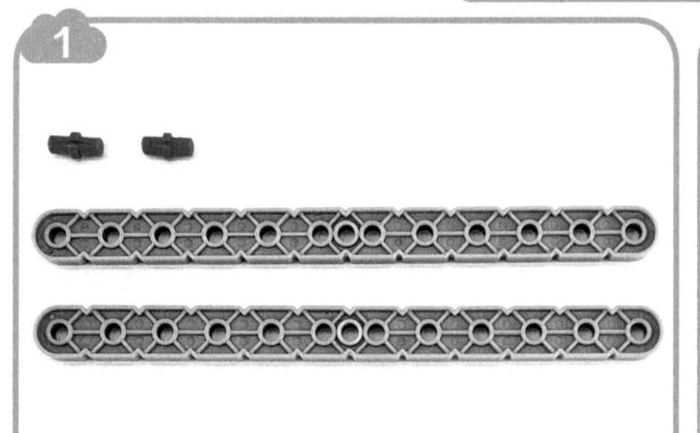

2

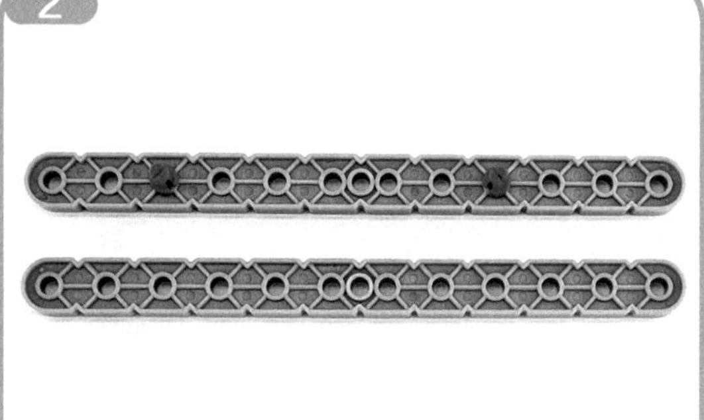

3

4

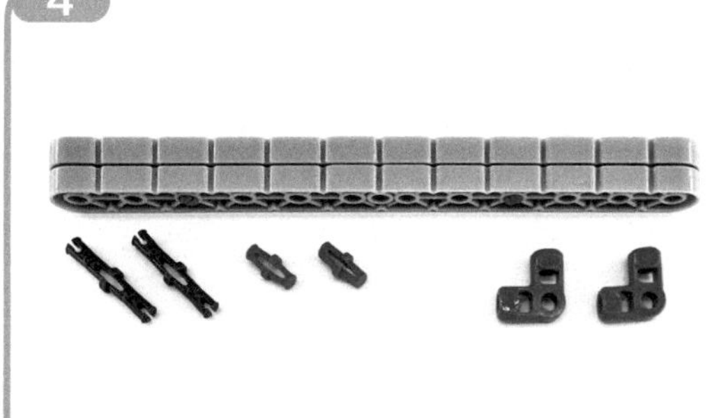

5

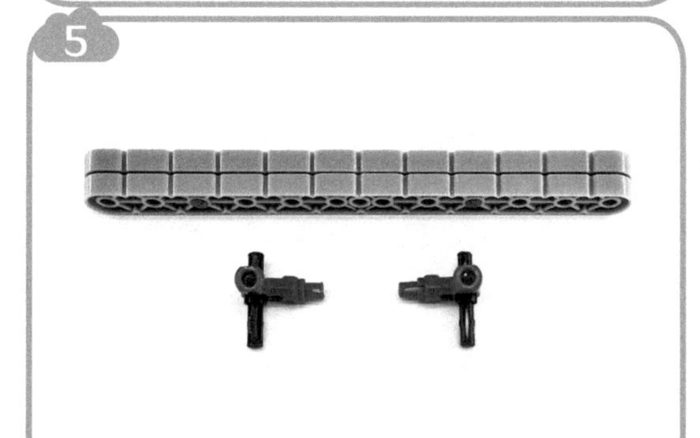

6

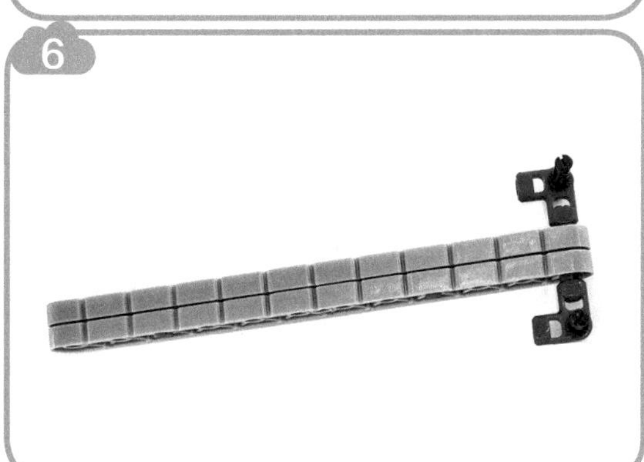

7

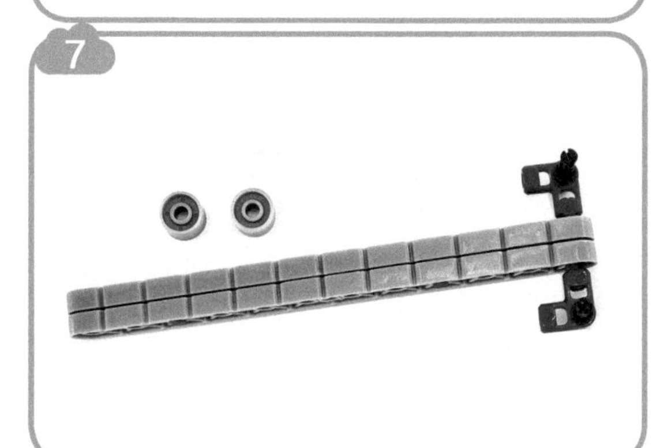

8

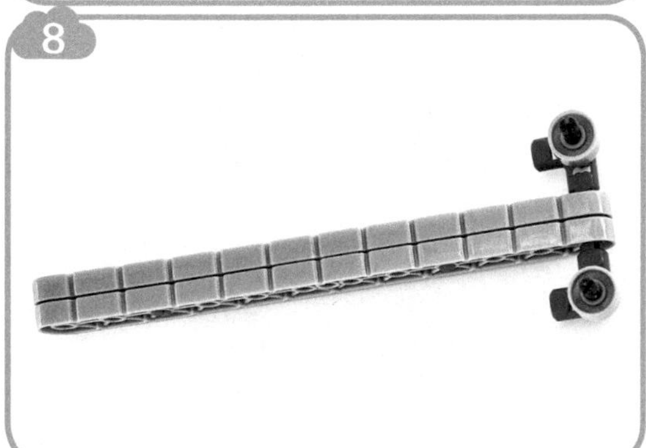

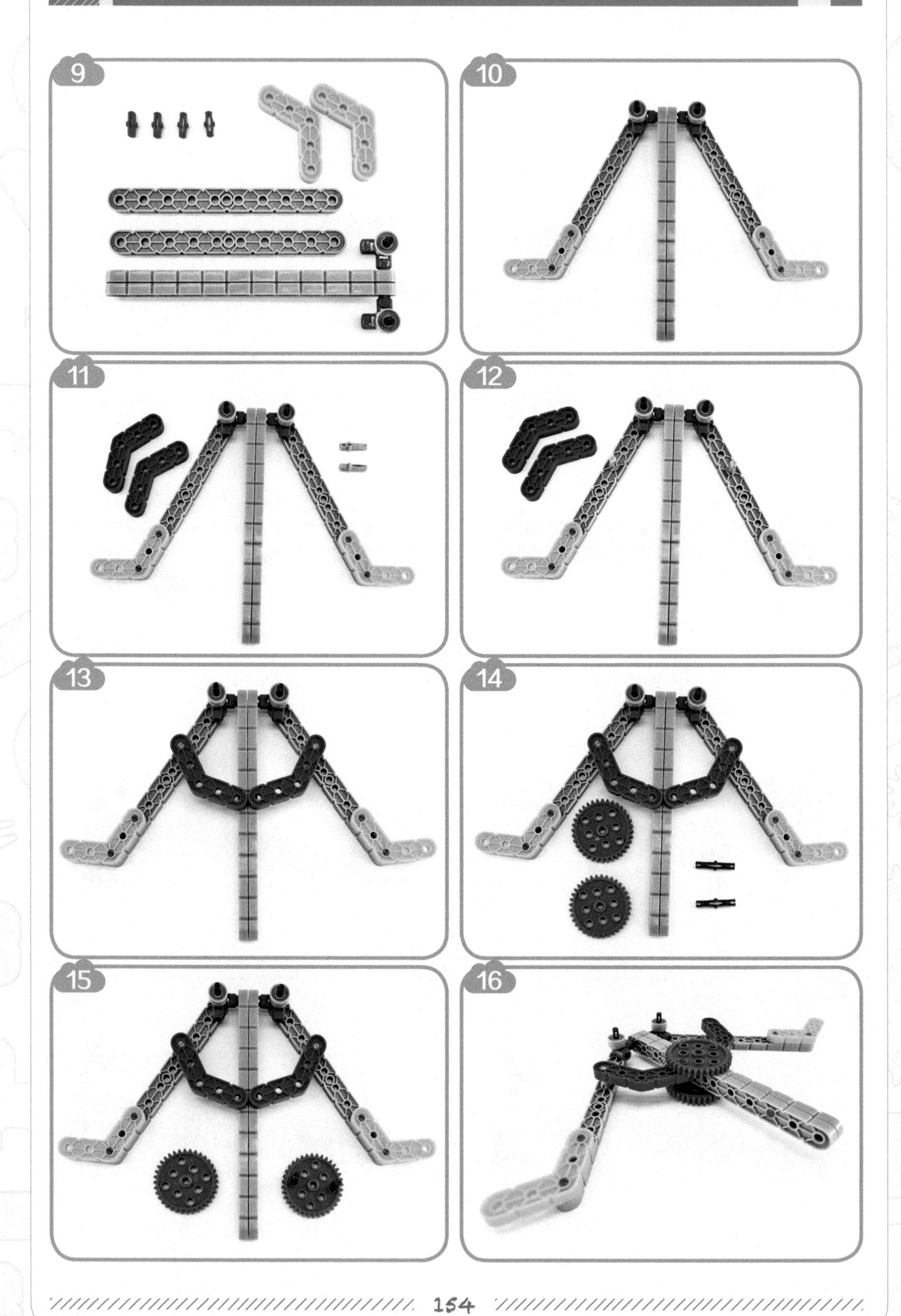
9
10
11
12
13
14
15
16

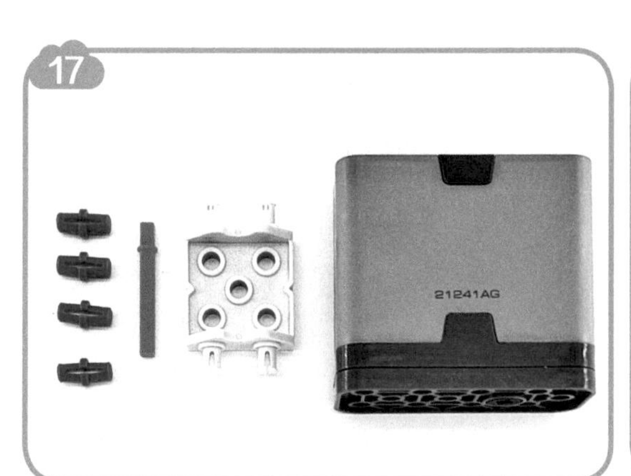
17
21241AG

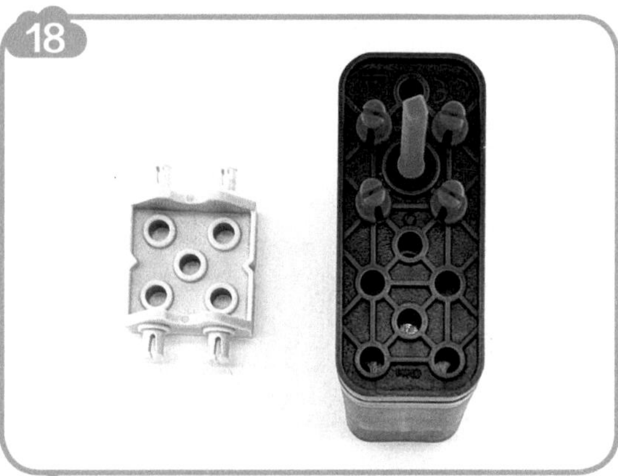
18

19

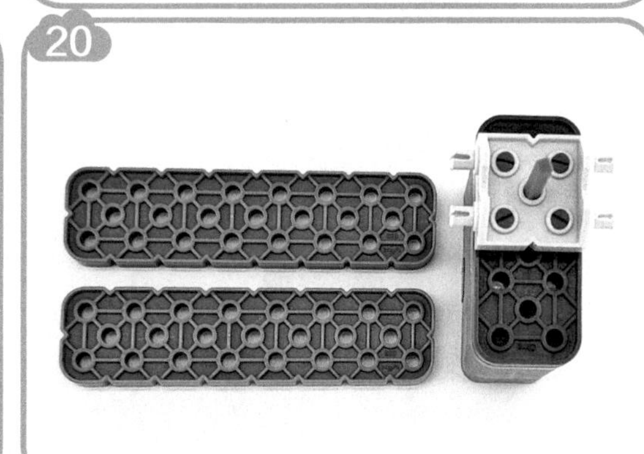
20

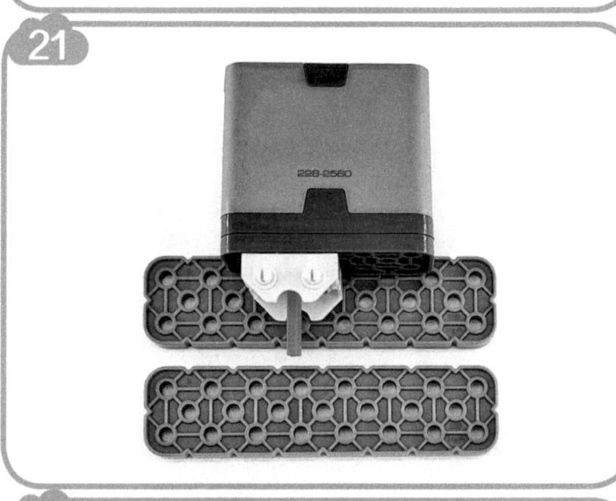
21
228-2560

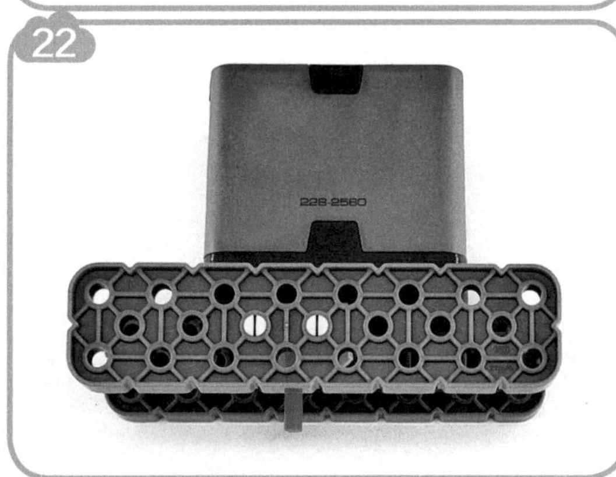
22
228-2560

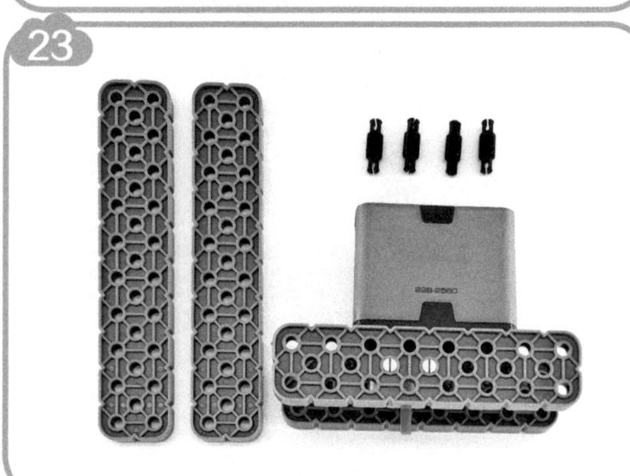
23

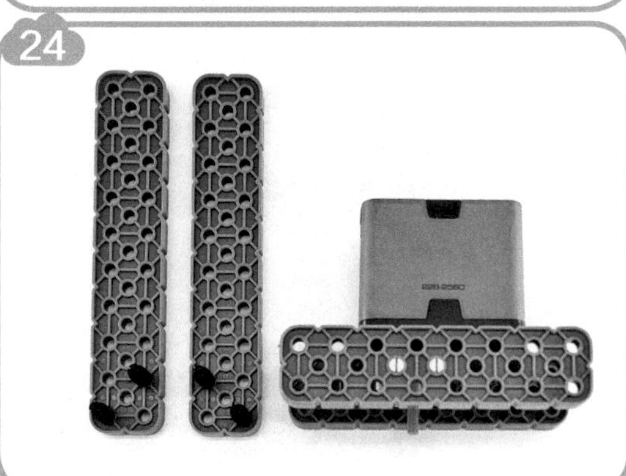
24

25

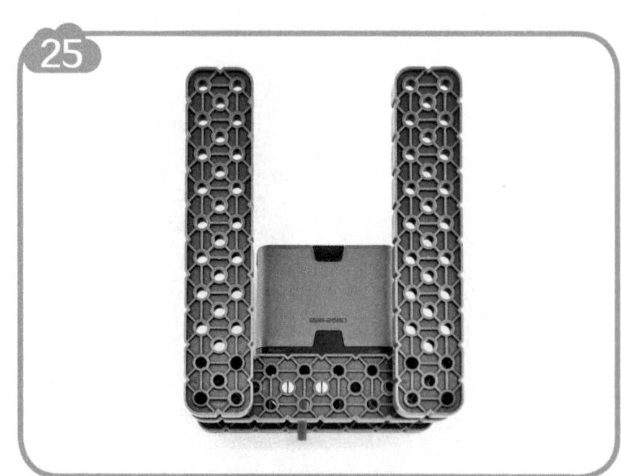

26

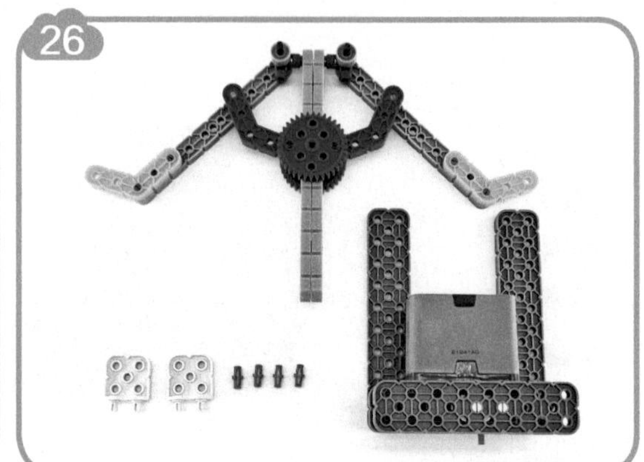

27

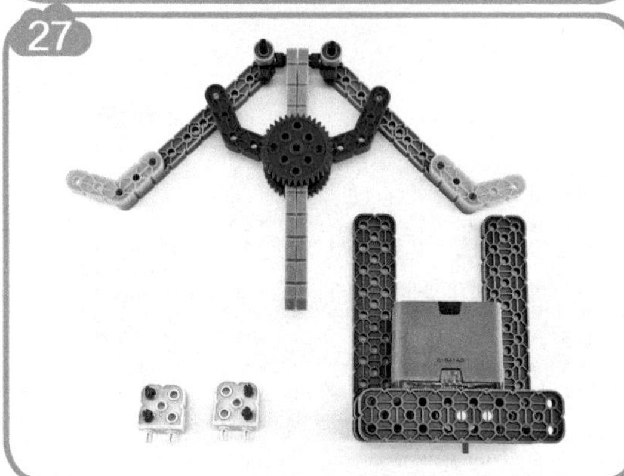

28

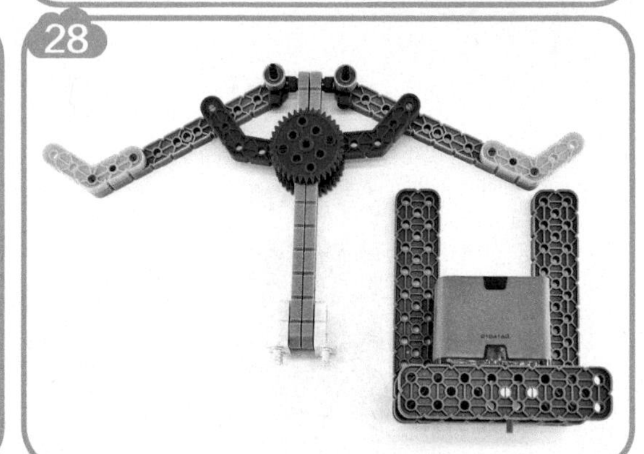

29

30

31

32

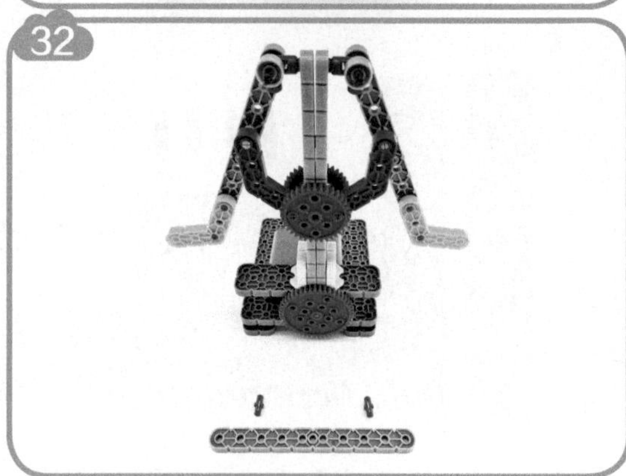

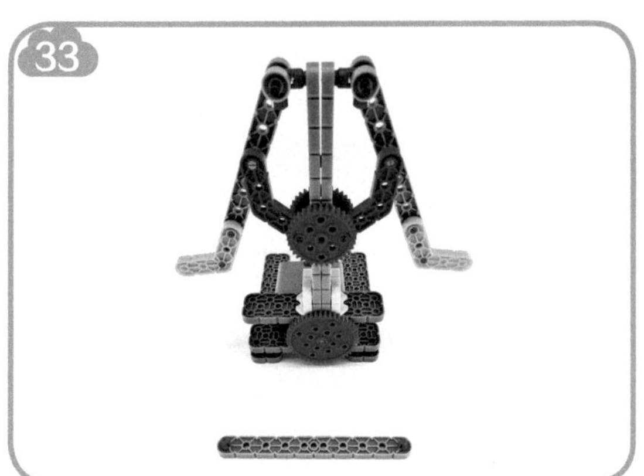
33

34

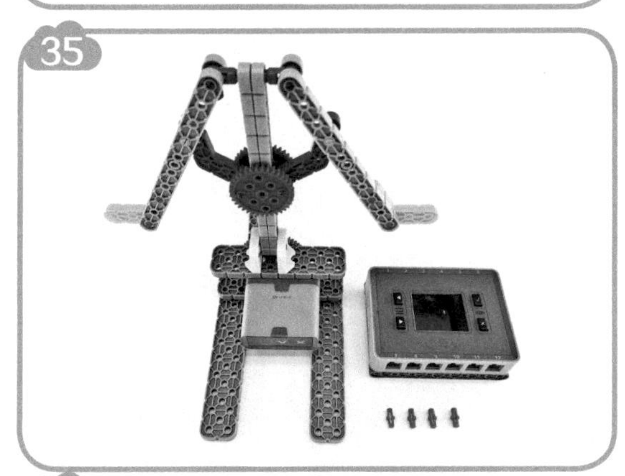
35

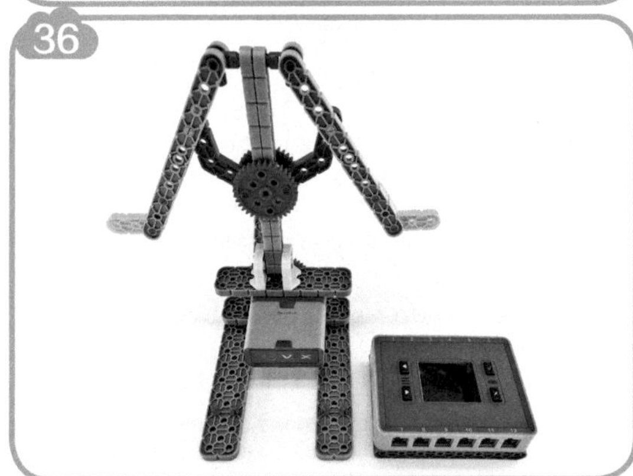
36

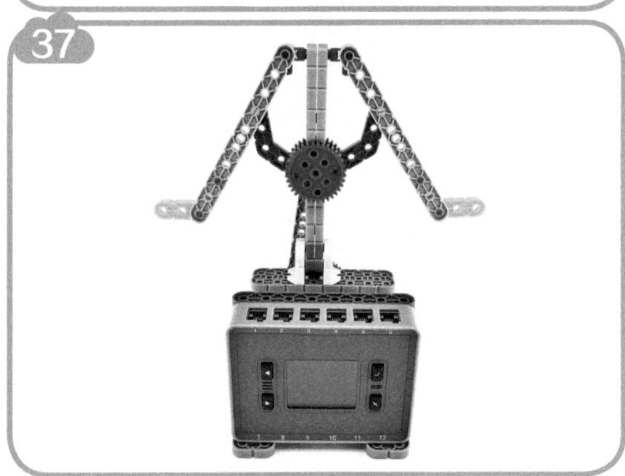
37

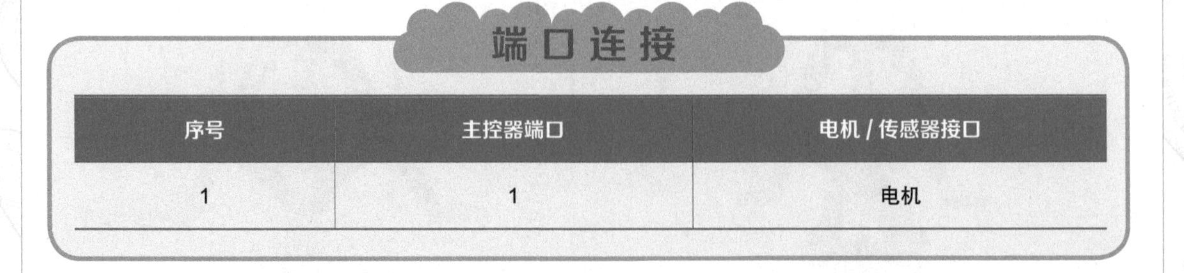

端口连接

序号	主控器端口	电机 / 传感器接口
1	1	电机

程序编写

5.4　小鸟

案例描述

下面我们制作 VEX IQ 小鸟。

案例分析

电机数量：1。

结构设计

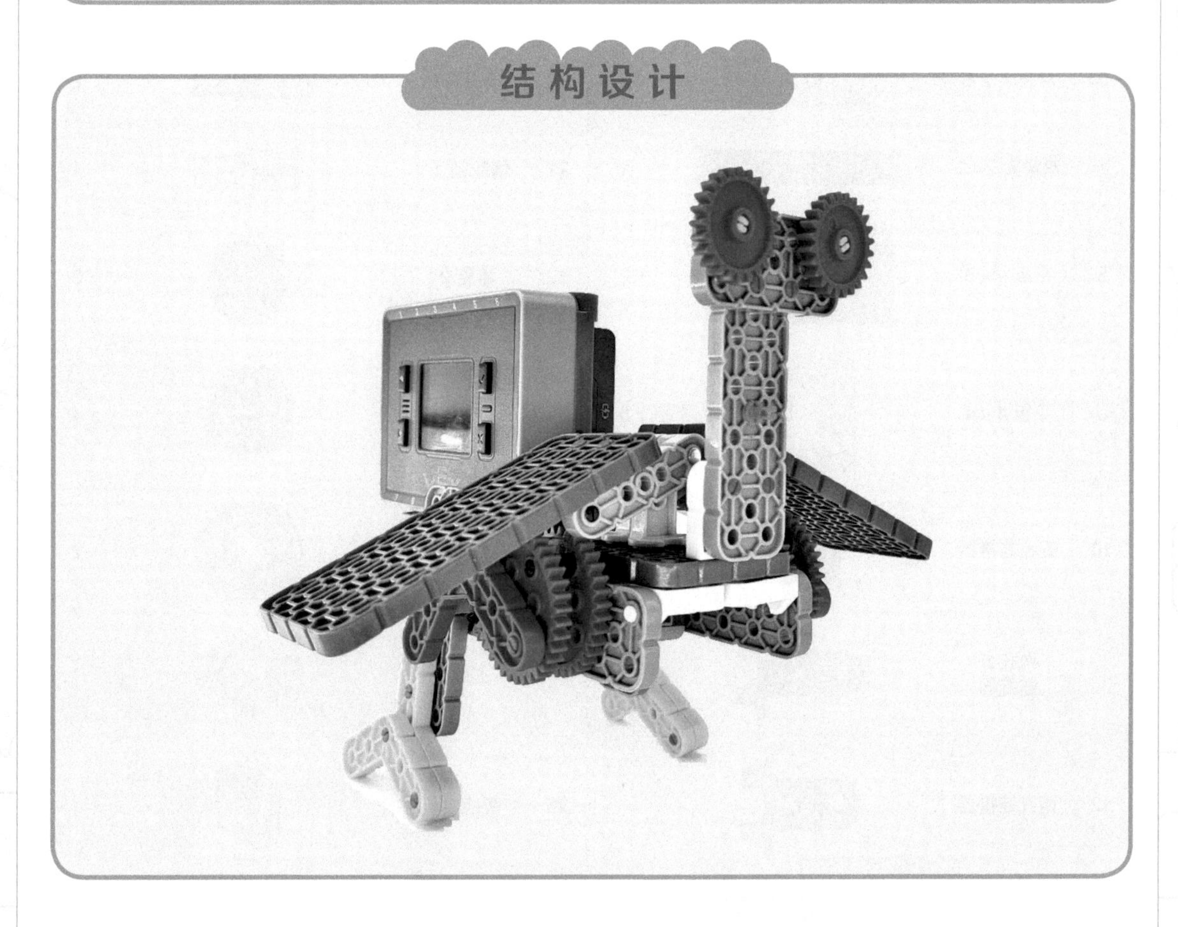

器材准备

序号	名称	图片	数量	序号	名称	图片	数量
1	连接销 1-1		39	15	支撑销 2		2
2	单条梁 1-4		4	16	支撑销 1		4
3	特殊梁（双弯直角梁）		2	17	电机塑料轴 3		1
4	特殊梁（60° 梁）		4	18	金属钉轴 3		1
5	双条梁 2-4		2	19	金属轴 6		1
6	双条梁 2-6		3	20	惰轮钉销		2
7	双条梁 2-12		1	21	惰轮销 1-1		1
8	平板 4×8		2	22	齿轮 24		3
9	平板 4×4		5	23	齿轮 36		4
10	五孔连接器		2	24	橡胶轴套 1		2
11	两孔长连接器		2	25	主控器		1
12	两孔连接器			26	智能电机		1
13	1×4 薄型端锁梁		5	27	连接线		1
14	支撑销 8		3				

1

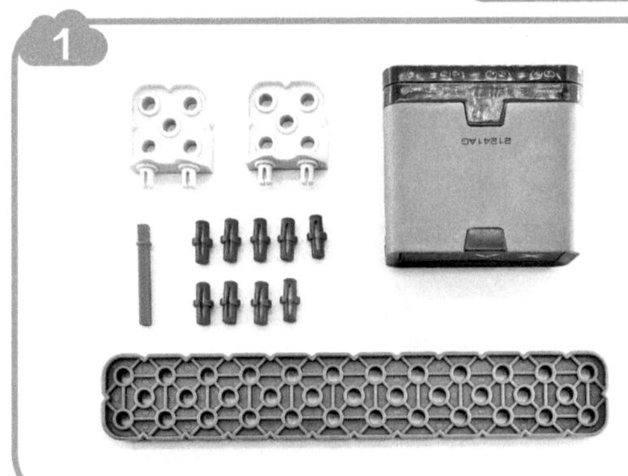

2

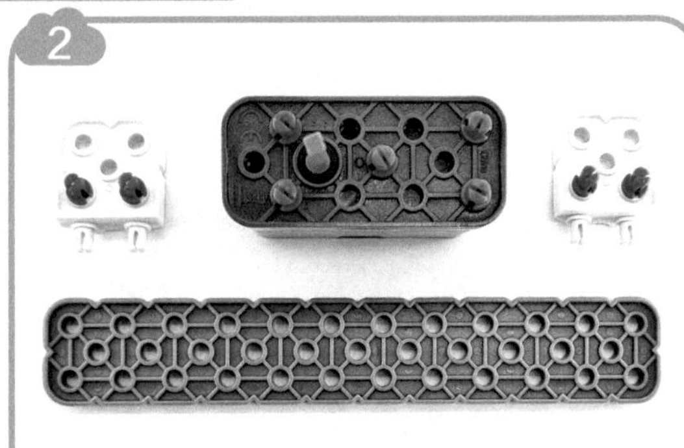

3

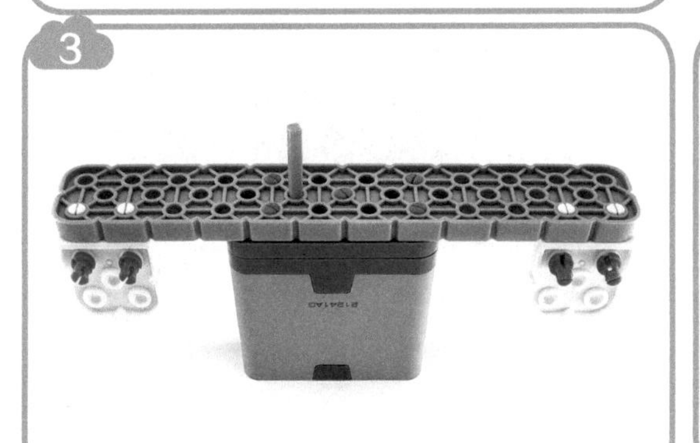

4

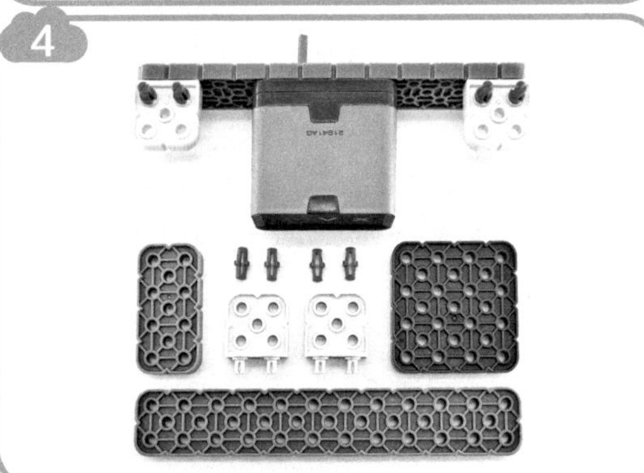

5

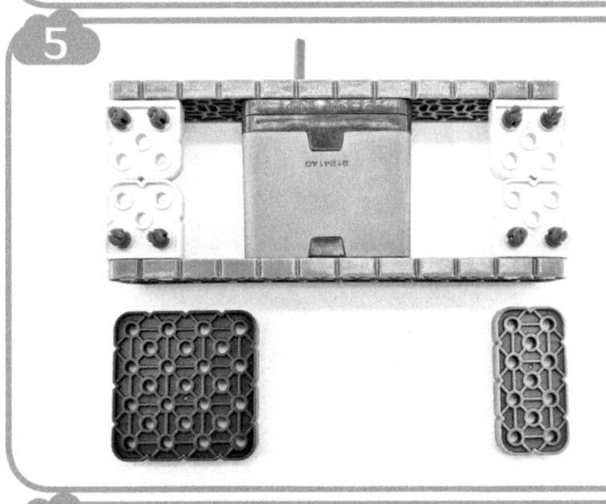

6

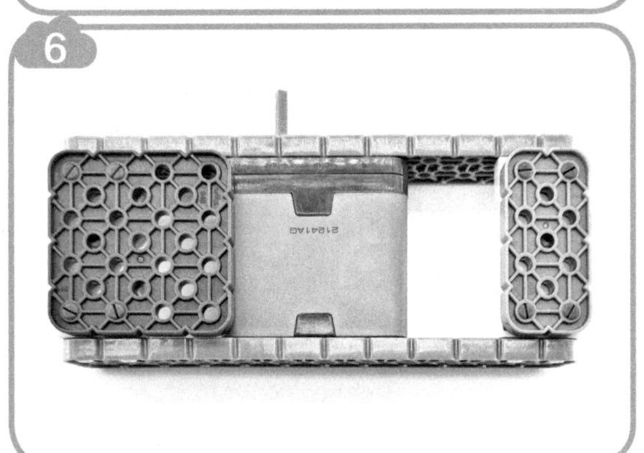

7

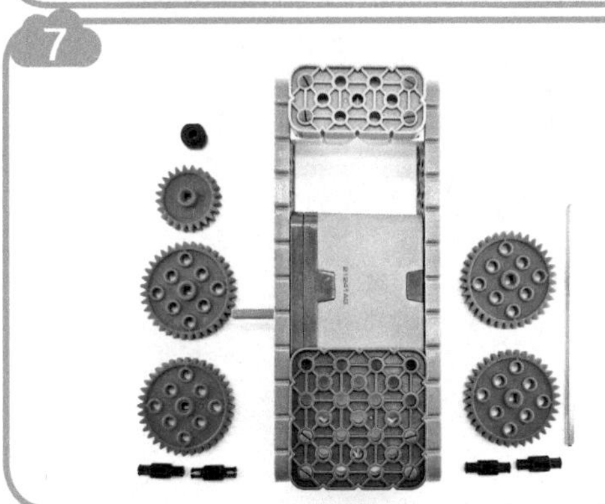

8

9

10

11

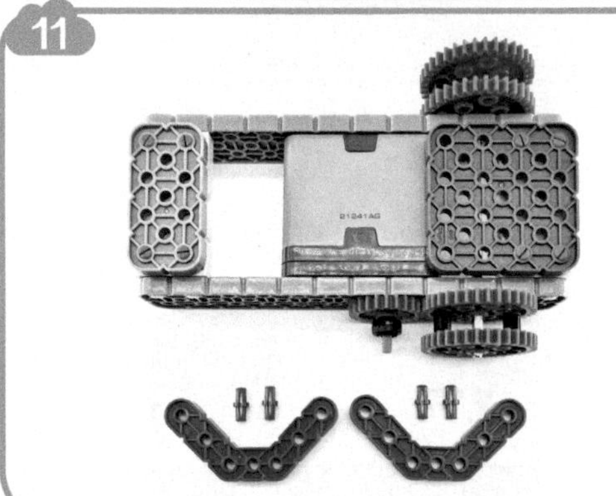

12

13

14

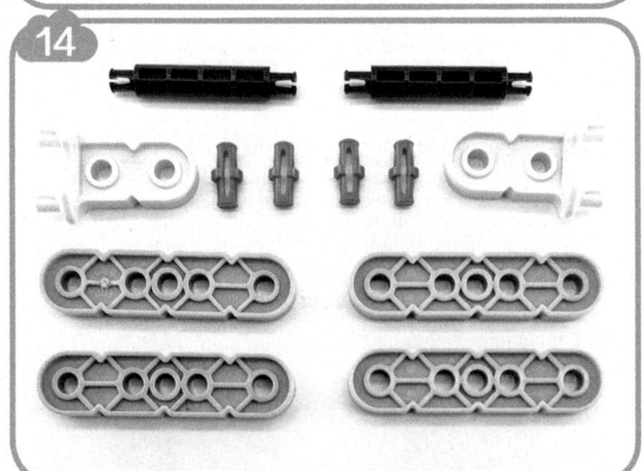

15

16

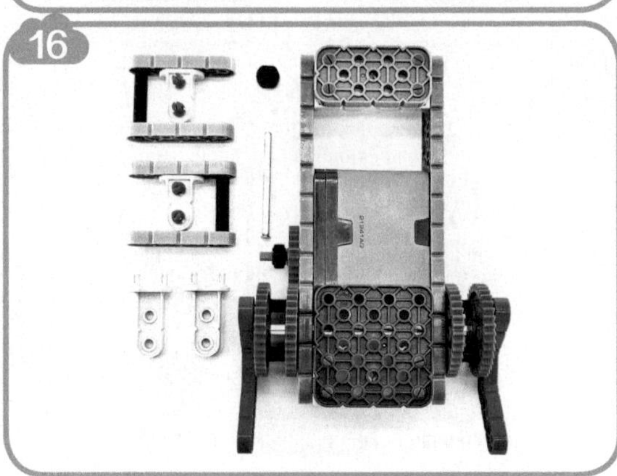

17

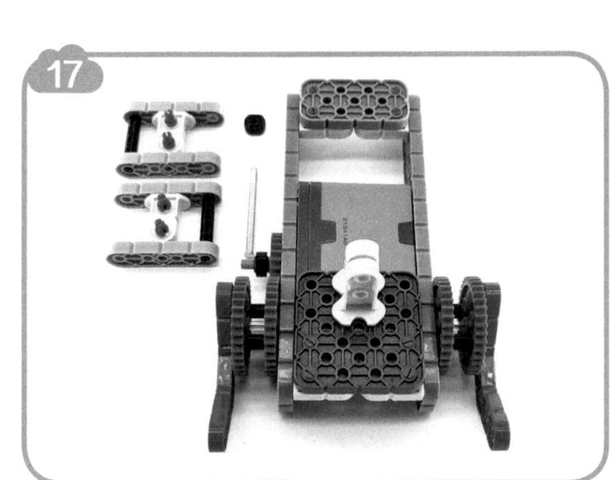

18

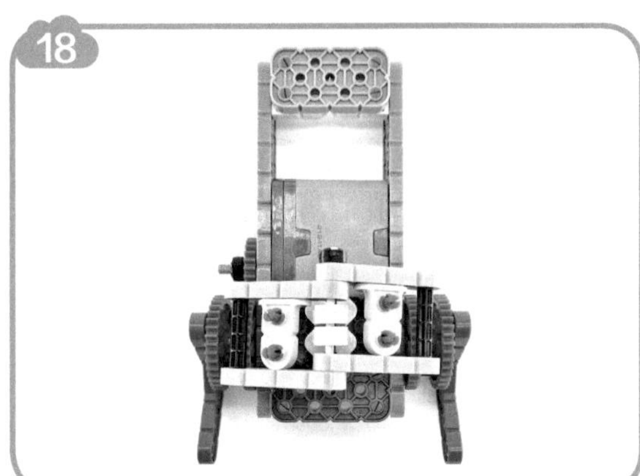

19

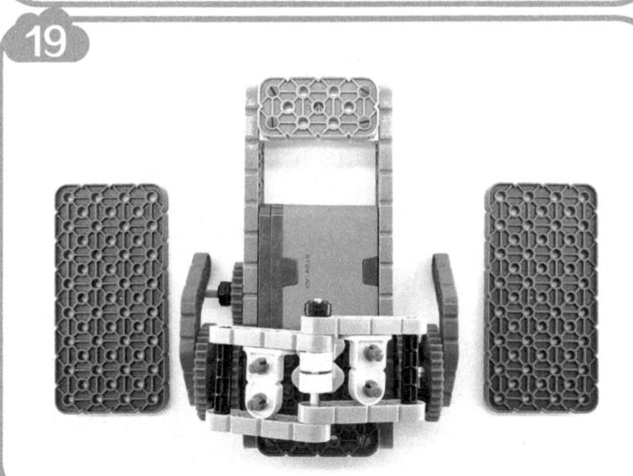

20

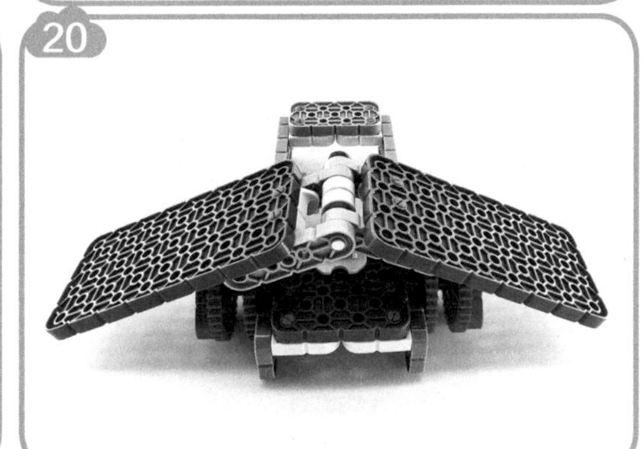

21

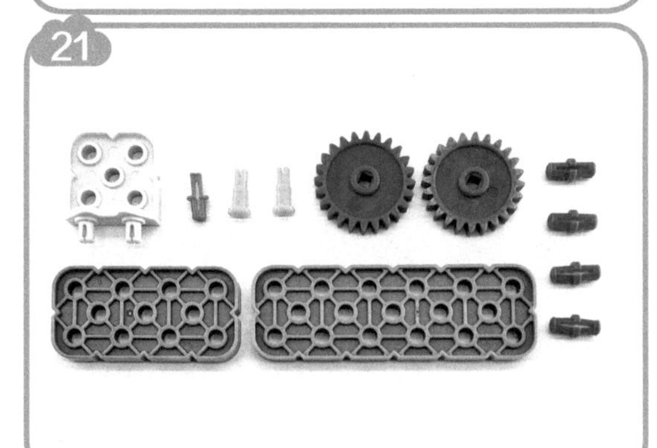

22

23

24

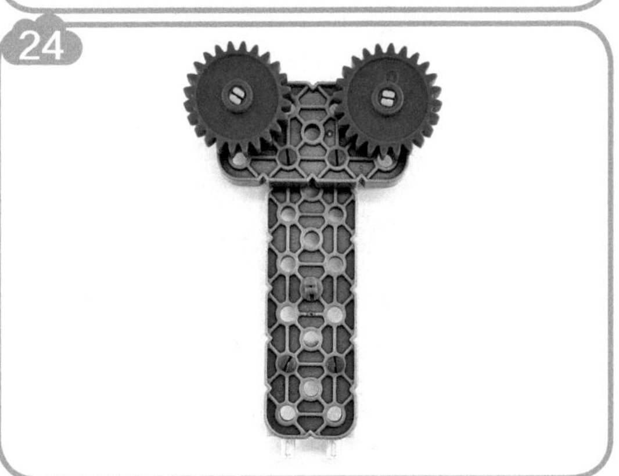

25

26

27

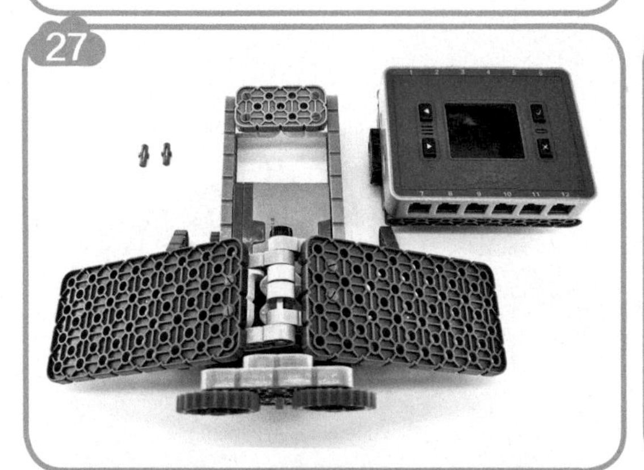

28

29

30

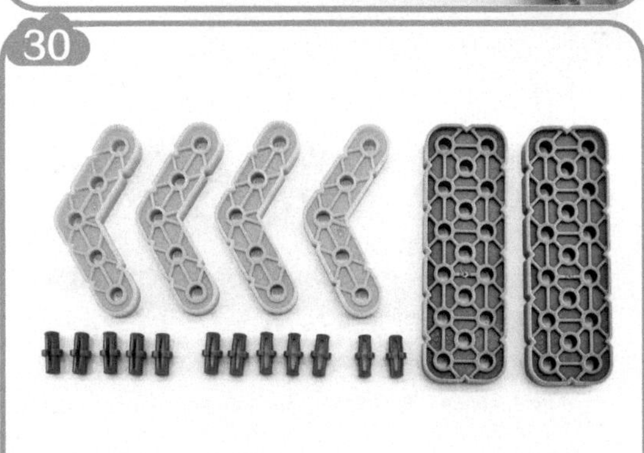

31

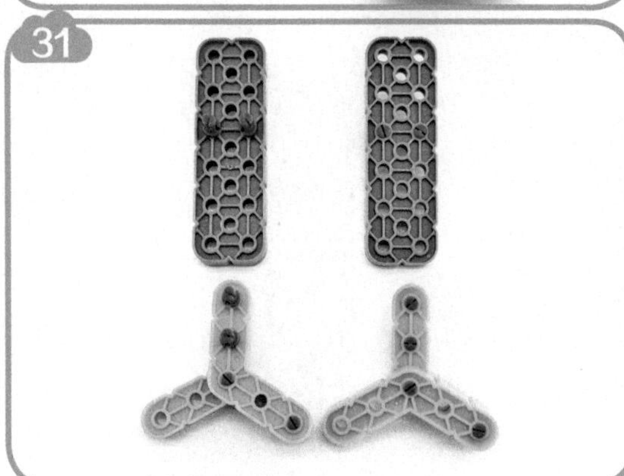

32

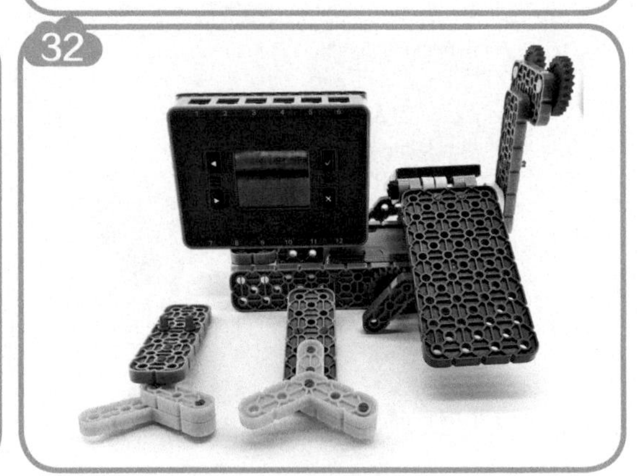

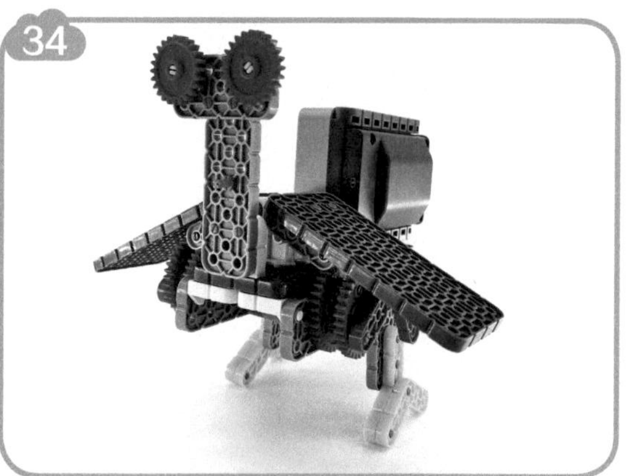

端口连接

序号	主控器端口	电机 / 传感器接口
1	1	电机

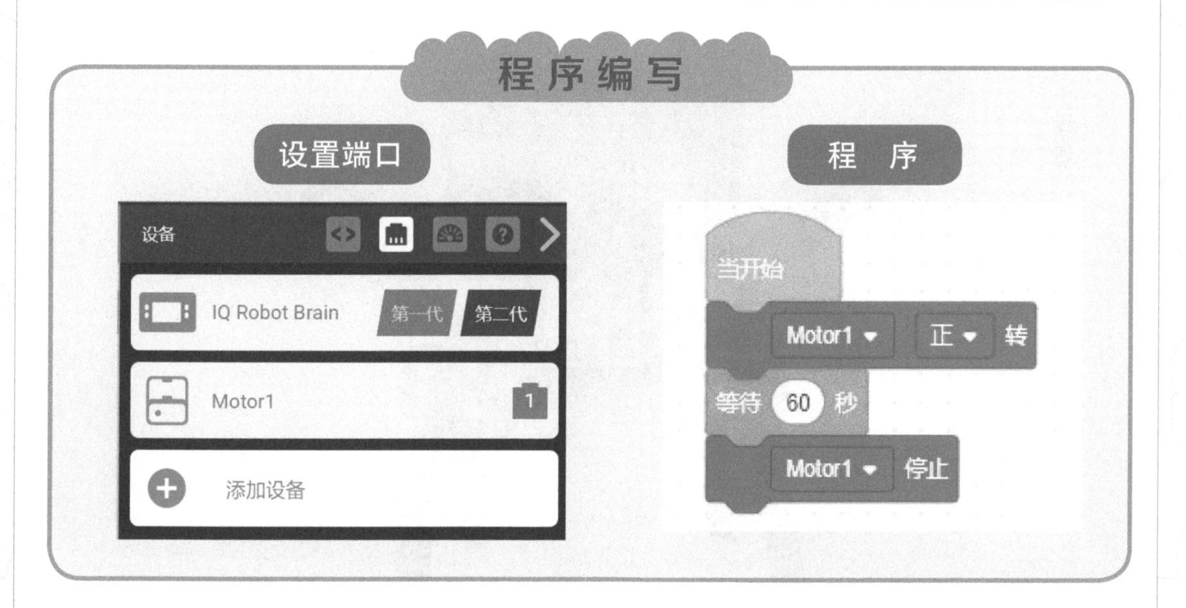

5.5 小老虎

案例描述

2022 年是虎年，生肖中的“虎”对应着十二地支中的寅，虎年即寅年，每十二年作为一个轮回。2022 年对应的是壬寅年。下面我们制作 VEX IQ 小老虎。

案例分析

电机数量：1。

结构设计

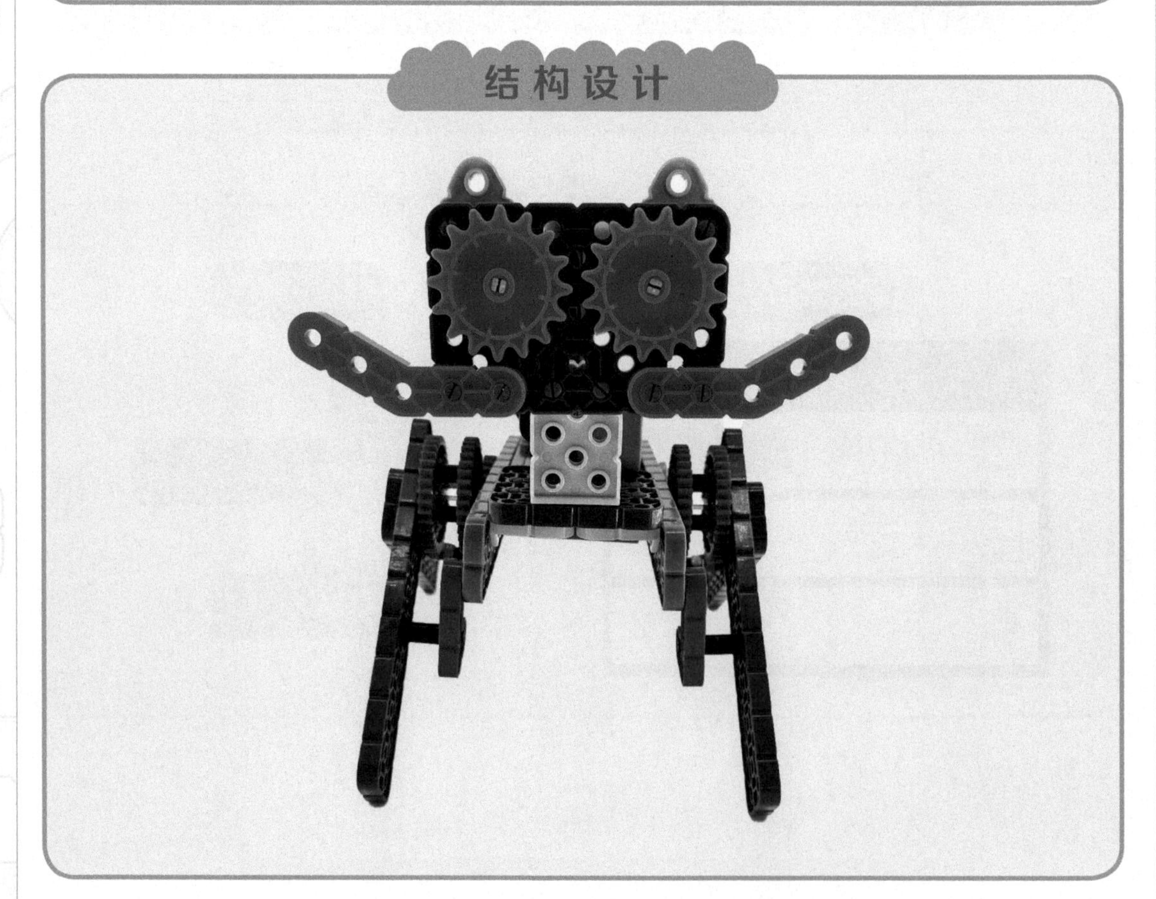

器材准备

序号	名称	图片	数量	序号	名称	图片	数量
1	连接销 1-1		30	14	支撑销 2		2
2	连接销 1-2		2	15	双头支撑销连接器		2
3	单条梁 1-4		2	16	支撑销 1		6
4	特殊梁（小直角梁）		2	17	电机塑料轴 3		1
5	特殊梁（30° 梁）		2	18	金属轴 12		1
6	双条梁 2-4		1	19	惰轮钉销		2
7	双条梁 2-10		4	20	链轮 12		2
8	双条梁 2-12		2	21	齿轮 24		1
9	平板 4×6		1	22	齿轮 36		4
10	平板 4×4		2	23	橡胶轴套 1		1
11	五孔连接器		4	24	主控器		1
12	转角连接器 1-2		2	25	智能电机		1
13	转角连接器 2-3		1	26	连接线		1

搭建步骤

1

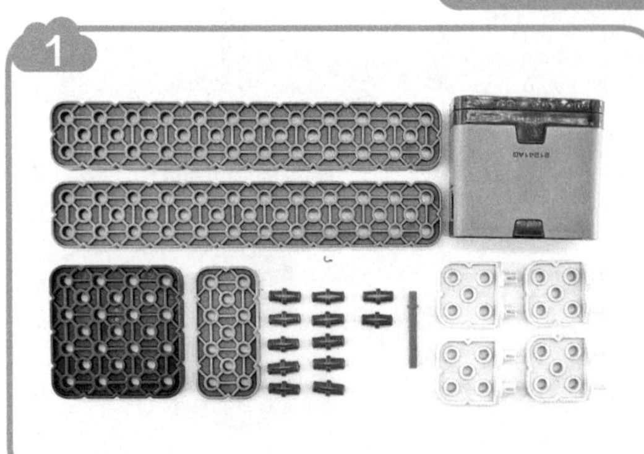

2

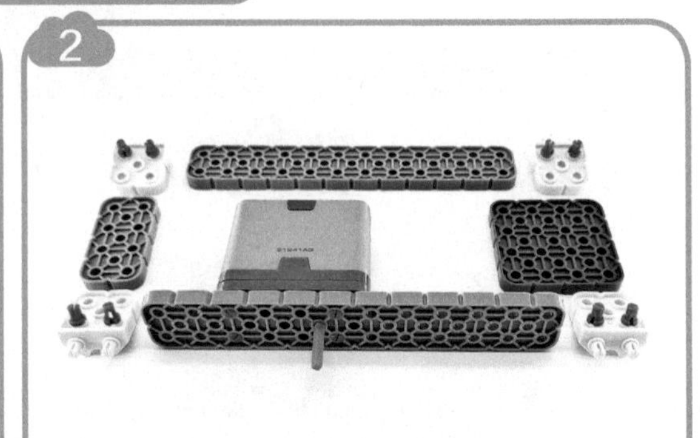

3

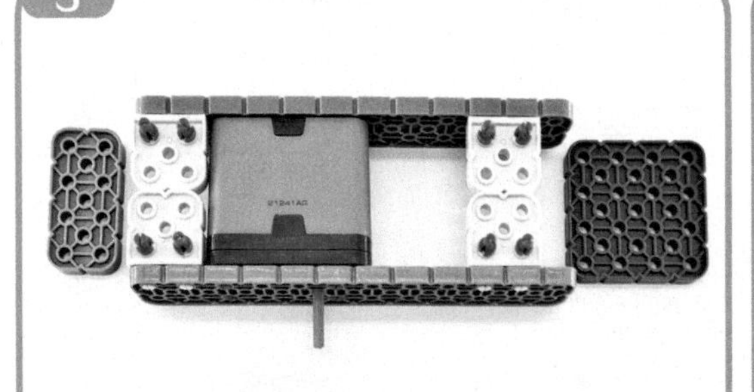

4

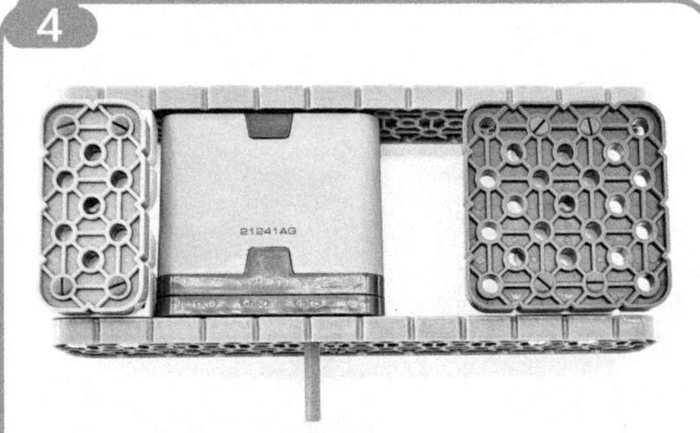

5

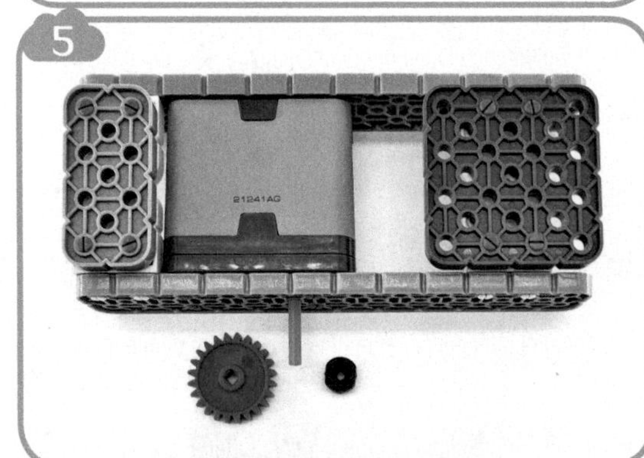

6

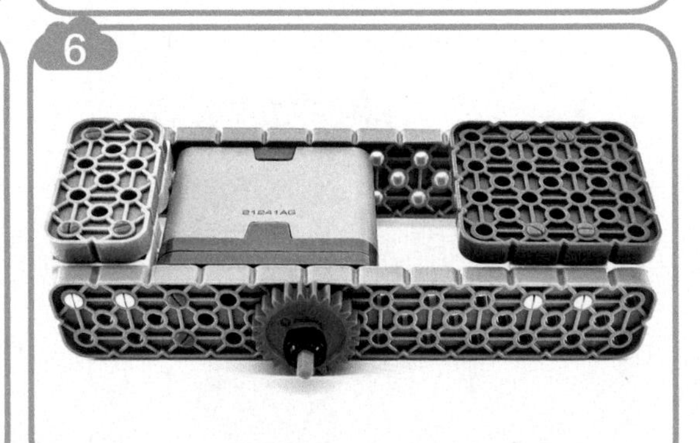

7

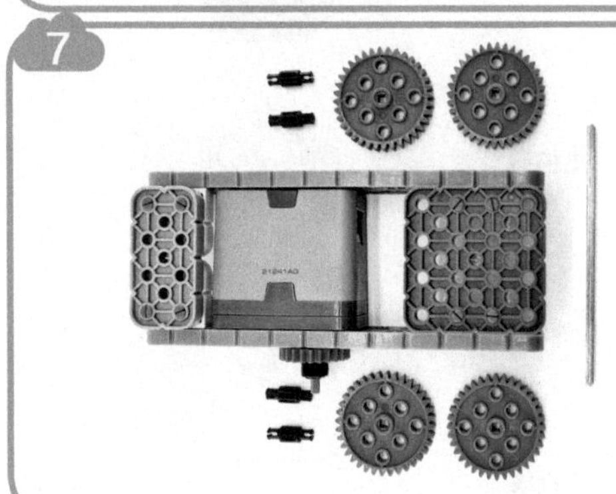

8

9

10

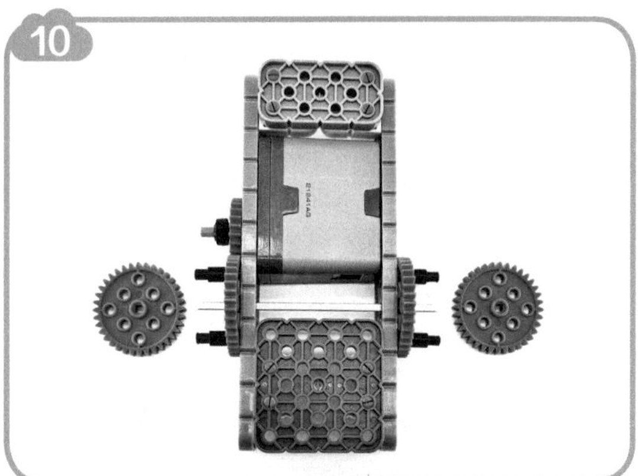

11

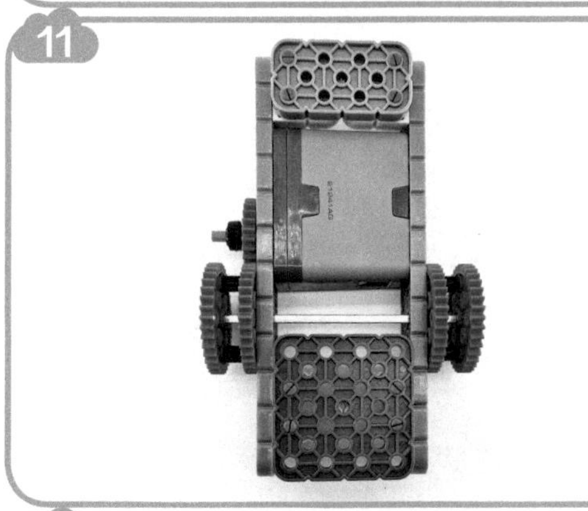

12

13

14

15

16

17

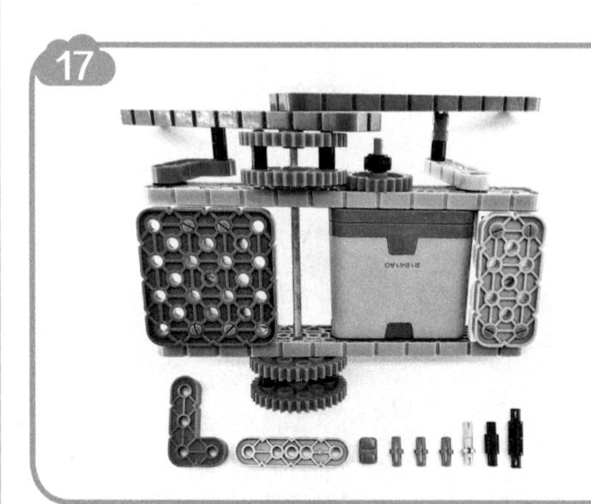

18

19

20

21

22

23

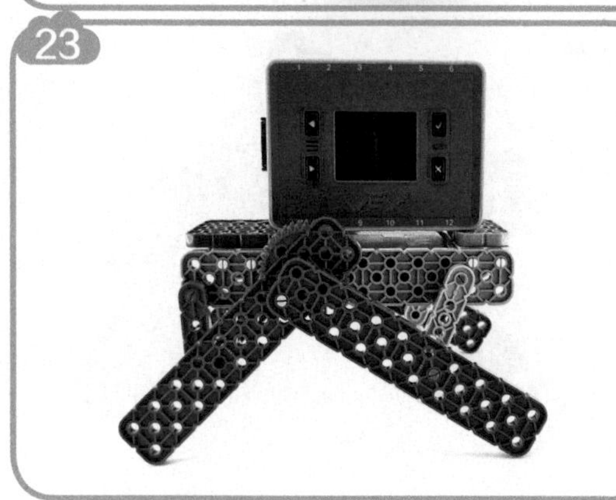

24

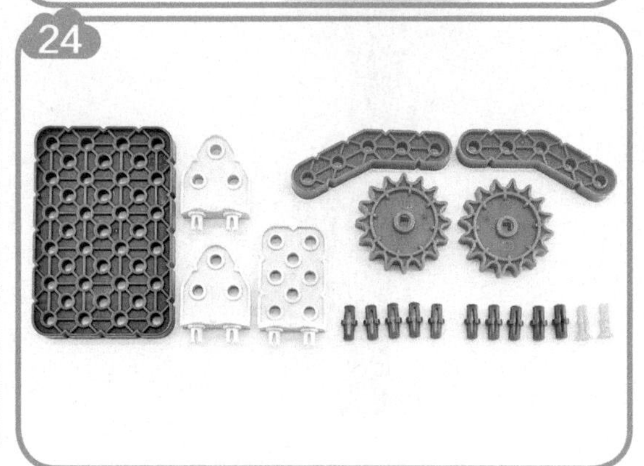

25

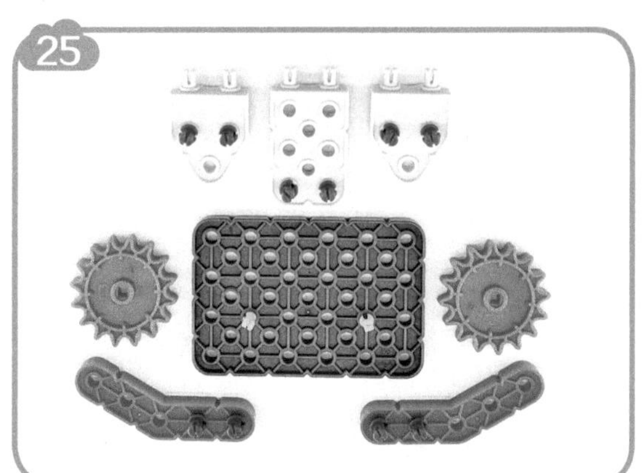

26

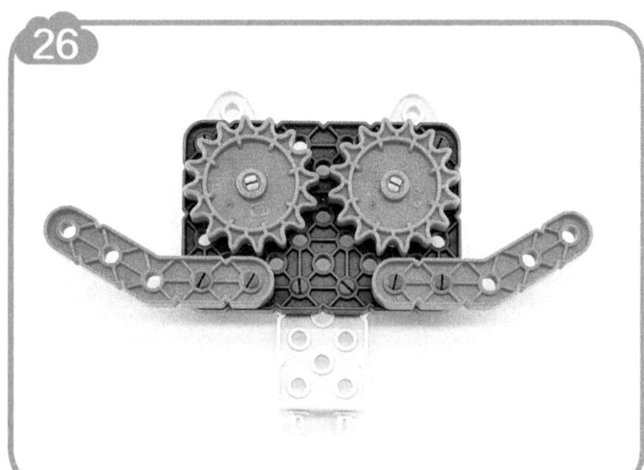

27

28

端口连接

序号	主控器端口	电机 / 传感器接口
1	1	电机

程序编写

设置端口

程　序

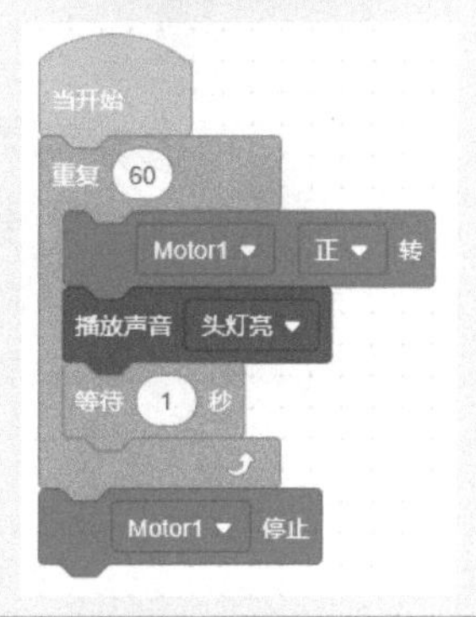

5.6 行走的机器人

案例描述

下面我们制作 VEX IQ 直立行走的机器人。

案例分析

电机数量：1。

结构设计

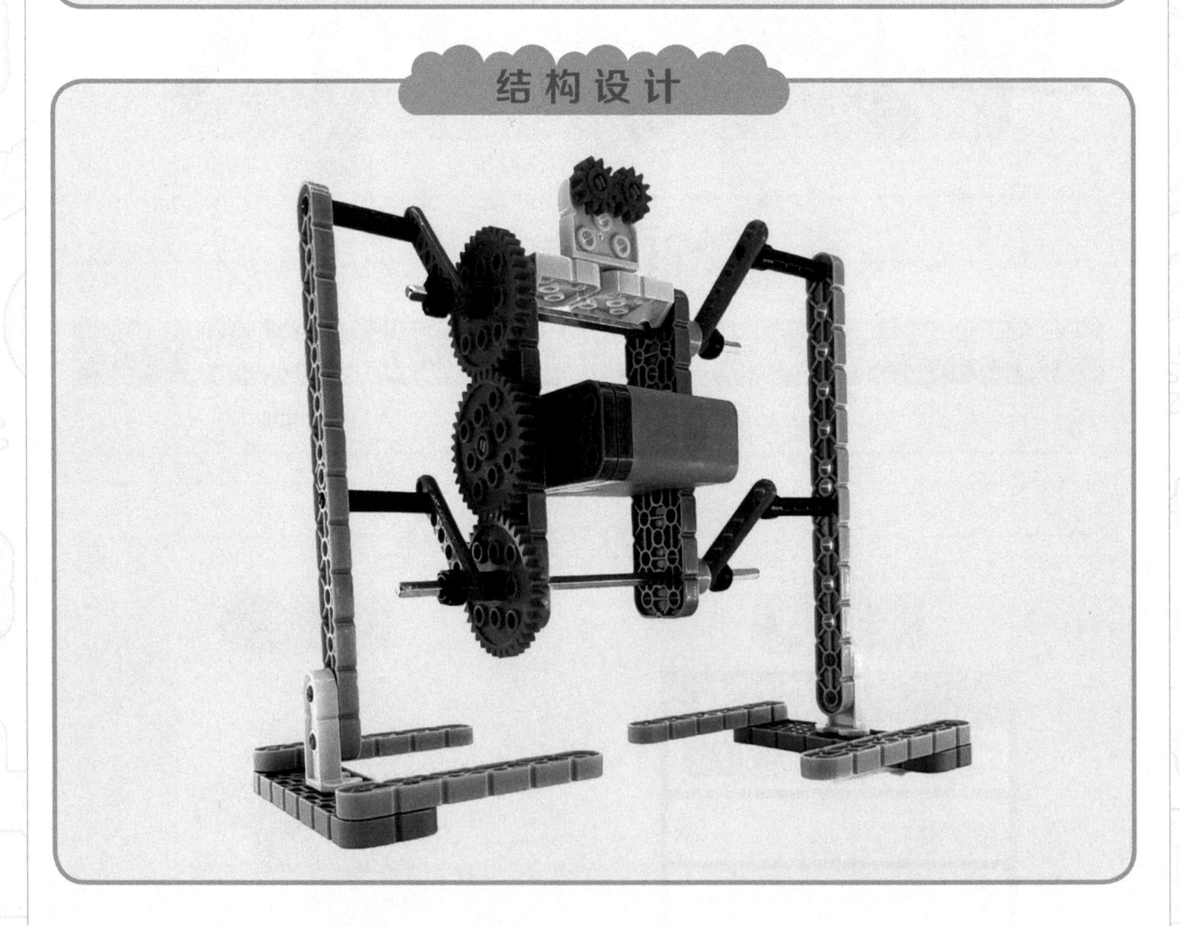

器材准备

序号	名称	图片	数量	序号	名称	图片	数量
1	连接销 1-1		15	11	金属轴 10		2
2	单条梁 1-6		4	12	惰轮销 1-1		2
3	单条梁 1-12		2	13	1 倍距电机塑料卡扣轴		1
4	单条梁 1		4	14	齿轮 36		3
5	双条梁 2-8		4	15	齿轮 12		2
6	1×4 薄型端锁梁		4	16	橡胶轴套 1		4
7	两孔长连接器		2	17	垫圈		2
8	五孔连接器		3	18	主控器		1
9	支撑销 4		4	19	智能电机		1
10	轴套		2	20	连接线		1

搭建步骤

1

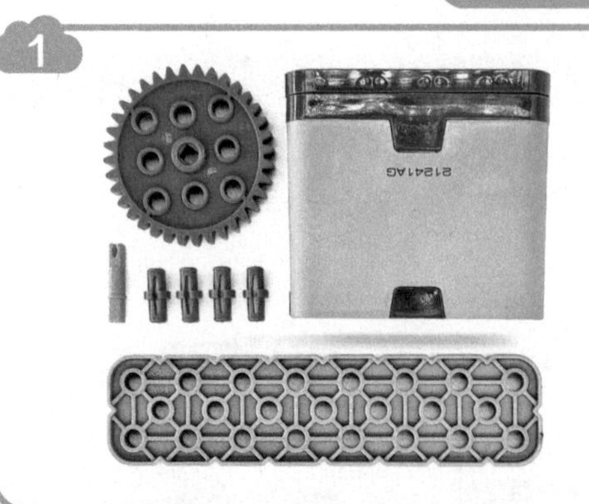

2

3

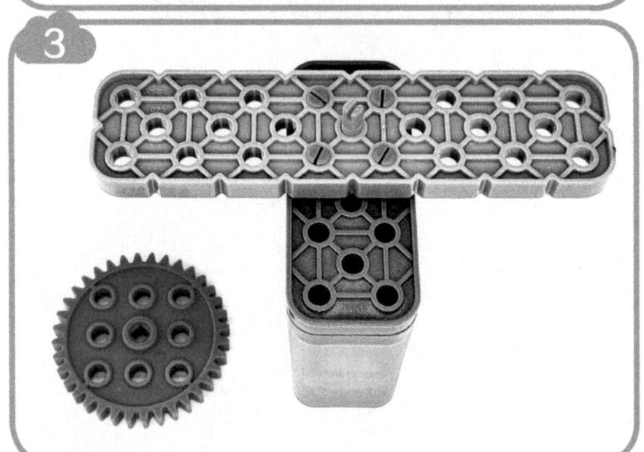

4

5

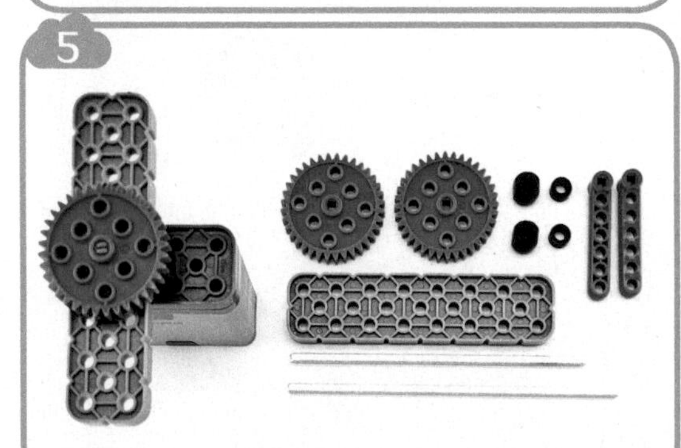

6

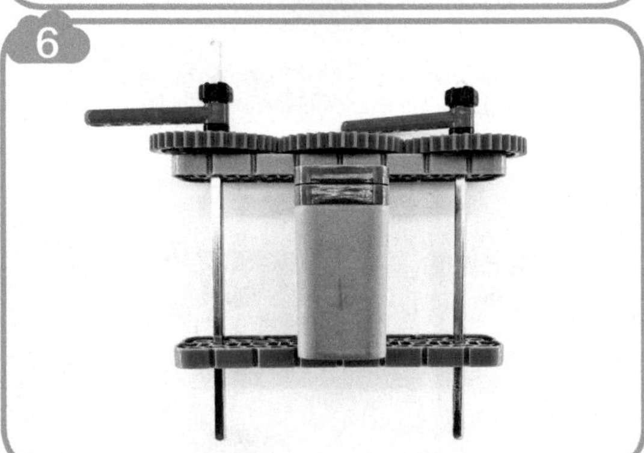

7

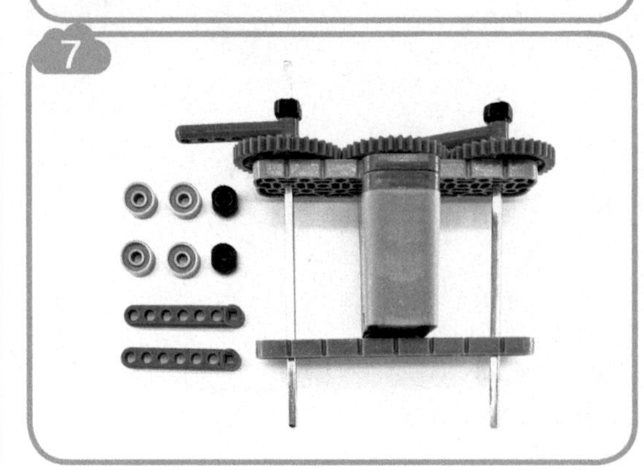

8

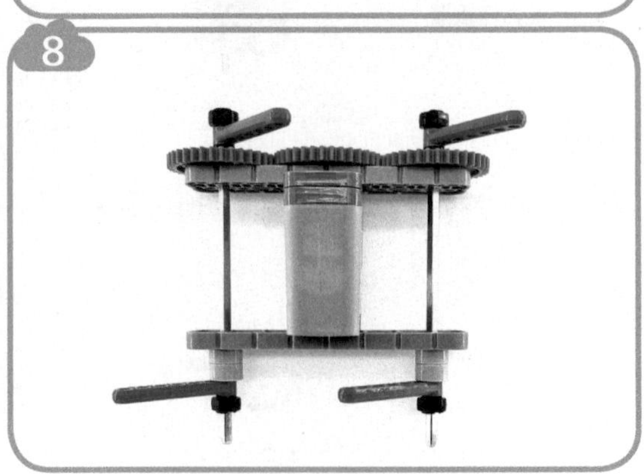

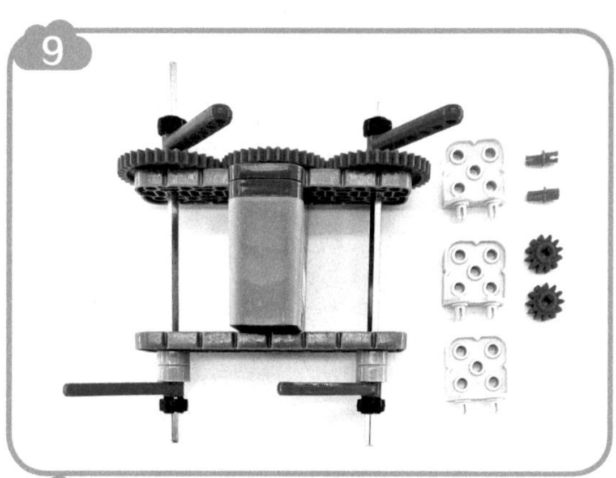
9

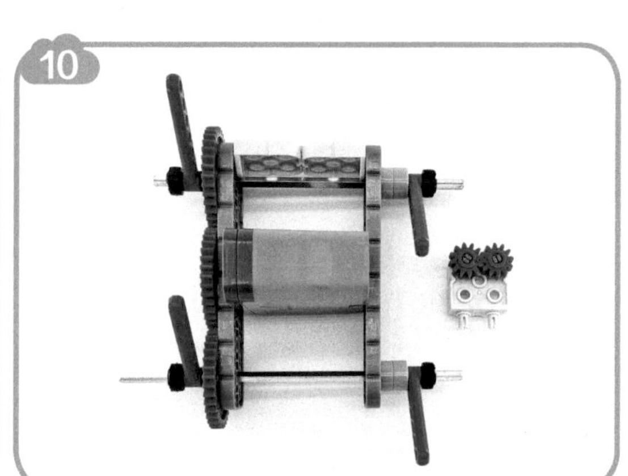
10

11

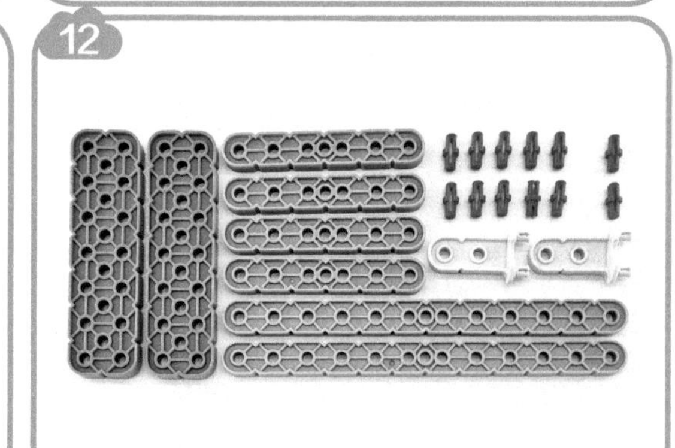
12

13

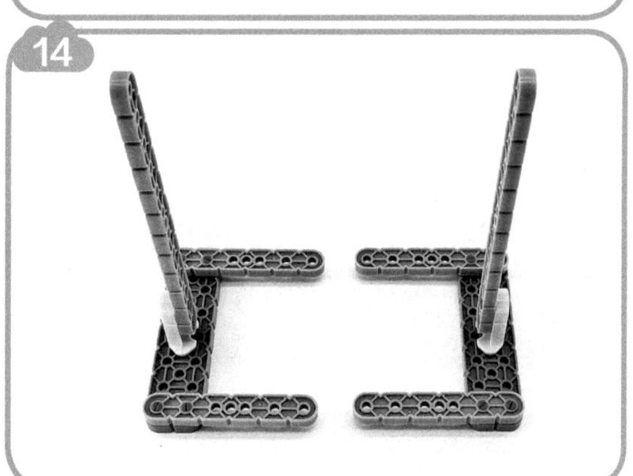
14

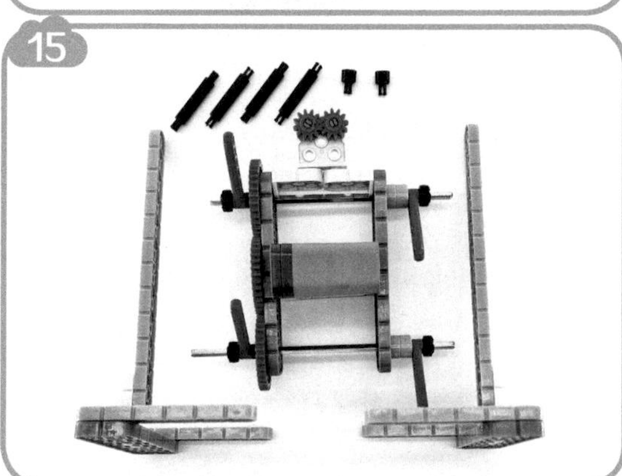
15

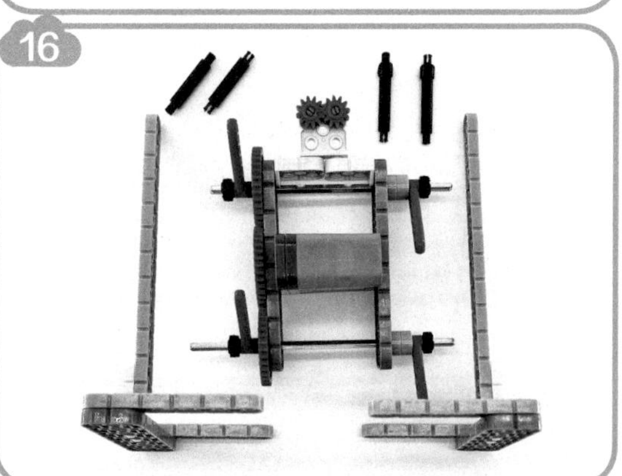
16

17

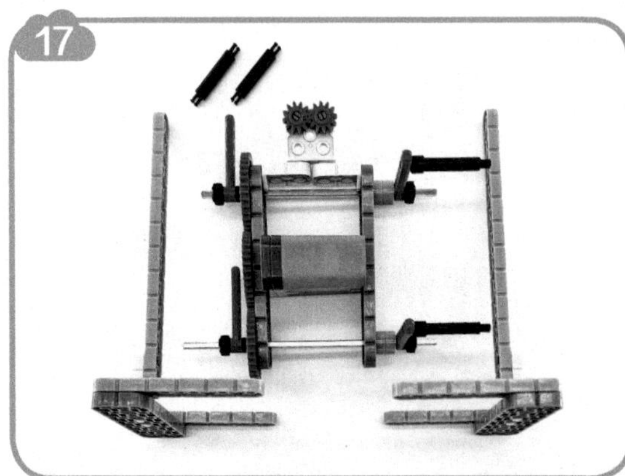

18

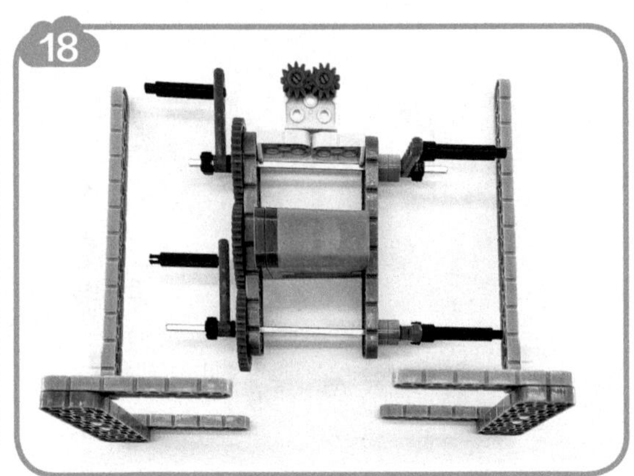

19

端口连接

序号	主控器端口	电机 / 传感器接口
1	1	电机

程序编写

设置端口

程　序

5.7　三轮车

案例描述

下面我们制作 VEX IQ 三轮车。

案例分析

电机数量：1。

结构设计

器材准备

序号	名称	图片	数量	序号	名称	图片	数量
1	连接销 1-1		21	16	支撑销 2		8
2	连接销 1-2		16	17	支撑销 8		1
3	连接销 2-2		5	18	直角连销器		7
4	单条梁 1-5		2	19	金属钉轴 4		1
5	单条梁 1-2		2	20	金属轴 6		1
6	单条梁 1-1		1	21	惰轮销 1-1		3
7	单条梁 1-3		2	22	1 倍距电机塑料卡扣轴		1
8	双条梁 2-4		2	23	齿轮 36		5
9	双条梁 2-6			24	橡胶轴套 1		5
10	双条梁 2-8		6	25	垫圈		4
11	平板 4×8		2	26	轮胎轮毂		5
12	特殊梁（小直角梁）		2	27	2 倍宽轮胎轮毂		1
13	两孔宽连接器		6	28	主控器		1
14	三孔连接器 1-2		5	29	智能电机		1
15	五孔连接器		6	30	连接线		1

搭建步骤

1

2

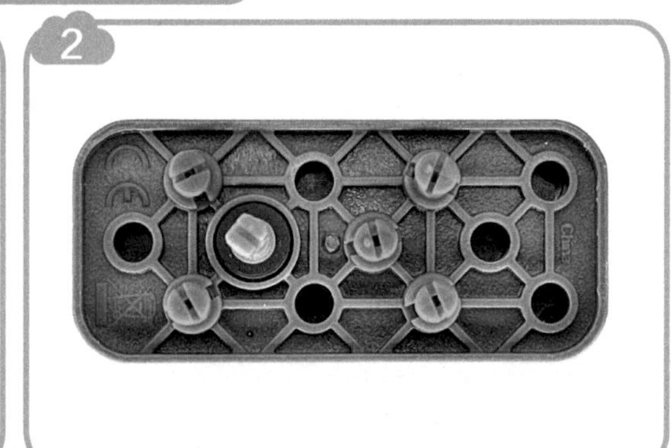

3

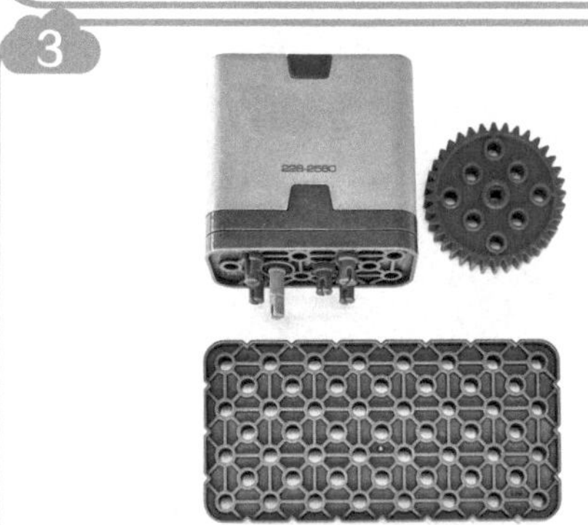

4

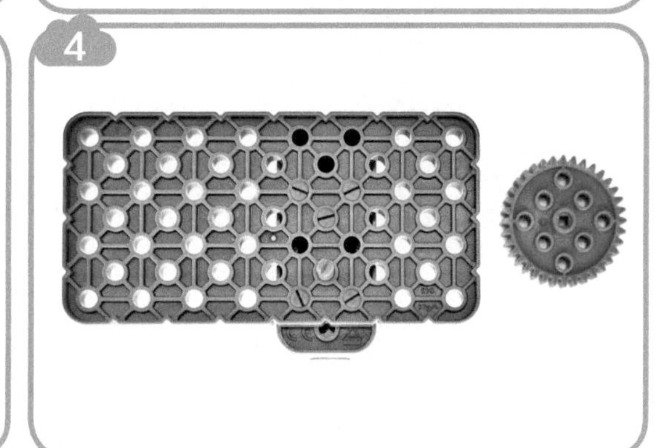

5

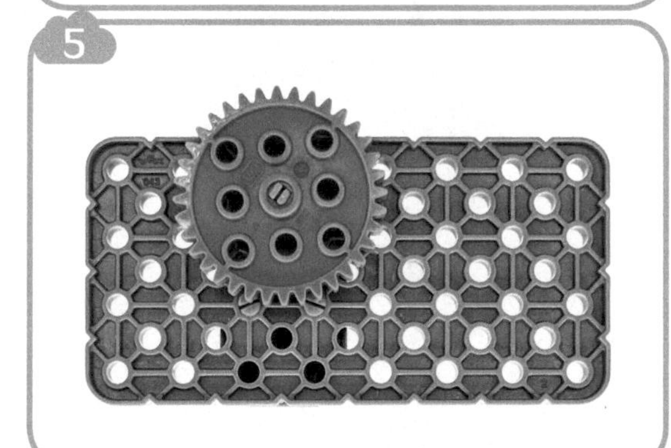

6

7

8

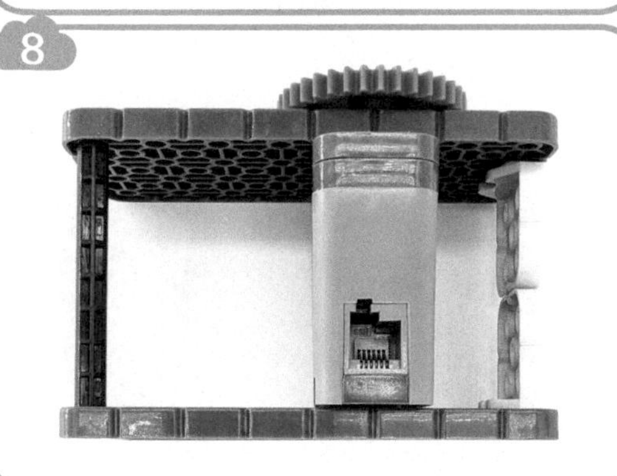

9

10

11

12

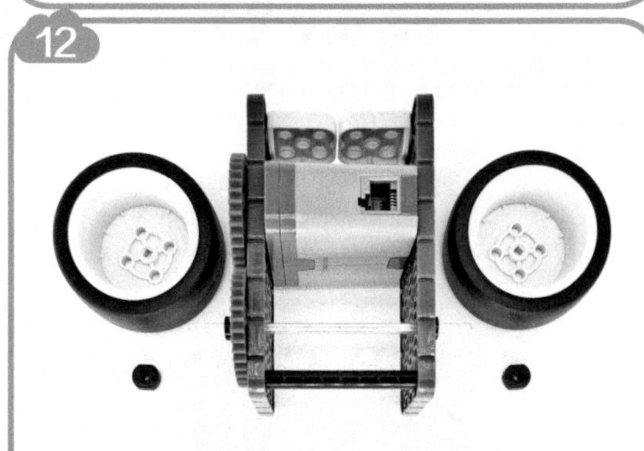

13

14

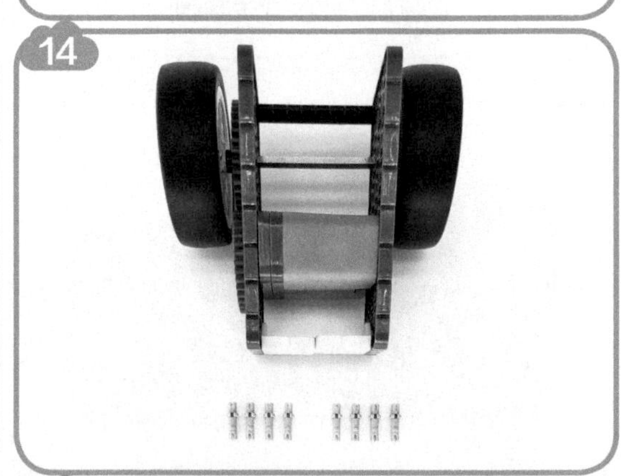

15

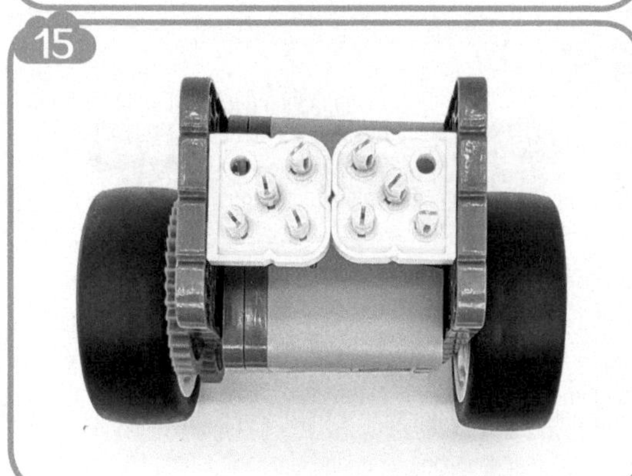

16

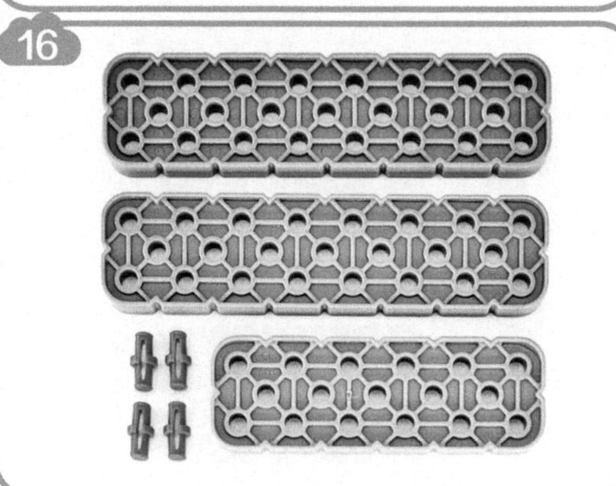

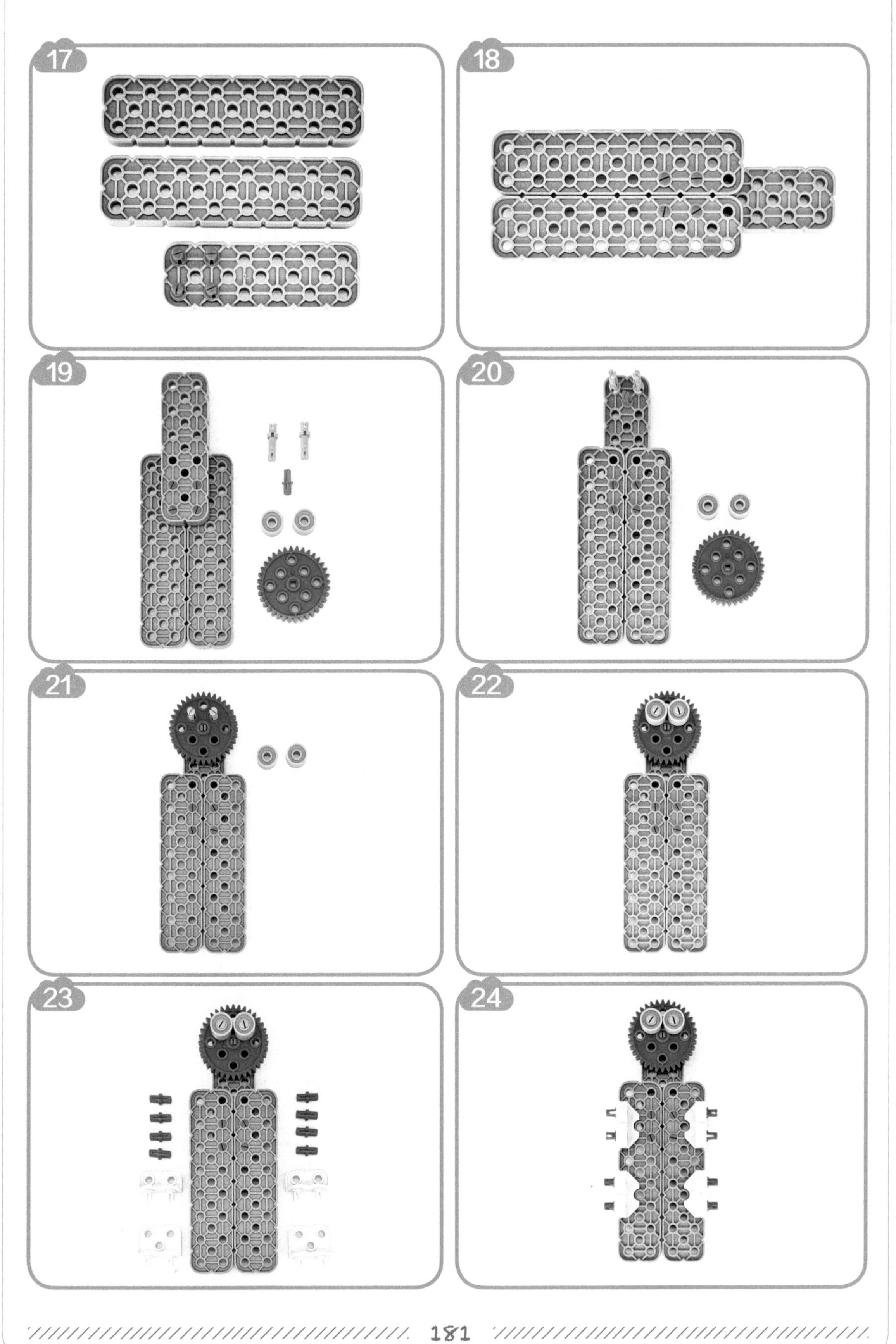
17
18
19
20
21
22
23
24

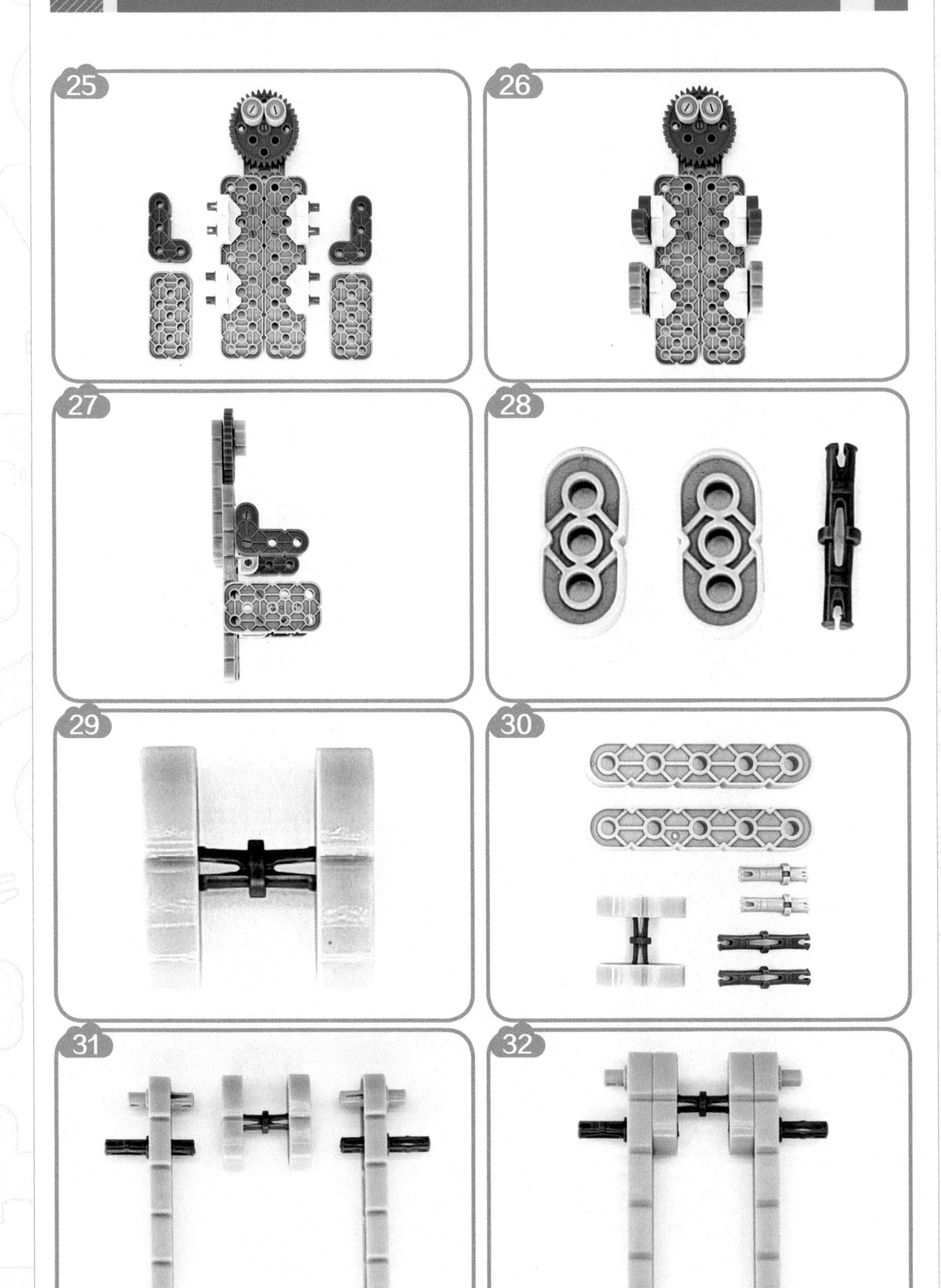
25
26
27
28
29
30
31
32

33

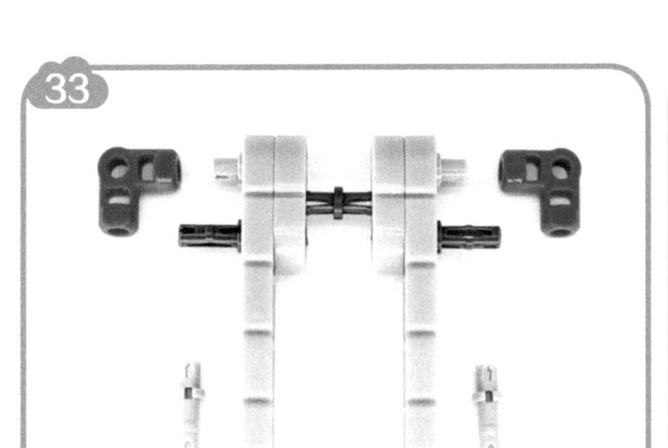

34

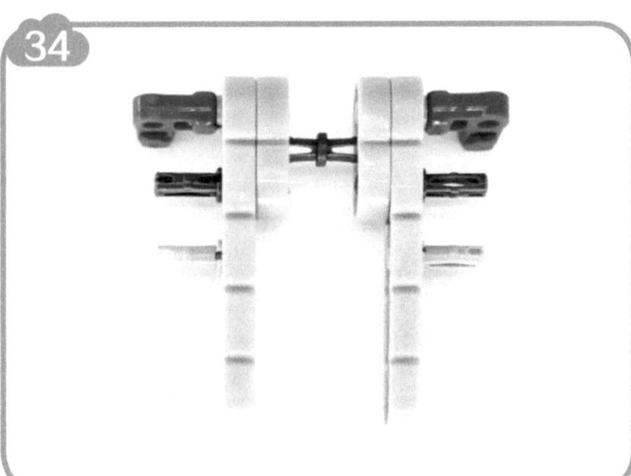

35

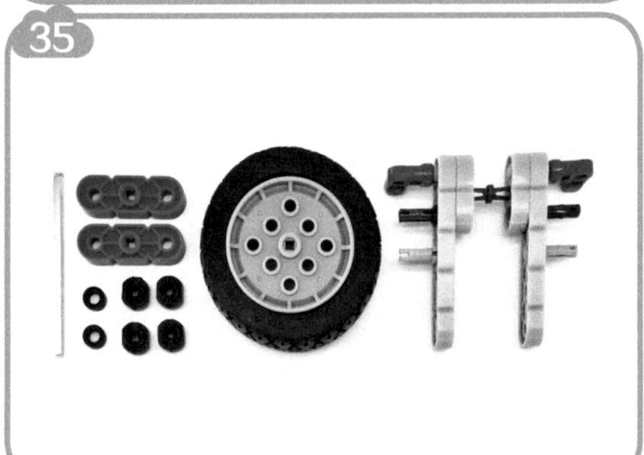

36

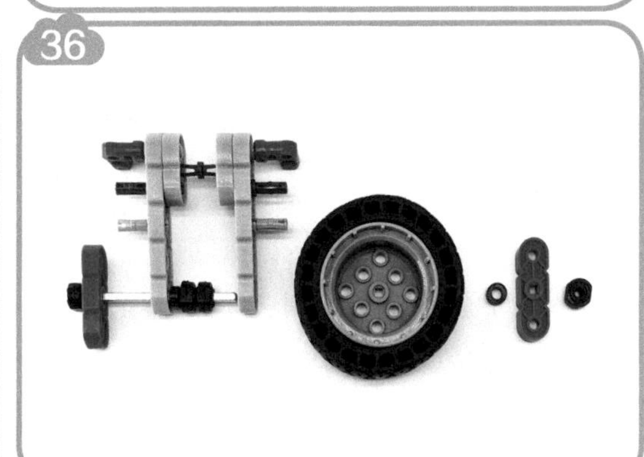

37

38

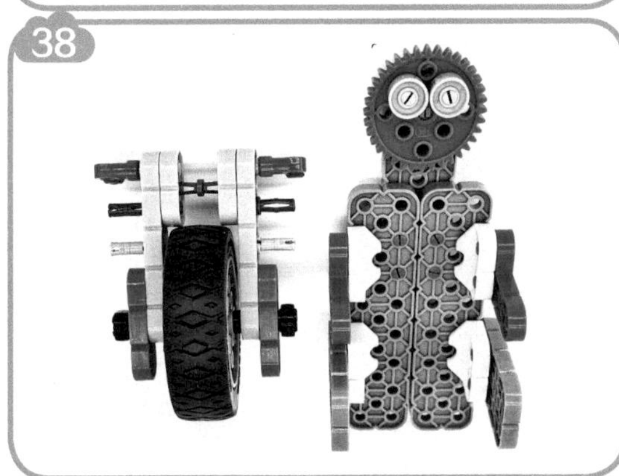

39

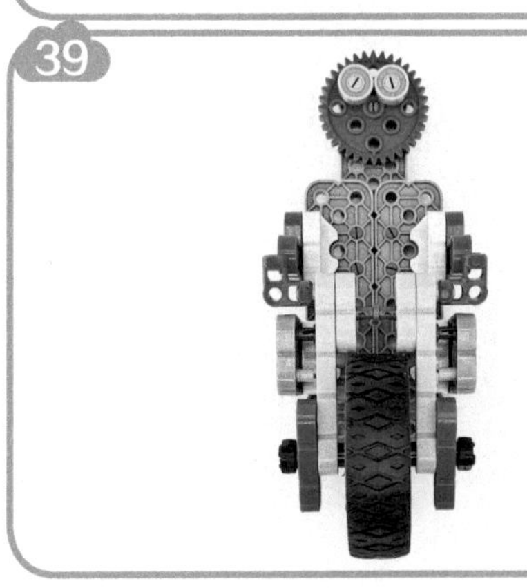

40

41

42

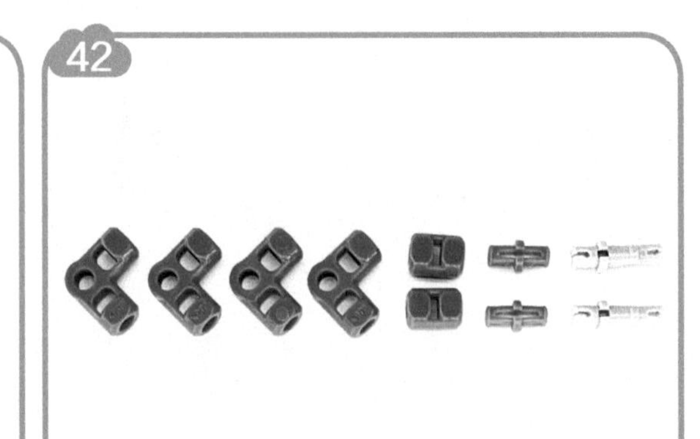

43

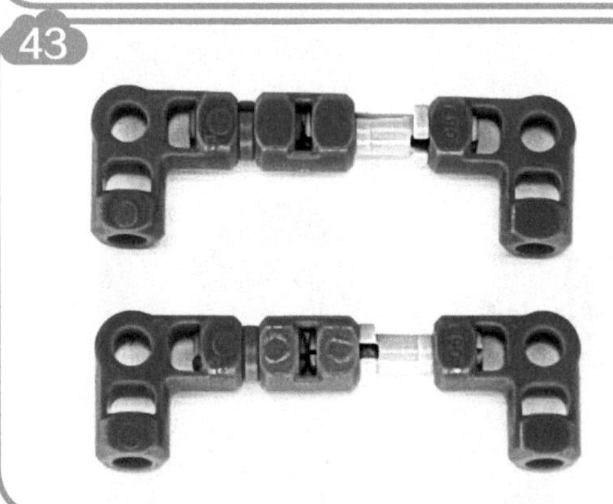

44

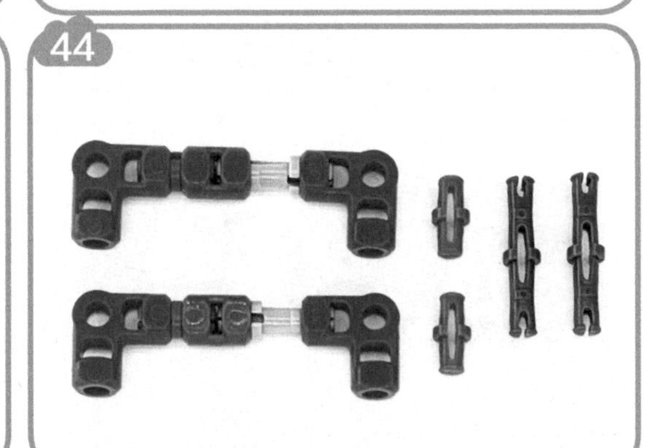

45

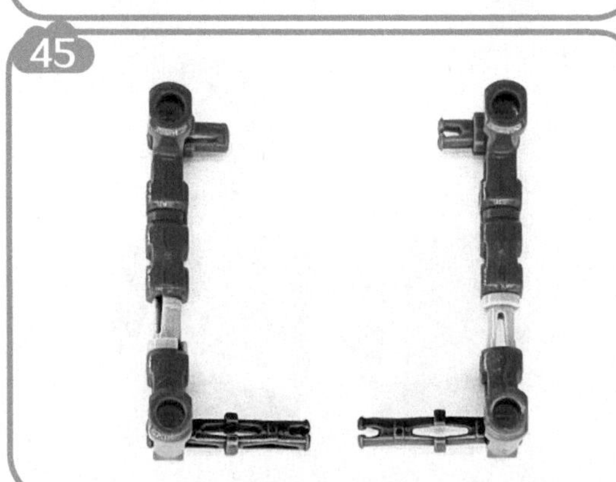

46

47

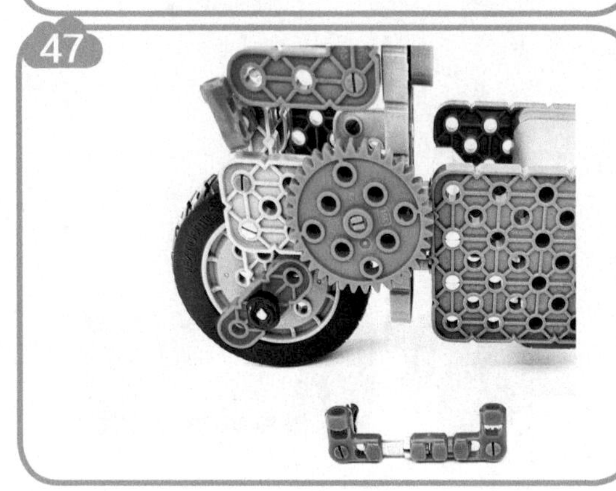

48

49

50

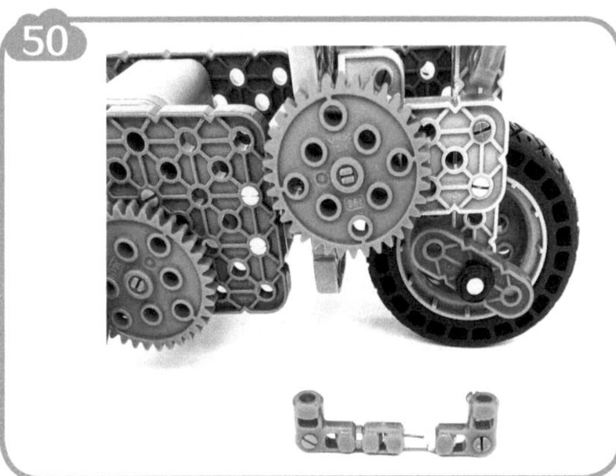

51

52

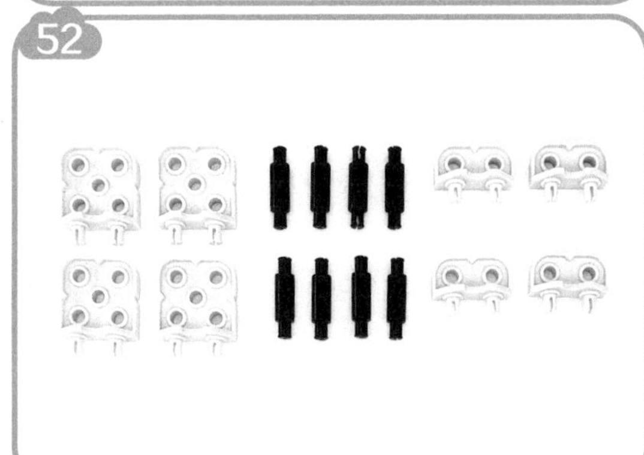

53

54

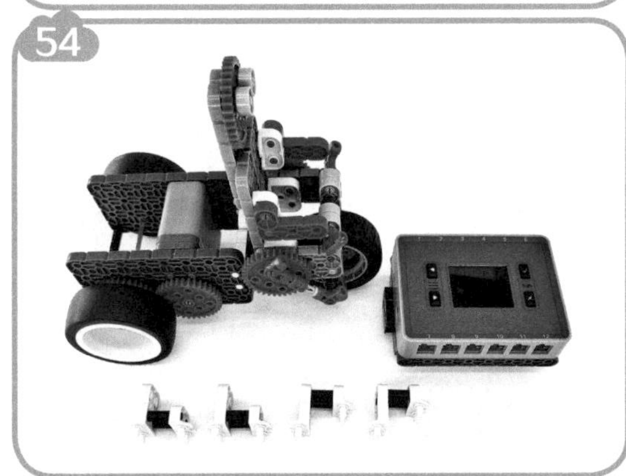

55

56

端口连接

序号	主控器端口	电机 / 传感器接口
1	1	电机

5.8　抽油机

案例描述

抽油机是开采石油的一种机器设备，俗称“磕头机”。抽油机是有杆抽油系统中最主要的举升设备。下面我们制作 VEX IQ 抽油机。

案例分析

电机数量：1。
传感器：TouchLED。

结构设计

器材准备

序号	名称	图片	数量	序号	名称	图片	数量
1	连接销 1-1		39	12	支撑销 1		2
2	单条梁 1-5		1	13	金属钉轴 4		1
3	单条梁 1-6		2	14	金属轴 4		1
4	双条梁 2-4		2	15	惰轮钉销 1-1		2
5	双条梁 2-6		1	16	齿轮 36		2
6	双条梁 2-8		1	17	齿轮 12		1
7	双条梁 2-10		2	18	橡胶轴套 1		7
8	双条梁 2-12		3	19	主控器		1
9	双条梁 2-16		1	20	Touch LED		1
10	两孔宽连接器		2	21	智能电机		1
11	五孔连接器		2	22	连接线		2

搭建步骤

1

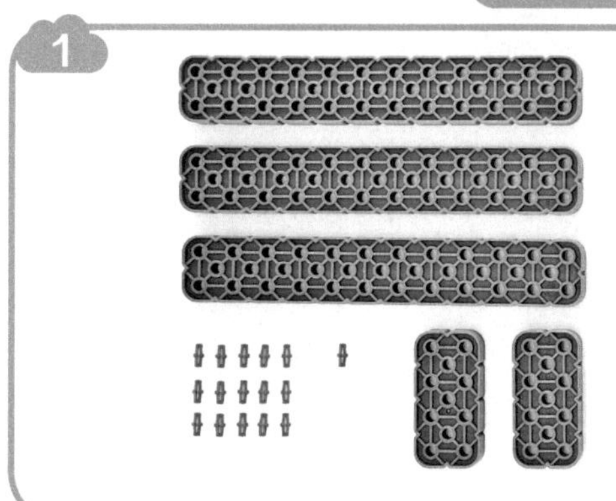

2

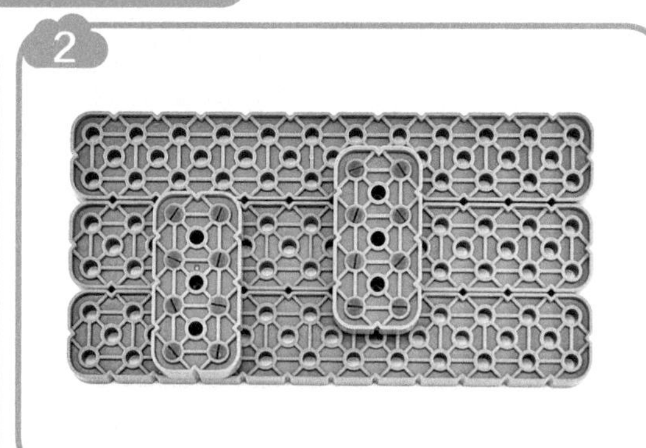

3

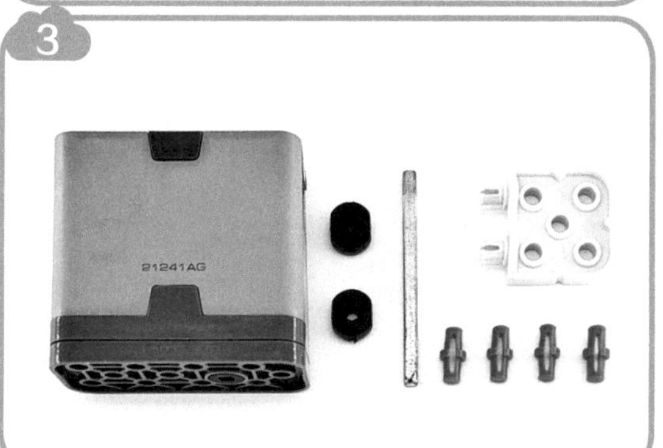

4

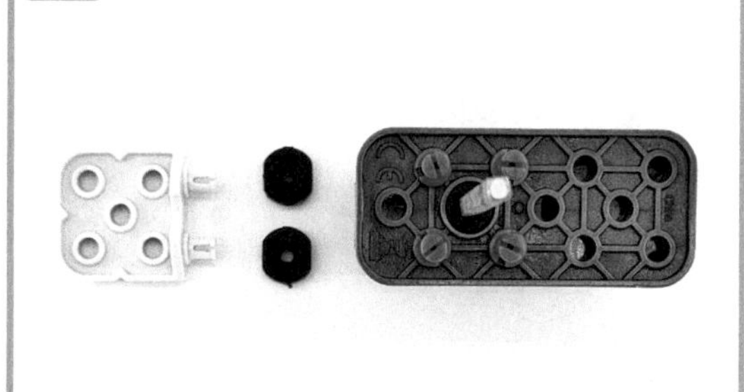

5

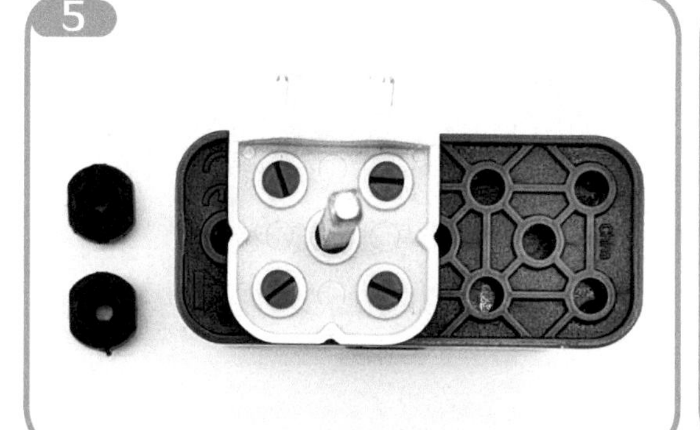

6

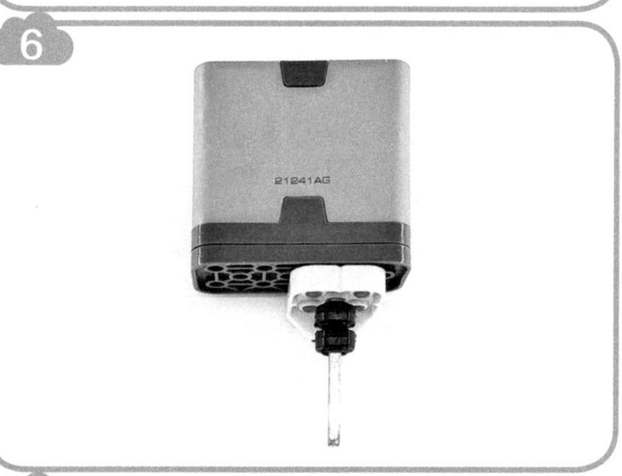

7

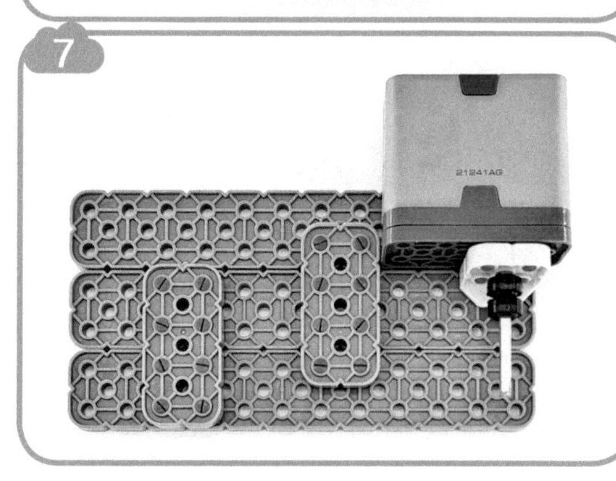

8

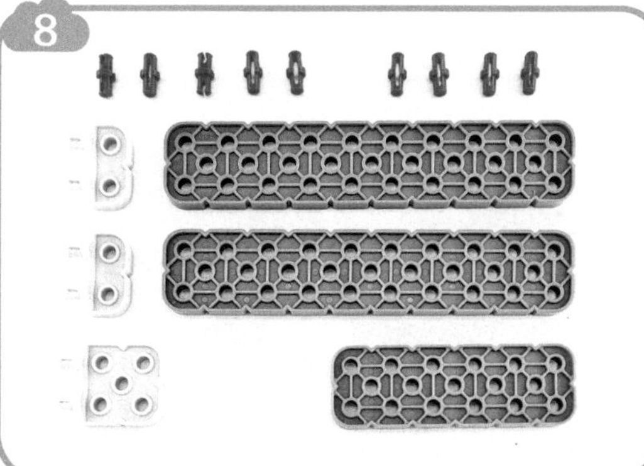

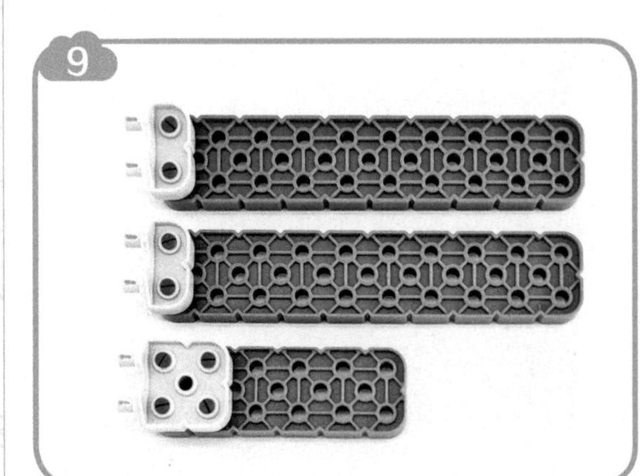

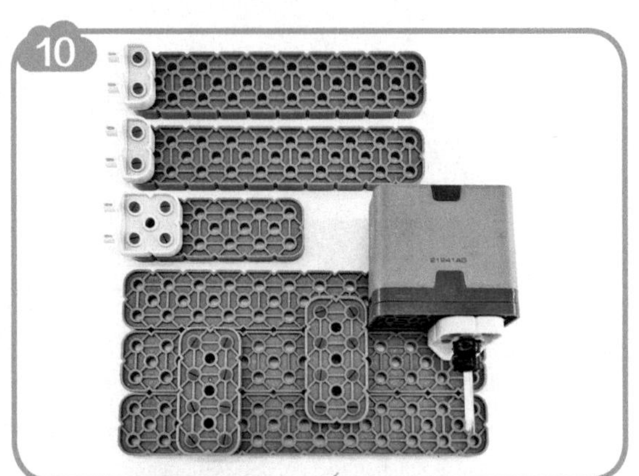

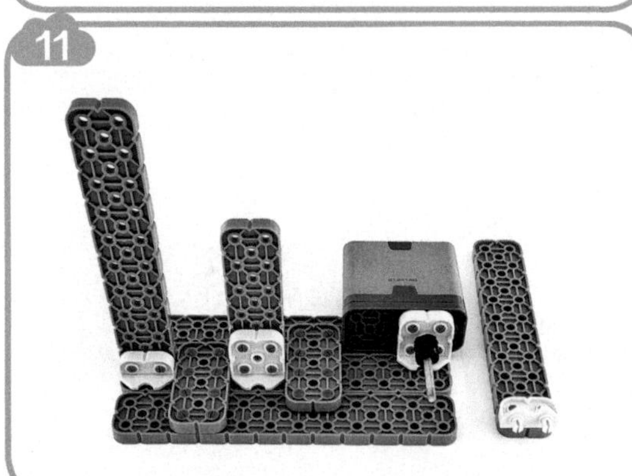

17

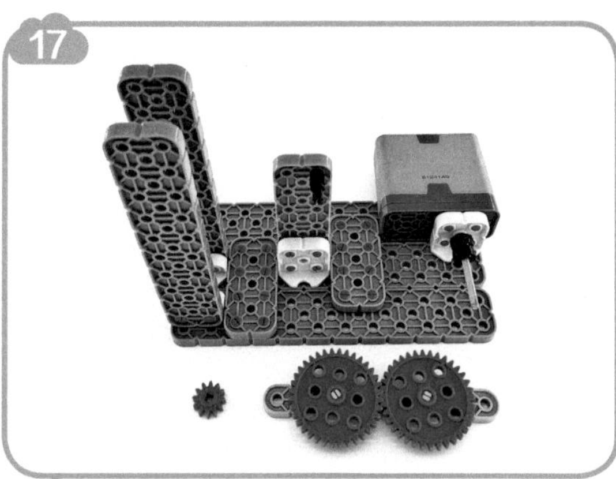

18

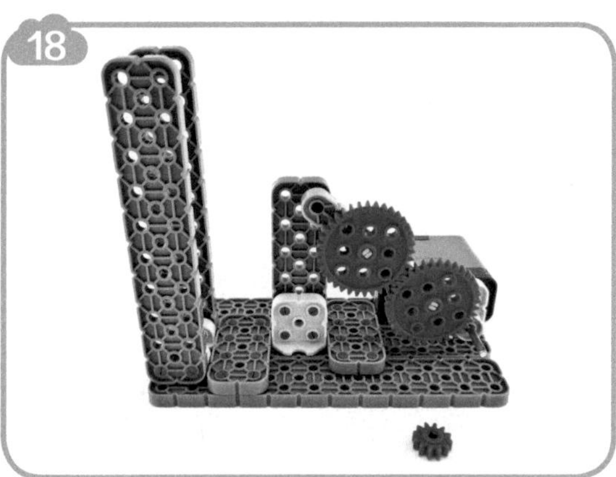

19

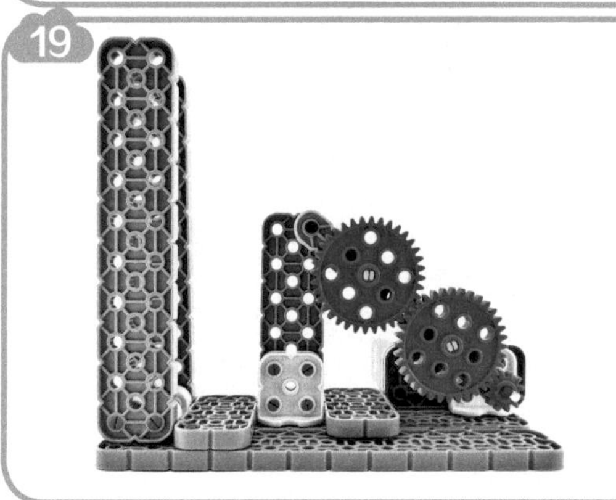

20

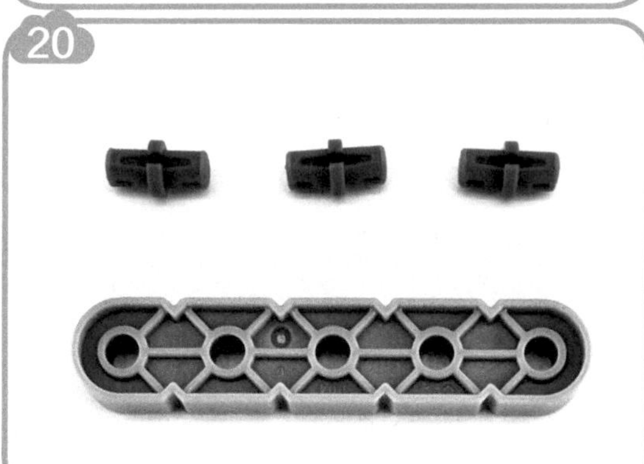

21

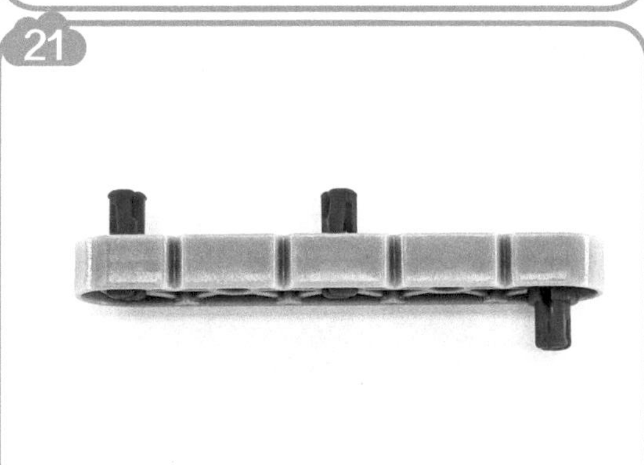

22

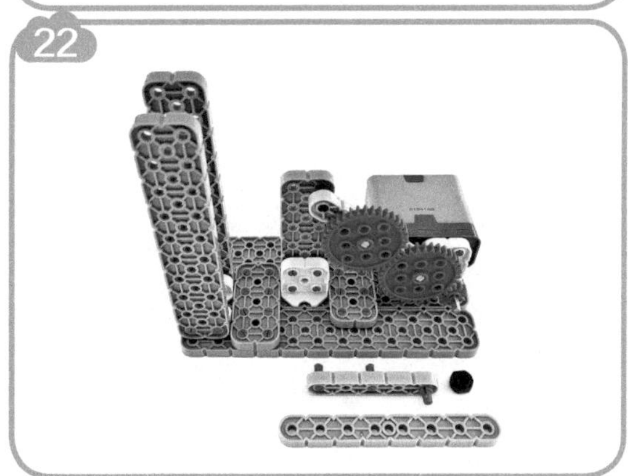

23

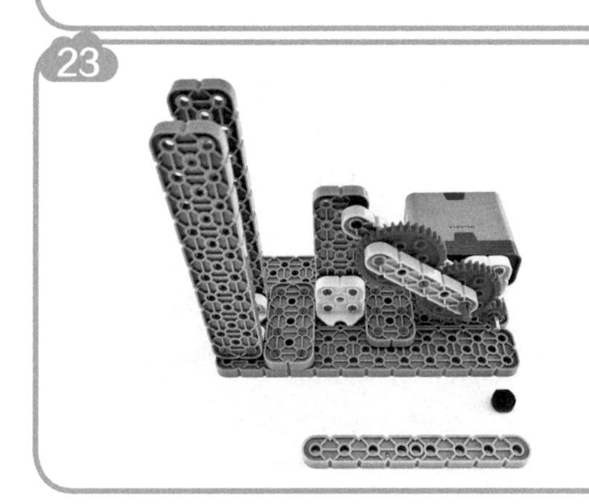

24

25

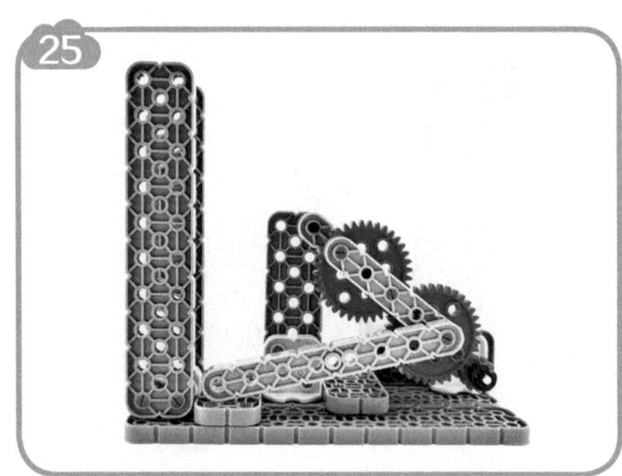

26

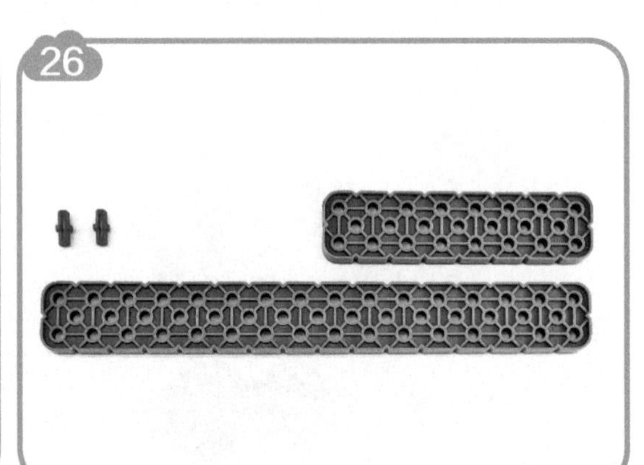

27

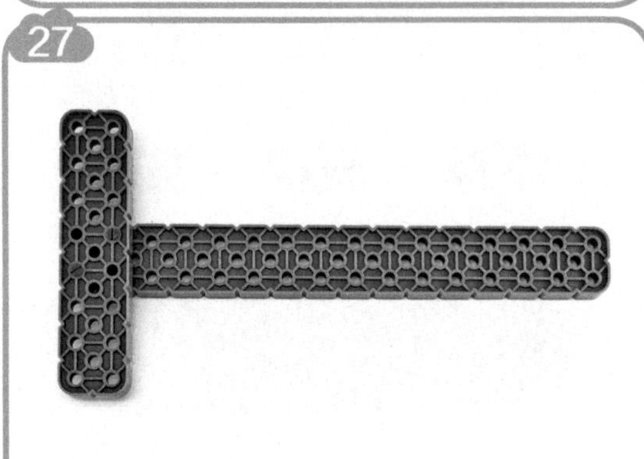

28

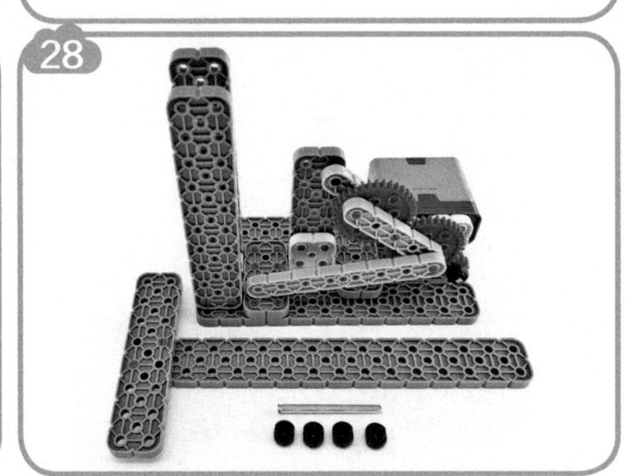

29

30

31

32

33

34

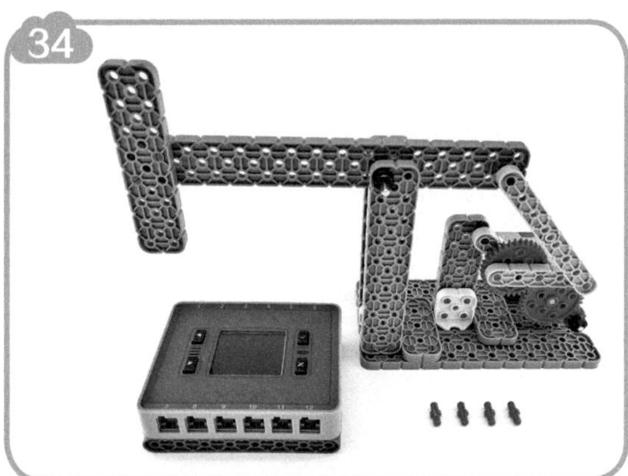

35

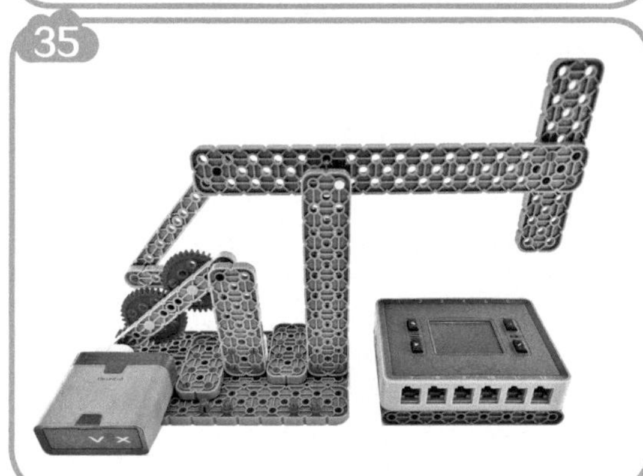

36

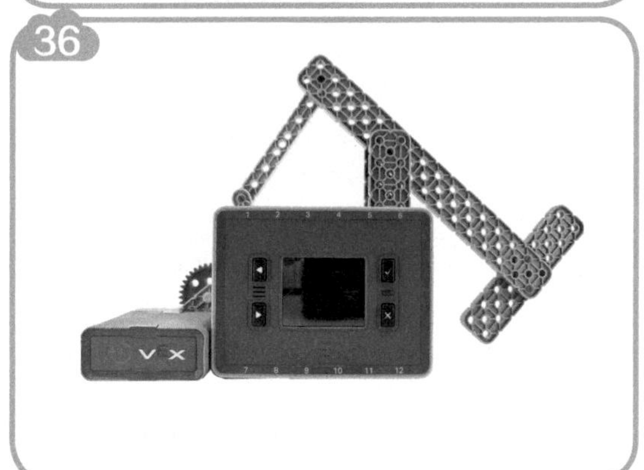

37

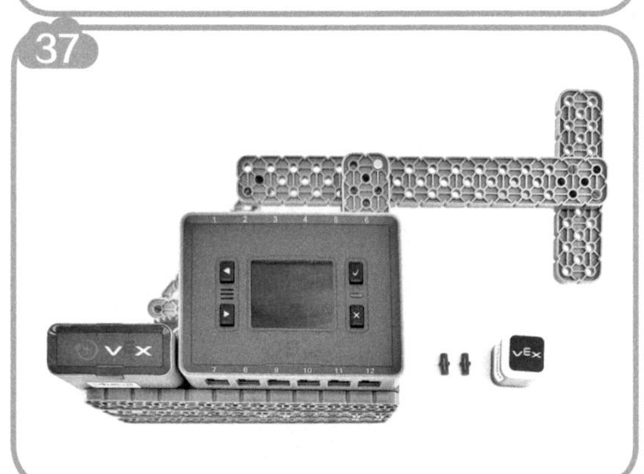

38

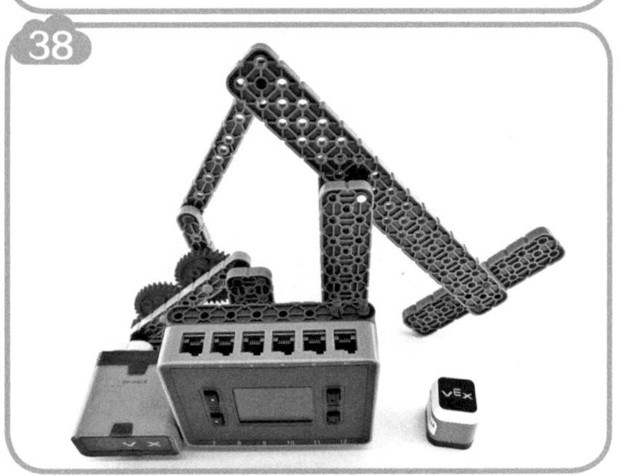

39

端口连接

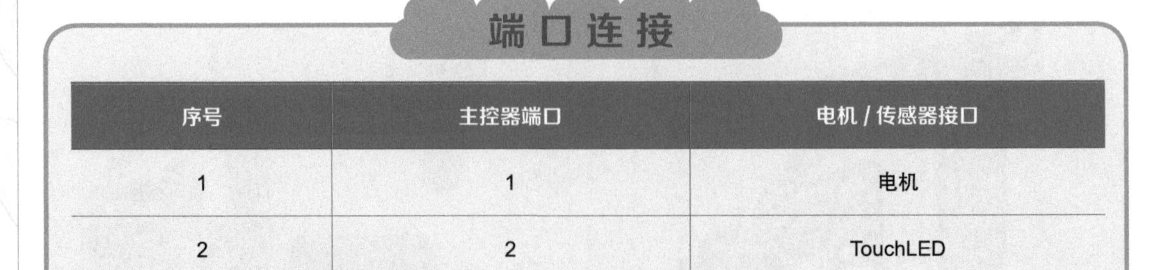

序号	主控器端口	电机 / 传感器接口
1	1	电机
2	2	TouchLED

程序编写

设置端口

设备

IQ Robot Brain　第一代　第二代

Motor1　1

TouchLED2　2

添加设备

程　序

```
当开始
永久循环
    设定 TouchLED2 颜色为 绿色
    Motor1 停止
    如果 TouchLED2 按下了? 那么
        等待 0.5 秒
        Motor1 正 转
        设定 TouchLED2 颜色为 红色
        等到 TouchLED2 按下了?
        等待 0.5 秒
        设定 TouchLED2 颜色为 绿色
        Motor1 停止
```

5.9　挖掘机

案例描述

挖掘机是用铲斗挖掘高于或低于承机面的物料，并将其装入运输车辆或卸至堆料场的土方机械。下面我们制作 VEX IQ 挖掘机。

案例分析

电机数量：3。

结构设计

器材准备

序号	名称	图片	数量	序号	名称	图片	数量
1	连接销 1-1		68	14	五孔连接器		5
2	连接销 1-2		20	15	支撑销 1		4
3	特殊梁（双弯直角梁）		2	16	支撑销 2		1
4	单条梁 1-4		4	17	金属轴 4		1
5	单条梁 1-6		3	18	电机金属轴 4		2
6	单条梁 1-8		3	19	金属钉轴 3		2
7	单条梁 1-10		2	20	双头支撑销连接器		2
8	双条梁 2-12		4	21	齿轮 36		1
9	双条梁 2-8		2	22	橡胶轴套 1		10
10	双条梁 2-6		1	23	轮胎轮毂		4
11	双条梁 2-4		2	24	主控器		1
12	双条梁 2-2		2	25	智能电机		3
13	三孔连接器		4	26	连接线		3

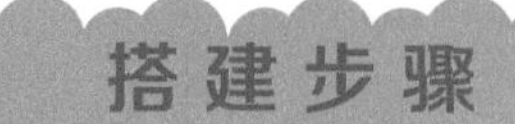

1

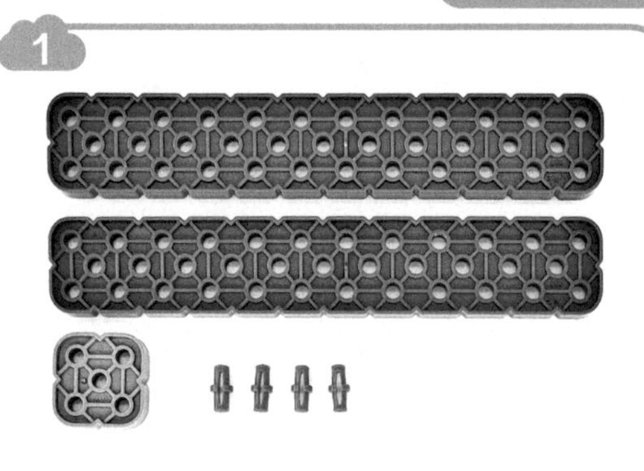

2

3

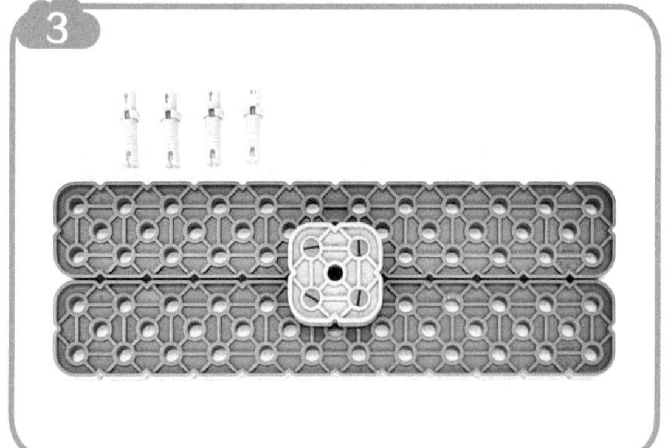

4

5

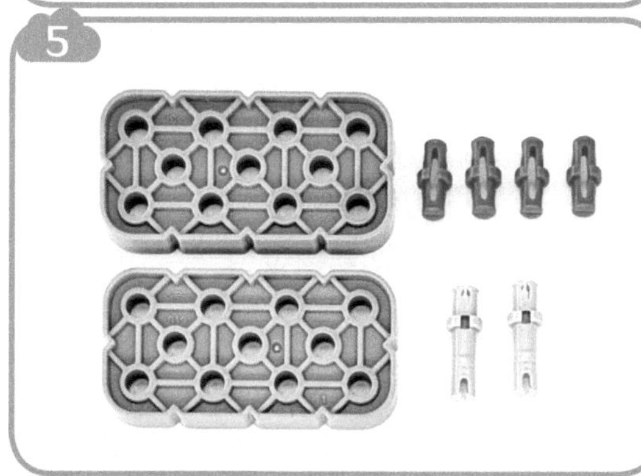

6

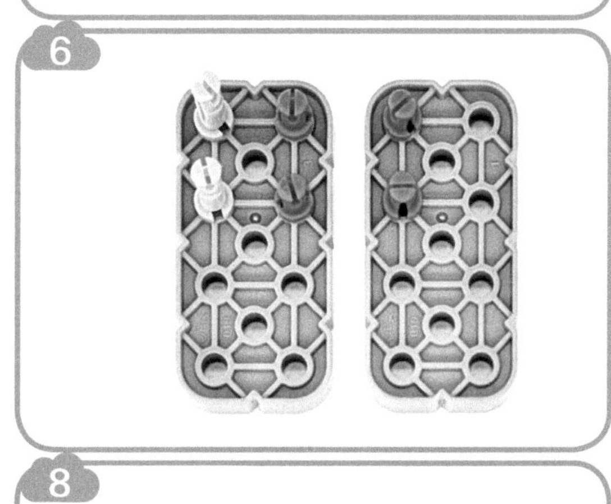

7

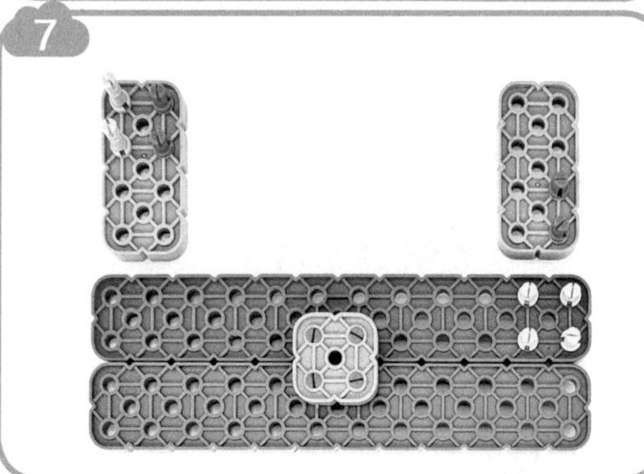

8

9

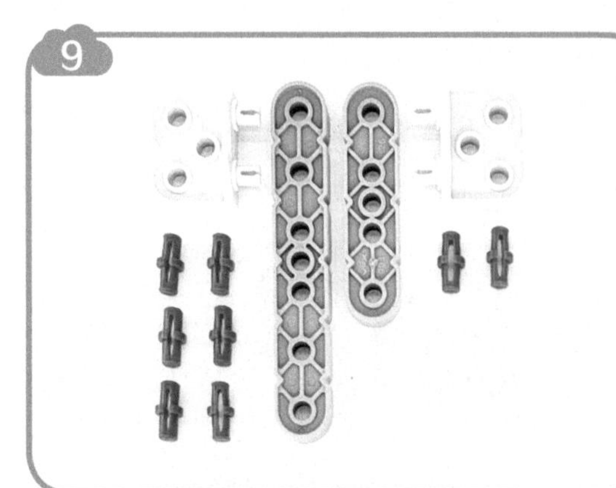

10

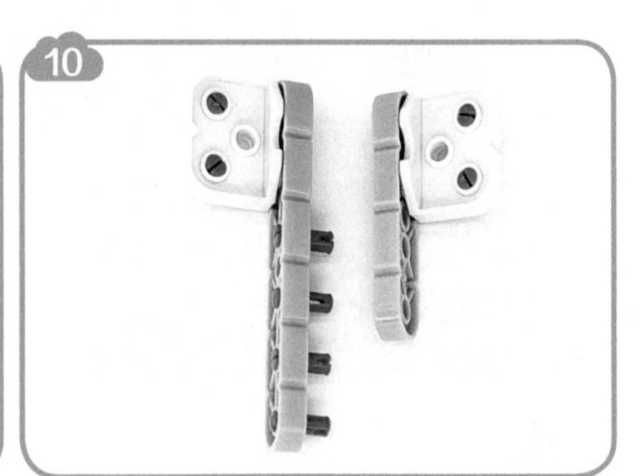

11

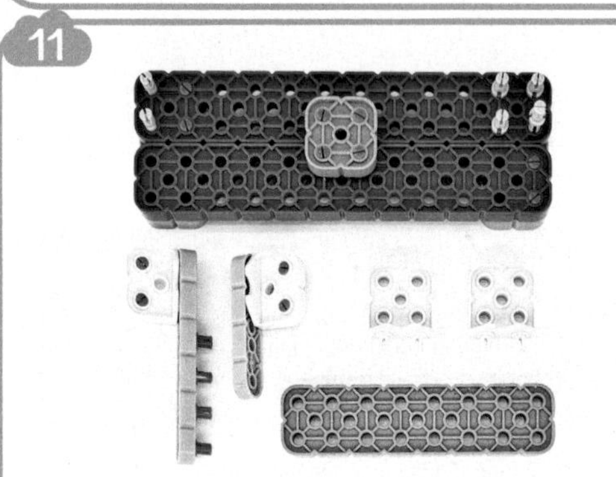

12

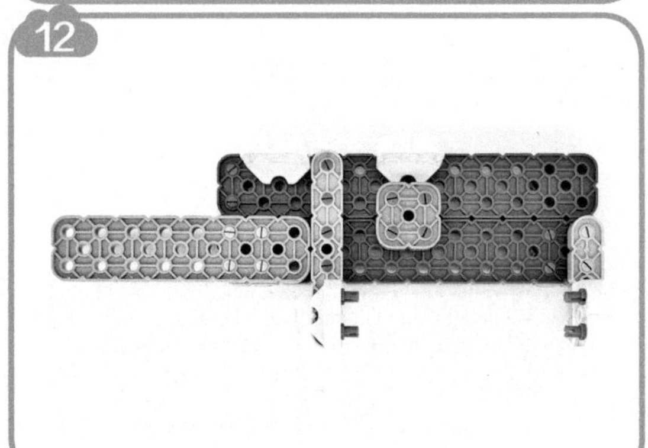

13

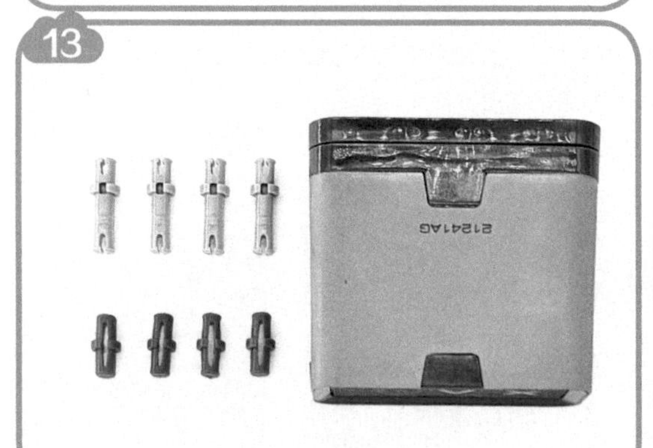

14

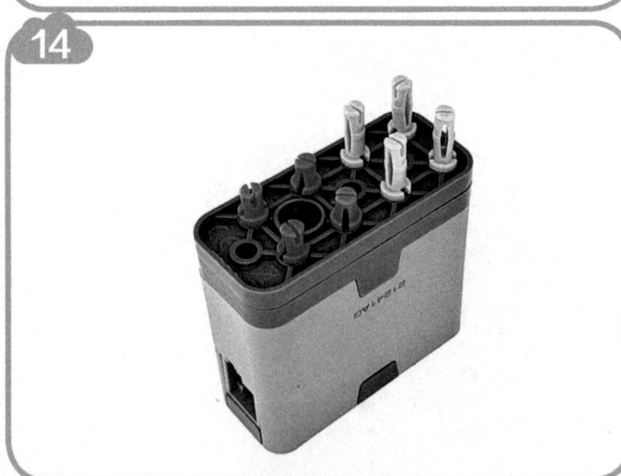

15

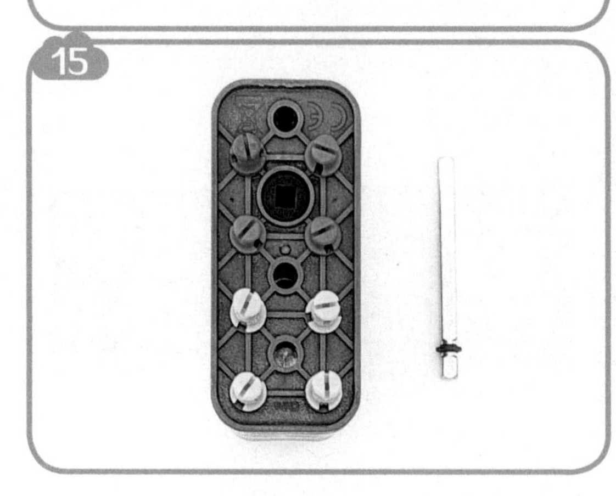

16

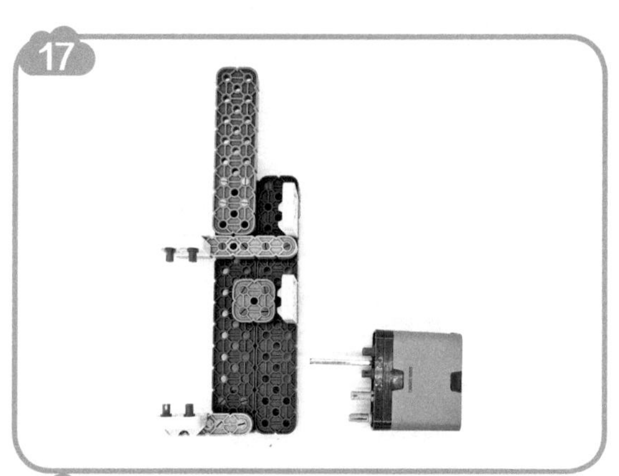
17

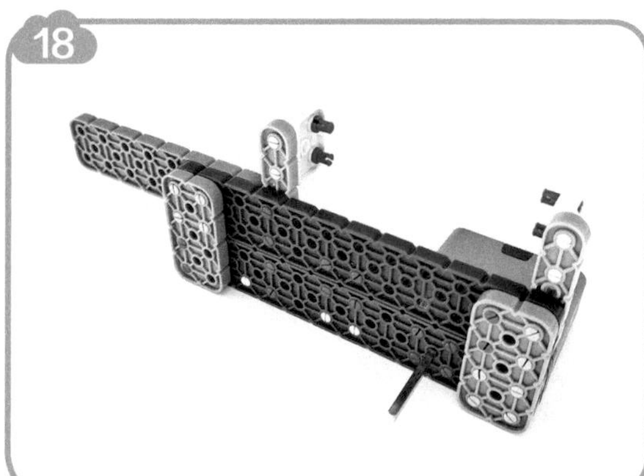
18

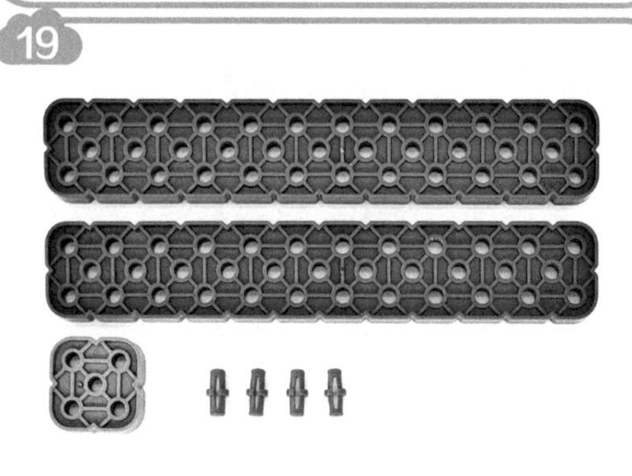
19

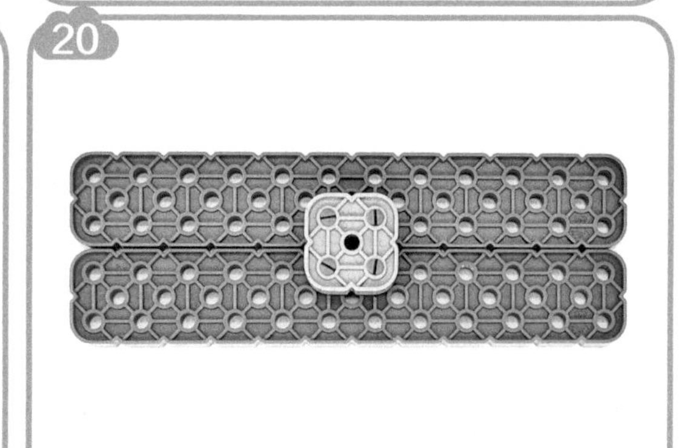
20

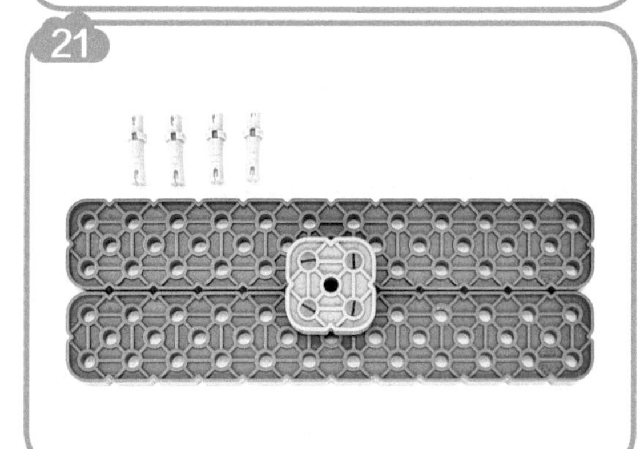
21

22

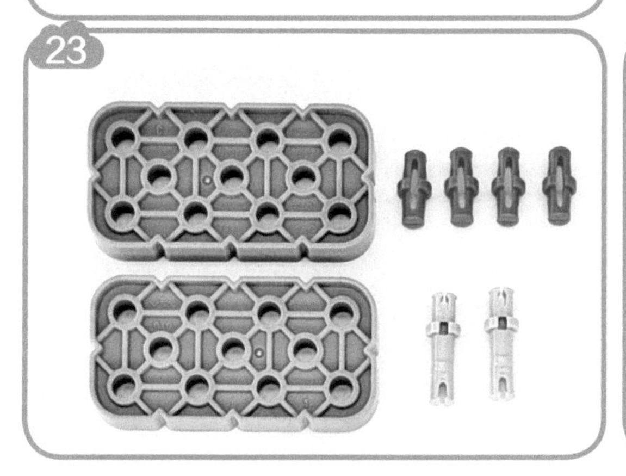
23

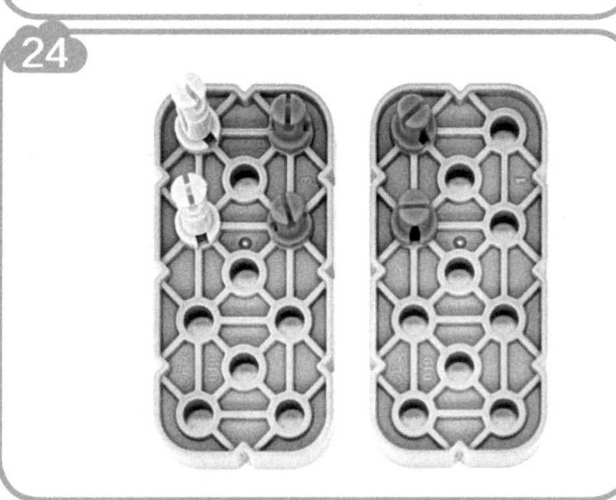
24

25

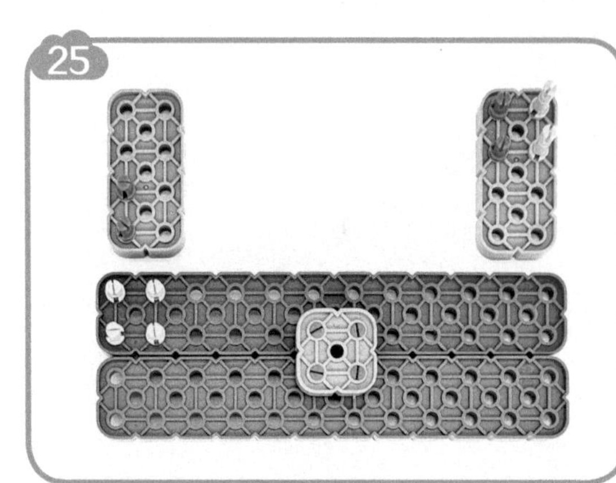

26

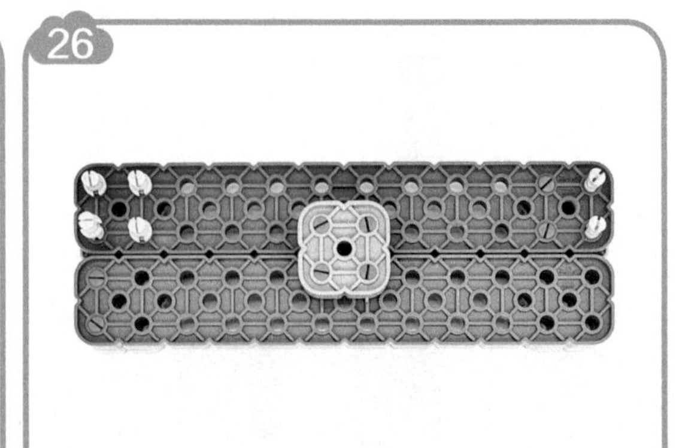

27

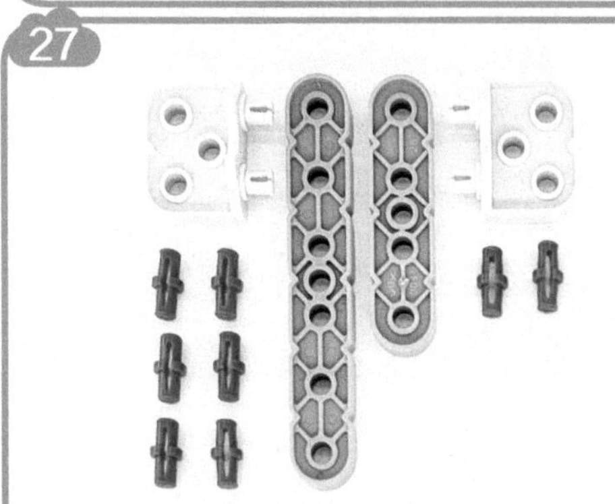

28

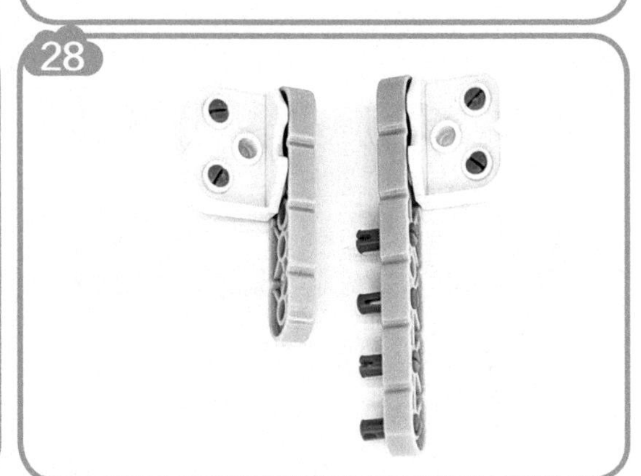

29

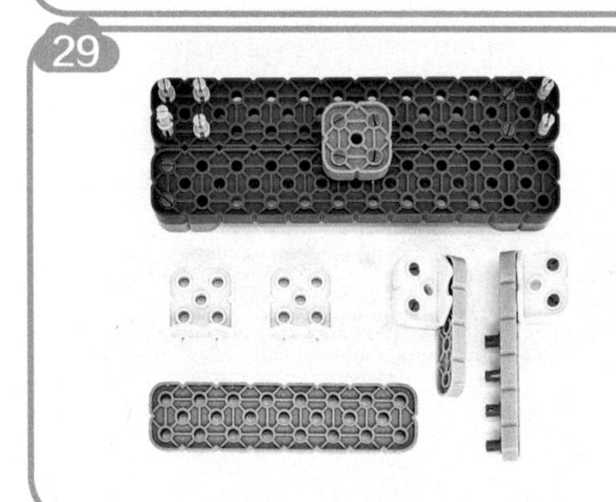

30

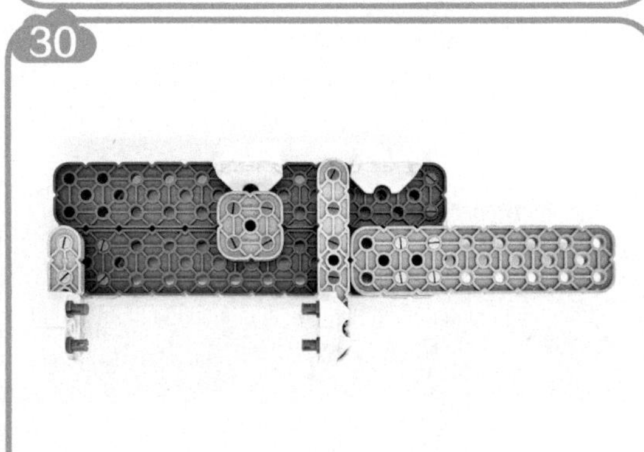

31

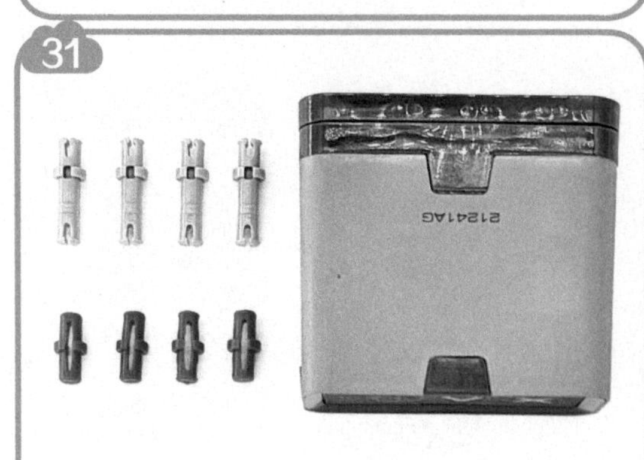

32

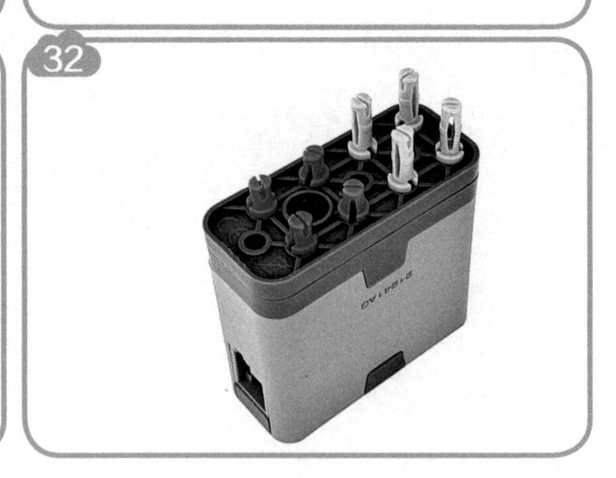

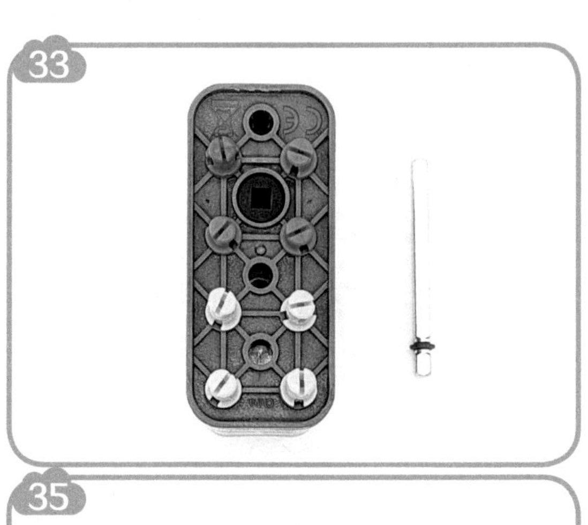
33

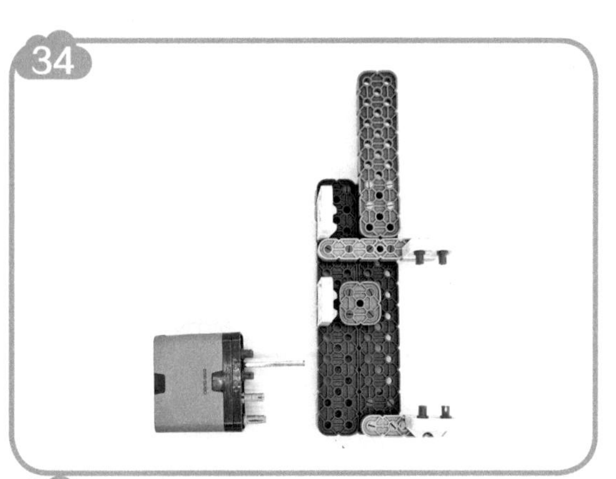
34

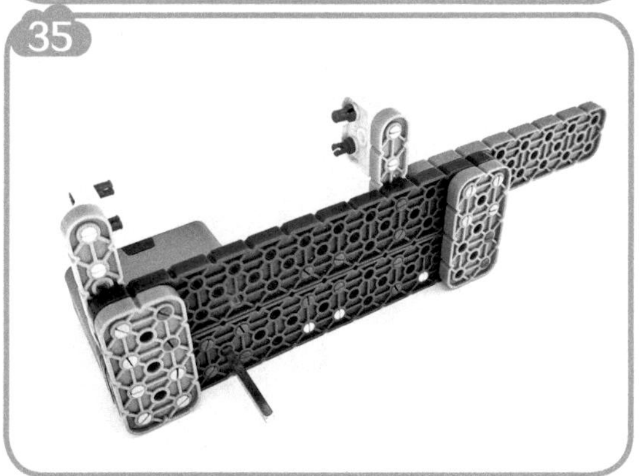
35

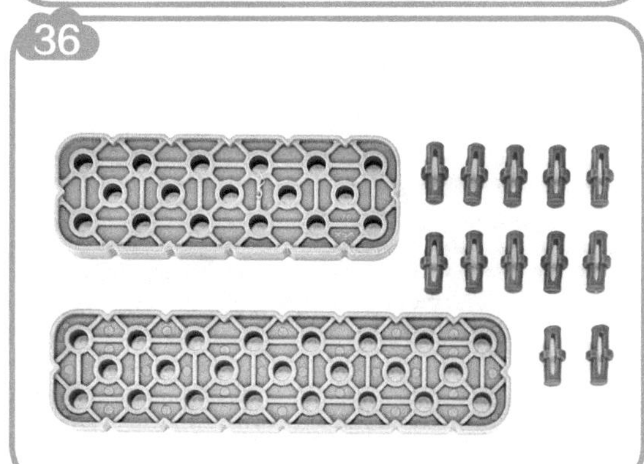
36

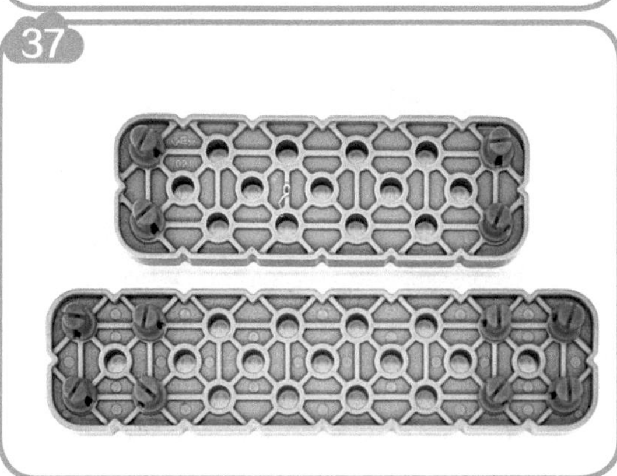
37

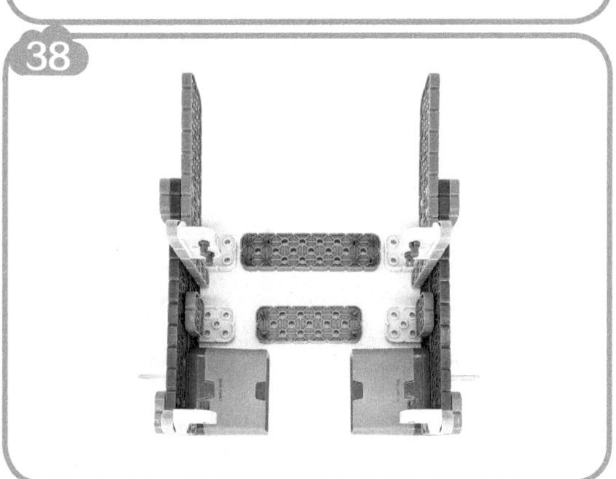
38

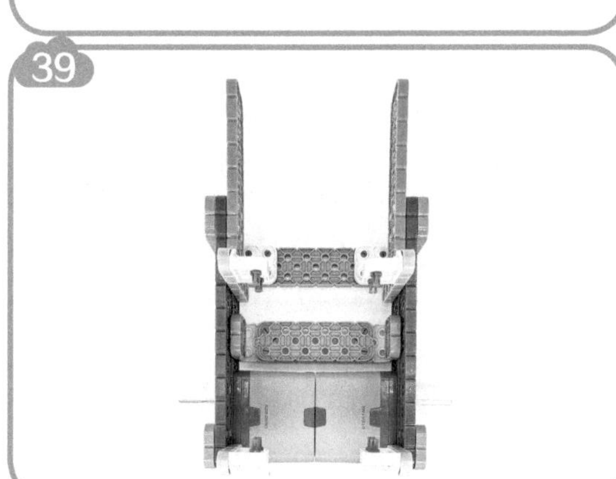
39

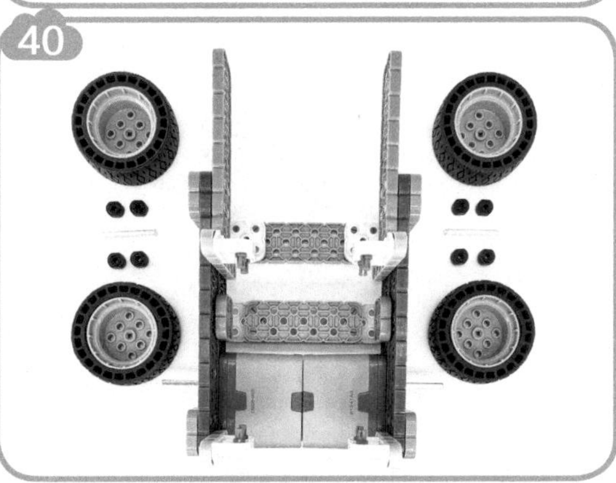
40

41

42

43

44

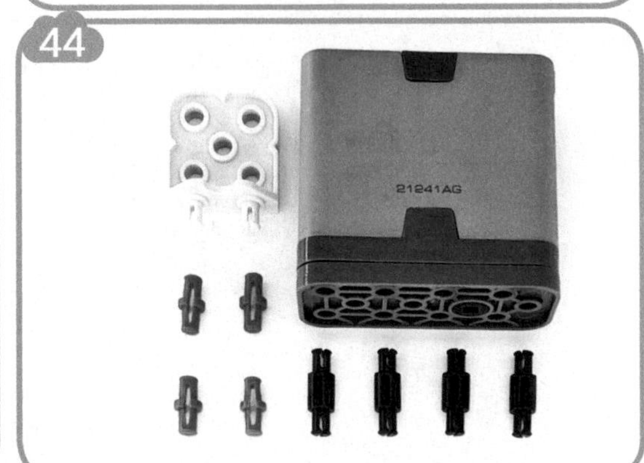

45

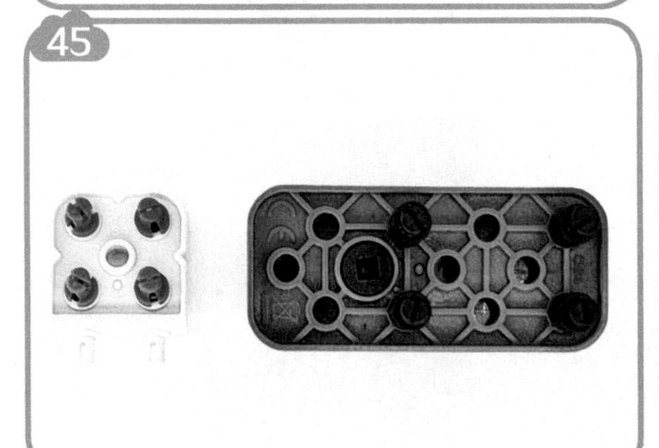

46

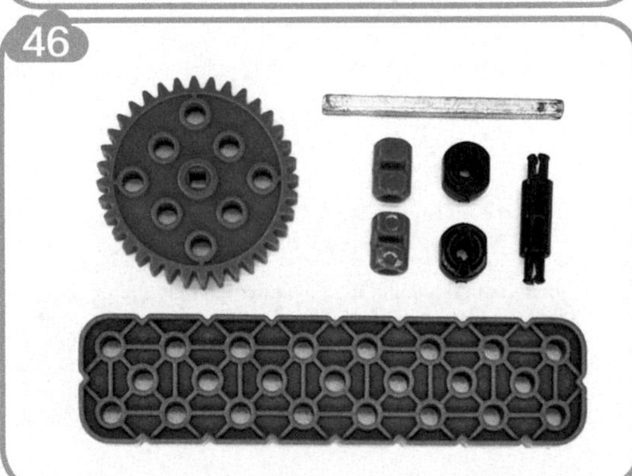

47

48

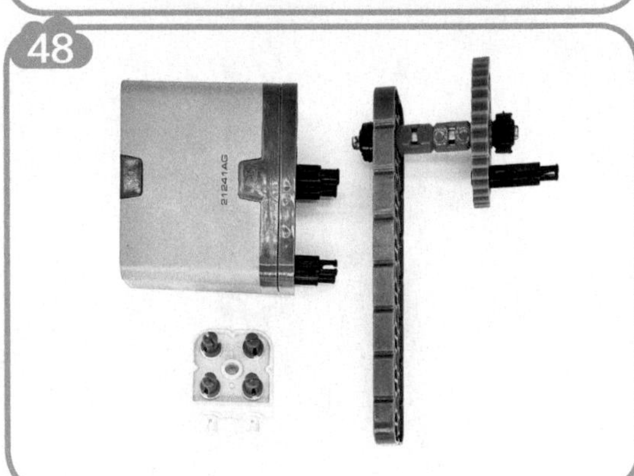

49

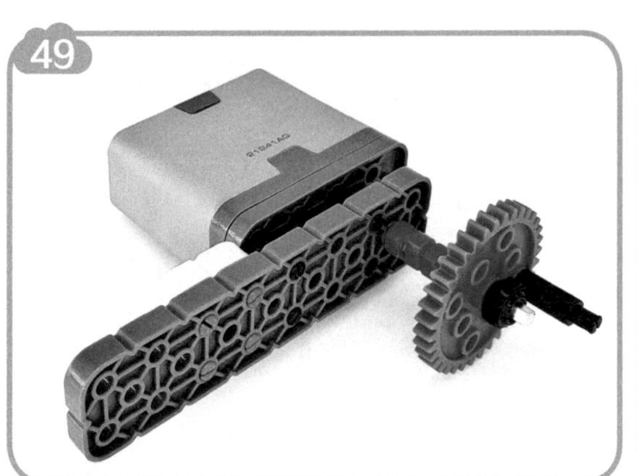

50

51

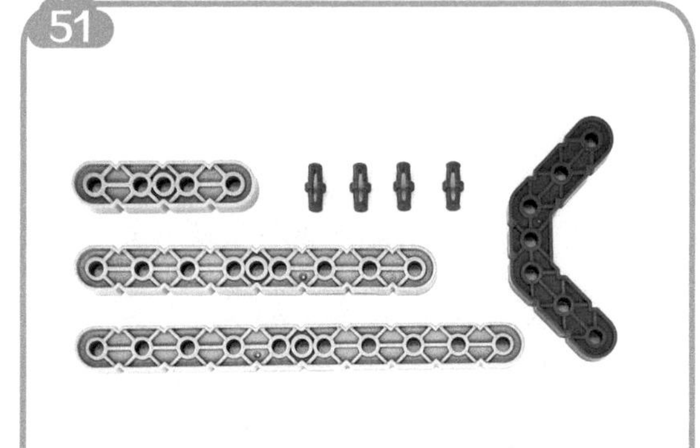

52

53

54

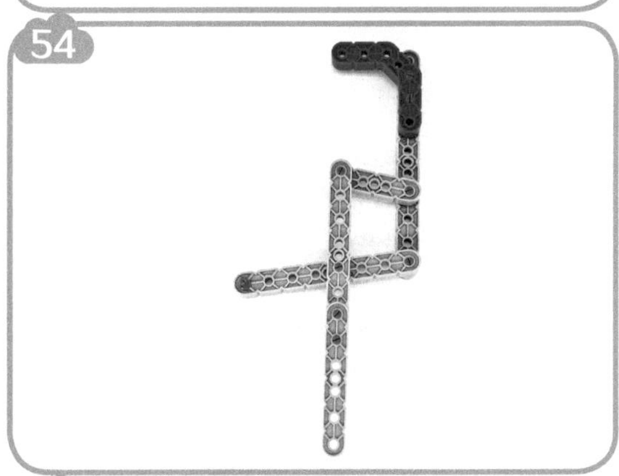

55

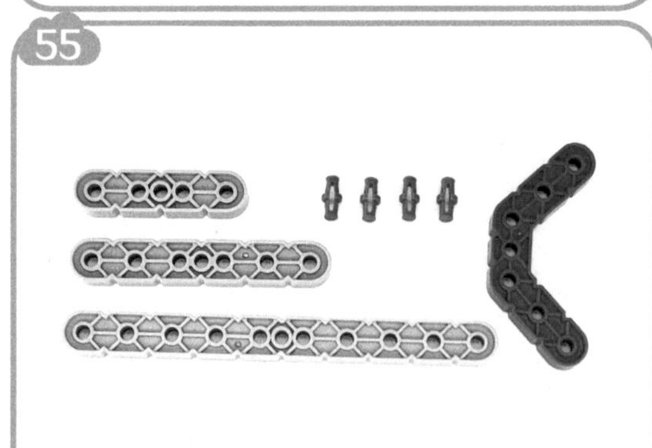

56

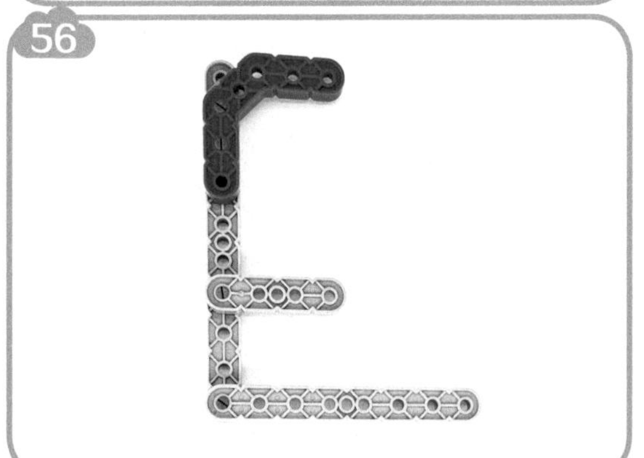

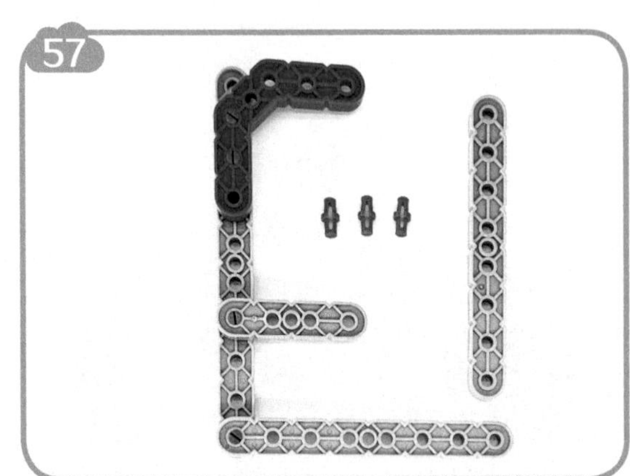
57

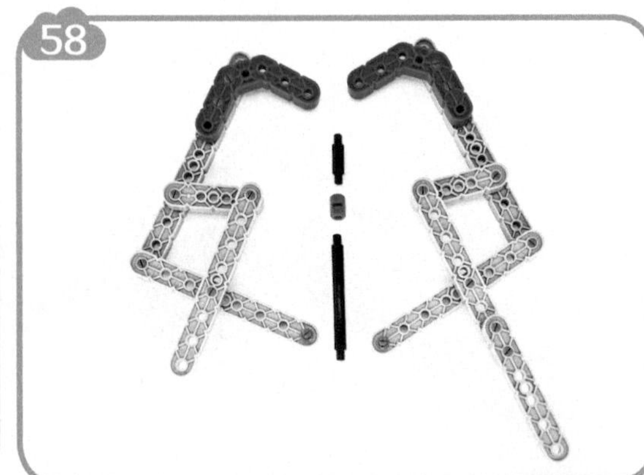
58

59

60

61

62

端口连接

序号	主控器端口	电机 / 传感器接口
1	1	电机

程序编写

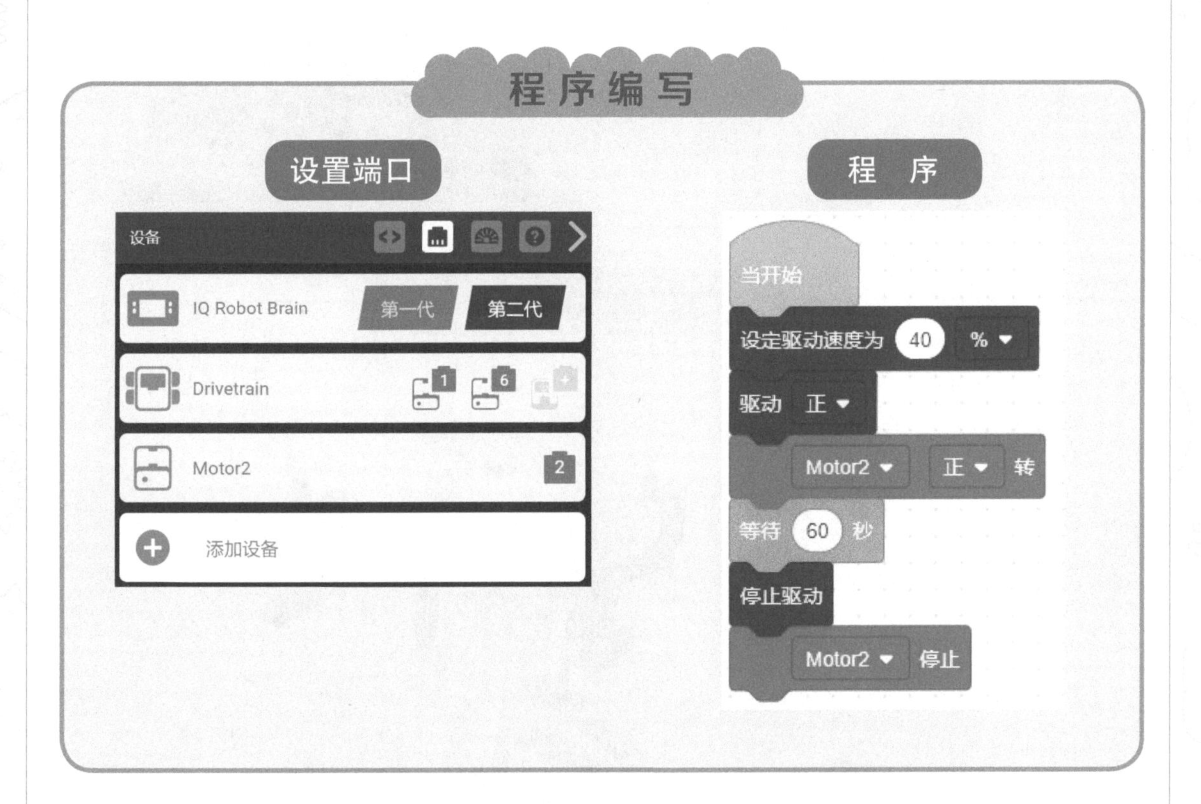

5.10 旋转飞椅

案例描述

游乐园中的旋转飞椅，是指围绕一个固定中心柱进行旋转移动或可上下移动的游乐设备。下面我们制作 VEX IQ 旋转飞椅。

案例分析

电机数量：2。
传感器：触碰传感器。

结构设计

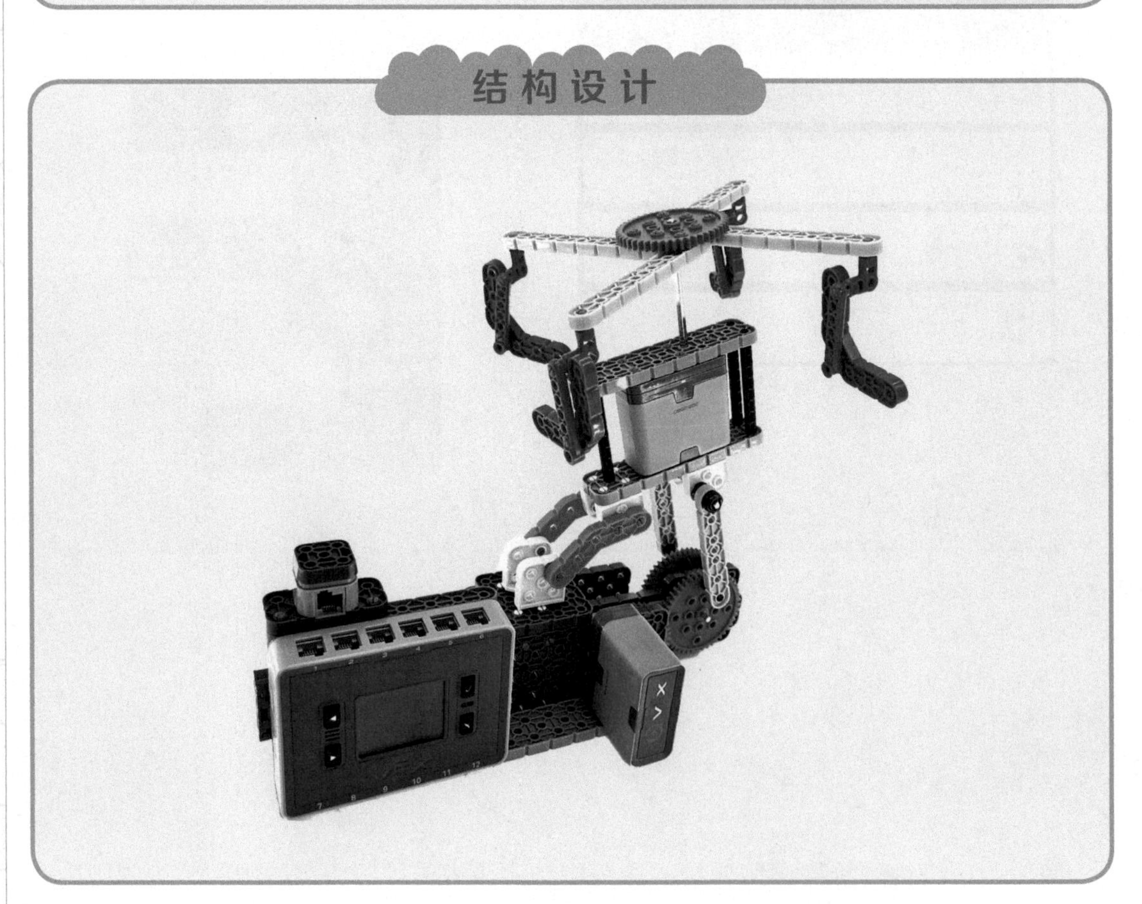

器材准备

序号	名称	图片	数量	序号	名称	图片	数量
1	连接销 1-1		45	15	支撑销 2		3
2	单条梁 1-8		4	16	支撑销 1		5
3	单条梁 1-6		2	17	直角连销器		4
4	特殊梁（双弯直角梁）		4	18	电机塑料轴 3		1
5	特殊梁（30° 梁）		2	19	电机金属轴 4		1
6	双条梁 2-16		1	20	金属轴 6		1
7	平板 4×4		2	21	金属轴 8		2
8	双条梁 2-12		2	22	齿轮 12		1
9	双条梁 2-8		2	23	齿轮 36		2
10	两孔宽连接器		2	24	齿轮 48		3
11	五孔连接器		2	25	触碰传感器		1
12	三孔连接器		5	26	主控器		1
13	1×4 薄型端锁梁		5	27	智能电机		2
14	支撑销 8		3	28	连接线		2

1

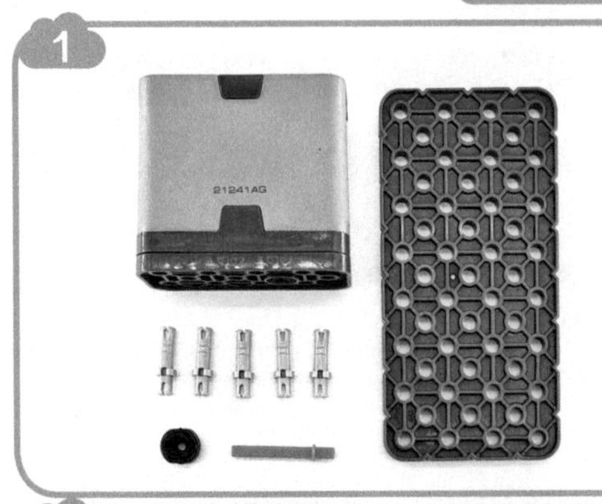

2

3

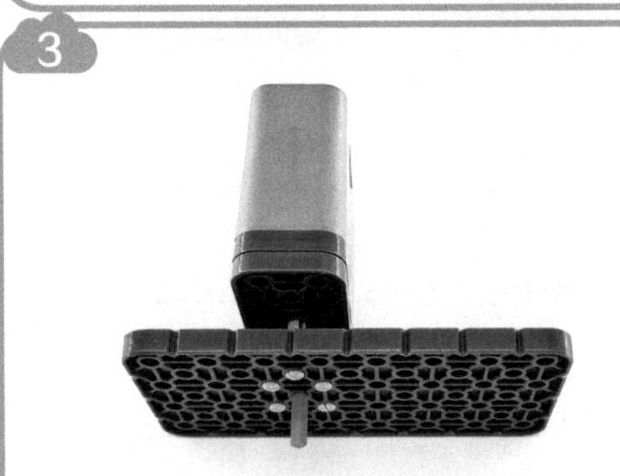

4

5

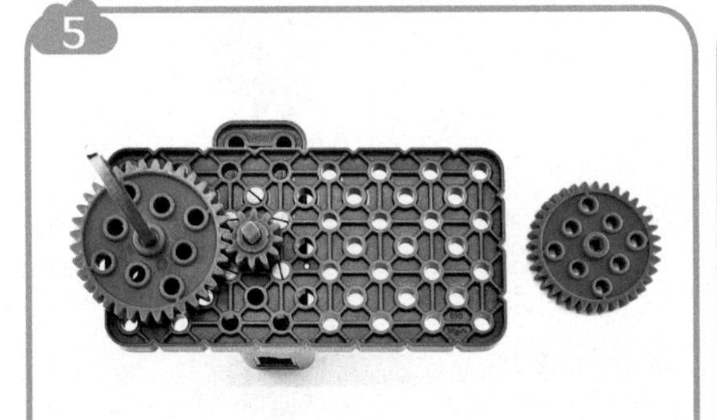

6

7

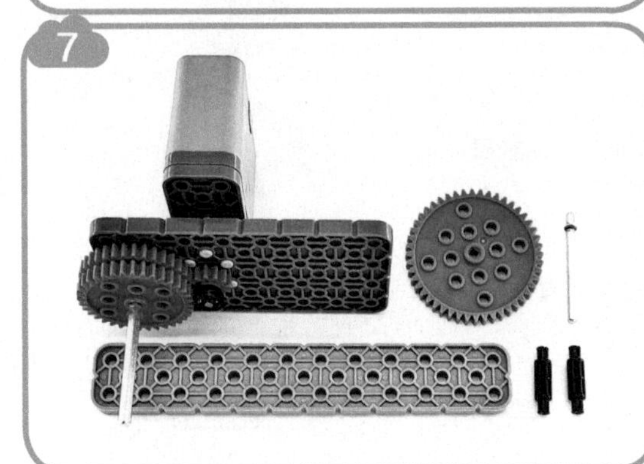

8

9

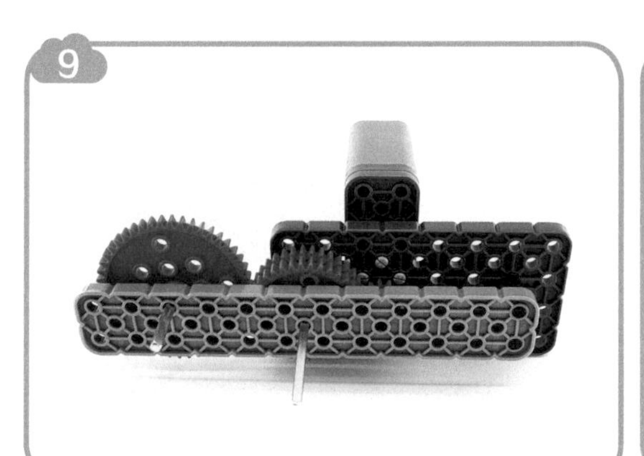

10

11

12

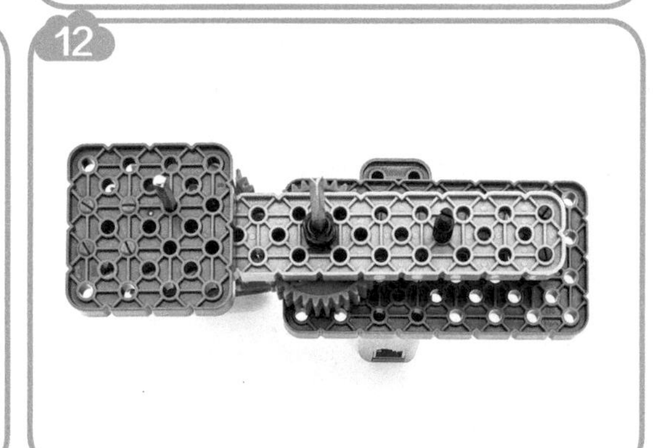

13

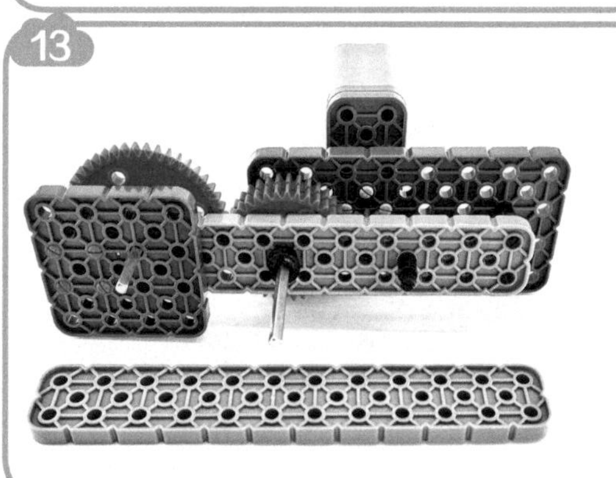

14

15

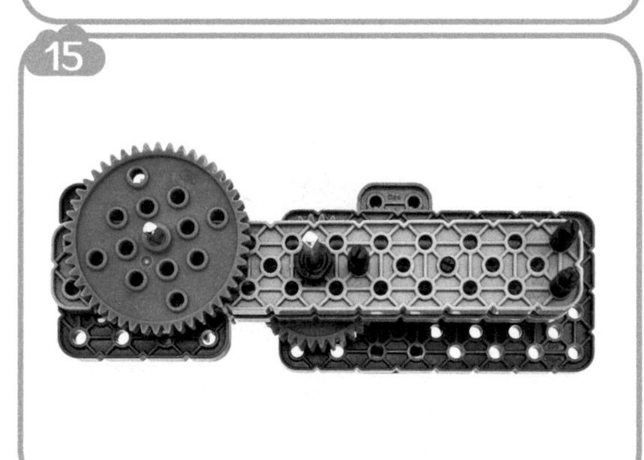

16

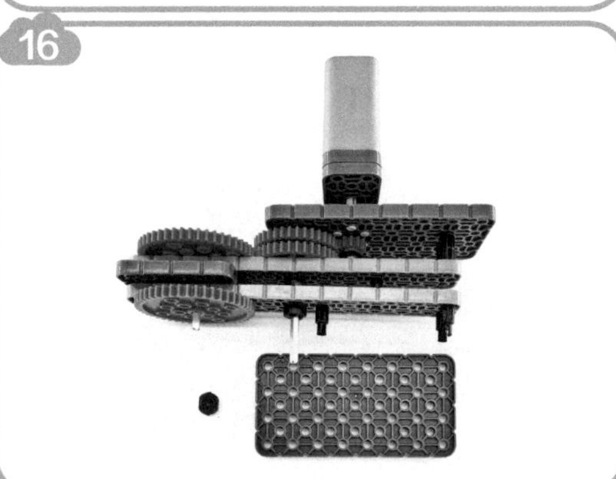

17

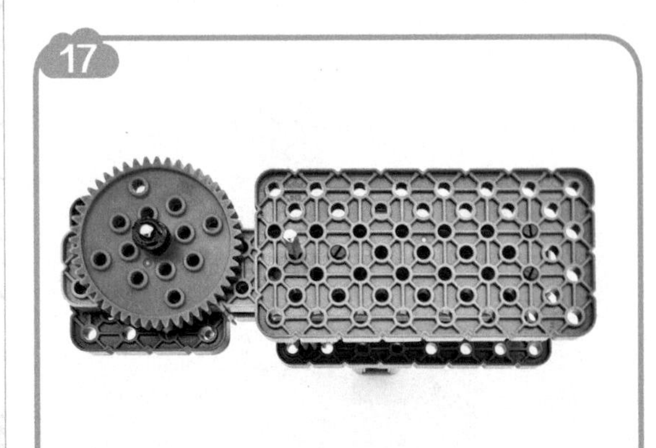

18

19

20

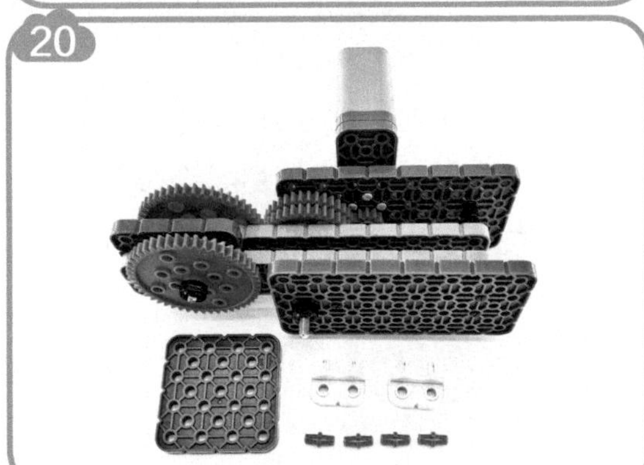

21

22

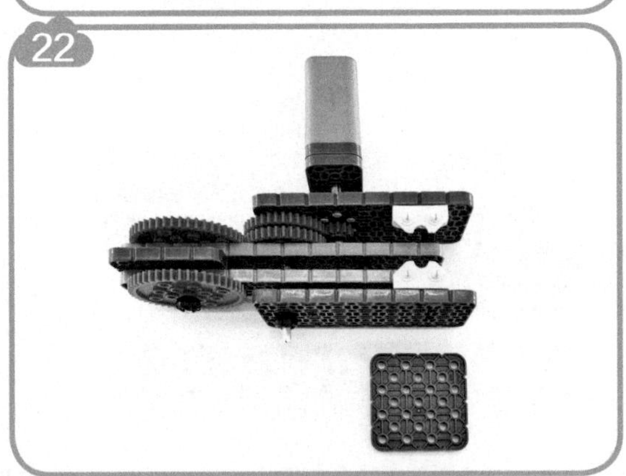

23

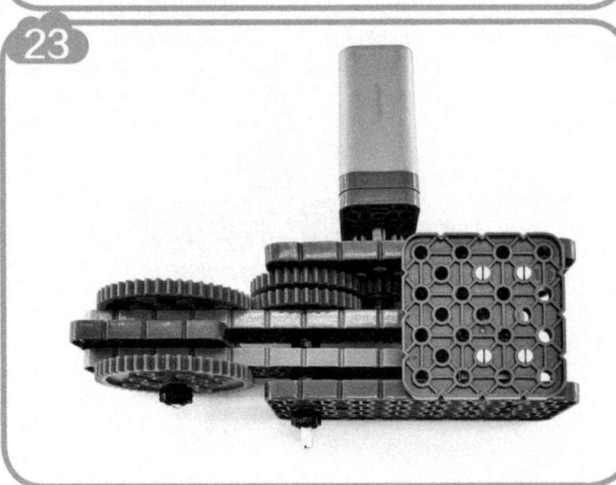

24

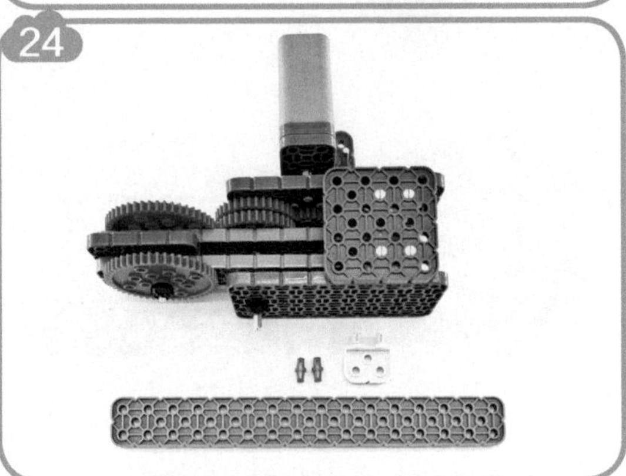

25

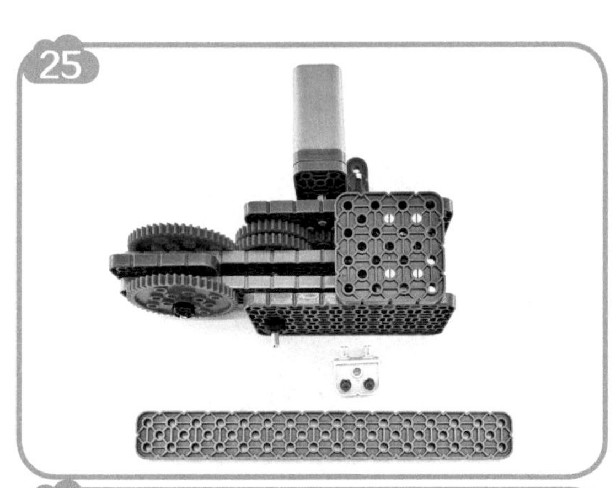

26

27

28

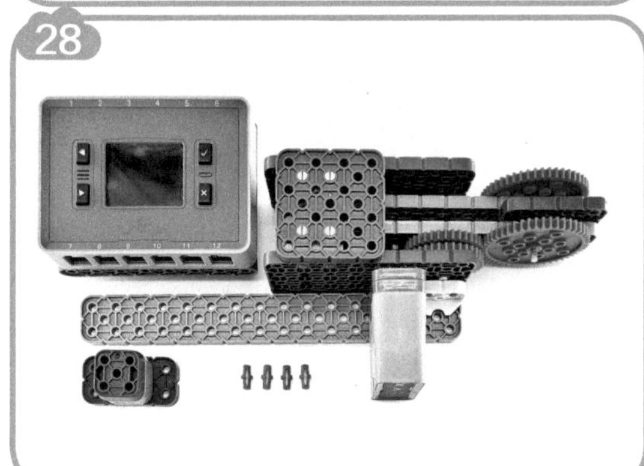

29

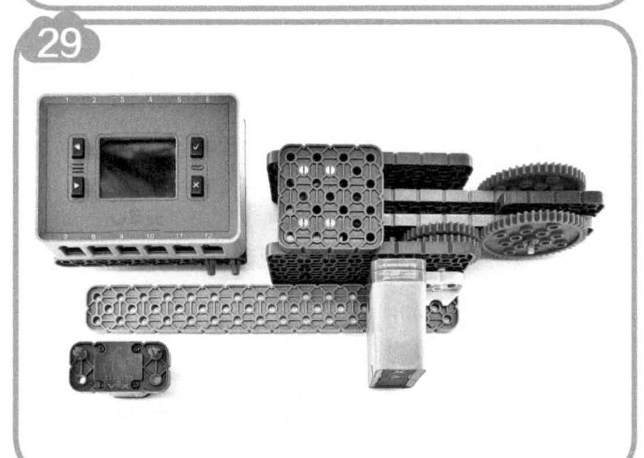

30

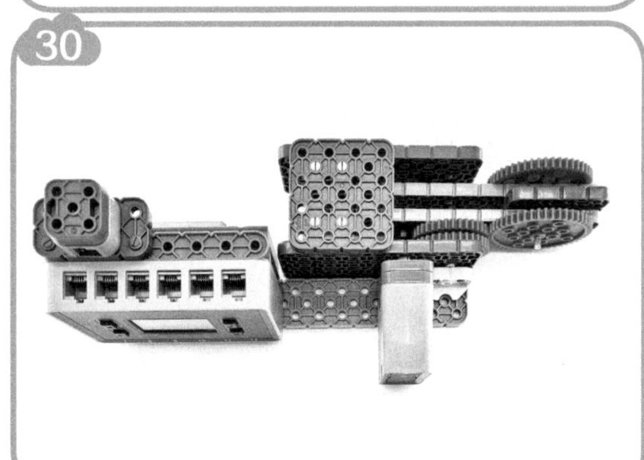

31

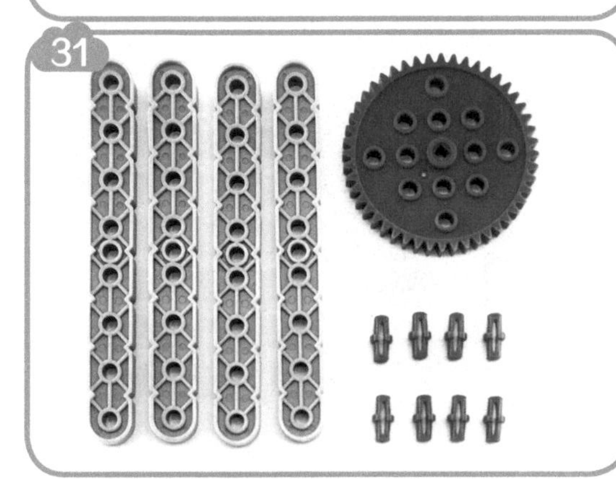

32

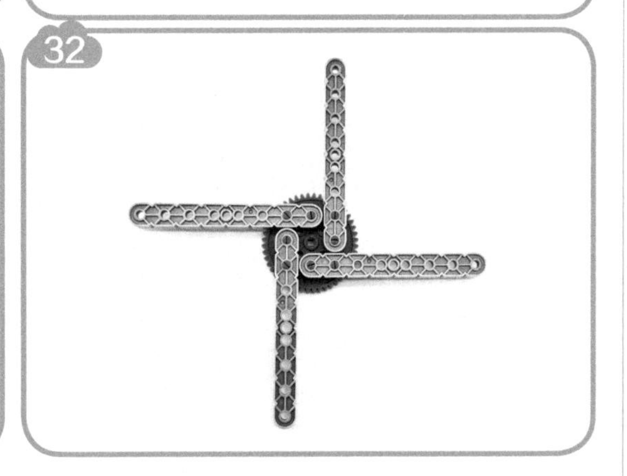

33

34

35

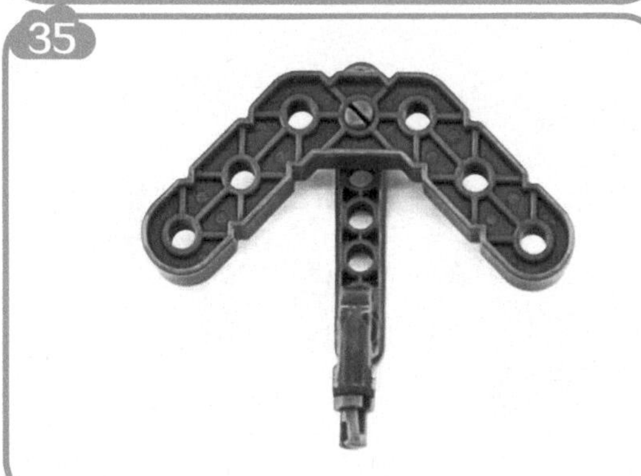

36

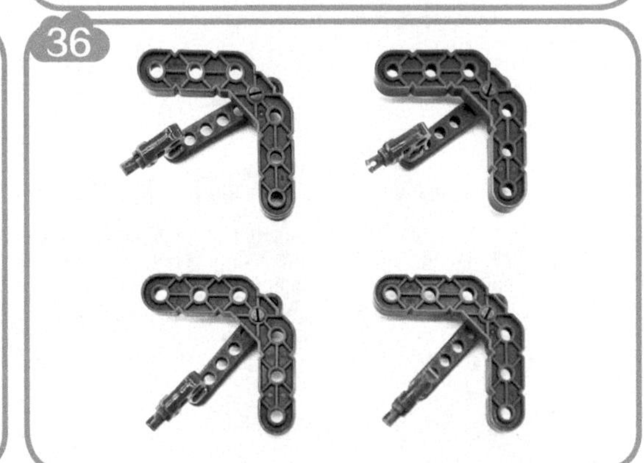

37

38

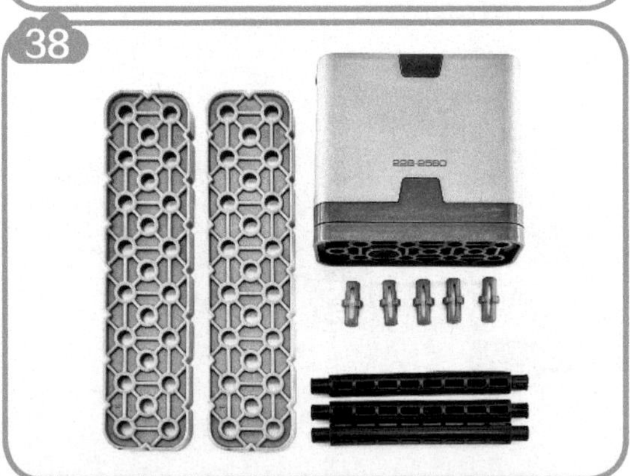

39

40

41

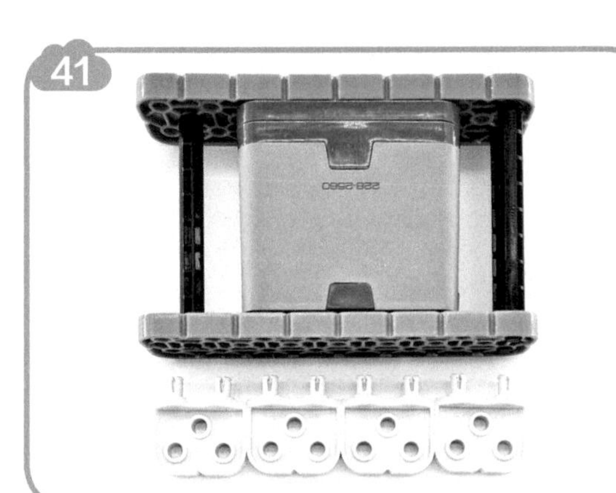

42

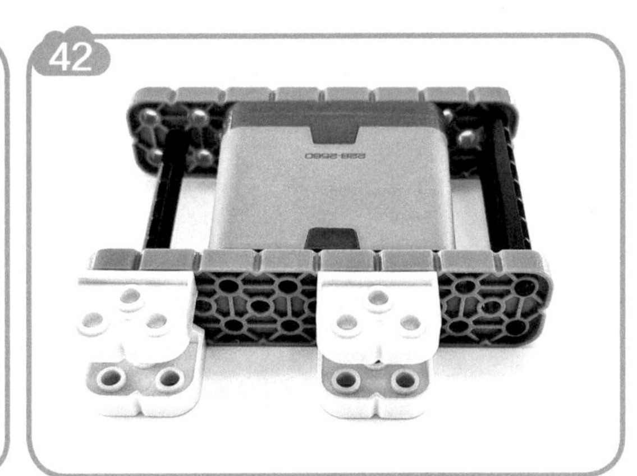

43

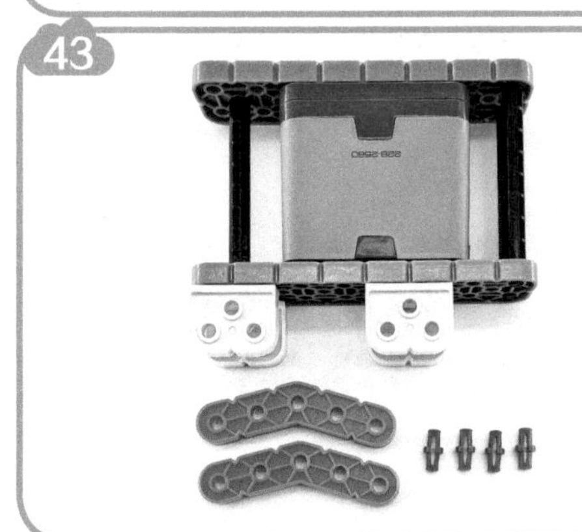

44

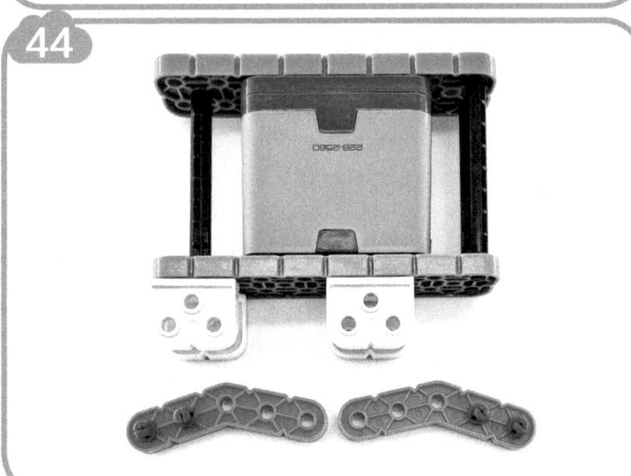

45

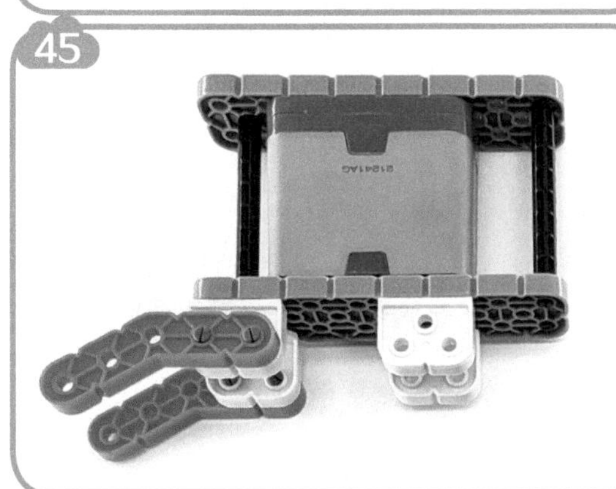

46

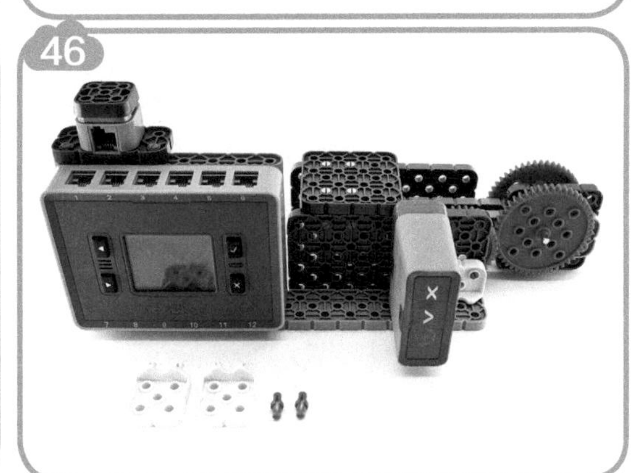

47

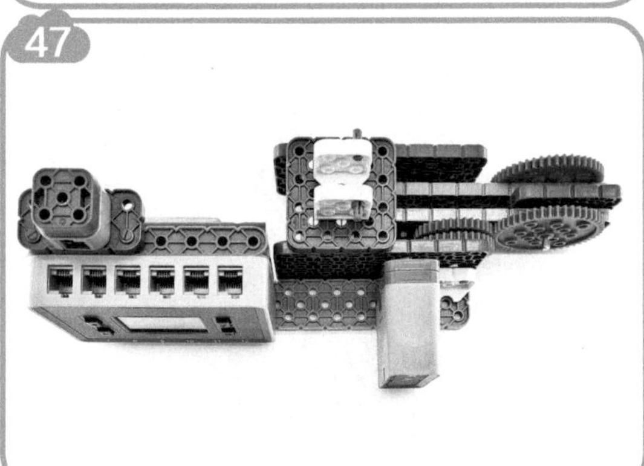

48

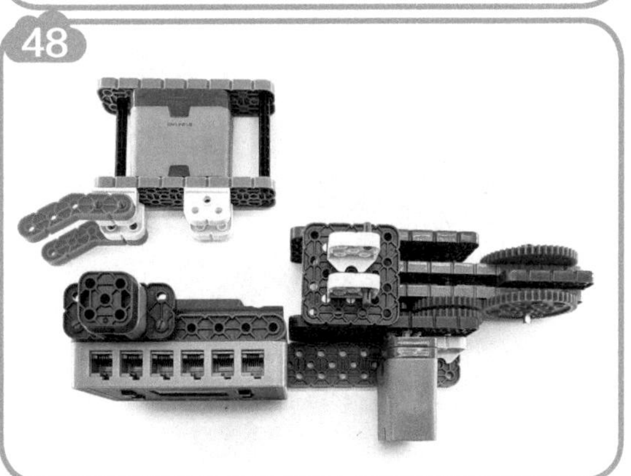

49

50

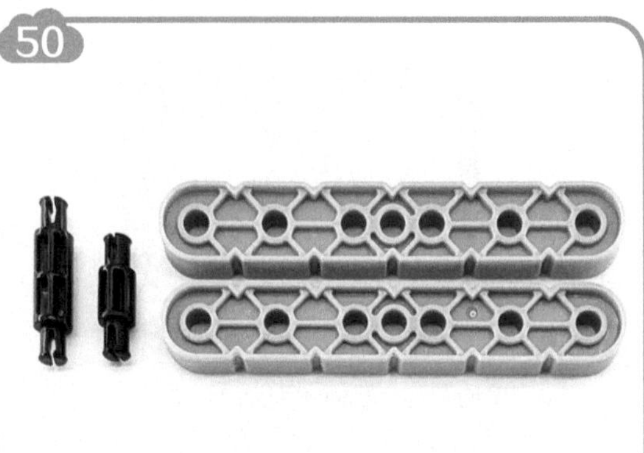

51

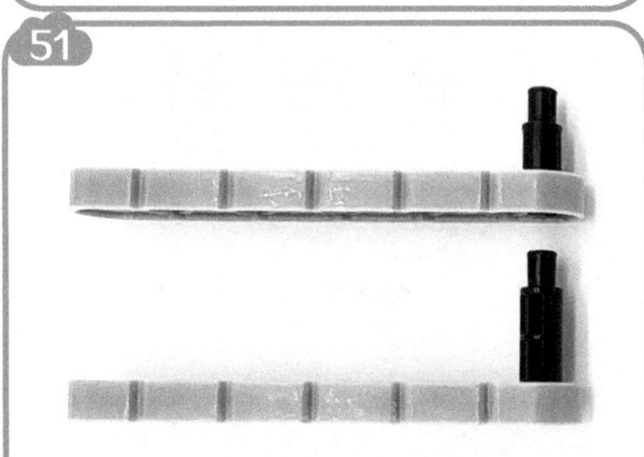

52

53

54

55

56

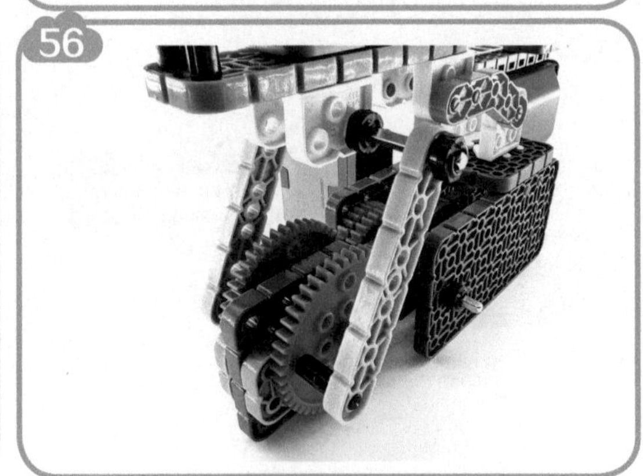

57

58

59

端口连接

序号	主控器端口	电机 / 传感器接口
1	1	电机
2	2	电机
3	3	触碰传感器

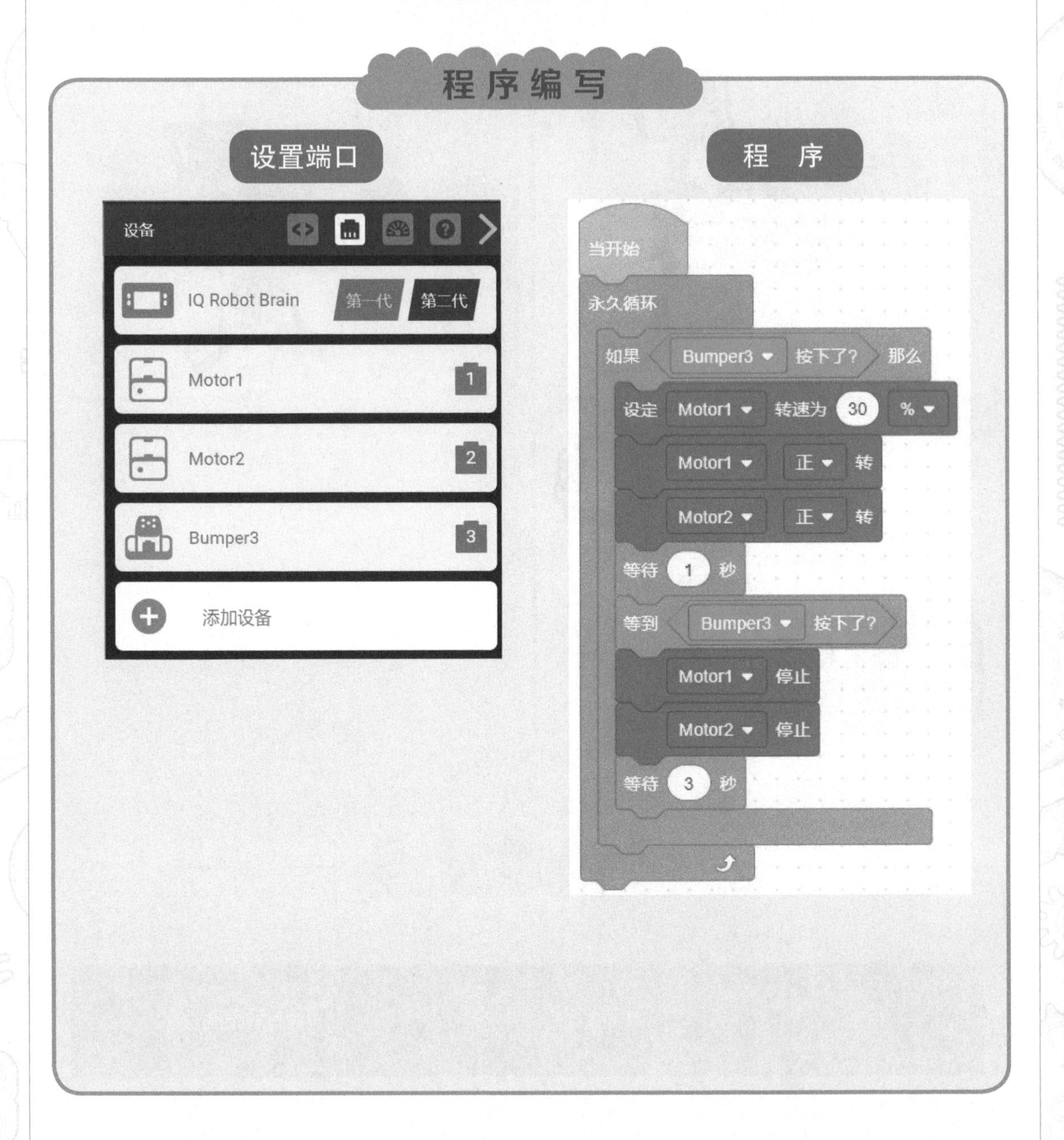
程序编写
设置端口
程 序
设备
IQ Robot Brain
第一代
第二代
Motor1
1
Motor2
2
Bumper3
3
添加设备
当开始
永久循环
如果
Bumper3
按下了?
那么
设定
Motor1
转速为
30
%
Motor1
正
转
Motor2
正
转
等待
1
秒
等到
Bumper3
按下了?
Motor1
停止
Motor2
停止
等待
3
秒

5.11　自动旋转门

案例描述

在一些酒店、商场或者写字楼会有自动旋转门，下面我们制作 VEX IQ 自动旋转门。

案例分析

电机数量：1。
传感器：距离传感器或光学传感器。

结构设计

器材准备

序号	名称	图片	数量	序号	名称	图片	数量
1	连接销 1-1		14	12	金属轴 6		1
2	单条梁 1-10		2	13	惰轮钉销 1-1		2
3	双条梁 2-4		2	14	惰轮销 1-1		2
4	双条梁 2-16		2	15	齿轮 48		1
5	双条梁 2-20		2	16	齿轮 24		3
6	1×4 薄型端锁梁		2	17	橡胶轴套 1		1
7	五孔连接器		5	18	轴套		6
8	支撑销 4		4	19	主控器		1
9	支撑销 2		10	20	光学传感器或距离传感器		1
10	支撑销 1		7	21	智能电机		1
11	电机塑料轴 3		1	22	连接线		1

1

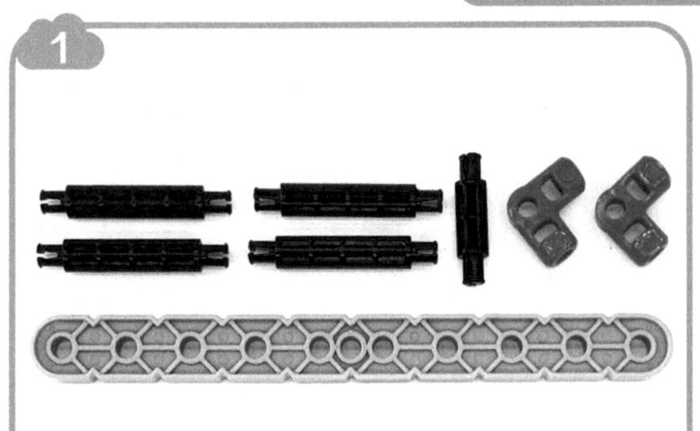

2

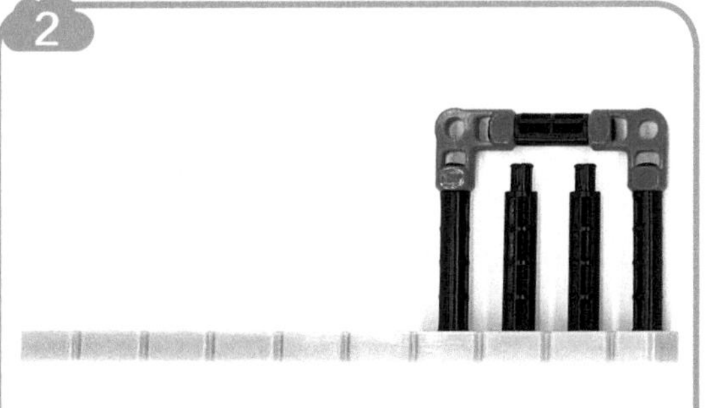

3

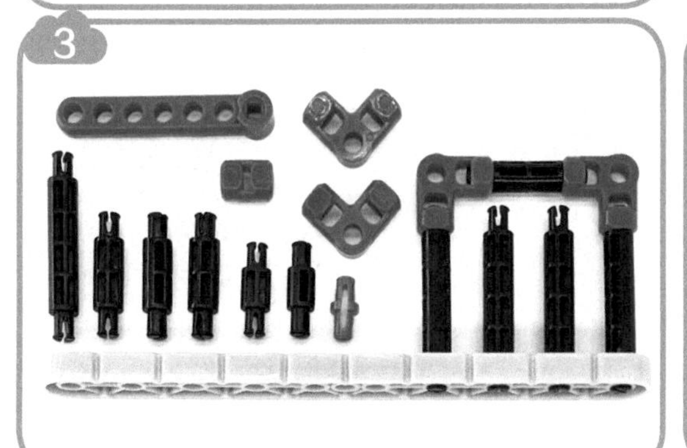

4

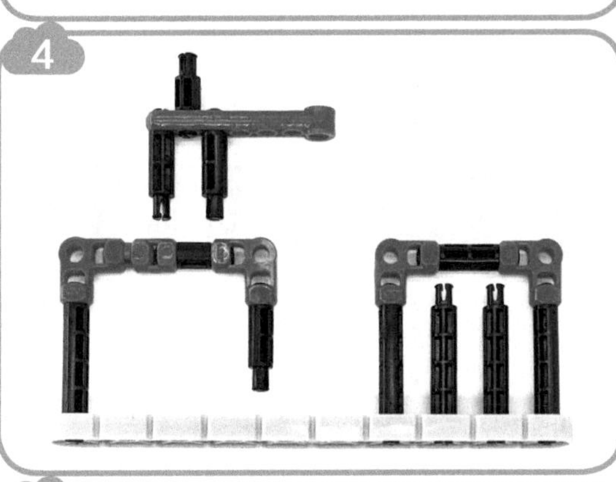

5

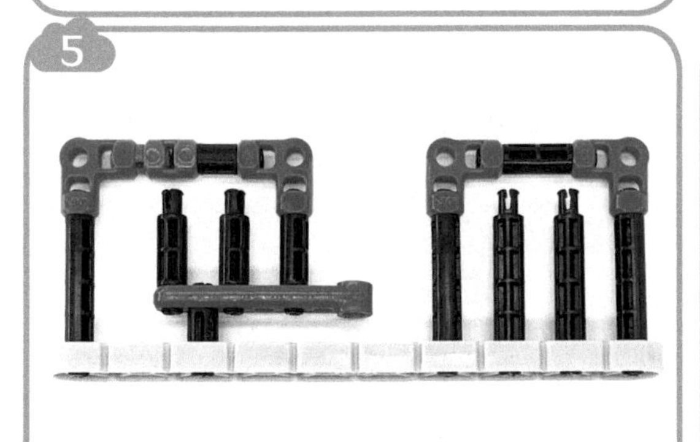

6

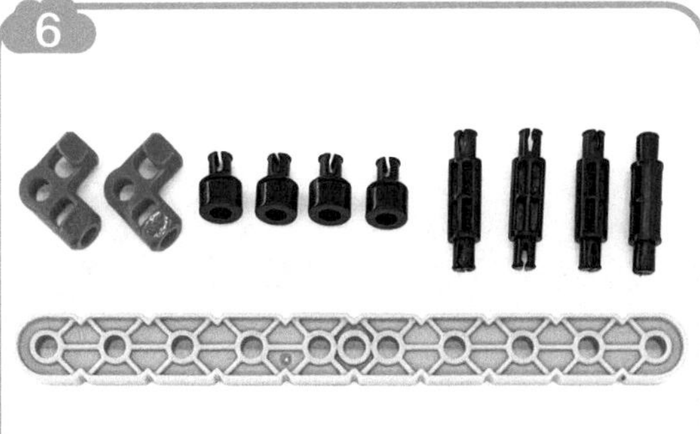

7

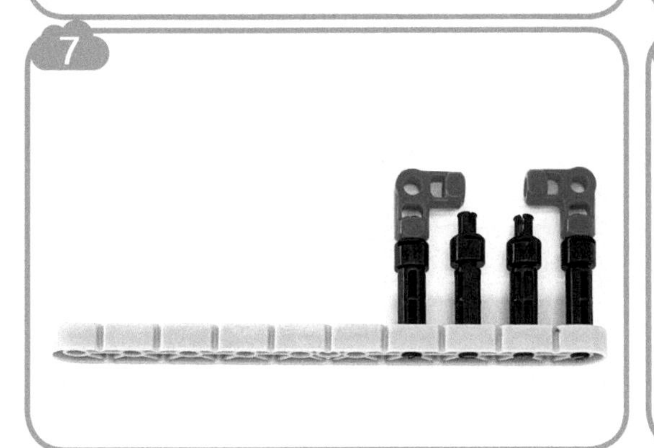

8

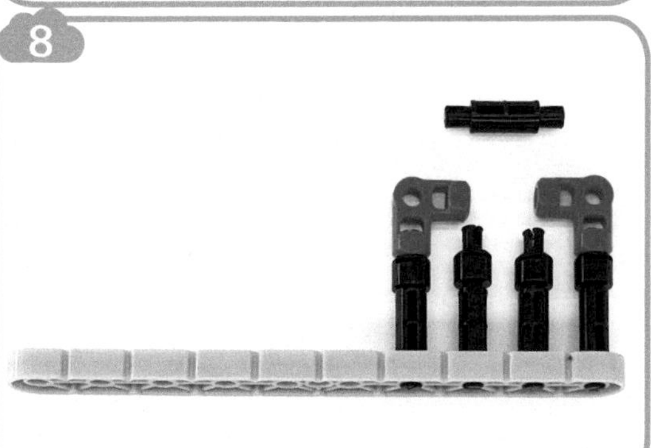

9

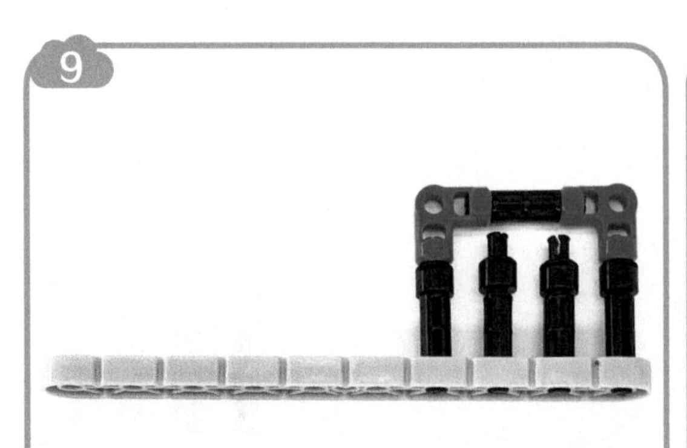

10

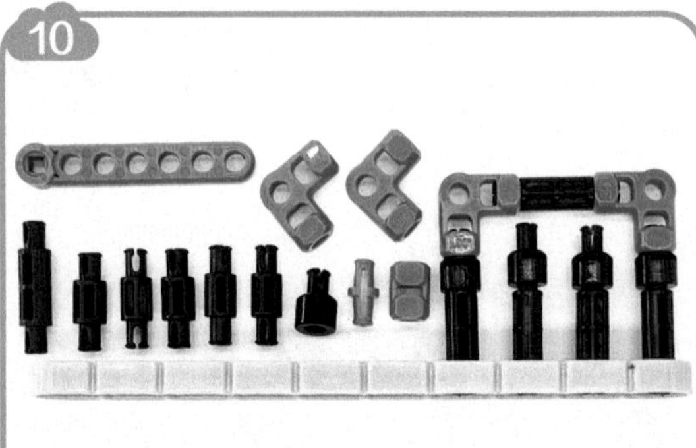

11

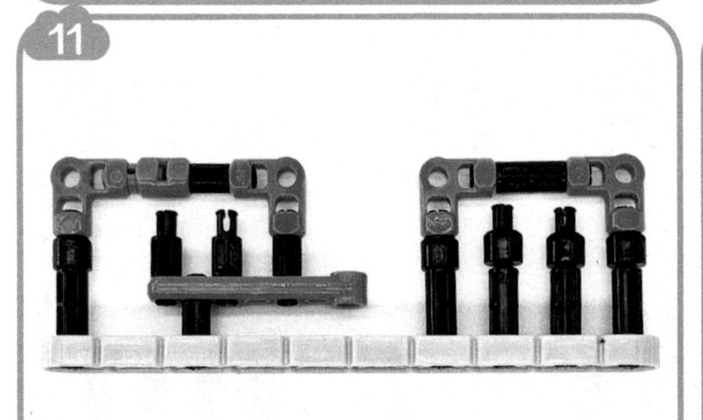

12

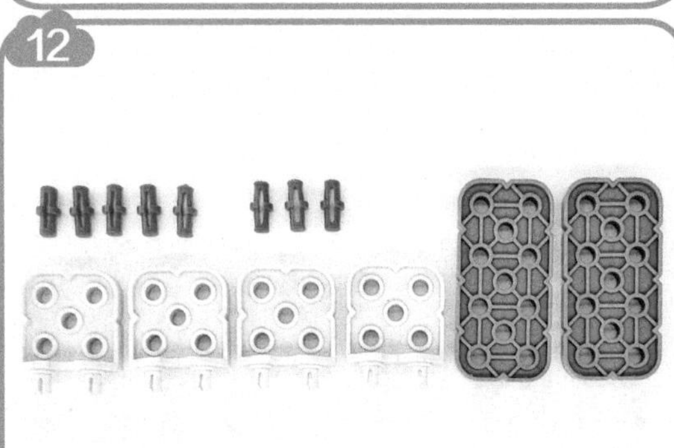

13

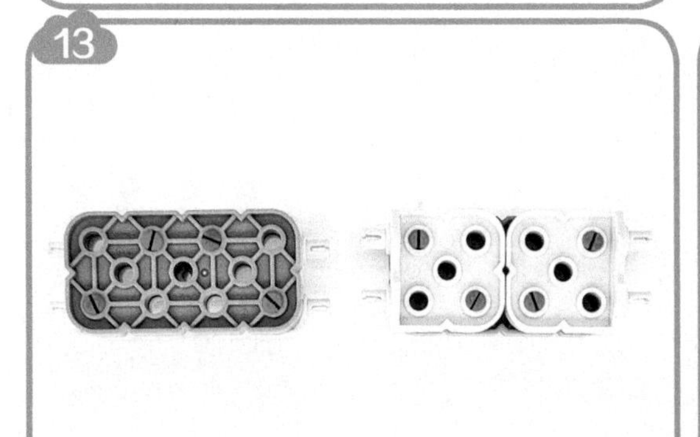

14

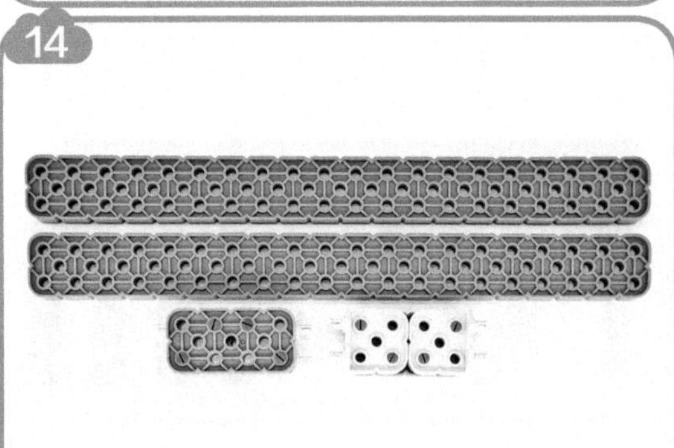

15

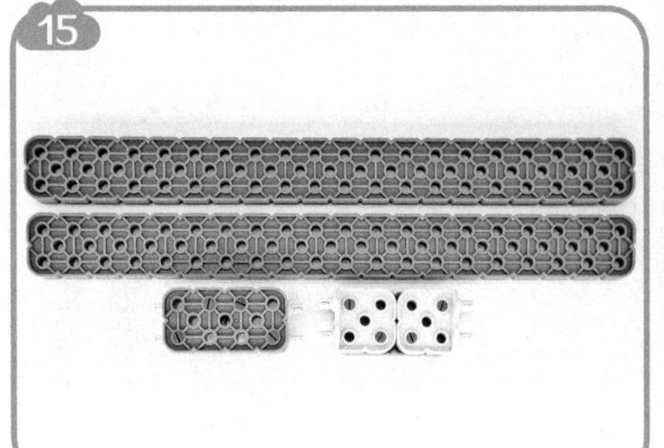

16

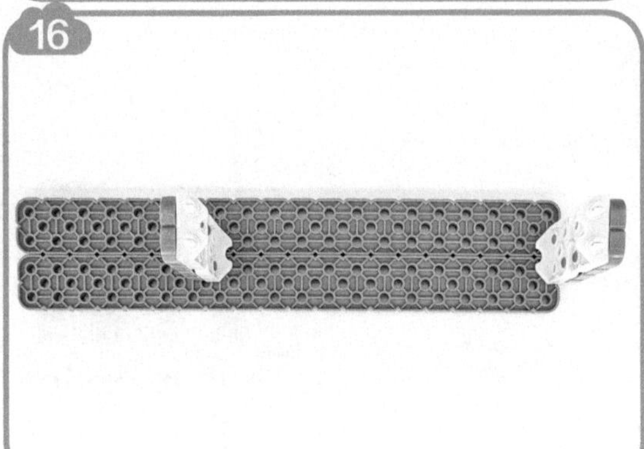

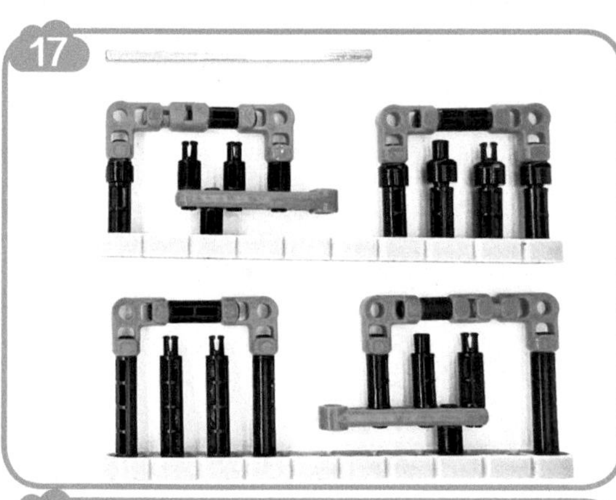
17

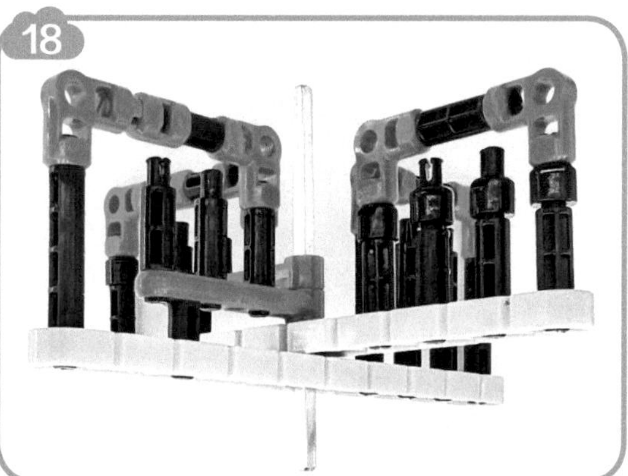
18

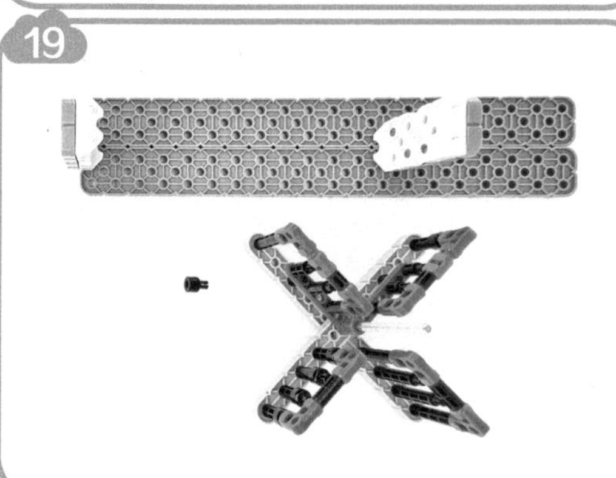
19

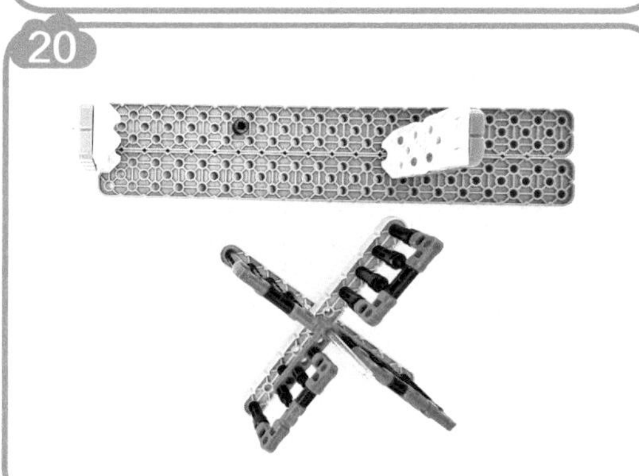
20

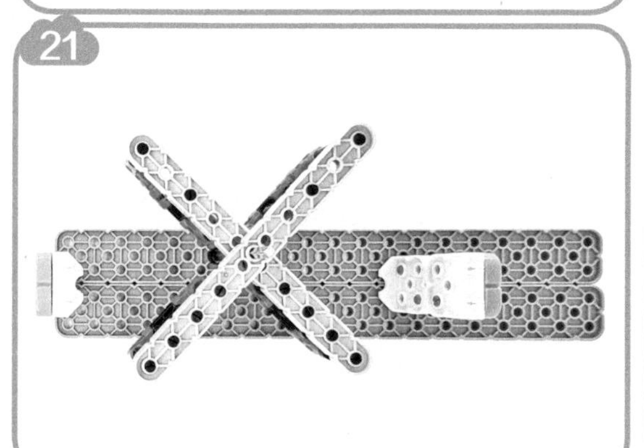
21

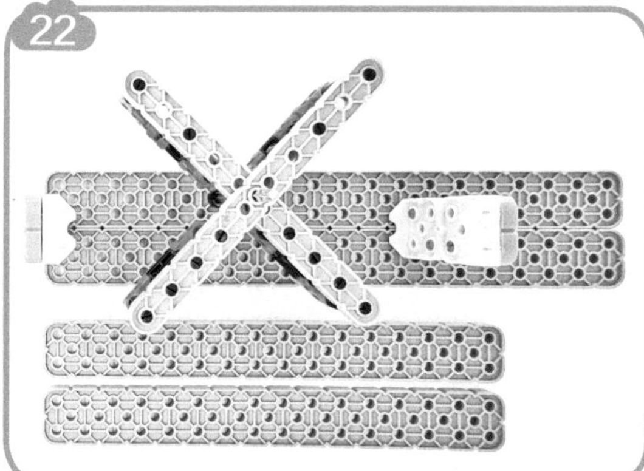
22

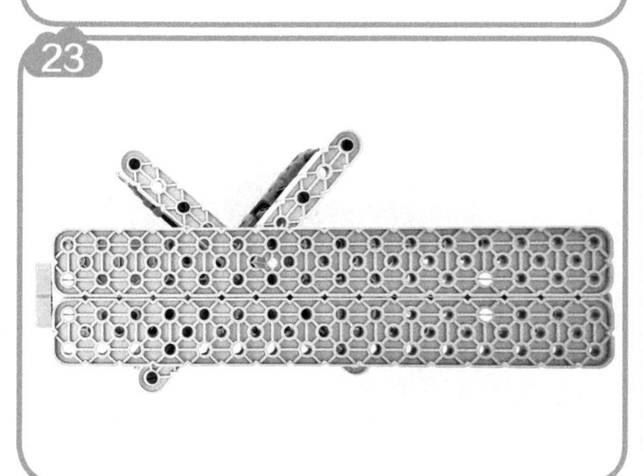
23

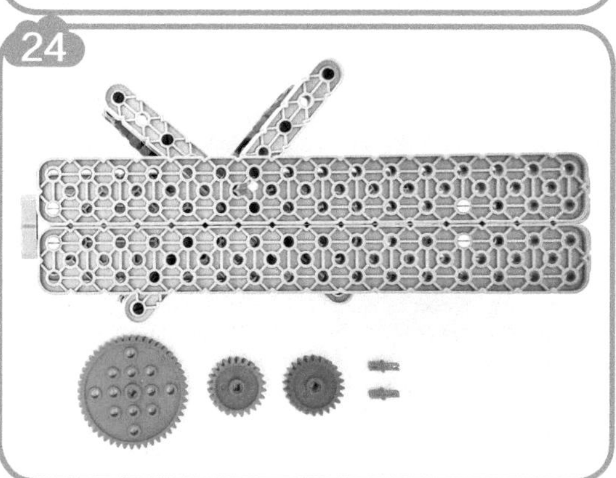
24

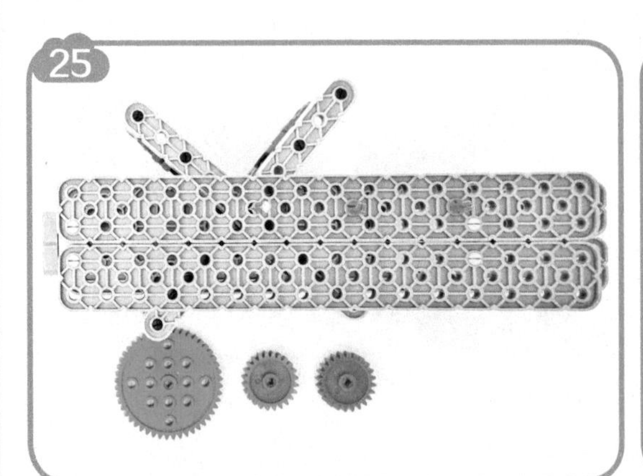
25

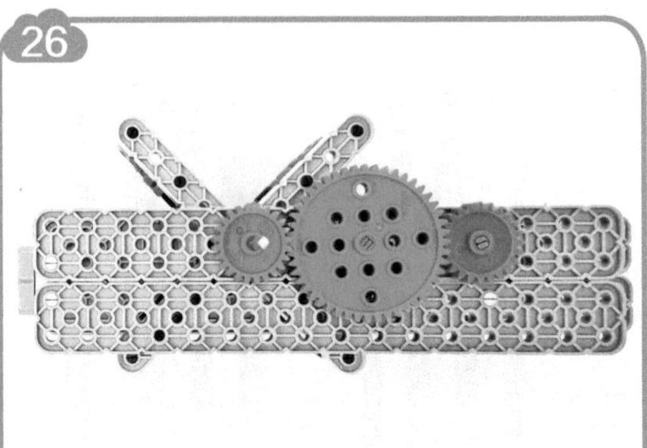
26

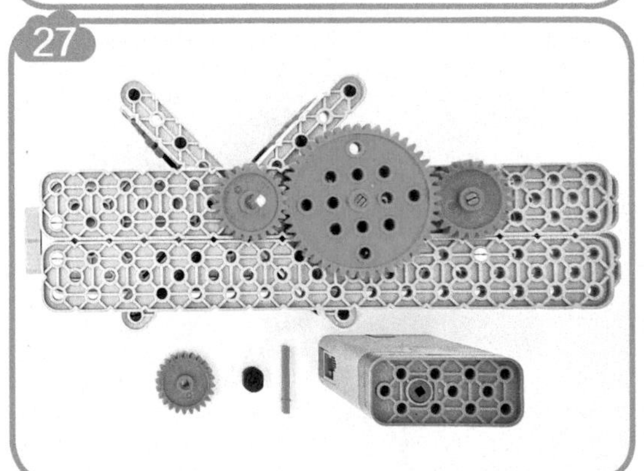
27

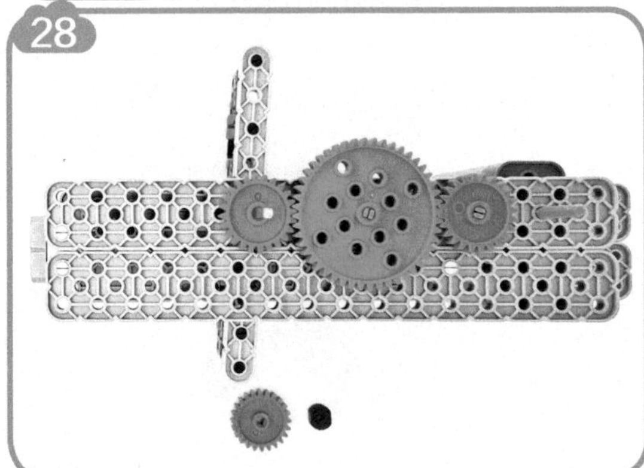
28

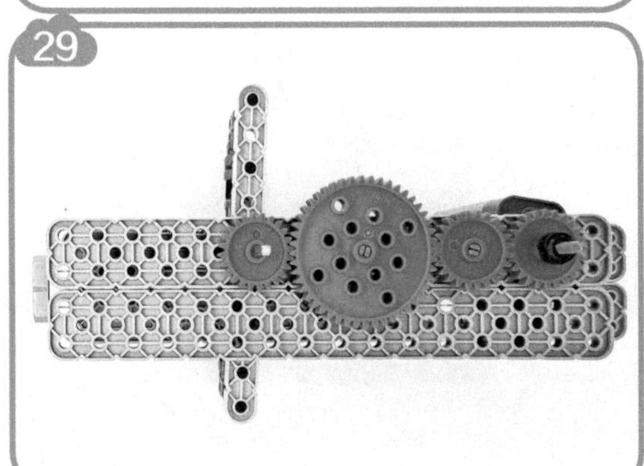
29

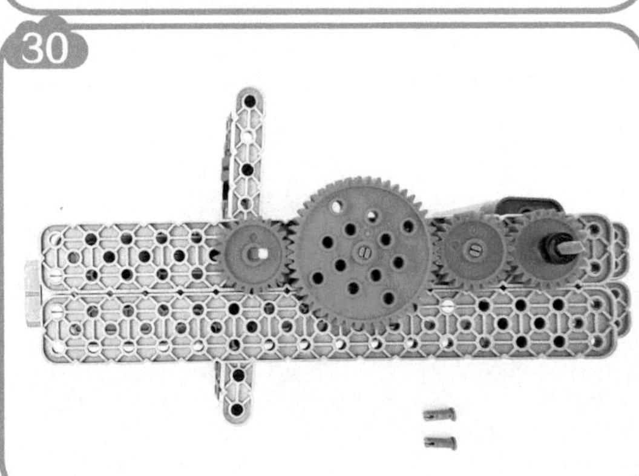
30

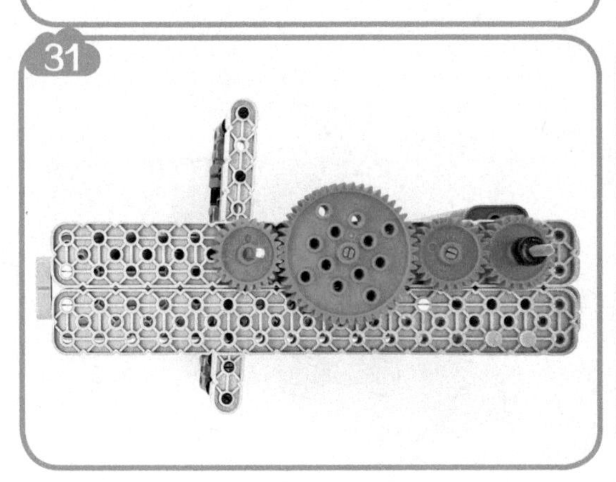
31

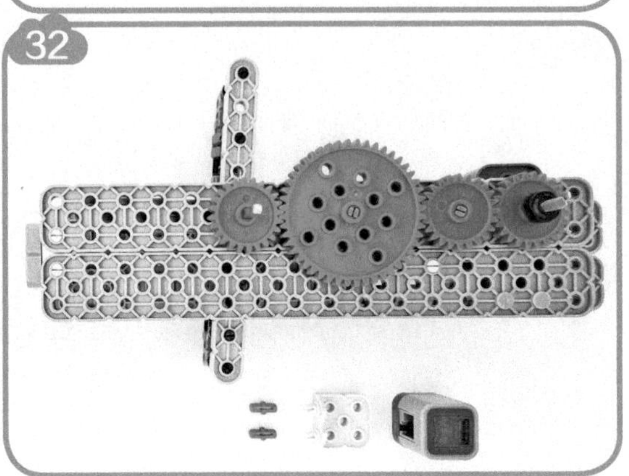
32

33

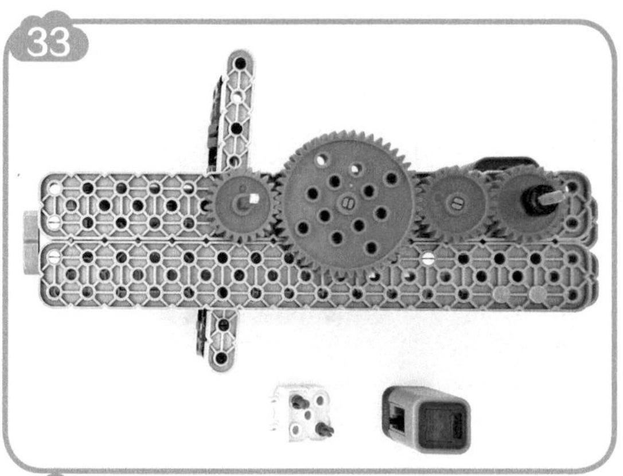

34

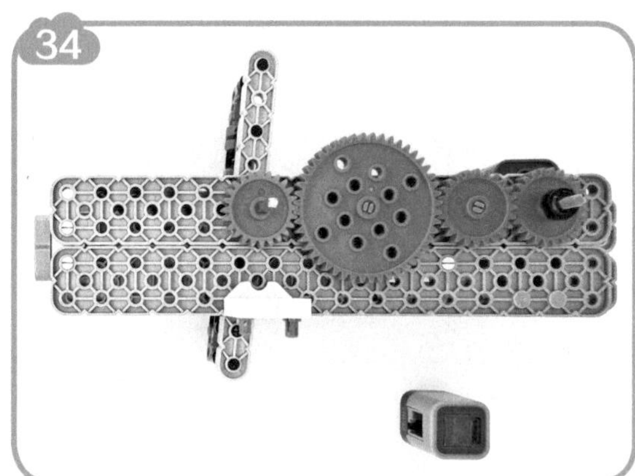

35

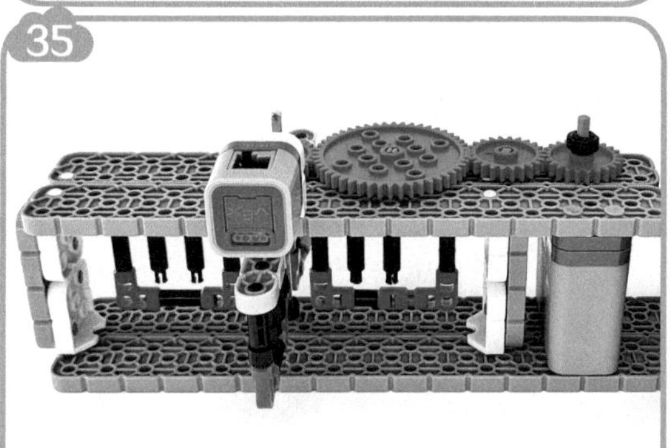

36

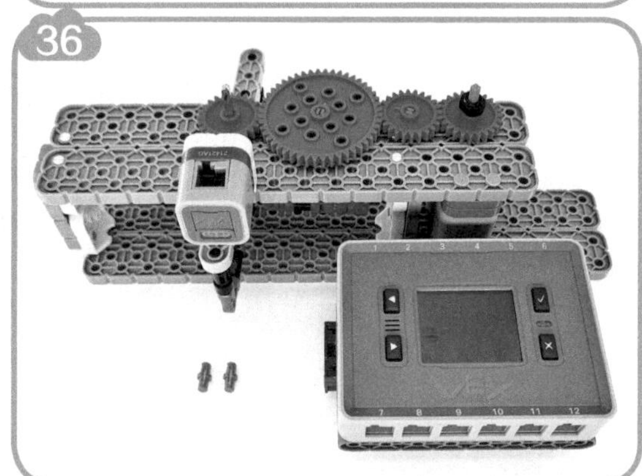

37

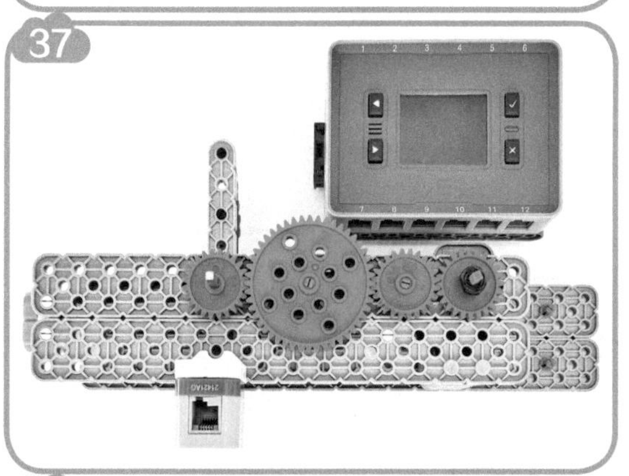

38

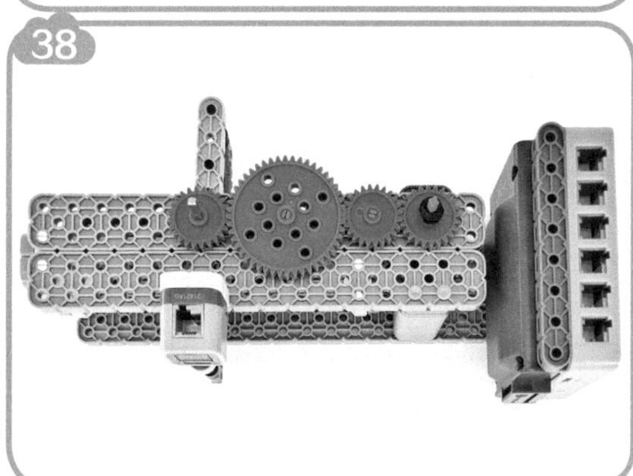

39

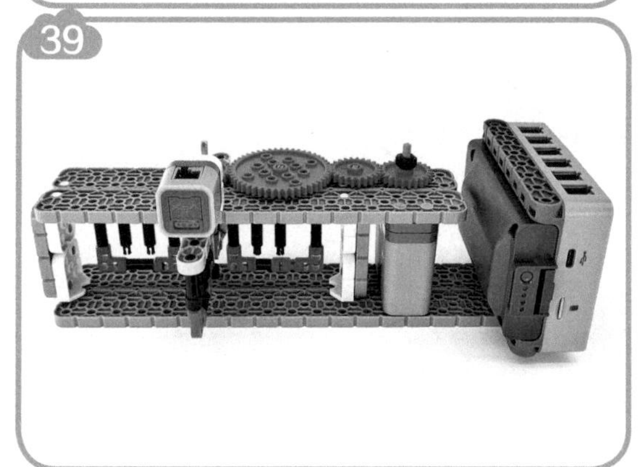

端口连接

序号	主控器端口	电机 / 传感器接口
1	1	电机
2	2	光学传感器或距离传感器

程序编写

设置端口

1）距离传感器

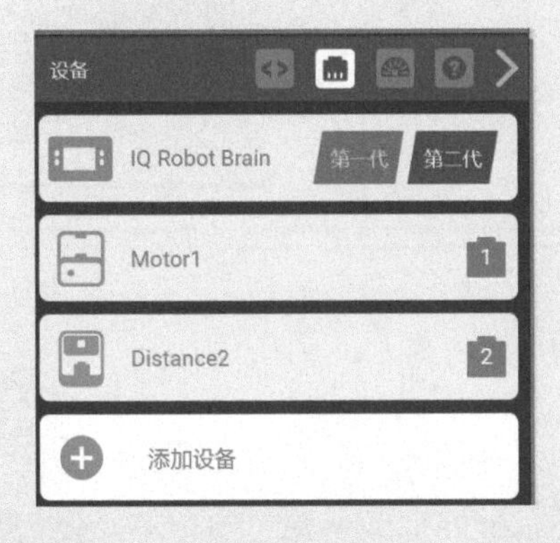

2）光学传感器

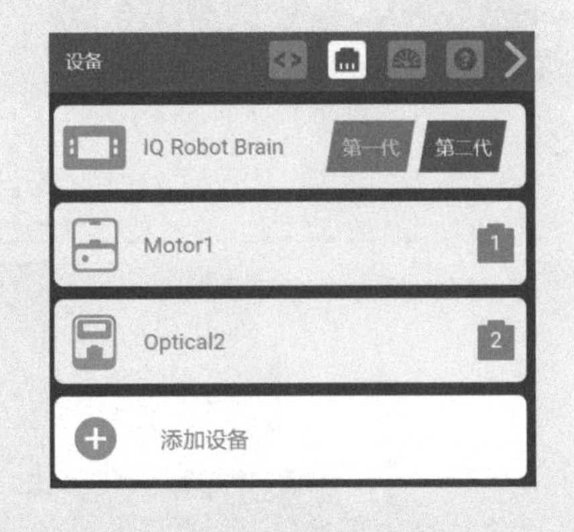

程序

1）距离传感器

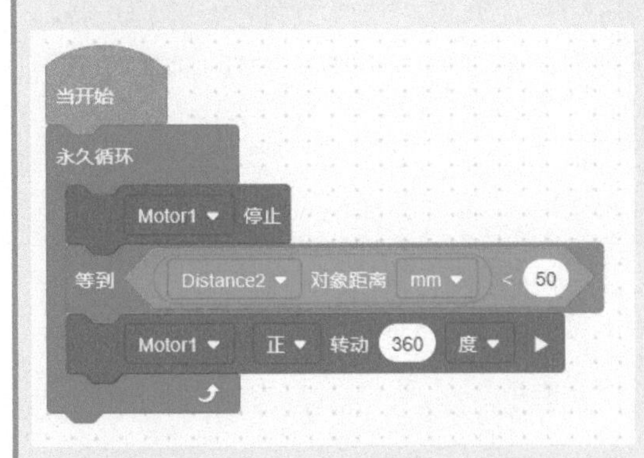

2）光学传感器

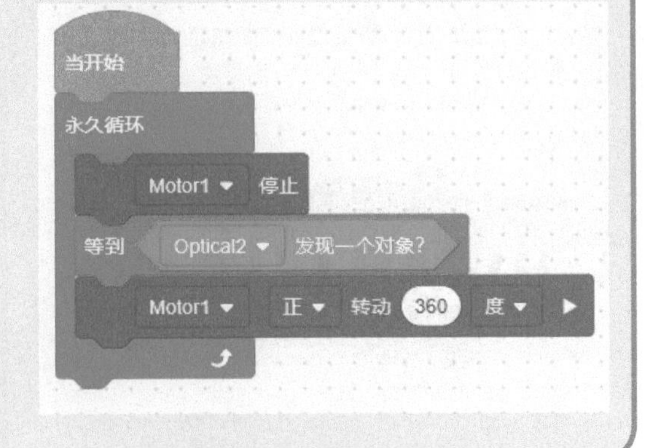

5.12　打鼓机器人

案例描述

下面我们制作 VEX IQ 打鼓机器人。

案例分析

电机数量：3。
传感器：TouchLED。

结构设计

序号	名称	图片	数量	序号	名称	图片	数量
1	连接销 1-1		74	11	双条梁 2-10		5
2	单条梁 1-4		2	12	双条梁 2-12		3
3	单条梁 1-6		2	13	双条梁 2-16		1
4	单条梁 1-16		2	14	两孔宽连接器		4
5	平板 4×4		2	15	三孔连接器		4
6	平板 4×6		1	16	支撑销 1		8
7	平板 4×8		2	17	支撑销 1		6
8	双条梁 2-2		1	18	金属钉轴 6		1
9	双条梁 2-4		3	19	金属钉轴 4		2
10	双条梁 2-6		2	20	塑料钉轴 4		2

（续）

序号	名称	图片	数量	序号	名称	图片	数量
21	金属钉轴 2		1	29	齿轮 12		3
22	链扣		2	30	橡胶轴套 1		12
23	电机金属轴 4		2	31	轴套		4
24	惰轮钉销 1-1		1	32	主控器		1
25	惰轮销 1-1		3	33	TouchLED		1
26	齿轮 48		2	34	智能电机		3
27	齿轮 36		2	35	连接线		4
28	齿轮 24		4				

搭建步骤

1

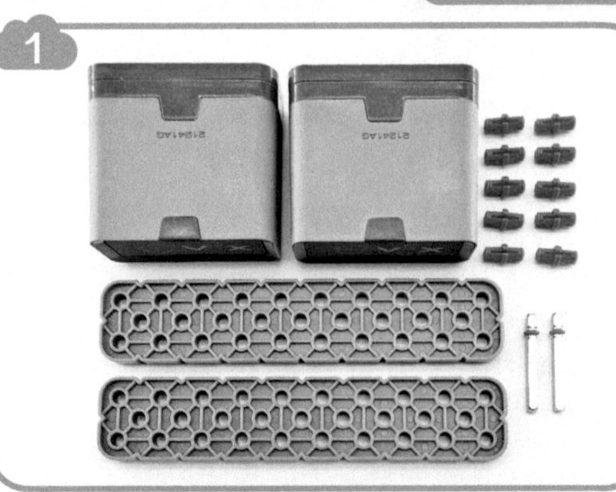

2

3

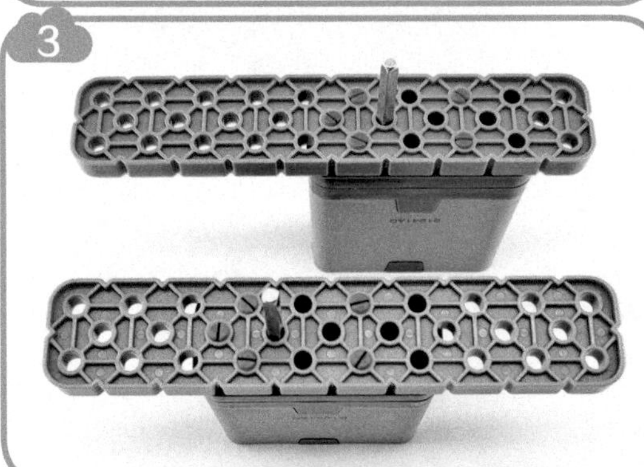

4

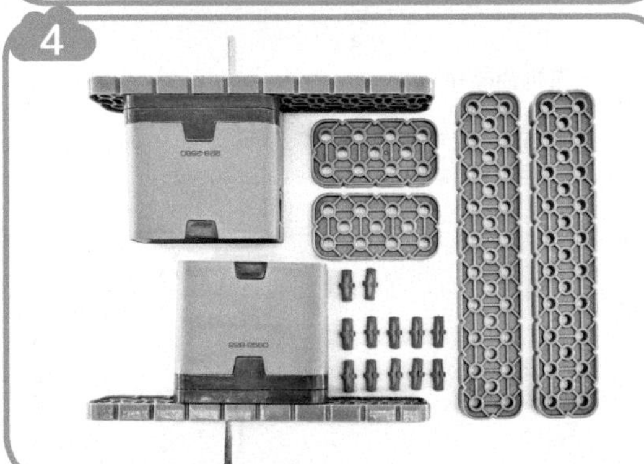

5

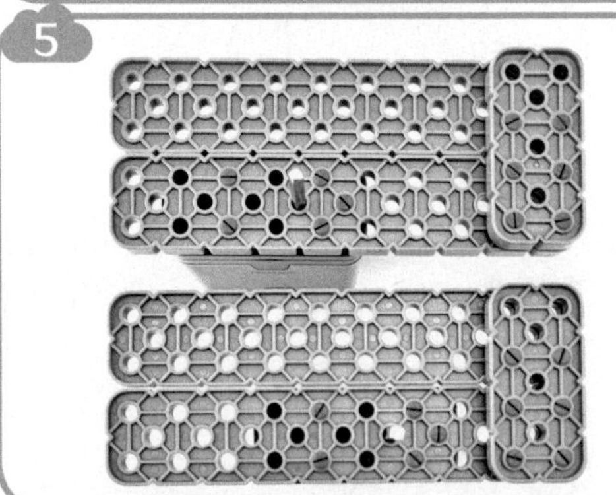

6

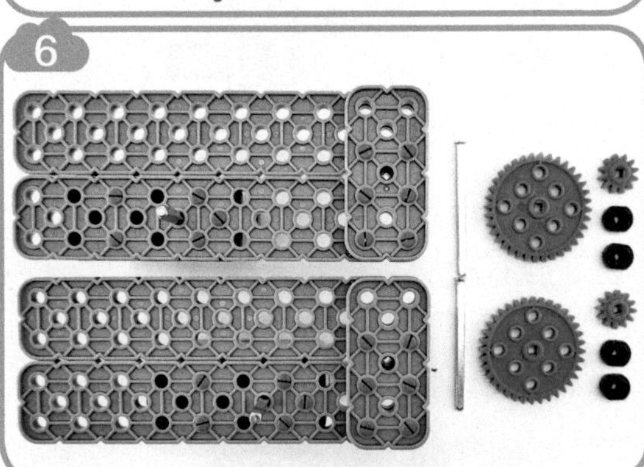

7

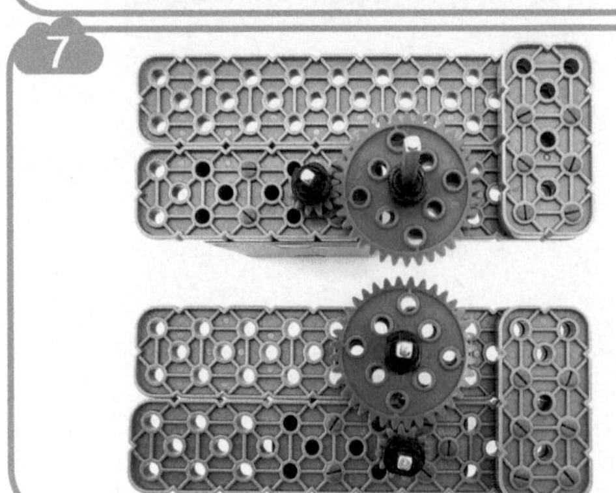

8

9

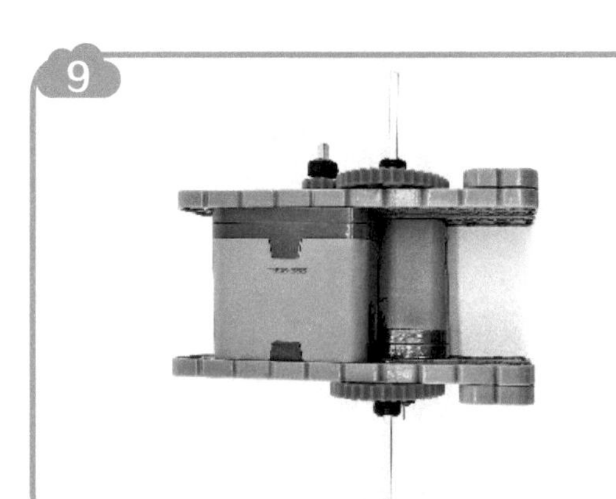

10

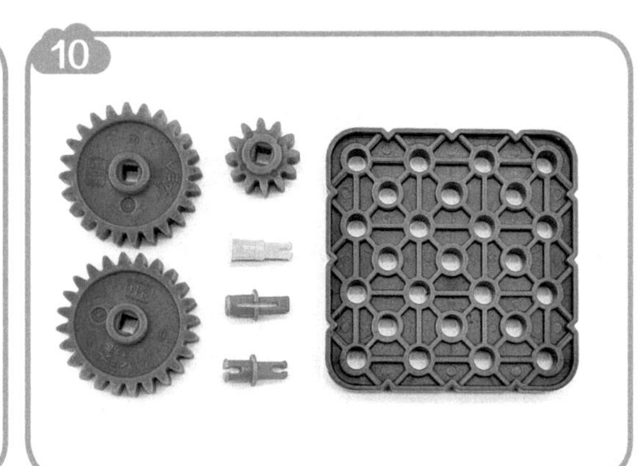

11

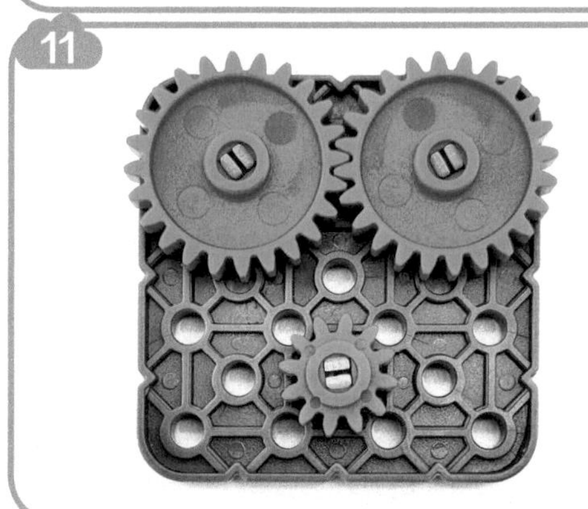

12

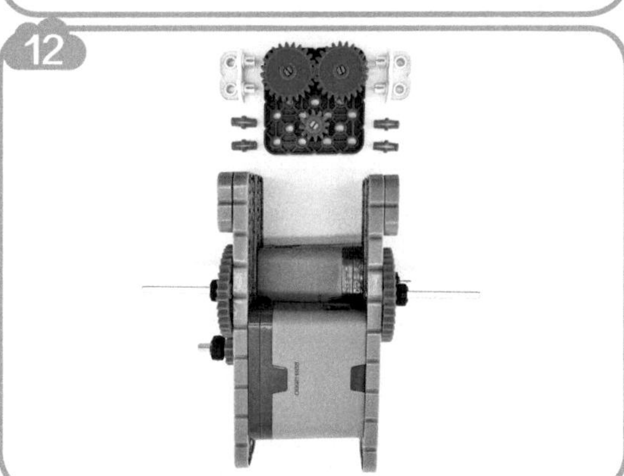

13

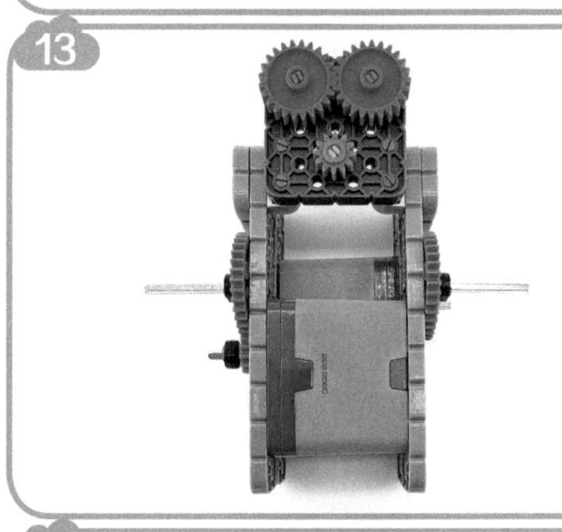

14

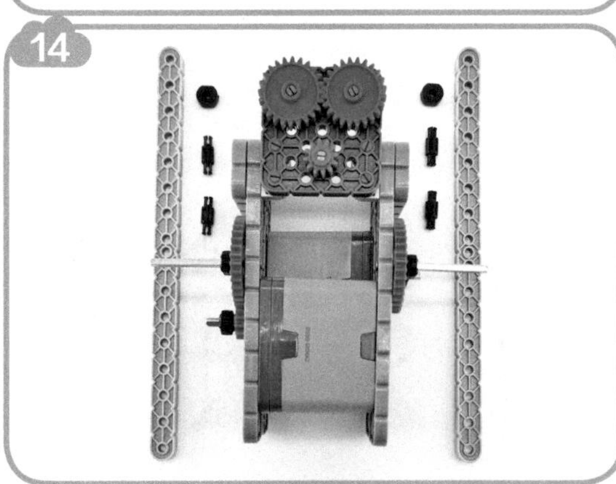

15

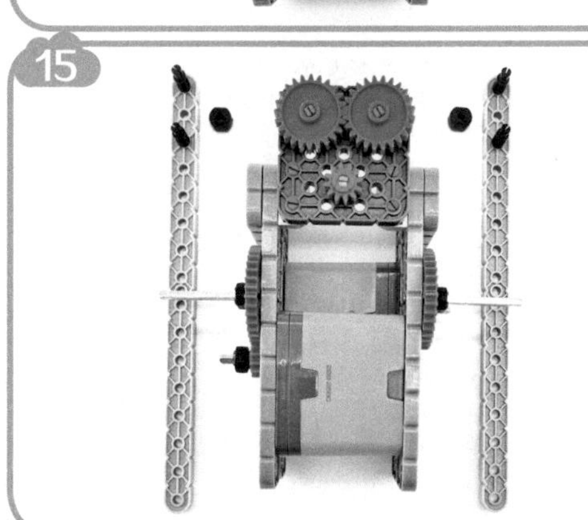

16

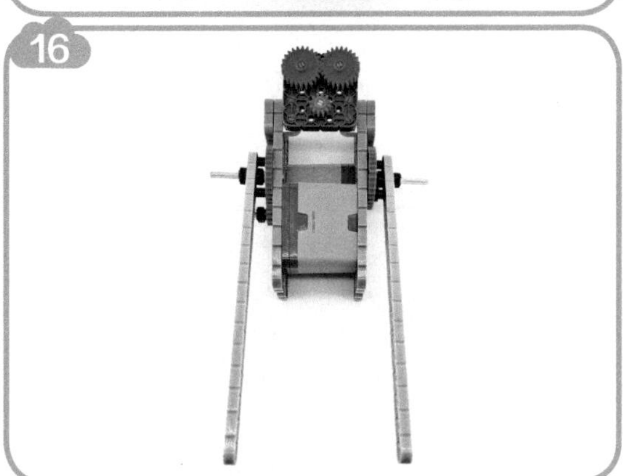

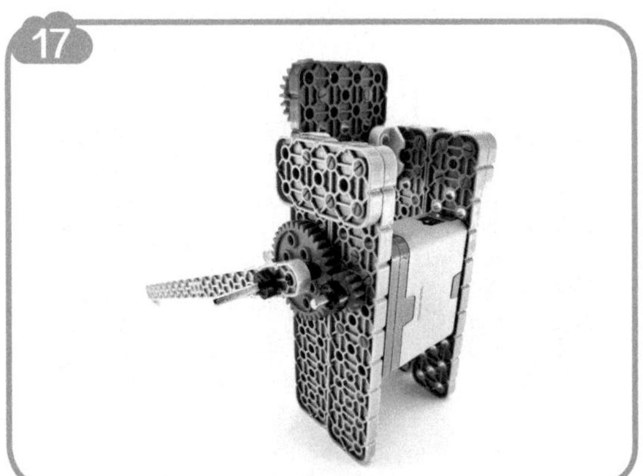
17

18

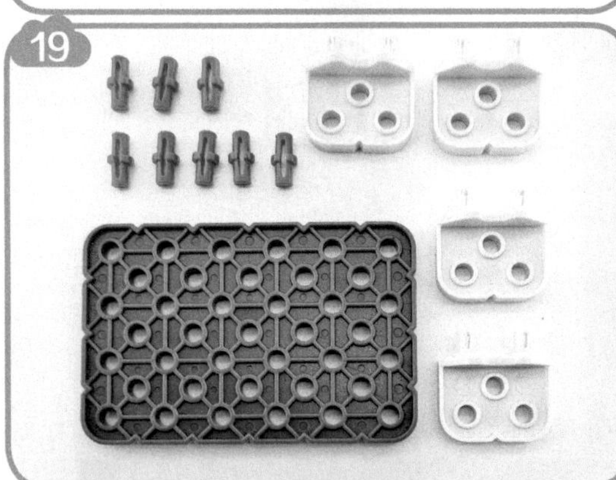
19

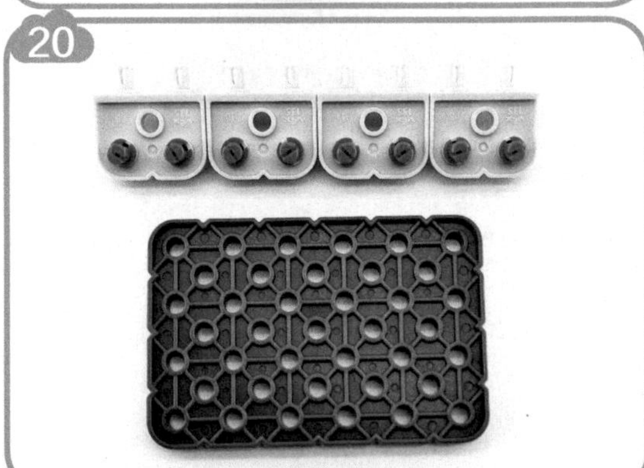
20

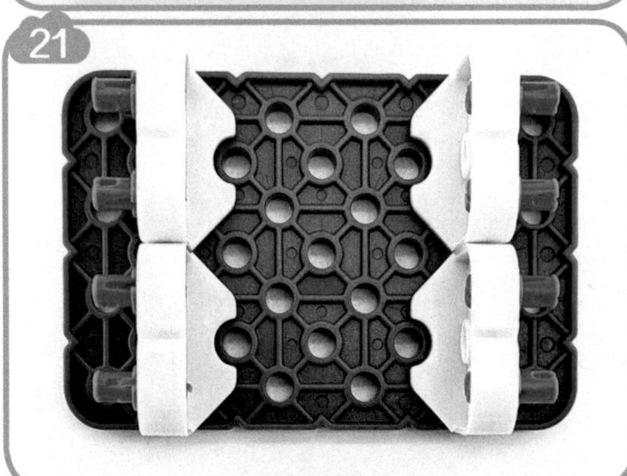
21

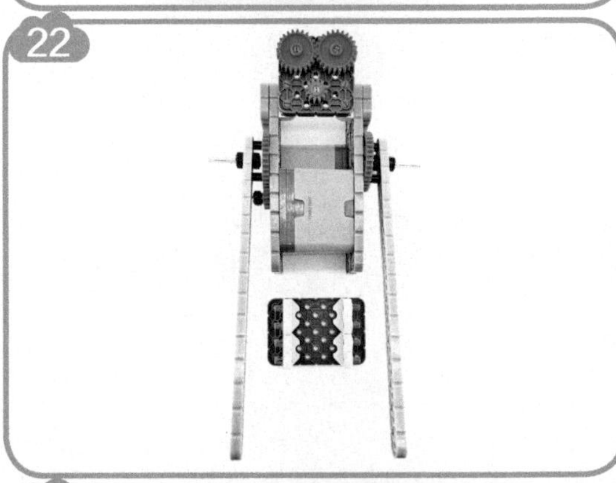
22

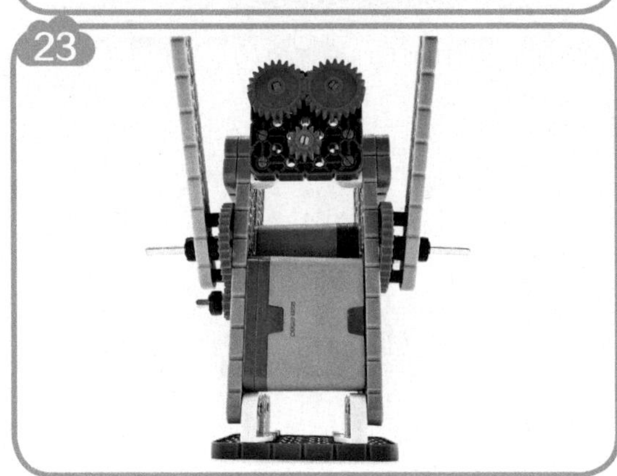
23

24

25

26

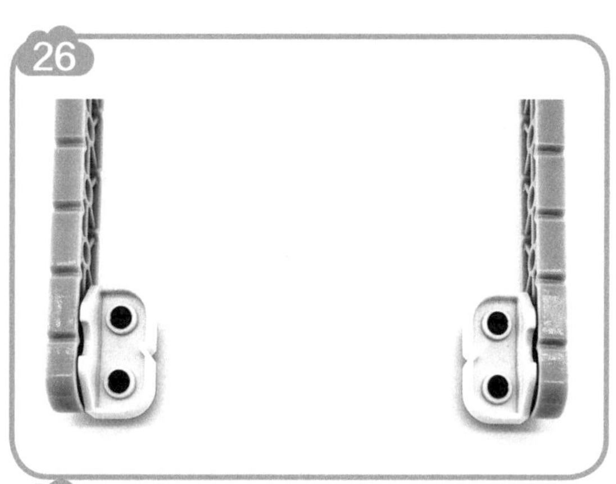

27

28

29

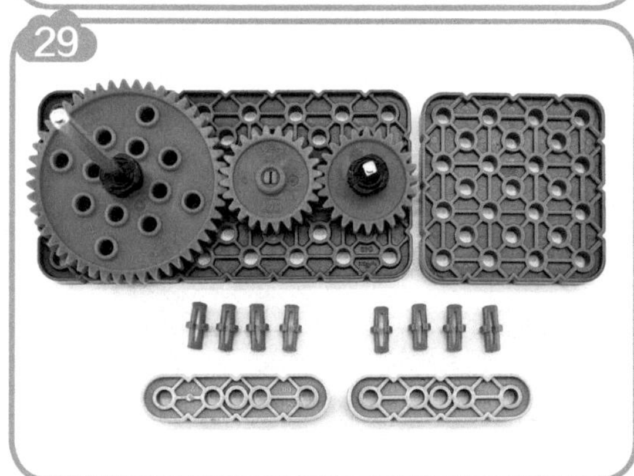

30

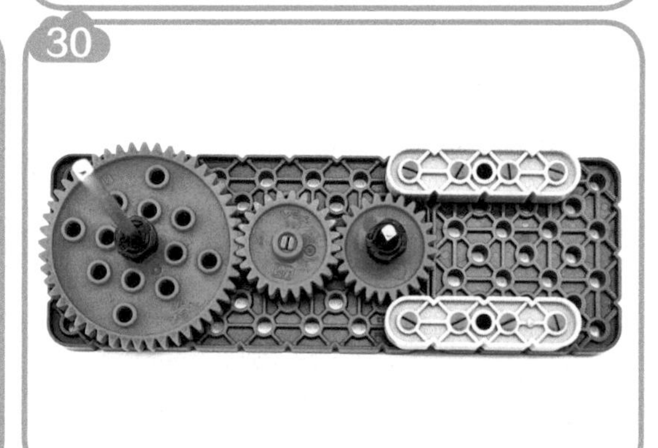

31

32

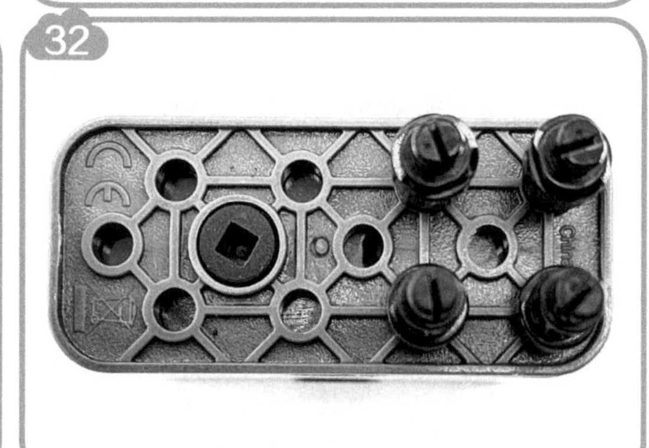

33

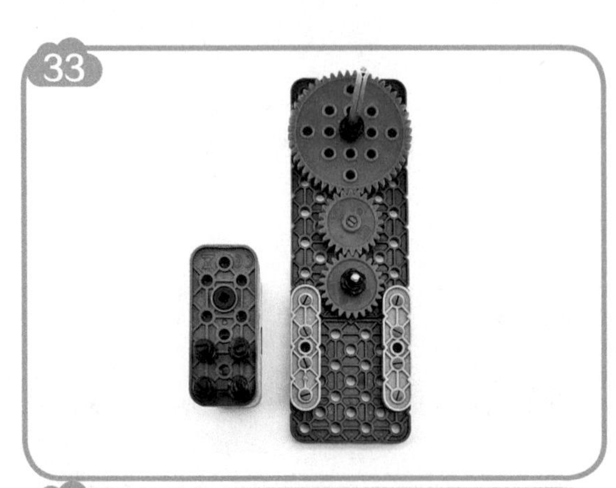

34

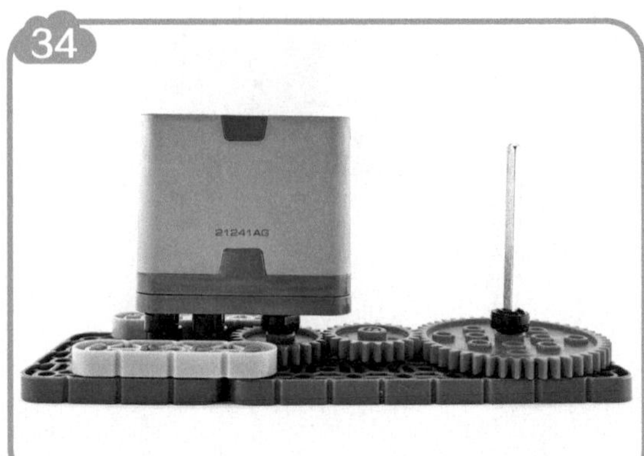

35

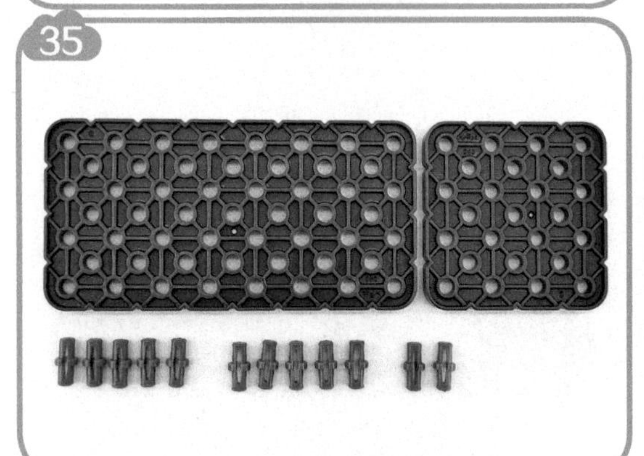

36

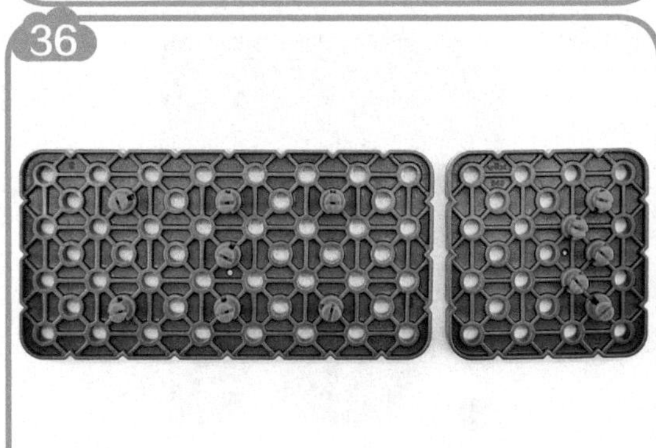

37

38

39

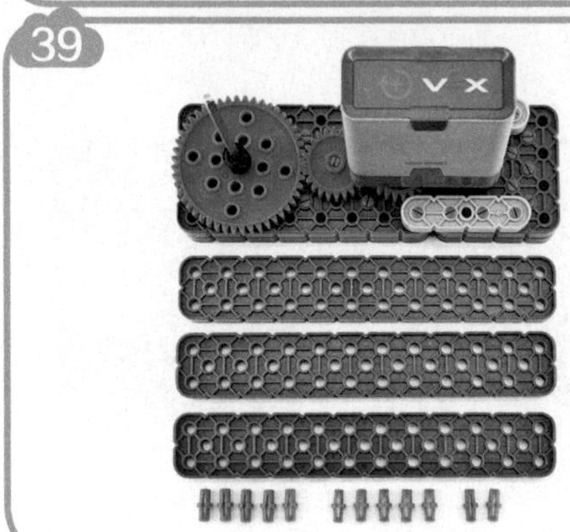

40

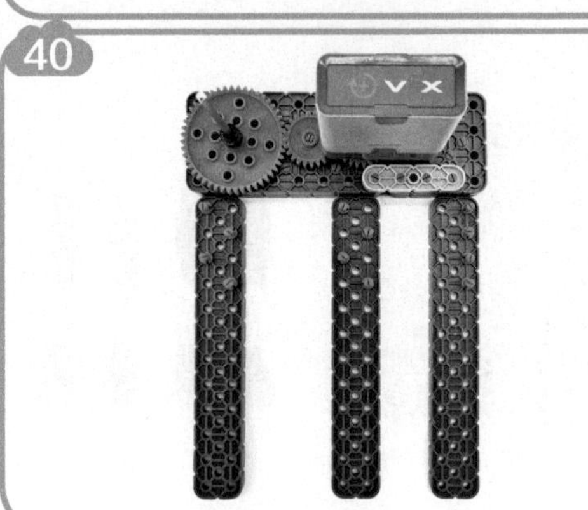

41

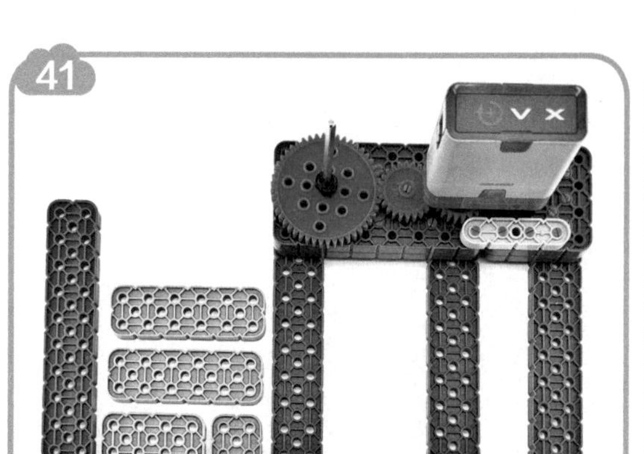

42

43

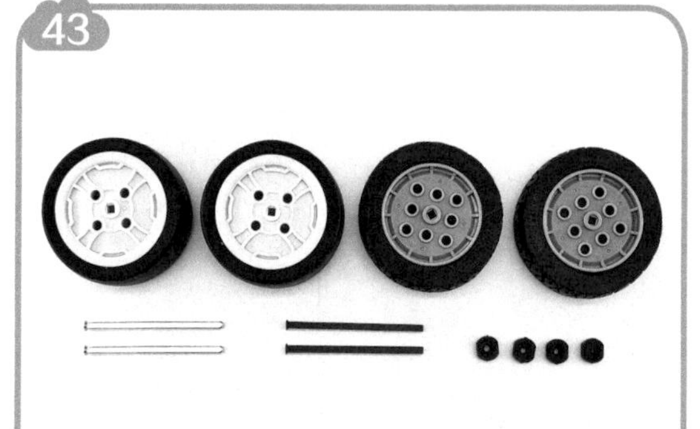

44

45

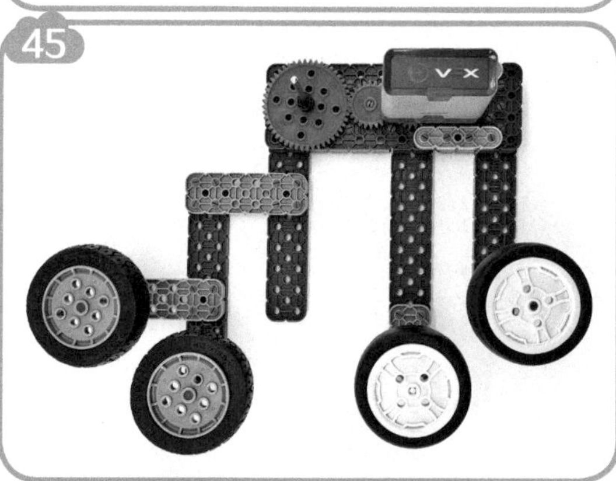

46

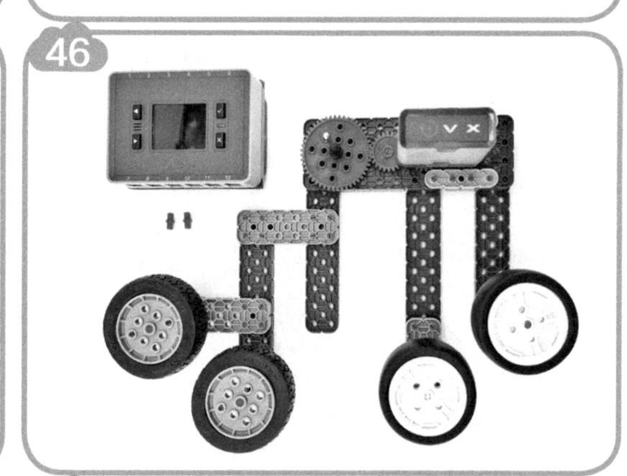

47

48

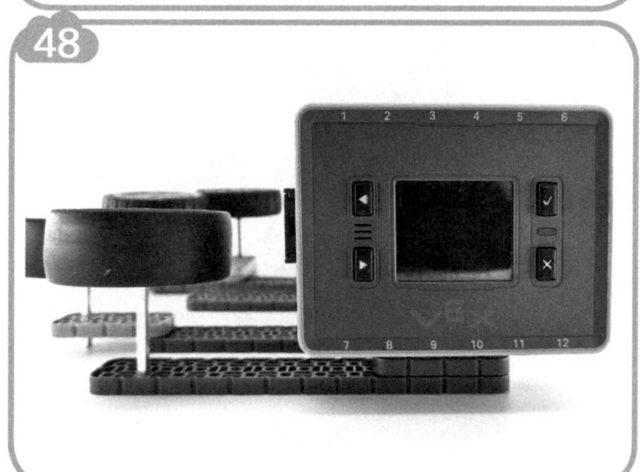

49

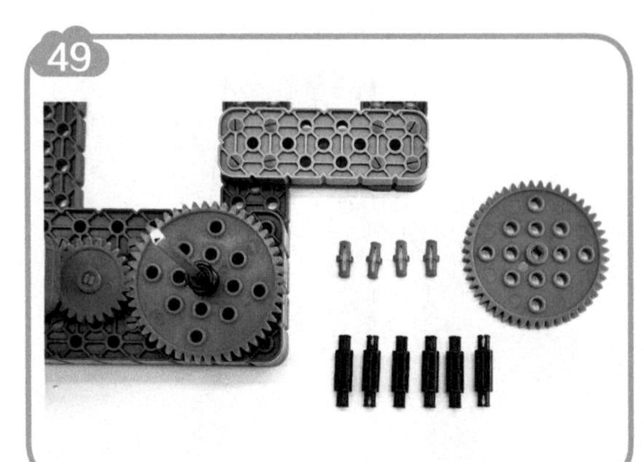

50

51

52

53

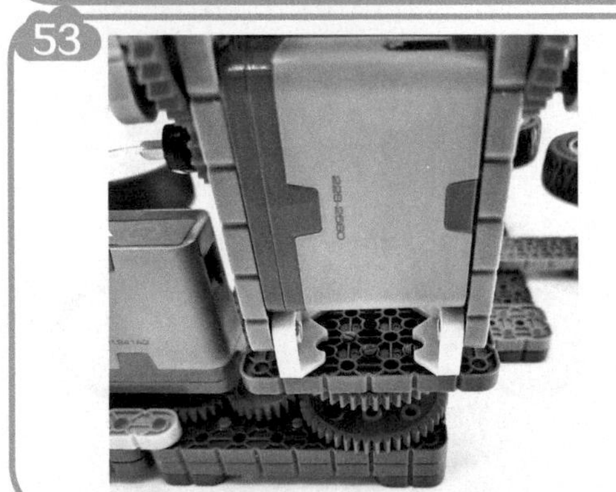

54

55

56

57

58

59

端口连接

序号	主控器端口	电机 / 传感器接口
1	1	电机
2	2	TouchLED

程序编写

设置端口

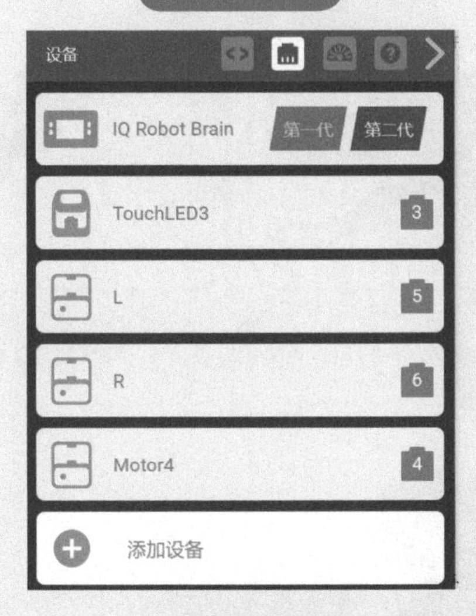

程序

1）定义“打鼓”指令块

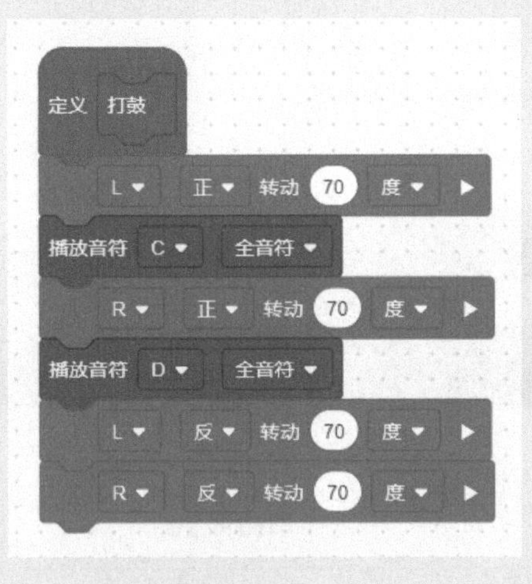

2）主程序

当开始
永久循环
　如果 TouchLED3 按下了？ 那么
　　设定 TouchLED3 颜色为 绿色
　　重复 3
　　　Motor4 正 转动 80 度
　　　打鼓
　　　Motor4 反 转动 80 度
　　　Motor4 反 转动 80 度
　　　打鼓
　　　Motor4 正 转动 80 度
　　播放声音 嗒哒
　否则
　　设定 TouchLED3 颜色为 红色

第 6 章 群英荟萃——选手、家长竞赛心得

6.1 VEX 机器人世锦赛获奖荣誉展

1. 2021—2022 赛季 VEX 机器人世锦赛（VEX IQ 项目）

初中组全能奖（15159B 队）

队员：靖子健、孙知遥、施炜烨

初中组全国总冠军（15159B 队）

队员：靖子健、孙知遥、施炜烨

小学组全国亚军（88299C）

队员：张子上、汪恺元

小学组全国季军（88299A）

队员：冉晓墨、杨宸

优秀队员：郭轩铭、贺小迪、韩念捷、臧彧加、谭源楚、刘皓晨、李健辛、商乐遥、杨昊天、付佳奇

2. 2020—2021 赛季 VEX 机器人世锦赛（VEX IQ 项目）

全能奖（88299B 队）

队员：郭轩铭、周景煊、王彦哲、韩念捷

全国总冠军、全能奖（88299B 队）

队员：郭轩铭、周景煊、王彦哲、韩念捷

全国亚军（88299V 队）

队员：贺小迪、叶颖悠

优秀队员：周锦源、赵博昊、张子上、汪恺元、冉晓墨

3. 2019—2020 赛季 VEX 机器人世锦赛（VEX IQ 项目）

世界冠军、分区赛冠军（88299A 队）

队员：张函斌、罗逸轩、李子赫、周锦源

世界亚军、分区赛冠军（88299B 队）

队员：李梁祎宸、郭轩铭、邵嘉懿

分区赛亚军（88299F）

队员：缪立言、张以恒

分区赛季军（15159D）

队员：樊响、袁铎文

分区赛季军（15159V）

队员：白洪熠、曾强、刘派、吴政东

分区赛季军（88299D）

队员：王子瑞、刘宜轩、刘翛然

4. 2018—2019 赛季 VEX 机器人世锦赛（VEX IQ 项目）

世界冠军、分区赛冠军（88299 A 队）

队员：刘慷然、张函斌、罗逸轩、周佳然、顾嘉伦

分区赛冠军（88299B 队）

队员：张亦扬、刘逸杨、李梁祎宸、童思源、王子瑞

分区赛冠军（88299D）

队员：高子昂、王晨宇、宋思铭

5. 2017—2018 赛季 VEX 机器人世锦赛（VEX IQ 项目）

世界冠军、分区赛冠军、活力奖（88299B 队）

队员：郭奕彭、张亦扬、刘逸杨、李中云

分区赛冠军、建造奖（88299C 队）

队员：徐乃迅、信淏然、童思源、赵致睿

6.2 VEX IQ 机器人，难说再见——张孟熙

姓名	张孟熙	性别	男	出生年月	2007 年 6 月
学习经历	2013—2019　北京育翔小学 2019 至今　北京第七中学				
机器人学习经历	2016 年小学三年级时开始学习中鸣机器人 2017 年小学四年级时开始学习 VEX IQ 机器人搭建与编程				
特长	素描、滑雪、棒球				
获奖情况	第七届“中鸣杯”北京区际青少年机器人超级轨迹赛　一等奖 2016 年北京市西城区青少年机器人大赛　一等奖 2018 年北京市西城区青少年机器人大赛　一等奖 2018 年北京市西城区第十七届中小学师生电脑作品大赛机器人竞赛　一等奖 2018 第九届亚洲机器人锦标赛中国选拔赛 VEX IQ 挑战赛（小学组）一等奖、团体协作亚军 2018 年北京市学生机器人智能大赛机器人工程挑战赛（小学组）一等奖 2019 年北京市西城区第十八届中小学师生电脑作品大赛机器人竞赛　一等奖 2019 年北京市西城区青少年机器人大赛 VEX IQ 工程挑战赛　一等奖 2020 年北京市西城区第十九届中小学师生电脑作品大赛机器人竞赛　一等奖				

记得是 2017 年，我第一次从父母口中听说 VEX IQ 机器人。最初，我是在北京市西城区青少年科学技术馆王昕老师那里学习中鸣机器人，并且在第七届“中鸣杯”北京区际青少年机器人超级轨迹赛中荣获了一等奖。之后，我开始跟王老师学习 VEX IQ 机器人的搭建和编程，竞赛队友也是我学习中鸣机器人时的好朋友刘逸杨。但第一个赛季我并没有全力以赴投入练习，因此赛场上的表现也不是很好——确切说这是一个不太好的开始。有时我只能在场下观战，看着场上队友熟练操作机器人的样子，我经常感到懊恼，甚至有时还想过放弃。但是最终我没有放弃，我想像我的同伴那样登上 VEX 世锦赛冠军的领奖台，我要像 2018 赛季的比赛题目一样“更上一层楼”。

到了新赛季，我有了新的队友陈子穆和董笑尘。不过他们都是第一次参加 VEX 比赛，对 VEX IQ 机器人还很陌生，所以我责无旁贷地担起了 88299C 队队长的重任。由于队友们都是新选手，所以在赛车搭建的时候经常会出现各种各样意想不到的问题，例如常会因一个小零件用错而导致半天的努力前功尽弃。同时，我们起初练习的效果也不理想，常会因为失误而互相埋怨指责，甚至有时我还会对自己和队友失去信心。不过，也是这个赛季的一次比赛让我重拾希望，印象深刻，同时还收获了一份真挚的友谊。

在 2018 年 8 月的华北区赛中，我们只取得了小学组二等奖，离参加世锦赛的目标还有很大差距。通过比赛，我发现我们的问题是平时练习太少，比赛时没有默契，后面要想提高成绩的话，我们只能加紧练习。这时，我也从王老师那里得到消息，10 月中旬在湖南永州市会举办亚洲机器人大赛的中国选拔赛，这将是我们冲击世锦赛的绝佳机会！我将这个消息告诉了队友后，所有人都一致同意参赛。但我们只有半个月的准备时间，于是我们一边加紧练习，在反复练习中寻找最佳线路策略，一边准备 STEM 课题，录制演示视频。经过这段时间的努力，我们也将训练分数稳定在“前场”19 分、“后场”17 分的水平。我们在心里憋着一股劲，“永州赛，我们来了”。

2018 年 10 月 18 日，我们到达湖南永州，在酒店里对机器人进行最后的调试，力争做到万无一失。到了比赛时，我们有条不紊地打好每一场比赛——在每场比赛前，反复练习操作，适应场地；在比赛间隙，我们提前与每一局的队友做好沟通，制定行走路线和计划。虽然有时队友会出现失误，但我们的名次也没有掉出过前五名。不过在第七场比赛中，我们失误了，总分只有 24 分，排名也一下掉到了第九名。眼见一次失误就要失去决赛资格，我们急得眼泪都要流出来了。好在后几场发挥出色，最终我们有惊无险进入决赛。决赛采用一场比赛定名次的方式。

在巨大的压力下，常规赛排名第一、第三的队伍纷纷出现失误。我们比赛时，我是“后场”、后手操作。随着最后读秒声，我们的车子稳稳挂杆，圆满完成比赛——最终，我们拿到了团体亚军的好成绩。在比赛中，我每一场比赛都要上场，而队友一直全力支持我。这也让我明白，VEX IQ 不是一个人的比赛，而是要依靠团队的力量。我感受到了队友董笑尘和陈子穆对我的信任和帮助，VEX IQ 不但让我收获了成功的喜悦，也使我收获了真挚的友谊。

到了 2019—2020 赛季，我因为升学的原因与陈子穆“分开”了，董笑尘也退出了。这个赛季还有不少与我熟识的朋友也“退役”了，我又面临重新组队的问题。随着学业的加重，我在想是不是要和 VEX 说再见了。同样是在 8 月，一个熟悉而又陌生的名字出现在我的耳旁——王佑齐。王老师常常提起他，他是我们的大师兄，当时马上要上初三了。虽然面临中考，但他还继续参加训练和比赛，而 VEX 机器人也仿佛是他快乐的源泉。我从他身上看到了坚持的力量——喜爱就要坚持，不能放弃。不过，这个赛季也不是一帆风顺，虽然王佑齐的加入弥补了操作手的空缺，但是我们的机器人在练习或比赛中还是经常会出现各种问题，而底盘轮胎脱轴是其中最突出的问题。比赛中一旦轮胎脱轴，我们的机器人就无法行走。这种问题在比赛中十分致命，所以必须及时解决。我将原先容易脱节的齿轮传动结构更换为链条传动结构，链条装置可以最大限度保证轮胎在行进时不会因为速度过快而脱轴，同时也可以让车轮转动得更加平顺。因为我和王佑齐的操作经验比较丰富，再加上改良后的机器人也更稳定，所以这个赛季我们取得了不少奖项，我也陪这位“老将”走完了他 VEX IQ 之旅的最后一个赛季。

回顾这几个赛季，我在 VEX IQ 比赛中受过挫折，经历过失败，当然最遗憾的是没有站到世锦赛的领奖台上，但我依然坚信自己具有这样的实力。VEX IQ 已经不再只是一种兴趣爱好，它已经融入我的生活。弹指一挥间，已经历了四个春夏秋冬，但我依然在赛场上尽我所能打好每一场比赛。享受着每一场比赛带给我的酸甜苦辣，那种滋味已难以用语言表达。

最后要感谢西城区青少年科学技术馆的王昕老师多年来的辅导和教育，使我充分享受到 VEX IQ 的快乐。我也要感谢曾经的队友——感谢你们与我并肩作战，风雨同舟；我们奋斗的画面，都将成为我最珍贵的记忆。

VEX IQ 给我带来了很多收获。它使我的性格变得沉稳，也让我敢于与他人交流意见，更让我领悟到“要为心中目标而不懈奋斗”的真谛。我想说：VEX IQ 伴随着我的成长，无论我今后是否还参加比赛，我永远不会说再见。

我们在展示 STEM 工程研究项目

88299C 队在第九届亚洲机器人锦标赛中国选拔赛上

6.3 功夫不负有心人，坚持就一定能胜利——陈子穆

姓名	陈子穆	性别	男	出生年月	2008 年 6 月
学习经历	北京小学 北京师范大学附属中学				
机器人学习经历	2015 年开始学习创意工程课程 2016 年开始学习乐高机器人课程 2018 年开始学习 VEX IQ 机器人课程				
特长	绘画、足球、生物知识				
获奖情况	2018 年第九届亚洲机器人锦标赛中国选拔赛华北区赛 VEX IQ 挑战赛（小学组） 二等奖 2018 年第二届智慧学习机器人联盟机器人大赛 VEX 北京选拔赛 VEX IQ 挑战赛（小学组） 二等奖 2018 年第九届亚洲机器人锦标赛中国选拔赛 VEX IQ 挑战赛（小学组） 一等奖、团体协作亚军 2019 年北京市西城区青少年机器人大赛 VEX IQ 项目 二等奖 2019 年北京市西城区第十八届中小学师生电脑作品大赛机器人竞赛 一等奖 2019 年北京市西城区青少年科技馆 VEX IQ 机器人邀请赛 三等奖、活力奖 2019 年北京市西城区中小学生观鸟比赛 二等奖 2020 年北京市西城区青少年机器人大赛 VEX IQ 项目（初中组） 二等奖 2020 年北京市西城区第十九届中小学师生电脑作品大赛机器人竞赛 一等奖 2020 年“北京创客盛会”第四届智学 AI 机器人竞赛活动 VEX 邀请赛（初中组） 三等奖				

每件事，只要坚持不懈、持之以恒，就会得到想要的结果。在历次参加 VEX 比赛的过程中，我对此有了更加深刻的体会。

从小学二年级开始，我就在北京市西城区青少年科学技术馆进行“机器人及创意”等课程的学习，接触到了乐高机器人和其他不同种类的创意设计知识。在 2018 年 7 月要升入五年级的那个暑假，我参加了 VEX IQ 的集训。这是我第一次接触 VEX IQ 机器人，并认识了我的队友张孟熙同学。后来我们一起参加 VEX IQ 学习、训练和比赛。因为他比我高一个年级，已经参加过很多比赛，所以对我帮助很大。

集训第一天先由老师带我们学习比赛规则，了解到当年度赛季的主题是“Next Level——更上一层楼”。我知道了得分物不能有两个同时离开地面，否则会判犯规。我还知道了两个队是合作关系而不是对手关系。之后几天是学习搭建赛车。从搭建底盘开始，到抓得分物的机械结构，再到安装传感器……我们在建造每一个部分时都很认真，生怕发生一点错误。

在 8 月 24 号那一天，我们迎来了第一个挑战——VEX IQ 华北赛区选拔赛。如果晋级，我

们就可以参加中国选拔赛了。摆在眼前的只有打好比赛这一条路，我们紧张地走进赛场，每场比赛都非常认真，最终以 30 分的好成绩荣获了二等奖，并成功晋级中国选拔赛。当广播通知 88299C（我们的队号）晋级时，我们非常激动，无比开心。

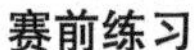

赛前练习

比赛中

可以参加中国选拔赛了，我们决心在比赛中要拿个好名次，争取晋级 VEX 世锦赛。为了迎接大赛的到来，从国庆节开始，我们整个假期每天都在训练。期间还参加了北京选拔赛，但是由于决赛那场太紧张了，把一个高分得分物弄倒了，没有取得理想的成绩。我对此非常自责，也不断反思。不过，失败是成功之母，这次比赛也为我们参加中国选拔赛积累了比赛经验。

大赛前夕，我每天写完作业都会与队友汇合进行训练。经过反复训练、总结经验教训、优化线路、改进车辆，我们操控赛车越来越熟练，速度也越来越快了。

比赛的日子终于到来了，11 月 18 日我和 88299C 的另外两名队友张孟熙、董笑尘一起，带上我们的赛车、赛台登上了飞往湖南永州的飞机。我们到达永州入住酒店后，就立即搭建场地进行训练，生怕手感会生疏。第二天，我们内心非常激动，到达赛场报到、验车后，把赛台搬到集中休息位置，搭建好场地进行简单练习和测试，就去参加开幕式了。这次大赛设有机器人大赛、论坛以及机器人嘉年华游戏互动等几大内容板块。各种机器人和场地看得我眼花缭乱，也让我们大开眼界。接下来进行的入场式、资格赛、答辩、技能挑战赛紧张而充实。晚上回到酒店后，老师带领我们开会讨论、分析问题，针对性进行合作练习。经过两天紧张的比赛，我和队友们取得了 VEX IQ（小学组）项目的一等奖，团体协作亚军的好成绩。虽然没有获得世锦赛的名额，但是我们的默契配合、讨论中的欢笑、训练时的专注、比赛中的认真，使我留下了难以磨灭的记忆。在这个世界上，没有什么比努力去做好一件事情的决心更让人激动了！比赛结果固然重要，但比结果更重要的，是我们精益求精、坚持不懈的过程！是我们团结协作、互相支持的精神！当我们在老师和妈妈们的带领下，从机场出口出来时，爸爸们手捧鲜花等待在那里。我们都赶紧迎上去，胜利的喜悦油然而生！

通过本次比赛，我有了多方面的体会。

一是沟通。因为比赛中每场比赛的合作队伍是随机选择的，所以要尽快找到对方，积极沟通战术并尽可能多地进行合练。

二是及时改进。每场比赛的过程都会遇到很多问题，很多是平时训练中没有遇到过的。赛后要及时分析问题并请教老师，及时改进，保证在以后的比赛中不出现同样的问题。

三是车况差距。练习时要按照比赛规则的要求搭建机器和场地，让各种状况尽可能和比赛时保持一致。另外就是做好备件准备，有些接触不良的电池会影响机器人运转，所以新旧电池及备件需要归类管理。可用备件和报废备件要做标签后分开存放。

最后，感谢西城区青少年科学技术馆的平台，感谢王昕老师的知识引领，感谢各位小伙伴的相伴共享，更感谢生命中有了父母无私的陪伴，生命的意义才如此不同寻常！“功夫不负有心人，坚持就一定能胜利”。

我们在 2018 年第九届亚洲机器人锦标赛 VEX 中国选拔赛上

6.4　人生没有奇迹，只有努力的轨迹——郭轩铭

姓名	郭轩铭	性别	男	出生年月	2009 年 3 月
学习经历	北京小学红山分校				
机器人学习经历	二年级开始在北京市西城区青少年科学技术馆学习乐高机器人，四年级开始学习 VEX IQ 机器人				
特长	乒乓球、武术、书法、滑雪				
获奖情况	2016 年北京市西城区第九届小学生七巧板摆拼创意活动　一等奖 2017 年北京市西城区中小学生智能控制竞赛　三等奖 2018 年北京市西城区机器人系列主题活动　最佳表现奖 2018 年北京市西城区中小学生智能控制竞赛　三等奖 2019 年北京市西城区青少年科学技术馆兴趣小组活动　优秀学员 2019 年北京市西城区第十八届中小学生师生电脑作品大赛　二等奖 2019 年北京市西城区青少年科学技术馆 VEX IQ 机器人邀请赛　建造奖、季军、一等奖、技能赛季军 2019 年北京市西城区青少年机器人大赛　一等奖 2020 年北京市西城区第十九届中小学生师生电脑作品大赛　一等奖 2020 年北京市西城区青少年机器人大赛　一等奖 2019 年 VEX 机器人世锦赛中国选拔赛（VEX IQ 小学组）　STEM 研究奖、一等奖 2019 年第十届亚洲机器人锦标赛中国选拔赛北大区赛（VEX IQ 小学组）　全能奖、技能赛冠军、团体协作季军、一等奖 2019 年世界机器人大赛冠军赛（VEX IQ 小学组）　全能奖、二等奖 2019 年世界机器人大赛总决赛（VEX IQ 小学组）　最佳活力奖 2019—2020 赛季 VEX 机器人世锦赛决赛（VEX IQ）　亚军、分区冠军 2020“北京创客盛会”第四届智学 AI 机器人竞演活动　一等奖、团体协作冠军、最佳全能奖 2020—2021 赛季 VEX 机器人世锦赛中国总决赛（VEX IQ 小学组）　全能奖、一等奖、团体协作冠军 2020—2021 赛季 VEX 机器人世锦赛亚太分区赛（小学组）　全能奖、团体协作季军				

参加 VEX 机器人世锦赛是我人生中最宝贵的经历。二年级时，我开始在北京市西城区青少年科学技术馆跟王昕老师学习乐高机器人。在 2019 年的暑假，我参加了 VEX 集训，学习搭建赛车，了解比赛规则，掌握操控方法，并成为“西科”88299B 队的一名队员，跟着队友懵懵懂懂地开始了 VEX 机器人世锦赛之旅。

第一赛季——菜鸟之旅

（1）赛前训练

我是新队员，为了更快地进入状态，2019 年暑假我取消了其他活动，一直跟队友们认真训练。平常都是队友李梁家长指导我们训练，他对我们非常严格，及时指出我们失误的原因，提出解决方案，使我们的训练水平逐步得到提高。

训练时，我会向老队员虚心请教操作技巧，了解路线，逐渐提高熟练度。我的操作速度越来越快，就开始提高准确度，减少失误。虽然训练很辛苦，但是我觉得一切都是值得的，因为我知道只有经过严格的训练，才有可能在比赛时取得好成绩。

（2）这一季的比赛

2019 年 7 月我开始了第一场 VEX 世界机器人大赛的旅程。虽然这次比赛我不作为操作手上场，但是内心还是有点小紧张。到赛场报到、检录后，就开始熟悉赛场。对阵表出来后，我按照比赛出场顺序在偌大的场地中寻找合作队友，了解合作队的比赛方案，调整我们的比赛线路，准备参加队员答辩……这一切都让我既紧张又兴奋。我认真观看我们的每一场比赛，学习队友们的经验，也吸取他们的教训。这次比赛由于车的自重问题，我们不得不在比赛第一天晚上重新进行搭建，这也影响了我们的发挥。虽然我们队进入了决赛，但是没有取得好成绩。

比赛一结束，我们就将赛车重新改造并投入了训练中。之后，我开始担任正式操作手，真正上场比赛。2019 年 8 月我们在世界机器人大赛中获得全能奖、二等奖。2019 年 9 月在第十届亚洲机器人锦标赛中国选拔赛北大区赛获得全能奖、技能赛冠军、团体协作季军、一等奖。2019 年 11 月在 VEX 机器人世锦赛中国选拔赛获得 STEM 研究奖、一等奖，并获得了 2020 年 4 月 VEX 机器人世锦赛的参赛名额。

2020 年 4 月，VEX 机器人世锦赛改为线上赛，我们最后获得了分区赛冠军、世锦赛亚军的成绩。至此，第一个赛季的比赛圆满结束了。

日常训练

比赛现场

第二赛季——一战成名

（1）我的第一个冠军——满分冠军

2020 年“北京创客盛会”机器人大赛 VEX 邀请赛的决赛加赛，我们以满分夺冠，这一瞬间的喜悦我将永远铭记于心。它让我可以更勇敢地面对未来人生道路上的困难与挑战，也让我明白人生没有奇迹，只有努力的轨迹。

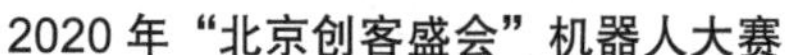

2020 年“北京创客盛会”机器人大赛

和第一个满分队友合影

在 2020 年 VEX 机器人世锦赛中国总决赛 VEX IQ 小学组中，我们接连斩获三项大奖，分别为全能奖、团体协作冠军和一等奖。在此过程中，我们的赛车日臻完善，我们的操控水平日益娴熟，我们的心态也愈发成熟。这一路历程让我深深懂得：所有的努力都会有收获。“VEX 机器人世锦赛”对我而言，曾经是一个多么遥不可及的梦想，但是最终通过努力，我们把不可能变为了可能。

2020 年暑假我一直在积极训练，为 2020—2021 VEX 世锦赛备战。终于，2020 年 10 月底，可以检验我假期训练水平的世界机器人大赛来了。功夫不负有心人，在 VEX IQ 小学组的比赛中，我们以稳定的心态和优异的状态在排名赛中取得了第五名的成绩，成功进入决赛。在决赛中，我们与北京育英小学 7788A 组成联队。我们两队在比赛中曾多次相遇，都属于水平比较稳定的队伍。为了在下午的决赛中打出好成绩，我们中午简单填饱肚子后就抓紧时间进行赛前合练。因为都是老选手，状态极佳，在赛前合练的过程中我们第一次打出了满分！这让我们欣喜若狂，充满了比赛必胜的自信。在接下来的合练过程中，我们越战越勇，几乎次次都是满分！

但人生不如意事十之八九，决赛开始后，因为我和队友都有些紧张，各自都出现了一点小失误，所以我们的成绩只有 273 分。这和我们赛前合练时的最好成绩相去甚远，也让我们非常失望。这不仅表示我们的苦训没有得到回报，更意味着我们将错过这次比赛的冠军！

但是事已至此，我和队友只有默默走回休息地。虽然非常失落，但我们仍然彼此安慰对方。老师和家长也没有表露出失望和埋怨，反而给予我们极大的空间去消化这个令人难过的事实。但事情突然迎来柳暗花明的转机，队友大声呼喊我：“快来，你们可以再战啦！”这简直是一个天大的惊喜，原来第三、四名联队和第一、二名联队之后竟然都打出了和我们一样的成绩，都是 273 分。这给了我们一次加时赛的机会，也给了我们再一次圆梦的机会——冠军，我们来了！

我和队友相互打气鼓励，再一次斗志昂扬地来到决赛现场。这一次我们下定决心绝不失误。当比赛开始后，我和队友逐渐沉浸在自己的世界里，保持冷静，一步一步完成规定动作。

最后，我们提前 3 秒完成比赛，并取得了满分的好成绩。我们成功了，满分冠军！这是我们在这种大型比赛中的第一次。那一刻，场边传来了经久不息的欢呼声、呐喊声和掌声。我和队友紧紧地拥抱在一起，激动得热泪盈眶。

在等待比赛最终结果时，我和队友才真正放松下长时间的紧张情绪和紧绷的肌肉。我们感受到了深深的疲惫，但是激动之情仍难以言表，回想比赛时惊心动魄的每一瞬间，我依然会手心冒汗。最终结果出来的那一刻，我知道我们所有的努力和付出在这一刻都得到了最好的回报。这次比赛，我们获得了全能奖、团队协作冠军。最重要的是，我们获得了本赛季第一个满分冠军，也获得了本赛季世锦赛的参赛名额。不过，我也深深知道，这些奖项从拿到的那一刻就已经是过去式了，前面还有“更高的山”、“更深的海”、更多的比赛在等着我。胜不骄，败不馁，下一个冠军，且拭目以待！

（2）重庆国赛——第二次国赛冠军

2020 年 12 月 26 日，我第二次来到重庆参加比赛。而上一次重庆比赛的场景仍历历在目，更令我兴奋不已的是这次参赛队伍水平都非常高。比赛过程紧凑而又忙碌，我不仅要与队友一起讨论战术策略，而且也要管理好时间进行技能赛的比赛，还要进行答辩。我深深地沉浸在这种紧张的乐趣之中。在这次排名赛中，我们与福州小海豚队联手打出小学组的第一个满分。在接下来的比赛中，我们更加自信，沉着冷静，最大限度减少失误，不追求高分，努力跟各个联队打好配合，保持排名稳定。在联队预赛中，我们取得了相当不错的排名成绩。

在最后决赛时，我们和北京的一支强队组成联队。赛前我们不断进行合练，调整最优线路，为再一次夺冠努力。随着决赛开始，我们又置身于自己的世界中，按照计划一步步稳稳地进行操作。当我完成操作放下遥控器的时候，我的合作队友正准备放最后的柱塔。“停！”随着裁判的声音，我的队友完成最后的操作也放下了遥控器。不过我们虽然完成了满分操作，但由于最后一个柱塔超时 1 秒，没有计入成绩。最后，我们仍然拿到了冠军，但因为没有拿到满分，还是有一些遗憾。2021 年 4 月的亚锦赛，我们仍会继续积极备战，走向更高的赛场，创造属于我们自己的辉煌！

（3）VEX 亚锦赛赛后分析

2021 年 4 月 2 日，我们来到陕西咸阳参加 VEX 亚锦赛。比赛前，我自己的训练水平基本上能够提前 10 秒完成全部操控。而且之前的两次比赛上，我们都是联队赛冠军，其中一次还是满分冠军。所以我的状态是非常放松自信的，一心想着在这次比赛中再创佳绩。

比赛的第一天上午，赛场里的队伍非常多。在 VEX IQ 的候场区，我看到很多参赛选手年龄比较小，从他们的身高、练习状态、成绩看，感觉他们很多人都是第一次参加比赛。我心里祈祷，希望遇到的合作队友千万别是新手。这种情绪和比赛场馆不平整的赛台场地也影响到了我们的训练的状态，我的心情开始有点浮躁。

预赛我们一共有六场比赛，我最担心的事情终于还是发生了，其中 5 个合作队都是第一次参加 VEX IQ 的比赛。我开始跟第一个联队队友合练。通过合练，我们确定了比赛线路。小队友负责将三个颜色的框各放一个在得分区，保证三个颜色的连横。我负责完成三个颜色更多的堆叠来取得相对高的分数。通过练习，两个合作小队友渐渐适应了新路线，他们的换手也顺畅了一些。但比赛时，队友在换手碰掉了一个蓝色框后，我也开始失误，将一个蓝色框碰倒了，橘色框也有一个没有放入得分区，最后没有完成三个颜色全部连横。这样第一场的成绩只有 70 多分，排在 80 多名。

第一次在比赛中得到这样的成绩，我的心情有点失落，但努力平静了一下心情，开始跟第二个队合练。他们也是第一次参加比赛，但练习时间比较长，所以操控还比较稳定。但比赛时，由于队友的赛车不能拿高框，其中有一个颜色也没有完成连横，导致我的堆叠分数没有成绩。连续两场比赛失利也让我的情绪低落到极点。

妈妈看出我的状态不好，陪我到场地外调整。我没忍住心中的委屈，跟妈妈哭诉起来。我没想到亚锦赛遇到的都是新手队友，影响了我们队的成绩。我们可是冠军的水平呀。我心里的压力非常大，也特别不平衡。妈妈静静听我发完牢骚，就耐心地谈了她的想法：你以前的成绩都是与同样优秀的合作队友一起配合取得的，但是遇到水平低的新手队友就影响成绩，说明你自己还有很大的成长空间。等你成为一个真正强手大咖时，你就无须担心队友的水平，就可以带着队友得到高分。参赛的每一位选手都非常认真努力，你也是从新手一点一点成长起来的，所以你对他们要多鼓励、多包容。妈妈的话，让我想起 2019 年在重庆参加比赛时，在最后决赛中我们出现了一个最低级的错误——因为电池缺电导致赛车无法正常运行，把合作队友给坑苦了。想到这件事情以后，我的心情慢慢平静下来，心里的委屈也淡化了很多。我让自己平复一下心情，开始准备第三场比赛。第三场我们发挥得还不错，资格赛排名已经到了第 50 名。

晚上我回看比赛视频，突然意识到自己的问题：比赛线路出现了问题。今天我遇到的队友都是新手，他们平常训练最多的是完成橘色和蓝色两个颜色的连横与堆叠。但是在今天的比赛中，我按照满分目标要求队友配合我的线路，制定了他们无法达到的目标，改变了他们原有熟悉的训练方案，造成他们无法完成蓝色、橘色两个连横，即使我完成更多的堆叠，但我们的成绩也不会太高。找到问题后，我的心情轻松了很多，也不再纠结排名，下定决心明天采取稳妥的比赛线路，先保连横，完成两个颜色后，有时间再放中间的紫色柱塔。

第二天，我们早早来到场地，跟队友开始合练。我先看了队友的线路，觉得我们完成两个颜色的连横堆叠是没有问题的。由于队友也是第一次参加比赛，有些紧张，我吸取第一天的教训，不改变他的习惯线路，我来配合他的线路。随着不断练习，队友的状态越来越放松，我们的成绩也越来越稳定。比赛时，我们都没有失误，得到了 204 分，大家都特别开心。我们的排名又有了提升，按照这个思路完成了后面的两场比赛，最后我们以资格赛第 21 名的成绩进入决赛。

我马上找到决赛匹配的合作队开始合练。当我得知队友只训练了三周就来参赛时，我的心又悬了起来——这次比赛我的心情一直是跌宕起伏的。随着练习深入，我发现队友非常灵活，脑子也聪明，遇到问题解决方法也好，我很佩服。如果他们的操控能够更规范一些，减少随意性，我们的成绩还会更好一些。

决赛的早上，我们抓紧时间合练来保证比赛状态……随着比赛计时的开始，我进入了自己的比赛状态，听不到周围人群的声音，全神贯注地操控着赛车。在最后完成全部操控任务后，比赛的铃声也随之响起。这时我才看到队友没有完成连横，蓝色柱塔压在得分区的边框上，橘色柱塔没有完成任务。看到这个成绩，我的心凉凉了，我抱着赛车沮丧地走出了决赛的场地。这时，队友教练过来跟我不住地说抱歉，我看到周围观看比赛的人冲着我微笑，说这个男孩儿打得真稳，也看到了老师对我鼓励的笑容，以及队友和家长的安慰。我控制着自己的情绪，想起老师经常对我们说的一句话：做最好的自己！每一次比赛，我都有收获，有成长，我知道自己又有了进步。

三天比赛结束后，我做了一些总结：第一，因为曾经取得过两次大赛冠军，自己有些骄傲轻敌了。第二，没有制定稳妥的比赛方案，在资格赛环节追求高分，没有顾及队友的情况。第三，赛车再次提速后，在放柱塔的环节出现了放不稳的现象。第四，自己能够发现问题，并且可以分析问题、解决问题，在排名不好时能进行自我情绪管理，坚持认真比赛。经过这次比赛，我发现了自己的不足，也知道了努力的方向。接下来我会继续努力，解决出现的问题，继续提升自己。

（4）酒泉中华大区赛——再获全能奖

2021 年 5 月 19 日，我们来到甘肃酒泉参加中华大区赛。这次比赛高手如云，在王老师、队友和家长们的鼓励下，我们经过 8 场资格赛成功进入了决赛。我跟合作队友通过训练，慢慢找到状态，配合越来越好，心态也非常平稳。在总共 20 场决赛中，我们第一个打出满分。在 8 场决赛加赛中也是第一个打出满分！最终我们获得联队赛季军、全能奖，打出了自己的最好水平！

经过一个赛季的比赛，我也有了更深的体会：

1）兴趣是最好的动力。循序渐进，持之以恒，专心致志做自己感兴趣的事，再苦再累都是快乐的。

2）优秀的平台和团队是成功的基础。西城区青少年科学技术馆给了我们这样的平台，王昕老师给予了我们优秀的教学与指导，我们不仅在比赛中取得了好成绩，也培养了互相学习、分工合作、团结协作的优良品质。

3）锻炼坚强的意志力，训练良好的心理素质，学会坚持。“人生没有奇迹，只有努力的轨迹”，只有不断努力才会披荆斩棘，迎来胜利。九层高楼起于垒土，胜利一定属于坚持的人。

4）以平常心来对待比赛。胜败乃兵家常事，“胜不骄，败不馁”才是我们应有的态度，努力拼搏争取必然性，坦然接受不确定因素带来的偶然性，只要拼搏努力过，无愧于自己，就是胜利者。

5）要有集体荣誉感和团队意识。站得高才能看得远，心怀祖国，放眼世界，才能成为对社会有用的人。

2021 年在酒泉和决赛队友合影

我和王昕老师

我很幸运能在西城区青少年科学技术馆跟着王昕老师学习 VEX 机器人和参加比赛。它锻炼了我的意志，改变了我的生活，让我更加自信，成为学校的科技达人……在此，我衷心感谢王昕老师和曾经帮助过我的所有老师，是你们的培养让我茁壮成长！感谢我的妈妈，支持我学习机器人，一直陪伴我参加比赛！感谢队友们的帮助支持，让我有了这段宝贵的经历。感谢大家陪我一路成长，一路花开，让我做最好的自己！

6.5　我与机器人的不解之缘——王彦哲

姓名	王彦哲	性别	男	出生年月	2008 年 11 月
学习经历	奋斗小学				
机器人学习经历	从小学二年级起先后学习乐高 EV3 编程、Arduino 编程、C 语言、VEX IQ 机器人				
特长	机器人、数学、英语、绘画、篮球				
获奖情况	北京市机器人工程挑战赛　一等奖 第四届智学 AI 机器人竞赛活动 VEX 邀请赛（VEX IQ 小学组）　全能奖、联队冠军、一等奖 北京市西城区机器人 VEX IQ 项目　二等奖 北京市西城区第十九届中小学师生电脑作品大赛机器人竞赛　一等奖、3D 创意设计二等奖、创意智造二等奖 北京市西城区中小学生科技制作竞赛　三等奖 全国青少年机器人技术等级考试　四级证书、C 语言一级证书 第 22 届全国中小学生绘画书法作品比赛　二等奖 社会美术水平考级（花鸟）　6 级证书 ESBA 北京夏季篮球联赛（U12 组别）　亚军 获得 KET 证书、PET 证书				

我和很多男生一样，从小就是乐高迷，从摩托车、跑车、越野车、挖掘机、火车、飞机、轮船，到各式各样的建筑和主题套装。我沉浸在拼装乐高玩具的乐趣中不能自拔，直到妈妈带我去参加世界机器人大赛，我才第一次发现原来乐高玩具不仅可以搭建各种场景，还可以利用编程完成各种各样的动作和任务。

在国外参加机器人活动

从那以后我对乐高玩具的兴趣越来越浓厚，并开始系统地学习 EV3 编程，接触到 C 语言、Arduino，同时代表学校参加北京市举办的机器人工程挑战赛，获得了一等奖及机器人四级证书。

越来越多的荣誉让我更加坚定地在机器人学习这条路上不断探索。特别是在遇到西城区青少年科学技术馆的王昕老师后，我打开了学习机器人的大门。王老师深入浅出的讲解让我们轻松就理解了生涩的概念，她循循善诱的教导让我们跨过一道道难关，不断提升自己的创造力和解决问题的能力。王老师不仅帮我打开了机器人学习的大门，更让我结识了一批志同道合的小伙伴。我们一起组装优化赛车，一起设计完善战术，一起组队磨合训练，一起上场披荆斩棘。无论寒冬还是酷暑，白天还是深夜，我们相互鼓励，相互陪伴。忘不了我们因为赛车改装方案互不相让而争得面红耳赤；忘不了我们披星戴月练习刷新自己记录时的欢呼雀跃；忘不了我们在赛场上团结一心一步步夺冠后的喜极而泣……在王老师和队友的支持与帮助下，我圆满地完成了一次又一次的比赛，拥有了迎难而上的信心和底气，更明白了精诚合作、永不言败的含义。

自从第一次遇见，便深深喜欢；有了第一次探索，便执着痴迷。我与机器人的缘分始于此，但绝不止于此，因为我知道，无梦想，不青春！感恩我的恩师——王昕老师的一路引领；感谢我的队友们一路的陪伴和支持，我会在新的征程中，让机器人的梦想更绚烂，让自己的青春更蓬勃！

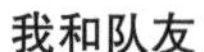
我和队友

我和西科队友在比赛中

6.6　快乐学习，刻苦训练——樊响

姓名	樊响	性别	男	出生年月	2008 年 4 月
学习经历	北京第二实验小学怡海分校 北京第八中学附属小学 北京师范大学附属中学				
机器人学习经历	2014 年开始学习 EV3 2015 年开始学习 C++ 2016 年开始学习 VEX IQ 机器人				
特长	机器人、滑雪、篮球、乒乓球				
获奖情况	2016 年 RobotChallenge 机器人相扑比赛　一等奖 2016 年 RobotChallenge 机器人巡线比赛　一等奖 2017 年 RobotChallenge 机器人巡线比赛　一等奖 2018 年北京市学生机器人智能大赛机器人工程挑战赛（小学组）二等奖 2018 年 VEX 机器人世锦赛（小学组）分区冠军、世界第四 2019 年中国 VEX 机器人大赛暨 VEX 机器人世锦赛中国选拔赛　季军、一等奖 2019 年第十届 VEX 机器人亚洲锦标赛中国选拔赛北大区赛　亚军 2019 年 VEX 机器人京津冀选拔赛　二等奖 2020 年 VEX 机器人世锦赛中国总决赛　二等奖 2022 年第 14 届 VEX 亚锦赛中国选拔赛 LRT 线上赛（初中组）总决赛一等奖 2022 年中华世纪坛智学樱花 VEX 机器人展示活动（初中组）全能奖、联队赛冠军、技能赛冠军				

学习 VEX IQ 机器人以来，经历的赛事非常多，但是让我印象最深刻的就是 2018 年的 VEX 机器人世锦赛、2019 年 VEX 亚锦赛中国选拔赛北大区赛，以及 2022 年中华世纪坛智学樱花 VEX 机器人大赛。

首次参加 VEX 机器人世锦赛

2018 年在参加 VEX 机器人世锦赛的时候，我和几个队友的任务是进行 STEM 研究项目，并负责队伍的对外联络工作。

（1）STEM 研究

STEM 研究需要自己寻找研究题目，并用机器人工程的方式将研究内容展示出来。

我们研究的题目是智能交通灯系统。之所以选择这个题目，是因为我们发现每天在早晚交通高峰（甚至人流并不拥堵时）时，经常会有成群行人闯红灯过马路的情况。据调查显示，北京市每年因行人不遵守交通规则造成的事故多达上千起。因此我们决定对此现象进行研究并提出解决措施。商量好研究内容以后，我们就开始探讨研究方案，并做好了分工：

1）在家附近找两个路口。

2）每个路口的两边分别分派一个人。

3）每个人只记一条路来往的行人。

4）在一天中取四个时间点进行观测。

随后，我们在家附近找了两个路口记录下相关数据。

智能交通灯

时间段¥	正常过马路/人次	单人闯红灯/人次	正常过马路/人次	单人闯红灯/人次
9:28的绿灯	201	15	48	9
10:39的绿灯	142	17	30	8
12:13的绿灯	157	29	24	10
17:05的绿灯	351	18	55	19

STEM 研究调查数据

通过实际调查，我们发现闯红灯的现象比较普遍。这是一种很危险的行为，可能导致交通事故甚至人身伤亡。那么怎么才能通过机器设备对该行为进行警示呢？我们首先想到要在路口安放检测行人的设备，在搭建工程模型时我们选用了超声波设备来检测是否有行人通过。另外，我们还用 LED 来模拟红绿灯，通过 VEX 主控器来作为控制器。这样，就设计出了配合交通灯的智能警示设施。当绿灯亮起时，行人可以正常通过。当黄色灯亮起并闪烁时，提示行人即将变灯。当红灯亮起时，同时开启安全警报装置。如果超声波设备检测到有人闯红灯，警报装置就会被激发启动，发出很大的刹车声音来提示行人，以达到提醒行人止步的作用。

硬件设施制作完成后，我们开始讨论编程问题。我们使用 ROBOTC 编程语言中的“setTouchLEDColor”命令来控制 LED 的颜色，使用“if（getDistanceValue）”来探测行人，并使用“playSound”命令来发出警报声响。这样，我们的工程项目就搭建完成了。因为世锦赛答辩是采用英文交流，我们将答辩内容进行翻译并反复练习，最终，我们顺利通过了答辩。

（2）通联工作

我在这次世锦赛上的另一个任务是负责赛队的通联任务。因为世锦赛每个分赛区都有上百只队伍。根据规则，各队要通过抽签方式来决定本队每场比赛的合作友队，并要在短暂的比赛间隙找到下一场友队，和他们快速商议合作战术，并进行模拟演练。这其中的时间压力

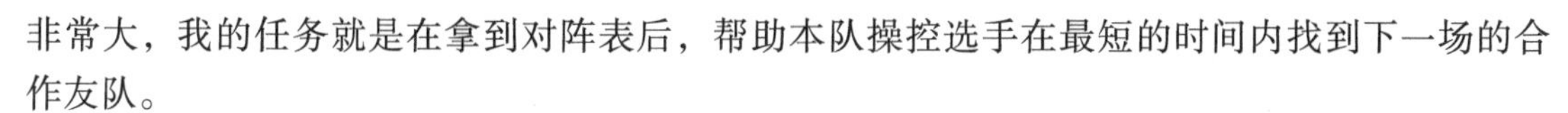

非常大，我的任务就是在拿到对阵表后，帮助本队操控选手在最短的时间内找到下一场的合作友队。

这个任务看似简单，但是做起来却并不轻松。首先，各队的位置很分散且不确定，需要一个一个去寻找。其次，很多场次之间的时间间隔很短，有时只有十几分钟。有时，我们下一场的友队因为还在进行上一轮次的比赛，可能在他们场地上找不到人。另外，即使找到了友队，要在短暂时间内用外语沟通战术并进行演练，难度也很大。

为了完成通联任务，在比赛当天拿到对阵表后，我就迅速把所有合作队伍的位置都找到了。之后，我和他们一个个进行联系，提前告诉他们我们的具体位置，以方便比赛前进行训练。另外，我还运用自己的英语优势，在最短时间内让合作队伍了解我们的策略和具体打法，以便提高合作效果。最终，我们在赛场上获得了分区赛第一名，总决赛世界第四的好成绩。

2018 年 VEX 机器人世锦赛分区冠军

我在 2018 年 VEX 机器人世锦赛场馆外

长白山夺取亚军

2019 年 9 月 23 日下午，一部满载选手的中型客车在奔向白山机场的路上。车里非常热闹，有的在说笑，有的在唱歌，有的在玩游戏，而我却靠在车窗旁沉思。回顾全国 100 多支赛队汇聚长白山的盛况，想想我们队的 15 场鏖战，看着手里的奖杯——“2019 第十届亚洲机器人锦标赛中国预选赛北大区赛 VEX IQ 小学组 团队协作亚军奖”，作为西科 15159D 队的队长，我心中不禁兴奋而感慨：“这是多少次练习和打拼换来的荣誉啊！”

（1）赛前：稳健搭车，刻苦训练

比赛用车是取胜最重要因素之一。比赛前，为了把赛车做到极致，我耗费了两个通宵才完成基本架构和大体模样。我印象最深的是这部赛车的底盘，凡是能加垫片的地方都加了，凡事能用插销加固的地方也都加固了。这样赛车既保证了足够的灵活性，又保证了底盘的稳固性。指导老师操作该车后，曾高兴地评价：“这部赛车是我见到的最快最稳定的车！”。正是因为可靠和稳定，我们的赛车在训练中从没有抛锚过，车体结构也没有出现过重大问题，为后面的训

练节省了大量宝贵的时间。

（2）初赛：稳扎稳打，打出节奏

初赛第一天一共比了七场，前两场比赛我们打得一般，只打出了平时训练的最低分。对此，我们及时调整比赛策略，第三四场打的成绩还不错。第五场因为合作队友在最后时刻动了一下遥控器，导致高框掉了下来，所以分数很低。第六、七场，我们引导友队，以我们队战术为核心进行比赛，最终打出了我们训练的最高分。我和队友击掌相庆，高兴地抱在了一起。最后我们以总排名第三名的成绩晋级了决赛。

（3）决赛：统筹战术，拼到亚军

决赛前，我们和合作队伍进行合练，我们是吸球车，他们是翻斗车。我们一起制定出了方案并练习了十几局。战术还以我们为主，我们打四框十二球，他们打三框八球。

第二天，决赛开始了。由于有队伍打出 148 分的高分，给我们无形中带来了不少压力。我刚开始的吸球很顺利，但在高框放球的时候出了点意外，没有完全夹住框就倒球了，导致框上只有三个球。与此同时，合作队友把中框放好了，正在捞红框旁边的球。我努力想把失去的球给挣回来，但时间却已到更换操作手的时间了。幸好搭档及时补上，吸完球后，放在蓝框上，再拿起另外一个蓝框，合作队友也拿起两个红框。两边一交换，分别放在相应的位置上。搭档又在框底吐进去两个球，并在框上放了四个球。这时只听裁判最后倒计时，“三、二、一，停！”比赛结束了，当裁判报出我们获得了 149 分时，我们激动得抱在一起，流出高兴的泪水……谁能知道我们为了这一时刻刻苦训练了多少次，又等待了多久！

亚军奖杯

比赛颁奖

（4）赛后：复盘总结，继续再战

对于这次比赛，我总结出了三点收获：

1）完成好自己的任务。比赛中不管是与强队还是弱队合作，我们都要先做好自己的工作，减少失误。这样才有可能最后取得稳定的总体成绩。

2）鼓励引导水平弱的合作队队友。在比赛中遇到强队队友是幸运，但更多时候会遇到一些水平不太高的合作队。这时我们要以自己的战术方案为核心去带领、引导他们一起取得高分。

3）心态很关键，在得意和失意之间要及时调整。比赛不仅比技战术，更比心态。如果上一场比赛打得不好，要是不及时调整心态，很可能会影响到后续比赛，所以要学会控制情绪和心态。这样才是高手应有的心态。

收获 VEX IQ“百发百中”大满贯

转眼间，我已经升入初中。虽然学业压力增大，但我还在继续追逐梦想，继续在 VEX IQ 机器人比赛中创造自己的新纪录。2022 年 4 月，我在北京市学生创客活动、中华世纪坛智学樱花 VEX 机器人展示活动中，首次获得了自己 VEX 比赛生涯中的大满贯：VEX 初中组全能奖、联队赛冠军、技能赛冠军。

宝剑锋从磨砺出，我明白要想取得优异的成绩，一定要下“笨功夫”。练习、练习、再练习，这是我取得此次大满贯的基础。比赛前 2 个月，我坚持每天在家练习不少于 1 小时。在此非常感谢学校尚章华老师的指导和支持，让我在不耽误学校教学的前提下可以每天使用赛台和道具进行练习，同时也非常感谢爸爸每天一丝不苟地陪练、复盘和总结。

比赛面临的困难很多，只有迎难而上才可使困难化为良机。技能赛是此次比赛的难点，也是我练习次数最多的一个项目，每天至少要练习 20 次。每天训练完，我都感觉腰酸腿疼，一点儿也不想动。技能赛的一大困难是机器受场地影响很大，不同赛台的摩擦系数不同，对机器运动会有不同影响。为了使赛车适应比赛场地的摩擦力情况，需要在现场把编写好的程序参数进行重新调整。在打手动赛的间隙，我先后调了十多次程序参数才使赛车运行情况达到最佳效果，最终打出了 152+70、总分 222 的成绩，超过第二名 140 分。

2022 年首次获得比赛大满贯：联队赛冠军、技能赛冠军和全能奖

全能奖是 VEX IQ 含金量最高的奖项。保持乐观、积极抗压，是我 1 分钟手动赛取胜的关键。在赛场内打比赛时，只有做到 1 分钟内心无旁骛、听不到嘈杂声，才能做到全情投入，打赢比赛。另外，出色的工程笔记对于全能奖评选也非常重要。这次，在全面处理好每项比赛任务的情况下，我终于赢得了全能奖，也拿下了自己比赛生涯中的首次“大满贯”——联队赛冠军、技能赛冠军和全能奖。

6.7　我与机器人——冉晓墨

姓名	冉晓墨	性别	女	出生年月	2011 年 4 月
学习经历	北京市玉泉小学				
机器人学习经历	单片机、乐高、VEX IQ				
特长	编程、英语、数学				
获奖情况	2020 年北京市西城区青少年机器人大赛工程挑战项目竞赛（小学组） 一等奖 2021 年第十一届“中鸣杯”北京区际青少年机器人联赛虚拟竞赛（小学组） 一等奖 2021 年 VEX 机器人世锦赛中国总决赛　二等奖、设计奖 2021 年 VEX 机器人世锦赛亚太分区赛（小学组） 二等奖 2021 年智学 AI 机器人竞演活动 VEX IQ 机器人邀请赛（小学组） 亚军 2021 年 VEX 机器人成都西区赛（VEX IQ 小学组） 全能奖、一等奖 2021 年全国青少年无人机大赛（北京赛）旋翼赛团体接力飞行赛（小学组） 二等奖 2021 年全国青少年无人机大赛（北京赛）个人飞行赛（小学组） 一等奖 2021 年全国中小学信息技术创新与实践大赛（NOC）决赛（小学高年级组） 一等奖 2021 年北京市海淀区信息学奥林匹克比赛（小学组） 二等奖 2021 年第十三届蓝桥杯北京赛区 C++ 中级创意编程组　一等奖 2022 年第十四届 VEX 亚洲机器人锦标赛中国选拔赛（VEX IQ 小学组） 分区赛一等奖 2022 年第十四届 VEX 亚洲机器人锦标赛中国选拔赛（VEX IQ 小学组） 总决赛季军				

喜欢上机器人是因为和爸爸一起在美国上学的时候，学校设计了很多丰富多彩的课外活动。我参加了其中一个机器人课外班。老师用非常浅显的语言，教我们进行非常简单的编程。这让我发现，几行简单的代码竟然能让机器动起来，真是太神奇了！

在华盛顿有很多博物馆，周末也经常有各种 STEAM 展览，爸爸常带我去看各种有意思的机器人。这段经历让我萌发了一个想法：以后要做一个聪明的“码农”，设计程序，操控机器人完成各种复杂的功能。

回国以后，机缘巧合地认识了国内首屈一指的机器人竞赛权威、VEX 世界冠军教练——王昕老师。她为我打开了一扇通往精彩的机器人世界的大门。

第一次参加正式比赛是 2019 年西城区工程挑战赛。在西城区青少年科学技术馆工程挑战队的三位经验丰富的老队员的带领下，我们设计的冬奥题材机器人完成了一系列精巧的动作，从设计理念到现场展示等各环节都打动了评委，最终不负众望地得到了一等奖。这是我得到的第一个机器人比赛的重要奖项，大大增强了我的信心。之后我把在单片机课堂上学到的东西和实际生活结合起来，设计出一些很好的创意作品，并能利用编程知识去实现机器人的各种功能。后来，我进一步了解了中鸣、EV3等机器人的许多技术知识，还在当年的北京市中鸣机器人大赛中获得了北京市一等奖。

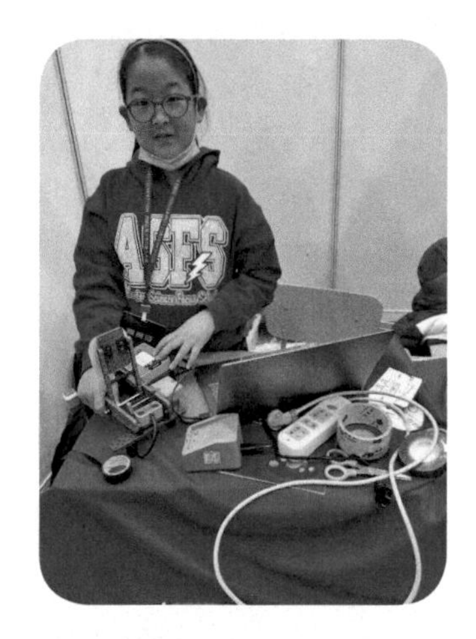

在接触到VEX机器人之后，我认识到这才是我的最爱。它可以把工程设计、编程以及运动竞技非常完美地结合起来，体现出选手的综合实力。而且，如果自己的实力过硬，还可以通过层层选拔，到美国参加VEX机器人世锦赛，与全世界的VEX高手同场竞技。因此，我毫不犹豫地喜欢上了这个项目。

不过，刚开始接触VEX的经历挺一言难尽的。因为我自己在操作上不熟练，加上这个项目需要非常过硬的心理素质，所以开始参加的几场比赛都没有获得好成绩，心理上也有些挫败感。我感觉自己可能并不那么适合这个综合性的竞技项目，开始打起了退堂鼓。王昕老师知道以后专门找我谈话。她鼓励我说，喜欢机器人项目的女孩子相对比较少，而我是真心喜欢，而且她觉得我在设计上经常有很巧妙的思路，动手能力也比较强，如果坚持下去，应该能打出很好的成绩。王老师的话让我重新获得了信心。在和小伙伴们不断磨合之后，我们终于开始在各种比赛上斩获佳绩。在连续获得几个市赛和地区赛一等奖之后，2020年我们在广东佛山举行的VEX IQ国赛上，终于凭借扎实的设计、工整丰富的工程笔记，以及团队赛的优秀成绩，获得了国赛二等奖和最佳设计奖。根据VEX竞赛规则，我们也获得了直接进入当年VEX机器人世锦赛的入场券。这真是太令人激动了！

接下来的日子，我们全队抓紧一切的时间，在课余时间辛勤地练习。“拔地而起”是这个赛季的比赛主题，要求选手在1分钟之内，将散落在场地不同位置的障碍物垒成三个一叠的“柱塔”，还要操控机器人将这些柱塔移动到指定的分区，形成不同的形状。我们设计了不同的路线，试验了各种搭建方案，经过不断地练习，终于能够在1分钟之内完成清场任务。带着这份信心，我们踏上了去往甘肃酒泉VEX机器人世锦赛亚太分区赛的旅程。

VEX机器人世锦赛亚太分区赛是因为受疫情影响，选手无法前往美国而在国内举行的本赛季最重量级的比赛。来自国内最顶尖的赛队都参加了这次比赛。经过比赛，我发现自己在参加比赛的时候，临场心态还需要进一步加强。当和最厉害的对手进行比赛时，周围是震耳欲聋的背景音、无数双注视着你的眼睛，人很难不紧张。这次比赛有得有失，得到的是参加重量级比赛的经历和经验，最终我们获得了二等奖；遗憾的是没有拿到直通下个赛季世锦赛的名额。所以，我们需要加倍努力，争取2022年能凭借自己的辛勤和汗水卷土重来。

根据新赛季新的项目主题，我们需要设计新的机器人，要能把 22 个黄色的球吸进赛车之后，再从恰当的位置将其弹射进得分区。王老师帮着我们设计了整个赛季的竞技战略。赛季第一场重要比赛是“智学”北京赛。在这次比赛中，我们在预赛阶段发挥不太稳定，但最终凭借沉着和良好的心态进入了决赛。在决赛上，我们稳定发挥出了很好的竞技水平，最终获得了比赛的亚军。携着亚军的余勇，我参加了 2021 年五一期间在成都举办的华西区赛。比赛期间，成都的美景根本无暇欣赏，我整天待在宾馆里改善机器，熟悉线路。最后，我在团队协作赛、技能赛和工程笔记上都取得上佳表现，凭借团队协作赛初赛第一、决赛一等奖、技能赛季军和工程笔记第一名的成绩，获得了全能奖，再一次得到了进入 VEX 机器人世锦赛的机会。同时，这次比赛也更好地锻炼了我的心理素质和比赛经验。

接下来的日子在紧张的学习和参赛中度过，我参加了亚太线上赛，获得了季军的成绩。

进入新的赛季，我希望能够更好地提升自己，在即将到来的大赛上做好充分准备，争取取得更加优异的成绩。

6.8 我的机器人学习之路——汪恺元

姓名	汪恺元	性别	男	出生年月	2011 年 3 月
学习经历	北京市西城区黄城根小学				
机器人学习经历	2018 年开始学习编程、机器人				
特长	机器人、游泳、篮球、高尔夫				
获奖情况	2020 年 VEX 机器人世锦赛中国总决赛　设计奖 2021 年 VEX 机器人世锦赛亚太分区赛　二等奖 2022 年北京市西城区第二十一届师生信息素养提升实践活动机器人暨人工智能竞赛（VEX IQ 小学组）第一名 2022 年中华世纪坛智学樱花 VEX 机器人展示活动（VEX IQ 小学组）一等奖 2022 年中华世纪坛智学樱花 VEX 机器人展示活动（VEX IQ 小学组）技能赛亚军 2022 年中华世纪坛智学樱花 VEX 机器人展示活动（VEX IQ 小学组）巧思奖				

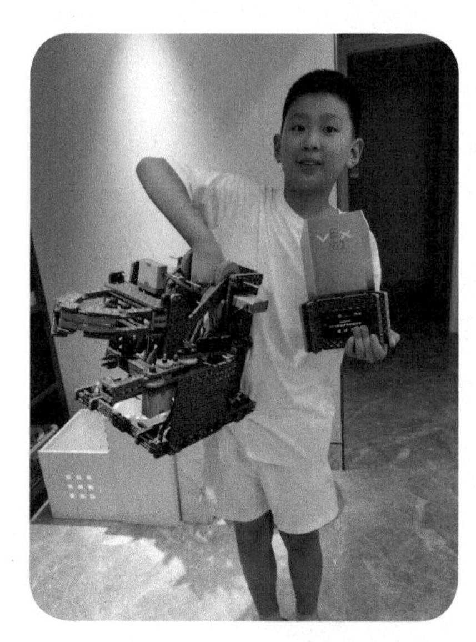

2020 赛季我和我的机器人及获奖照

初见 VEX IQ

3 岁的时候我就很喜欢各种搭建玩具，5 岁的时候就可以一个人完成了“消防总署”的搭建。2020 年我进入西城区青少年科学技术馆跟着王昕老师一起学习机器人。

王老师是国内 VEX 项目的引领者，连续几年带领“西科”队员征战美国世锦赛并拿下世界冠军。王老师教我们如何编程、搭建机器人。通过学习，我可以用程序使机器转向、绕开障碍物，可以安装传感器使机器识别到某种颜色后进行后退、绕开……我逐步知道了人工智能在生活中的运用，懂得了扫地机器人、洗车机器的原理。通过一台计算机和机器人零件，我们就可以设计机器人解决生活中一些小问题——编程机器人仿佛为我打开了一扇新世界的大门。

2020 年 VEX IQ 的赛季主题是 RISE ABOVE（拔地而起）。我和队友张子上、冉晓墨组建了赛队 88299C，开启了新赛季。我们在一次次改进赛车的过程中感受到了学习的快乐，在一次次训练中感受到了竞技的乐趣。竞技比赛要想得高分，没有捷径，唯有努力训练。我们三个队员来自两所学校，平时要上学，我们只能在放学后和节假日进行合练。这样我们就需要处理好学习和训练的关系。为了这份热爱，“我们”都没有了假期——节假日都变成了训练时间，当然其中还有爸爸妈妈们的付出。

菜鸟起步，小试牛刀

2021 年 4 月 8 日前往佛山第一次参赛，赛前王昕老师叮嘱了我们注意事项，还打印了一张参赛物品明细。比赛开始后，我觉得王老师赛前的嘱咐真是实战比赛的万能小贴士。

1）赛前做足充分的准备：电池充电、遥控器充电，检查并保护好核心竞争力——“机器人”。（这些不是老生常谈，赛场上几乎每天都会出现摔坏机器、上场没有电的小意外。）

2）稳定心态：联队预选赛一定不要刻意追求特别高的分数，以防造成失误，踏踏实实稳定完成比赛就行。无论遇到强队劲旅或者弱队菜鸟，都要保持好稳定的心态，做好自己。

3）认真复核：技能赛、场地赛、自动赛之前都要认真确认核对队号，赛后核对成绩签字。

4）赛场上合理规划：7 场联队比赛间隙有 3 次机会打技能赛，除了找联队队伍完成 7 场联

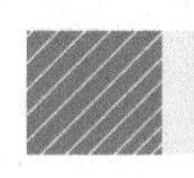

队赛的策略商议、合练、比赛，还要合理安排时间完成 3 场手动、自动技能赛。另外，还要应对工程笔记的答辩。这些成绩对于全能奖评选都非常关键。

第一次参加比赛非常紧张，比赛时间也非常紧凑。联队训练后马上就上场比赛，前两场比赛我们出现失误，一直落后。下一场上场之前我压力很大，我问妈妈：“如果我输了，你还会爱我吗？”妈妈说：“无论输赢，你都是我最棒的儿子”！最终比赛结束，我长舒了一口气，175 分，是我的首秀成绩，也是那个上午我们赛队拿到的最高分。有了这个成绩，我们全队士气大振。那一刻，我感觉自己像一个战士，有了舍我其谁的信念。最终我们以还算靠前的联队成绩和出色的工程笔记，拿到了设计奖，取得了进入酒泉世锦赛（分区赛）的名额。

世锦赛中国总决赛比赛照片

88299C 队获奖后与王老师合影

再接再厉，积累比赛经验

酒泉世锦赛亚太分区赛之前我们只有一个月的备战时间。时间紧，任务重，我们每天放学后就抽时间改车、训练。通过训练我们打出了多次 270 以上的高分，几乎每天都进行高强度训练、复盘、修车、改车……

2021 年世锦赛亚太分区赛比赛结束后合影留念

备战期间我还发烧生病了一次。不过那一刻我竟然感到“现在”生病真的很“幸运”——幸好不是在去比赛的途中发烧、不是在赛场上发烧。要是那样我就无法比赛，我们队伍该怎么办？在那一刻，妈妈给我点赞说：好样的！有对队伍队员的责任感，有担当！

终于比赛到来了，一切有序开始：报道，检录，熟悉场地。大赛很多时候是比技术，但更比心态！刚接触 VEX 的我们，能参加这么大的赛事，站在世锦赛分区赛现场，我觉得真的“不敢相信”。一场场比赛，我们除了尽力打好，也期待运气能好一些，遇到强一些的合作队友。最终我们获得了 2021 年 VEX 机器人世锦赛亚太分区赛二等奖。我们的第一个“菜鸟起步”赛季结束了，经历大赛，我们学习成长了很多。以后要多多参赛，积累经验，突破成长。

新赛季起步，接连受挫

2021 年 6 月 8 日，2021—2022 新赛季规则颁布。在集训中我们开始接触新任务、新场地、新机器、新策略物，初步完成操作。

很快我们迎来了新赛季第一场比赛——2021 年智学机器人竞演活动 VEX IQ 北京邀请赛。比赛一开始我们发挥出色，信心满满，分数、名次遥遥领先，排名靠前。但由于过于自信，下场比赛时对赛车没有认真检查，导致得分很低，心态受到很大影响，整场比赛心态起伏过大，最后输得垂头丧气。同时在赛场上我们见到了各种各样的赛车，有的赛车不仅速度快，而且投球稳定，很有优势。回来后我们调整心态，重新搭建和优化了赛车，改善了吸球功能，解决了卡球问题。关于比赛心态，我们还存在不少问题。我们参加的比赛还比较少，通过这次比赛深刻感受到必须沉稳训练、沉着比赛，才能让自己真正成长起来。

刻苦训练，输够了才能赢！

学习机器人、参赛，以及一场场比赛经历告诉我们：要苦练技术提升自己的实力，即便与弱队合作，也要勇于迎接挑战。只有一个队伍能拿到两个队伍的得分，方能不惧风雨。我们不断鼓励自己，坚持！

王昕老师鼓励我们：“成功没有捷径，刻苦训练是成功的必经之路！”我们又开始了不断练习、优化、复盘。我们没有停留在训练层面，还看训练、比赛视频，并且两个操作手互相寻找不足。我们还经常约几支队伍一起合练，相互切磋，一起进步。在合练中，我们继续优化线路，强化精细动作，减少失误，提高成绩，挑战高分。训练不是一两句话能够概括的，每天放学训练、节假日训练，日常训练强度达到一定程度甚至引起了梁断。我们保留了自己的“战绩”（断梁）——那确实是刻苦训练的印记。同时这也提醒我们完成了赛车的改进，更换梁并加固柱节。

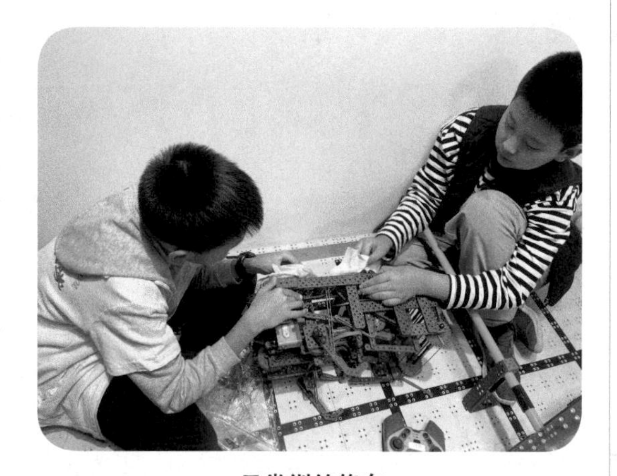

日常训练修车

训练多了就有了“人车合一”的感觉，我和赛车成了形影不离的好友。我们总结了操作时行车线路要领口诀：1 ~ 4 球，“拐、直、慢、斜、退、撞、投”；5 ~ 8 球，“直、直、斜、斜、转、撞、投”。我想这是我和队友备赛训练期间做梦都会念叨出来的口诀吧。

最终，功夫不负有心人，努力训练换来了 60 秒可以完成 22 球 + 低挂的成绩。我们也以 VEX IQ 小学组第一的成绩入围了北京市赛。

中华世纪坛智学樱花 VEX 机器人展示活动也如约而至。想到去年失误时的狼狈不堪，我们这次为了理想一定要拼尽全力。那一刻我们比任何时刻都有要赢得比赛的信念和决心。

8 场比赛联队表出来后，我们了解了各联队的情况：不妙！前两支队伍都是“新”队伍，一个队伍比赛前两天刚组队，能完成 1 ~ 4 球，另外一支队伍基本上能完成 4 ~ 6 个球，完成度很差。我们心情很失落，开始的成绩非常不理想。关键时刻我们求助了场外王昕老师，王老师指导我们：“千万别急，碰到弱队好好沟通，可以让他们少打，靠你们自己多进球，要自己成为大鸟带着联队队友一起飞！”。

之后我们第三轮 146 分、第四轮 152 分渐入佳境，排名从 27 名上升到第 7 名。前 20 名进决赛，我们靠一场场努力前进了 20 名，超越了 20 只队伍。这种逆风翻盘的感觉真的超级爽！

下午的总决赛，我们信心大增，心态稳定了很多。比赛开始，我们抱着赛车坚定地走上场，检查场地，再次复核线路。那一刻，场下所有目光都在我们身上，而我们的眼神始终停留在场地、策略物和赛车上，全神贯注。确认完线路后，队友拍拍我的背，我们俩互相鼓励，并对联队的队友说了句：加油！最后我们以总分 152 分获得了总决赛联队亚军，并斩获了技能挑战赛亚军、巧思奖共三个奖项。

2022 年中华世纪坛智学樱花比赛

复盘比赛，从开始无缘决赛的名次，我们抗住压力一点一点上升，超越 20 支队伍，到最后获得亚军。这让我们知道努力就会有收获。也许有时候运气会差那么一点点，但努力和勤奋会使机会倾向你！我想用谷爱凌姐姐的一段话与大家共勉：“比赛的目的是去赢，同时也一直提醒自己要去享受过程。不要害怕摔倒，不要害怕输，因为所有人都会有的。但是最重要的是再站起来，再接着去挑战”！

VEX 奇妙之处就是永远不知道下一秒会发生什么，不知道联队队友是菜鸟还是高手。我们可能还会输，但可以肯定，我们会不断成长，会一直努力，永不放弃，会领略到更美的风景！谢谢 VEX 陪伴我一起成长！

6.9　我的 VEX 学习之路——张子上

姓名	张子上	性别	男	出生年月	2011 年 6 月
学习经历	北京市黄城根小学				
机器人学习经历	2017 年开始学习乐高 2018 年开始学习挑战者小威奇（中鸣机器人） 2019 年开始学习 VEX IQ				
特长	机器人、篮球、美术、写作				
获奖情况	2020 年第四届智学 AI 机器人 VEX 全国邀请赛　一等奖、最佳创意奖 2020 年北京市西城区第十九届中小学师生电脑作品大赛创意智造项目　一等奖 2020 年北京市西城区第十九届中小学师生电脑作品大赛机器人项目　二等奖 2020 年西城区青少年机器人大赛 VEX IQ 项目竞赛（小学组）　二等奖 2020 年北京市黄城根小学科技嘉年华活动　一等奖 第三十届“叶圣陶杯”华人青少年作文大赛　全国三等奖、省级二等奖 中国 - 匈牙利少年儿童美术创作交流展 2022 北京冬奥会“冬奥文化传播小使者”				

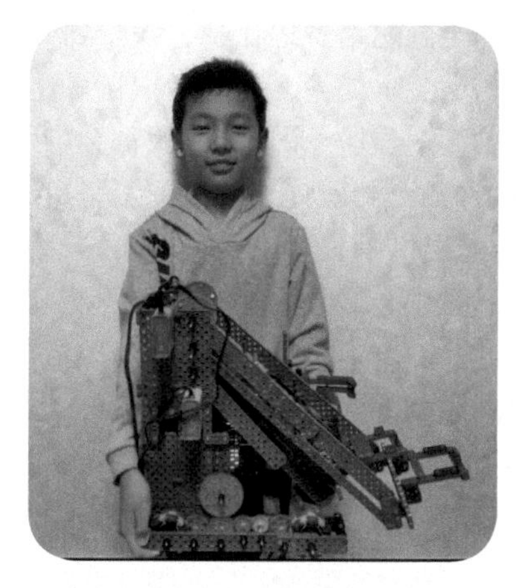

我很喜欢机器人，曾经学习过乐高、挑战者小威奇机器人，参加过清华大学终身学习实验室的“TULLL 硬核科创暑期营”。2019 年暑期，我开始在北京市西城区青少年科学技术馆学习 VEX IQ 机器人。尽管我学习的时间并不长，但在王昕老师的指导之下，我努力训练，并以西城区青少年科学技术馆 88299C 队主控手身份参加了 2020—2021 赛季的 VEX IQ 比赛。这一赛季的主题是“拔地而起”。我和队友合作设计、搭建赛车，优化赛车结构，编写赛车程序，讨论比赛策略，并利用暑期、周末和课余时间进行训练。

2020 年 10 月，我参加了第四届智学机器人 VEX 全国邀请赛。因为是第一次参赛，比赛那天我既兴奋又紧张。在赛前检录、验车后，我和队友找到训练地点进行赛前准备，参加赛前选手会议了解比赛规则。等到比赛名单出来后，负责对外联络的队友第一时间找到名单上的合作队伍，提前安排接下来的合练计划。

我们第一场比赛的合作队是同样来自北京的一支参赛队。我们交流了各自比赛的线路策略。因为对方按照目前能力只能推进一层的三个框，所以对我们提出了很大的挑战。根据交流后确定的比赛战术，我们选择了一套能够平衡双方实际情况的打法，并在赛前进行了几次磨合

训练。不过很遗憾，第一场比赛得分很低，完全没有打出我们的训练水平。接下来的两场比赛也是同样情况。上午的比赛成绩非常不理想，可以说是开局不利。下午，我们积极调整了心态，尽可能放下思想包袱，希望能够尽量追赶。全天比赛后，我们的分数较上午有所好转，但第一天比赛排名仍然只处在所有队伍的中后位置。带着一天比赛的疲惫，我晚上到家后又回顾了一天的比赛经历，总结了经验教训，发现很大的问题是一开始期望过高，面对不同合作队伍没有调整好心态和战术。实际上预赛时我们不用追求过高分数，每场只要得到一个较好的稳定分数，进入前 20 名就可以打入决赛。于是，我不再多想，让自己保持最好的状态，希望把明天剩下的三场预赛尽全力打好。

我们在第二天第一场比赛中，吸取了前一天的教训，与合作队伍就比赛策略进行了反复探讨，经过多次磨合练习，得分基本能够稳定在 210 分左右。这也是这次比赛发挥比较正常的水平。比赛开始后，第一场比赛如我们预期那样实现了稳定发挥，得分开始大幅提高。第二场和第三场，我们也越战越勇，最终成功逆转，进入决赛。

但决赛的特点和预赛又有所不同，需要尽可能超水平发挥，打出高分。也许是因为在上午比赛中倾注的精力过大，加之心态不够稳定，在决赛中我们并没有打出理想成绩，但这次比赛还是让我们收获很大。

经过不到一年的 VEX IQ 机器人学习，以及通过参加全国邀请赛等比赛，我学到并收获了很多。首先，学习 VEX IQ 让我很好地锻炼了工程思维，学会了如何全面思考。在搭建和改进赛车的过程中，最重要的就是发现问题和解决问题的能力。每解决一个问题，我都会特别兴奋，充满成就感。其次，VEX IQ 让我接触了 C 语言编程，为今后学习程序设计打下了坚实的基础。计算思维能够提高解决问题的效率，为我们解决复杂问题提供了很好的工具。第三，VEX IQ 培养了我与队友之间的协作能力。在一同训练和比赛的过程中，必须要有很好的团队精神，才能克服种种困难，获得最终胜利。

在 VEX IQ 的学习道路上，我享受到了学习和比赛的乐趣，收获了成绩和友谊，也得到了很好的实践锻炼。我十分喜欢这项活动，会一直坚持学习。在王昕老师的指导下，我会继续努力提高自己的水平，争取在 VEX IQ 比赛中取得更好的成绩。

我们在搭建机器人

我们在比赛现场

6.10　一个 VEX IQ 队员的喜怒哀乐——贺小迪

姓名	贺小迪	性别	女	出生年月	2010 年 6 月
学习经历	北京市三里河第三小学				
机器人学习经历	3 岁开始学习乐高机器人课程 9 岁开始学习 VEX 机器人课程				
特长	手工				
获奖情况	北京市西城区第十九届中小学师生电脑作品大赛机器人项目　一等奖 2020 年西城区青少年机器人大赛 VEX IQ 项目（小学组）一等奖 “北京创客盛会”第四届智学 AI 机器人竞演活动 VEX 邀请赛（小学组）一等奖、最佳惊奇奖 2020 VEX 机器人世锦赛中国总决赛（VEX IQ 小学组）一等奖、团体协作亚军、出色女孩奖				

我是北京市西城区青少年科学技术馆 VEX IQ 机器人项目 88299V 队的队员贺小迪。我们队在 2020 VEX 机器人世锦赛中国总决赛中获得了 VEX IQ 小学组一等奖、团体协作亚军和出色女孩奖，并获得了 VEX 机器人世锦赛参赛资格。参加 VEX 机器人世锦赛的经历让我从一个懵懂的小女孩成长为一个爱学习、会思考、有目标、敢拼搏的机器人高手。

88299V 队员初见面

我和我的队友叶颖悠是在 2019 年 9 月相识的。那是我第一次在北京市西城区青少年科学技术馆上 VEX 课程，我以为班里只有我一个女孩，到了教室我惊喜地发现，班里还有一个女孩，当时我还不知道，这次偶遇将成就未来的全国亚军，乃至世界冠军。

一开始，我有些害羞，害怕会和这个女同学合不来。后来，我勇敢地和她做了同桌，和我一样她也是五年级学生。就此，我们开启了一段专属女孩的 VEX 之旅。

时间到了 2020 年 9 月，88299V 队建队了。我们都很激动，但同时也很紧张，生怕西城区青少年科学技术馆的世锦赛三连冠辉煌毁在我们手上。

队员初见面

紧张的训练就此开始

一开始，因为我们是新手，所以不知道平时该如何更好训练，于是就慢悠悠地你练半小时、我练半小时。这种练法虽然小有成绩，但是不能打出高分，一般只能在 120 ~ 160 分之间。

那么，我们究竟是怎样取得了世锦赛中国总决赛 VEX IQ 小学组一等奖、团体协作亚军和出色女孩奖的好成绩的呢？很大的原因是同样来自北京市西城区青少年科学技术馆的 88299B 队加入了训练。88299B 队是一支老队伍，他们是去年的世锦赛亚军，很有训练方法。我也认识了 88299B 队的队员郭轩铭、王彦哲，还有郭轩铭的妈妈。我非常感谢郭妈妈，也是因为有她的帮助，我们才能打出这么好的成绩。

一开始我觉得郭妈妈很严格，但是后来我领悟到了严师出高徒的道理。在郭妈妈的督促下，我们认真训练，在国庆长假也没有休息，一天 8 小时的训练让我们感到疲惫，但进步也非常明显。在和 88299B 队队员的相处中，我发现了他们的优点，那就是心无旁骛、专注训练。

认真合练

第一次比赛：成绩还不错

终于迎来了第一次比赛，那就是“北京创客盛会”第四届智学 AI 机器人竞演活动 VEX 邀请赛。我和队友来到赛场，熟悉了一下环境后，就开始了紧张的练习。每次上场比赛前，我们要做的就是尽快找到团队协作赛的合作队伍一起合练，以便熟悉比赛线路，打出高分。

第一场比赛给我留下的印象很深刻。按照赛事秩序册找到合作队伍后，我们便开始商量比赛线路并加紧练习。但比赛时人一紧张就容易犯一些错误，比如马虎和遗忘线路之类的。我们的合作队伍就发生了这种情况，比赛前他们没有检查赛车，遥控器失联了也不知道，刚一开始赛车就卡在原地一动不动。我们看到他们卡住，并没有慌张，而是紧急想出了一种新线路，我们把它叫作“临发”，就是临场发挥的意思。我们用这个新线路保住了部分连横和堆叠，虽然成绩不如原计划那么理想，但是也取得了 76 分，总比 0 分好。

第一次上场比赛

显然我们都对这个成绩有些不满，也有些失落。但是我们很快重燃了信心，继续战斗。后面的比赛我们发挥得很理想，总成绩还不错，成功进入了决赛。

第一次决赛：遭遇挫折

决赛时，我们遇到的合作队伍的实力比我们稍弱一些，我们有些担忧，生怕输掉比赛。

合练后，我们发现对方的速度很慢，很难达到合作线路的要求。我们瞬间着急了，想着能不能打一场“临发”，不然他们发挥不好，只得十几分就糟了。这样既对不起自己平时的努力训练，也对不起那些帮助我们的人。当时，对方的家长不同意改变战术我们只好继续合练多遍，但都没能成功，距离决赛上场只有 10 分钟了，我们已经急得脸都红了，没有心情再陪他们练下去了。我们强烈要求打“临发”路线，我们一说再说、一劝再劝，但对方家长始终没有同意。如果成绩不理想，也许不会影响他们什么，但是对我们却有很大的影响，尤其是情绪心态方面。

最终我们的成绩果然比预想的差，只得到 172 分。这可是决赛呀，还没有积分赛打得好。我们的情绪逐渐崩溃，大哭了起来。我爸爸安慰我，给我讲了很多道理，我渐渐明白比赛就和生活一样，很多因素并不是我们自己能控制的，同时这也正是 VEX 机器人比赛锻炼人的独特之处，而我们要做的，就是减少受这些因素的影响，专注做好自己。我们暗下决心，下次比赛一定要打出更好的成绩，不管对方是强是弱，都要发挥出自己的最好水平。

世锦赛中国总决赛：不一样的体验

后面的比赛我们积极面对，一步一步前进，终于迎来了最终的考验——2020 VEX 机器人世锦赛中国总决赛。如果我们通过了中国总决赛，就能成功晋级世锦赛。

2020 VEX 机器人世锦赛中国总决赛在重庆举行，我们提前一天飞到了重庆。一到宾馆我们就开始了训练，但是考虑到第二天就要开始积分赛了，为了有一个好状态，当天晚上我们睡得比较早。

第二天，我们信心满满地到达了赛场。还像往常一样，我们按照秩序册找到下一场比赛的合作队伍进行合练，然后上场比赛。这天我们的成绩并不理想，因为我们新换的遥控手柄并不称手，有些卡顿。一天下来我们的积分赛排名仅位于 35 位，处在被淘汰的边缘，我们非常沮丧，甚至想要弃赛。这一次又是老师和家长鼓励了我们，还想尽各种办法借到了适合我们的遥控手柄，并且一点都不卡顿。我们重拾了信心，准备崛起。

第一天积分赛排名不理想

之后，我们的成绩有了很大提升，最终成功杀入了决赛。在与决赛合作队伍合练时，我们发现两个操控手换手时会多用掉一些时间，不利于打高分。我想了一下，决定放弃我的上场机会，由队友一个人上场比赛，只为拿到更好的比赛成绩。

用另一个视角观察比赛

于是，我就当起了陪练，并在场边帮助队友观察训练情况。没想到，在场边观察让我有了完全不一样的视角，我发现了我们的一个重大缺点，这可能就是决定第一名和第二名的关键点！那就是，我们在打比赛时，总是关心一些和我们无关的因素，导致不能完全专注打比赛。我把我发现的问题告诉了队友，她赞同我的想法，开始更加专注地比赛。最终，我们取得了不错的成绩，获得了这次比赛的 VEX IQ 小学组一等奖、团体协作亚军和出色女孩奖，并收获了世锦赛参赛名额。

我在 VEX 机器人世锦赛中国总决赛的决赛中没有上场。一开始我感到有些悲伤，但是这也让我有机会从另一个视角观察比赛是怎样的，从而发现了一些上场比赛时发现不了的问题。队友的缺点是她太着急，对比赛的专注度不够。我的缺点是手速不够快，需要多加练习。我把这些观察跟队友进行了分享，我们决定认真改进这些问题，在以后的比赛中激起不一样的浪花。

88299V 队，加油！

6.11　从浮华小网红到 VEX IQ 机器人小博主——程巍然

姓名	程巍然	性别	男	出生年月	2012 年 8 月
学习经历	北京市阜成门外第一小学				
机器人学习经历	2020 年开始学习 VEX IQ 机器人				
特长	机器人、棒球、国画、“微博 180 万粉丝小网红”				
获奖情况	2020 年北京市少年科学院小院士　二等奖 2020 年第十一届“中鸣杯”北京区级青少年机器人联赛　三等奖				

我接触 VEX IQ 的时间并不长，也还没有特别出色的成绩，但我可以讲讲我和 VEX IQ 的相遇，以及对 VEX IQ 着迷的原因。

我妈妈在我出生之前就在微博积累了 60 多万粉丝，我出生之后，就变成了妈妈微博的主角。拍视频，拍直播，我信手拈来。但我对很多拍摄并不是真心喜欢，直到我遇到了 VEX IQ 机器人。

我们队员和王昕老师

我和 VEX IQ 第一次相遇是在 2019 年西城区青少年科学技术馆在线机器人嘉年华直播上。那场直播里，王昕老师的 VEX IQ 机器人比赛是最后出场的压轴戏。直播中展示了跟我差不多大的几个小选手在 VEX 机器人世锦赛夺冠的场景。看着他们胜利后的欢呼、冉冉升起的五星红旗，以及队员们站在世界冠军领奖台上的样子，我的兴趣被点燃了！诚实地说，我最初学习 VEX IQ 的目的可能是为了出风头，但后来没想到，我会真地爱上 VEX IQ 这个项目。妈妈曾跟我聊过，热爱和喜欢是不一样的。“喜欢”只是看见就开心，但“热爱”会更珍惜这个事物，甚至为此愿意经历艰难困苦。

能爱上 VEX IQ，我首先要感谢王昕老师的鼓励和支持。王昕老师是我的 VEX IQ 项目的启蒙老师，她是我见过的最有耐心的老师了。我开始上手学习 VEX IQ 时并不顺利，经常一节课都搭不出一个小车。我开始的搭档同学虽然能力很强，但跟我合作不太默契。王昕老师从来没有责备过我的表现，还帮我调整了搭档，嘱咐我要多练习。王老师耐心而友善的态度给了我巨大的鼓励和动力，让我认识到只有多多练习才有可能突破难关。也许大人们很难明白，由于我的性格，我不喜欢被批评指责，否则就可能失去对一个事物的喜爱，是王昕老师的耐心和温柔让我度过了开始学习时的不适应，让我明白只要努力就有可能克服看起来像大山一样的困难。

其次，我喜欢 VEX IQ 的团队性。在遇见 VEX IQ 机器人之前我已经有过乐高等很多类似的玩具了。VEX IQ 是我见过的体型较大并且真的能做出实用生活用品的可编程机器人，而且它的比赛是团队性的，这让我觉得非常棒，因为这样就能让我拉上几个小伙伴一起来玩！这种集体参与一个项目的感觉非常奇妙，它不仅能让我们一起享受快乐，还能把不同性格的人聚合在一起，并为之共同奋斗。在日常学习、生活和比赛中，我们常会围绕 VEX IQ 进行热烈讨论，这也是 VEX IQ 令我着迷的重要原因。

最后，VEX IQ 能做出来的东西真的很多，我试着用它搭建出来很多我见过的东西，比如摇头电风扇、雨刷器、小区自动门等。我也用它搭建出来过一些我自己的独特发明，例如电子皮筋枪、格斗蝴蝶……更多的内容等我以后申请了“专利”再一一告诉大家。

总之，VEX IQ 让我成长了很多，也收获了很多。这种收获无关功利——自从学习了 VEX

IQ，我感受到了一种来自心灵的宁静。尽管我仍然拍了一些关于 VEX IQ 的视频放在了抖音和 B 站上，但我再也没有那种为了拍视频而做事情的功利心。我感觉到在搭建和编程的过程中，一种纯粹的快乐油然而生。这种快乐即便没有“点赞”和阅读量，也能让我开心大笑。当然，如果能在比赛中得奖肯定是好的，不过，即使没有奖项但能够收获欢乐，并且认识那么多有共同兴趣的朋友，也已经令我非常满足了！

今后，我会继续跟王昕老师认真学习 VEX IQ，继续体会它带给我的快乐。朋友们，让 VEX IQ 伴随我们一起成长，也请记住我——VEX IQ 小网红程巍然！

我在制作 VEX IQ 机器人

VEX IQ 机器人网络视频

6.12　60 秒里的三个赛季和成长之路——靖子健

姓名	靖子健	性别	男	出生年月	2009 年 4 月
学习经历	北京市宏庙小学 北京师范大学附属实验中学				
机器人学习经历	2019 年开始学习 VEX IQ 机器人				
特长	机器人、书法、古诗词、乒乓球、滑雪、登山				
获奖情况	2021 年 VEX 亚洲公开赛（小学组） 巧思奖、一等奖 VEX 机器人世锦赛亚太分区赛（IQ 小学组） 风采奖、三等奖 2021 年 VEX 线上技能挑战赛　一等奖 2021 年世界机器人大会 VEX IQ 初中赛事　三等奖 2021 年第五届智学 AI 机器人竞赛活动 VEX IQ 邀请赛　联盟冠军 2022 年北京市西城区中小学生机器人大赛　冠军 第 14 届 VEX 亚洲机器人锦标赛中国线上选拔赛　联盟冠军 2022 年 VEX 机器人世锦赛亚太分区赛（IQ 初中组） 全能奖、联盟季军				

自从 2019 年冬天第一次参加 VEX 活动开始，我被问得最多的一个问题就是“60 秒的比赛该怎么打？”60 秒竟然能进行一场比赛，还能做成世界最大规模的机器人比赛？一点没错，我从最初的菜鸟到拿下世锦赛亚太分区赛的全能奖，历经了整整三个赛季，才明白了这 60 秒里面藏着一个乾坤袋，装着数不清的成长秘籍。

懵懂的第一个赛季

我和 VEX IQ 的缘分其实来得非常晚。2019 年冬天，我已经五年级下学期了，家长单位组织了一次 VEX IQ 的免费学习。据说这个项目非常需要动手组装能力，因为我从小就是一个“组装界”狂热分子，所以家长就给我报了名。

当别的小朋友还沉浸在看绘本的时候，我已经捧着各种说明图纸读得津津有味了。只要和组装有关的玩具，基本没有不喜欢玩的。乐高也好，精细景观模型也好，纸质的、塑料的、木头的、金属的，只要是能组装的，我一概不挑剔。有一次，爱干净的妈妈非要清洗电冰箱，等她拆完密封圈后，发现没有办法装回去了，最后我帮助她把密封圈装了回去，那时我才八岁。之后我又组装了电风扇。到后来，我发现我擅长打中国结，当老师面对我们做示范的时候，我都会自动反转示范画面，一点也不会混乱，这个绝活儿被同学们羡慕得不得了。

由于动手能力强，妈妈觉得我肯定也能把毛笔字写好，所以让我开始学习书法。至今我得到了不少认可，还承包了整个家族的春节对联。没想到这些技能后来也都用在了 VEX IQ 活动里。

就这样，我带着一双灵巧手，自信满满地去参加了 VEX IQ 机器人活动。结果一进去就发现周边的孩子普遍都比我小，而且搭建也只是 VEX IQ 中一个部分而已，它的高级部分（比如编程），我基本都没有玩过，而很多小朋友甚至都学了好几年。但 VEX IQ 活动依然立刻赢得了我的心。它的零部件看起来有一种严谨的气质，不像我过去玩的那种可爱风的拼接玩具。而且它有电子部件，教练把这个称为“操作系统”。我立即就被它吸引住了。

我们的 VEX IQ 活动定于每个周日上午。教练从一些最基础知识开始介绍，让我们了解机器人的三大原则，认识 VEX IQ 的零部件，搭建简单的两驱车，学习编写程序，指挥两驱车直走、转弯等。由于一开始定位在启蒙活动，所以教练没有把 VEX IQ 丰富多彩的赛事活动介绍给我们。

之后我们进行了五次启蒙活动和线上编程课，让我对 VEX IQ 有了初步的了解。

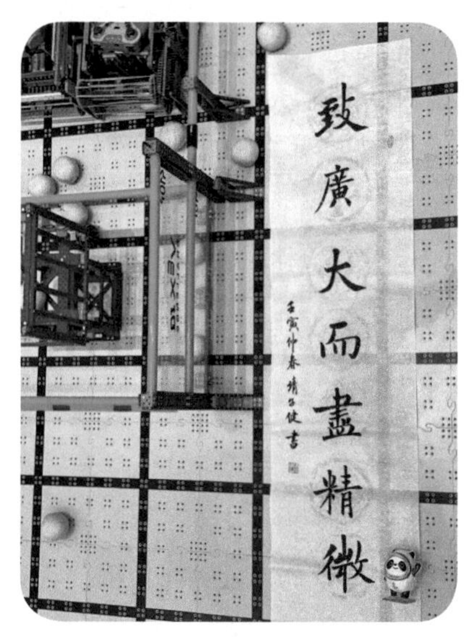

赛季精神

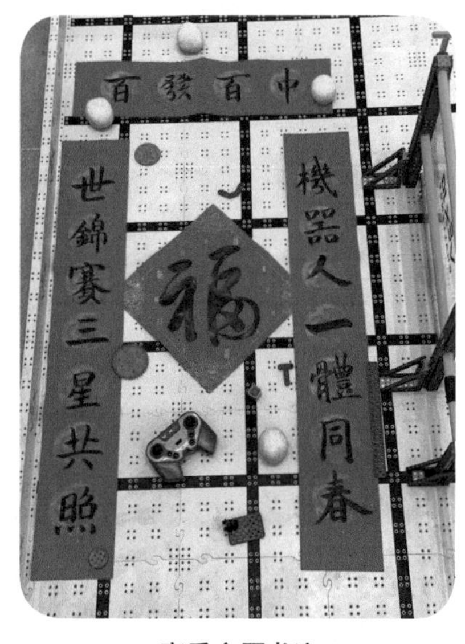

赛季主题书法

跌跌撞撞的第二个赛季

我决定深入学习 VEX IQ 并参加比赛，教练让我们自由组队，我和两个相熟的小朋友施玮烨、孙知遥成了队友。他俩儿比我低三个年级。准备参加比赛后，根据这个赛季的主题要求，选手要在 60 秒内，像叠罗汉一样，把每个得分物叠起来。比赛以成功叠出最多数者为胜者。

我们每周集训一天，我感到虽然一直勤勤恳恳，但训练一直没有太大进步，也从来没有得过满分。有时候，我会有一种无力感，好像无论我如何操作，机器人赛车都不能做出更好表现。

2021 年，世界机器人大会在广东省佛山市召开，这是我们第一次参加线下赛事。一进会场，我们就像刘姥姥进了大观园，赛队好多啊，赛车好帅啊，游戏规则好无情啊。

VEX IQ 的比赛规则是非常耐人寻味的，甚至可以称得上有几分无情。在资格赛中，要通过抽签选择每场比赛的合作队伍，两队联手拿下的得分计为两队该场得分，而这个合作队伍的表现不是你能左右的。很多强队常有可能因为抽签运气不好，导致不能晋级决赛轮。在佛山赛场，我们第一次真实感受到了全国各地战队的实力，特别是一些久负盛名的名校队等队伍。这次比赛，我们最终惨败而归，没有晋级决赛轮。

两个星期后，西安选拔赛就开始了。

不过比赛中我们的“叉车”机还是太慢了。这次比赛遇到的全国各地来的机器人更强，看到那些强大的赛车，我们的“叉车”机器人实在是“自惭形秽”。而且我们的赛车有一个“横移”的动作，非常耗时，会影响得分。许多合作队伍都纷纷“质问”我们为啥有这样一个设计。赛后，我去参观了兵马俑，看到两千多年前，能工巧匠们就能做出像铜马车这样精美绝伦的作品，我觉得我们日后一定要搭建出更好的机器人。

之后我们又参加了在酒泉举行的比赛，这次比赛我们又有了另外的收获。

因为 VEX IQ 属于 STEAM 教育范畴，所以展现选手的各方面才华，也是赛事的重点。这次比赛之前，教练让我写了一幅书法对联，要求巧妙地嵌入赛季主题，用于装饰我们的准备区。此外我们也一直非常认真地准备工程笔记，在展示和答辩环节，我们采用了“疯狂科学家”的时髦造型，这些都取得很好的效果。

酒泉比赛另外一个重大收获，就是遇到了北京市西城区青少年科学技术馆的王昕老师和她的赛队组。在我们比赛的时候，一位女裁判员清脆悦耳的声音在现场响起，其裁决果断，点评到位，立即吸引了我的注意，后来我知道她就是王昕老师。在三天的赛事中，我还留意到王昕老师所带领的队员跟我们有一个很大的不同，就是他们非常熟悉自己的赛车。在比赛之前，他们检修机器人都非常细致认真。比赛之余，我连忙跑去打听，原来他们花费非常多的时间组装自己的赛车，并且在家里随时有空就训练。

返程的路上，我盘点着这一个赛季。从北京到佛山、西安、再到酒泉，行程接近 1 万公里。就在飞机飞越祁连山脉时，我被从来不曾见过的绵延的皑皑雪山震撼了。原来只有到达一定的高度，才能看到罕见的风光。我暗下决心，一定要努力到达 VEX IQ 赛事的顶峰。

我要去学习如何造出强大的机器人赛车。

渐入佳境的第三个赛季

第三个赛季是我收获最大、对 VEX IQ 理解突飞猛进的一年。

这个赛季的主题是“百发百中”。在 60 秒内，选手操控赛车要尽可能多地将球投入篮筐。进入这个赛季，我就是初一学生了。经过努力，我们也成了北京市西城区青少年科学技术馆旗下的 15159B 赛队。2021 年暑期，我们开始了迎接新赛季的集训。

暑期集训的时候，我们遇到了年轻帅气的周启民老师。他负责指导我们搭建机器人。可能是我一直梦想搭建自己的机器人，所以我常常是第一个完成搭建任务的队员。此外，我们也有了自己的赛台、得分物。如果说过去我们主要是每周去练习几次，那么现在就是天天可以玩机器人，机器人赛车是我最心爱的玩伴。

在老师的指导下，我们开始意识到，虽然只是 60 秒的竞赛，但要练心态、练策略。还有一点不能忽视的，就是要有高度的精确性。王老师经常跟我们讲世界冠军队的经验，就是赛车在赛台上的行进轨迹要非常准确。60 秒很短，每个动作都要精确到秒。我们逐渐学会了复盘和专项问题攻坚。

为参加这个赛季第一场重要赛事——世界机器人大会，整个暑假我们队的三位选手都选择在一起合练。

8 月底，我们赛队的水平稳步提升，但不幸运的是，赛前由于突发情况导致人员不齐，只能临时找新队友组队，结果自然是没有取得好成绩。

但这次比赛给我带来了很多积极的思考。首先，我们在赛场上看到一辆风头超劲的“子弹”赛车，它设计精巧，只要瞄准好篮筐，就能像发射子弹一样，一口气把球都投进篮筐。它所向披靡，每次上场都会引发围观，毫无悬念地以积分第一的排名晋级。然而老师提醒我们仔细看看这辆赛车在尺寸上是否符合赛事规定。大家仔细一推敲，它在做抬升动作时，装球的框形结构就会发生变化，这样赛车尺寸就超标违规了。果然也有人注意到并将情况反映给了裁判组，经裁判集体研判，晋级者中有六辆赛车都有违规问题。于是裁判组最后宣布暂时休赛，给赛队一刻钟时间对违规赛车进行修改，符合规定后可以再战。结果决赛时，预赛排名最后的队伍却拿了冠军。我观察到获胜赛队非常熟悉自己的赛车，无论遇到什么情况，都有能力冷静地在现场处理。而那些纯操作型赛队，平时训练注意力都集中在 60 秒的操作表现了，没有扎实的机器人维修能力，所以遇到特殊情况就慌了。我们赛队此次比赛失利，虽然有临时更换新队员、资格赛抽签不利等原因，但更主要的是赛车的一根梁打断了，而我们一直没有发现。说到底还是我们平时功夫不过关。

我在世界机器人大会看到了非常多新型的机器人，但最大的收获还是与此次冠军队的深圳小伙伴们的结识。他们一直没有教练，没有机构，所有资料都是自己从 VEX 网站上去学习，零部件是自己去各个网站上淘。甚至连从深圳飞到北京参赛的旅行安排，也基本上是他们自己独立完成的。这次相识让我意识到独立性的可贵价值，他们最后获得冠军实在是实至名归。后来我在这个方面也一直有意识向他们看齐，获得了不少成长经验。

之后我吸取了世界机器人大会的经验教训，做了更多机器人赛车的技术准备。

在之后的智慧学习机器人联盟举行的北京邀请赛上，我们遇到了非常多的 2 球车和 4 球车，相比之下，我们精心打造的 8 球车表现得非常优越。在热场过程中，很多家长和队员都来围观我们的练习，我非常想告诉他们，功夫在 60 秒之外。首先要重视机器人赛车的能力，否则孩子们就是练上几万个 60 秒，可能也是枉然。这是我过去两个赛季的心得体会。

资格赛后我们以第 2 名的成绩结盟了“西科”历史强队 15159A 队。在决赛轮，我们双方都以清场加高挂的表现完成比赛。听到裁判员激动的声音，我们第一次品尝到了夺冠的喜悦。

北京邀请赛冠军——我和王昕老师及队友

这次比赛的成绩让我们很自信地认为在全国规模的比赛中，我们会继续赢得胜利，然而结果很出人意料。

在赛季末的一次线上选拔赛上，我们的操作基本没有出问题，但是很快就发现我们的赛车竟然已经落伍了。才几个月的光景，全国各地赛车设计就已经迅猛升级迭代，有的赛车速度已经比我们快了近 30%。更恐怖的是，它的提速并没有牺牲吸球的数量，有的甚至超过了 8 个球。虽然我们在这次线上选拔赛中获得了联盟队的全国季军，但我们心情很沉重，因为我们明白在赛车性能上已经出现差距。

我带着心爱的赛车不断求教于王老师和周老师。我们一边进行技术攻关，一边准备新一场全国线上选拔赛。这次报名的队伍更多了。因为这次比赛将是年终大戏——VEX 机器人世锦赛亚太区比赛的最后一次选拔。

赛前，我们的赛车又有了一些进步，经过不断调试，我们定下了拿 22 个满场球的基本目标。如果比赛时间还有剩余，就尽量再完成额外加分的高挂。我们赛车的迭代改造比较晚，如果想获胜，就对选手操作提出了更高的要求。我每晚练车几乎都要到深夜，每次都仔细复盘线路和失误的地方。

线上赛终于开打了，用总裁判长的话来说，就是“打疯”了。从来没有见过全国选手们如此铆足劲儿，可以说到了每球必争的白热化阶段，分值常常只有几分之差。在决赛轮，我和之前提到的深圳好友队竟然是合作队伍，最后我们以双双清场加高挂的表现，获得了全国冠军。

十天后，本赛季最重要的 VEX 机器人世锦赛亚太区比赛就要开打了。这次比赛在遥远的海南岛儋州举行，离北京 2700 公里。这次比赛我们队只有我一个人参加，赛前我和周老师几乎没有任何休息，一直在进行赛车的迭代改进工作，终于拿出了一个比较满意的升级版本。

这次比赛取消了准备区，家长、教练和非上场队员也都不能入场观看比赛。王老师和周老师只能在线上对我进行指导。而有些临近省份的赛队则派出了七八个教练，组团参赛。因此，这赛季最后的大赛也是对我独立性的一次检验。我很快就交到了南京队、西安队、汉中队这些新朋友，可以说完全不孤单。我的两位队友也给我很多“云加油”。

所有不远万里来参赛的赛队机器人都已经迭代到了最佳状态。几乎每个队此时都已经具备了清场的能力，这在赛季之初是不敢想象的。王老师听完我的现场汇报后，告诉我从资格赛开始，拼的就是心态，拼的就是谁失误少，拼的是整个赛季的积累，要把过去所有的成绩都忘掉，只专注于眼前的这次比赛。

此时我已经是一位老兵，从机车检查、更换零部件，到根据合作队伍情况调整策略，这些我都已经驾轻就熟。资格赛就要打八轮，我有两次失误，一次是合作队伍的赛车突然失灵，不仅没进球，还把 6 个球陷在了赛车上。另一次是我的连接线失灵了。虽然出发前我带了两根新线，但在赛场上还是经常会有意外情况发生。

我进入到了决赛轮，排在第三顺位。和我合作的队伍是一支来自广州的非常年轻的队伍。他们的赛车非常先进。决赛开始了，我们发挥出色，最终以提前 15 秒，完成清场加高挂的成绩获得了联盟赛事的亚太区季军。而我因为在答辩、操作、程序等方面的综合表现，还获得最高荣誉——全能奖，并且拿到了明年直接参加 VEX 机器人世锦赛的入场券。

我的第三个赛季的主题是“百发百中”，这个目标一开始显得遥不可及，但经过整个赛季的刻苦训练，我完成了这个目标，也让我明白了不断努力的价值。

回望三个赛季，我很感谢那些不懈努力推广 VEX 教育的老师和辛勤组织赛事的专业人士。

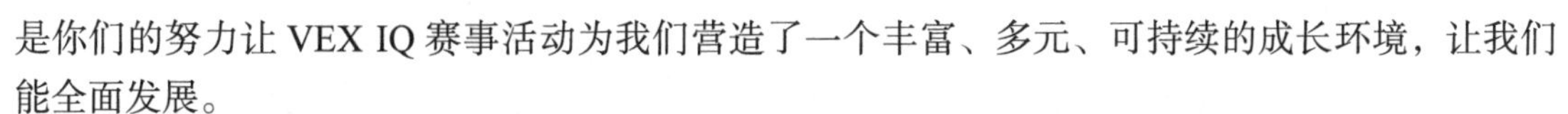

是你们的努力让 VEX IQ 赛事活动为我们营造了一个丰富、多元、可持续的成长环境，让我们能全面发展。

世锦赛亚太区全能奖

第三代战车

6.13　家长心声：经历陪伴，收获成长，点滴记录与感受——贺兴东

我是北京市西城区青少年科学技术馆 VEX IQ 机器人项目 88299V 队贺小迪同学的家长。有幸自 88299V 队组建开始便全程陪伴两个队员参加 VEX 机器人世锦赛项目，一路见证了孩子们学习、训练、参赛、获奖、相处的点点滴滴。在队伍喜获 VEX 机器人世锦赛中国总决赛小学组亚军，并收获世锦赛参赛资格的幸福时刻，回望这段陪伴之旅，深感收获良多。

88299V 的两朵小花崭露头角

88299V 队的成员是两个同为五年级的女孩。成员叶颖悠来自北京师范大学附属实验小学，品学兼优，聪明伶俐，小小年纪便在科技创新、体育竞技等领域获得了多个北京市、全国乃至世界级奖项。成员贺小迪是我的女儿，来自北京市三里河第三小学，手工达人，活泼大方，学校各种手工课总能第一个完成，幼儿园之前便开始持续学习机械搭建与编程方面的课程。

88299V 队队员和辅导老师

88299V 队组建于 2020 年 9 月，随后两个天赋洋溢的女孩便迅速崭露头角，先后斩获北京市西城区第十九届中小学师生电脑作品大赛机器人项目一等奖，2020 年西城区青少年机器人大赛 VEX IQ 项目小学组一等奖（第一名），“北京创客盛会”第四届智学 AI 机器人竞演活动 VEX 邀请赛 VEX IQ 小学组一等奖和最佳惊奇奖，2020 年 VEX 机器人世锦赛中国总决赛 VEX IQ 小学组一等奖、团体协作亚军、出色女孩奖，并最终获得 2021 年 VEX 机器人世锦赛参赛资格。

88299V 队获得的奖杯和证书

VEX 赛事陪伴之旅见证成长

因为工作原因，我作为父亲在孩子成长过程中给予的陪伴总是有限。这次能够全程陪伴两个孩子参加 VEX 机器人世锦赛项目，深感是一次难得的亲子成长之旅。

1. 在日常训练时，引导孩子明白一分耕耘一分收获的道理

小学生的特点是对感兴趣的事情总是热情满满、目标坚定，但难免热情不能持续。日常训练的时候，两个女孩就时不时会出现不认真、不想练等情况，这些情况发生的时刻也是我引导她们成长的时候。我跟她们讲解什么是低阶快乐、什么是高阶快乐，两者有什么差别；什么是延迟满足，它对获得更大快乐有什么作用；为什么要日常努力训练，它对达成最终目标有什么帮助。通过引导，孩子们明白了一分耕耘一分收获的道理，也更加认真地对待每一次训练了。

2. 在做工程笔记时，引导孩子掌握体系化思维的方法

工程笔记是 VEX 机器人世锦赛项目非常重要的一环。它能够清晰地展现包括对赛事规则

理解、机器人搭建方案、程序编写要点、得分策略设计、训练和比赛安排等在内的项目全过程，是一项非常系统化的工作。然而，对于两名五年级的孩子，尤其是以形象思维和发散思维见长的女孩而言，如何逻辑严谨、条理清晰地将她们的工作在工程笔记中展现出来，是一个非常具有挑战性的任务。

在工程笔记开始阶段，孩子们觉得要记录的内容很多却又无从下手，我便引导她们用“头脑风暴 + 思维导图”的方式，先把想要记录的内容在一张纸上罗列出来，然后按照各项工作开展的时间顺序和任务之间的拓扑关系，形成完整的逻辑链条，再有条理地把内容写出来。

通过反复尝试、反复修改，88299V 队最终呈现出当前这种按照前提与后续关系为逻辑链条的工程笔记样式，也初步掌握了用体系化思维分析问题的方法。

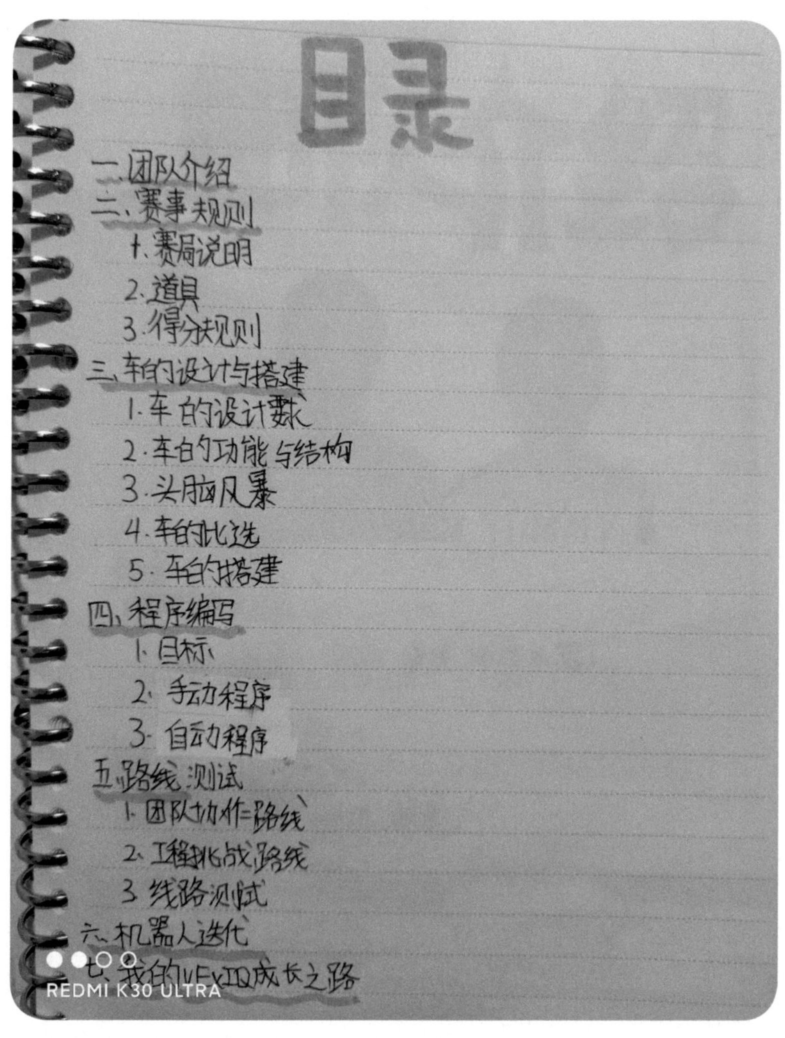

88299V 队工程笔记目录

3. 在遭遇挫折时，引导孩子建立不抛弃、不放弃的精神

VEX 机器人世锦赛一个赛季历时很长，其间由于各种意想不到的情况，孩子们难免会遭遇挫折。

我印象较深的一次是在“北京创客盛会”第四届智学 AI 机器人竞演活动 VEX 邀请赛时，决赛即将开始前，我们 88299V 队的团队协作赛合作队伍在训练中不慎把赛车碰坏了，由于事发突然且决赛马上开始，孩子们非常沮丧，继而发展出对合作队伍的严重不信任，一度打算弃赛。

还有一次是在 2020 年 VEX 机器人世锦赛中国总决赛时，由于操控手柄出现问题，导致孩子第一天的积分赛发挥不理想，根据当天排名极有可能无缘决赛，她们再一次表现出失望情绪，在积分赛还远未结束的时候就萌发了放弃比赛的念头。

挫折出现的时候，也是帮助孩子成长的时刻。前一次的情形下，我耐心引导孩子们要就事论事和换位思考，不抱怨、不放弃，相信合作队伍的能力，并帮助他们一起克服困难。后一次的情形下，我告诉孩子们比赛尚未结束，不要被暂时的困难打倒，越是艰难的情况越要加倍努力去赢得转机。

孩子们的表现很令人欣慰，两次都及时调整了心态，继续投入比赛，最终化险为夷。遭遇挫折、正视挫折，然后才能跨越挫折、收获成长，通过比赛孩子们建立起了不抛弃、不放弃的精神。

88299V 队积分赛遭遇挫折

4. 在比赛进行时，引导孩子拥有心无旁骛、专注其中的心态

88299V 队的两个孩子非常聪明，对外部刺激的接受和反应能力非常强，这对她们迅速学习并应用新知识非常有帮助，但比赛时却也会因此过多受到外界干扰，难以全神贯注地投入到比赛中，限制了自身水平的发挥。

记得“北京创客盛会”第四届智学 AI 机器人竞演活动 VEX 邀请赛时，孩子们出于对日常训练成绩的自信，觉得比赛至少要得到 240 分以上。可是一整天的比赛下来，得分超过 200 分的场次仅有一两场，决赛也只得到 172 分。

发挥不及预期，虽然有各种各样的客观原因，但我观察发现她们自身有一个问题不容忽视，那就是两个孩子上场比赛前，总是过多关注裁判、场地、协作赛合作队伍、其他赛队等外界因素，而难以将注意力全部放到自身比赛上，因而发挥不理想。

赛后我和她们复盘了比赛过程，告诉她们上场比赛时，一切外界因素都已经是不可改变的事情，唯一能够改变的只有自己的发挥，因而也只有摒弃外界影响、专注自身发挥才是取得好成绩的不二法门。

引导是成功的，在后来的北京市西城区青少年机器人大赛和 2020 年 VEX 机器人世锦赛中国总决赛上，她们很好地做到了心无旁骛、专注其中，也因而取得了一次好过一次的成绩，并最终获得了在 VEX 机器人世锦赛上一展身手的机会！

88299V 队在专注比赛

收获满满，精彩继续

回首这段难得的陪伴之旅，有付出、有辛苦，但更多是收获的喜悦。

一个更加奋发向上的少年。通过 VEX 机器人世锦赛的历练，我惊喜地发现，女儿贺小迪变了。她变得更加乐观，待人接物时更加得体，面对竞争时更加自信，遭遇挫折时更加坚韧，追求目标时更加坚定。一个小朋友已经悄然成长为一个奋发向上的有为少年。

一份伴随一生的亲密友谊。贺小迪和队友叶颖悠同学，成长经历不同，脾气性格各异。两个人一路走来有过分歧、有过争吵，但更多的是互相担待和齐心协力。为世界冠军共同奋斗的日子让两人产生了默契，发现了共同爱好和兴趣，变成了无话不说的好朋友。团队合作关系进化成了伴随一生的亲密友谊。

一种更加健康的亲子关系。陪伴孩子参加 VEX 机器人世锦赛项目之前，由于陪伴不够，贺小迪成长过程中更多依赖妈妈。我自身也由于对孩子了解不够，当她遇到问题时想帮忙也往往不得要领。经过 VEX 机器人世锦赛项目的陪伴，我发现女儿对我的信赖增加了，有事情愿意和我分享了，有问题愿意找我解决了。父女之间悄然建立起了一种令人欣喜、更加健康的亲子关系。

2020 年 VEX 机器人世锦赛中国总决赛结束了，88299V 队的 VEX 机器人世锦赛之路暂时告一段落。但我的陪伴之旅还在继续。相信在未来的比赛中，一定还会有更加精彩的故事等待着我们一起去体验。

6.14 家长心声：重在参与，贵在成长——樊义鹏

VEX IQ 机器人，一个集机器人搭建、程序编写、工程笔记、比赛操作、演讲答辩、团队协作于一体的智能机器人，成了我的孩子樊响和我的“大玩具”。这个“大玩具”，既让樊响学了一门新技能，又增加了我们父子间的交流和感情。

1. 搭建和改进

工欲善其事，必先利其器。要取得良好成绩，必须先有一部好的比赛赛车（机器人）。因此，搭建比赛赛车，就成了参赛的第一要务。在去长白山参加 2019 年第十届亚洲机器人锦标赛中国选拔赛北大区赛前 40 天，樊响开始搭建赛车。其间的甘苦和冷暖，只有亲自做过一遍的人才能体会，如用一句话总结就是：欢乐和懊恼并存，快乐伴比赛齐飞。其中，仅仅是搭建赛车的底盘，就用了两个通宵。在赛车搭建好后，赛车的改进微调就成了家常便饭。从长白山比赛时用的“吸球车”，到重庆比赛时用的“勺子车”，赛车改进成了一个大工程。例如，改“吸球”的皮筋，改“勺子”的抓球性能，几乎都要经过上百次的复盘和试验才能达到相对“最优”，也才可能保证在比赛中取得优秀成绩。

2. 训练——手动赛和自动赛

刻苦训练是取得优秀成绩的关键。2019 年，从保定比赛，到北京亦庄比赛、长白山比赛、重庆比赛，训练操作手成了我的重要任务。记得长白山比赛前为了完成 4 筐 12 球，主、副操作手樊响和王晨宇在 30 分钟训练中重复训练了 20 局。孩子们抗议了好几次，甚至把遥控手柄都扔了两次。但是为了颁奖台上的荣誉，他们最后还是选择了坚持训练。

训练对技能赛成绩具有决定性影响。其中，赛车的摆放位置、角度、电池容量、底盘和万向轮的状况，以及程序的参数，都是影响技能赛的重要因素。只有通过无数次试验，才能摸索出打好技能赛的最佳方案。

另外，不同赛台也会影响技能赛的成绩。因为摩擦系数的缘故，不同赛台对比赛赛车的影响是不一样的。所以在比赛前，最好找到比赛专用赛台进行模拟训练。

3. 比赛—— 稳定打好每一局，争取拿到每一分

VEX IQ 比赛情况瞬息万变，不管你赛前准备了多长时间，选手在 60 秒内的现场发挥才是决定一场比赛成绩的决定因素。考虑到比赛中的各种不确定性，我们总结了如下对策：

1）稳定发挥出自己的水平。在比赛中抽签往往会抽到一些实力不强的合作队伍。此时，我们只有先保证自己发挥好，才能带领他们一起取得高分。

2）鼓励引导较弱的合作队伍。如果遇到比较弱的合作队伍，在制订比赛方案时，要有信心以自己的方案为核心来引导合作队伍，以便取得高分。

3）跟从强合作队伍。如果遇到实力很强的合作队伍，我们要听从合作队伍的策略和战术，共同配合打出好成绩。

如果能做到以上三点，并且操作手能保持稳定、强大的心理素质，那么比赛就容易获得好成绩。

4. 鼓励——从编程菜鸟到技能赛高手

要想精准自如地操控赛车，除了硬件外，软件程序也是决定性的环节。如果说硬件是机器

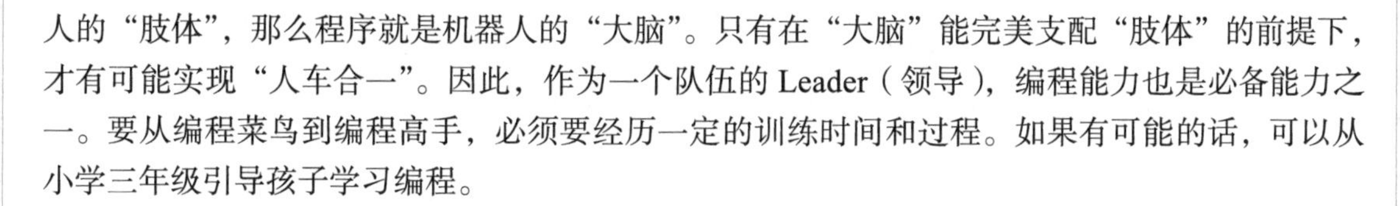

人的“肢体”，那么程序就是机器人的“大脑”。只有在“大脑”能完美支配“肢体”的前提下，才有可能实现“人车合一”。因此，作为一个队伍的 Leader（领导），编程能力也是必备能力之一。要从编程菜鸟到编程高手，必须要经历一定的训练时间和过程。如果有可能的话，可以从小学三年级引导孩子学习编程。

5. 工程笔记——锻炼思维和观察的良方

VEX IQ 比赛中的全能奖是所有比赛奖项中含金量最高的。这其中少不了工程笔记评审的环节。

工程笔记的重要性不言而喻——日复一日的训练，工程笔记是最忠诚的伙伴。它记录了孩子们的失误、失败和成功，锻炼了孩子们的思维和观察能力，也见证了孩子们成长的心路历程。

6. 成功答辩——信心的延伸

VEX IQ 比赛竞争激烈，能从几百人中打出前几名成绩的孩子，的确是凤毛麟角。这需要孩子具有很强的综合素质。

除了操控能力外，答辩能力也是重要的能力。孩子们在准备比赛的同时，还要参加答辩，应对考官的各种问题。这就需要选手拥有良好的自信心和口头表达能力。在日常训练过程中，一定要拿出固定时间训练孩子的口头表达能力和应变能力，从而提升孩子的自信心和表达能力。

7. 时间和休息

VEX IQ 比赛时比较累，如果没有很好的休息，很难在高强度对抗中取得优秀的成绩。因此，在比赛时合理安排好出行和休息，也是取得良好比赛成绩的一个重要因素。

8. 团队协作力

VEX IQ 比赛需要根据抽签结果临时和不同队伍合作。孩子要注意训练沟通和协作能力，以便能和不确定的队伍达成合作的最优办法，争取取得好成绩。

9. 成长和亲子关系

成长是孩子教育中的一个永恒话题。亲子关系则是影响孩子成长的重要因素。VEX IQ 就像一个“大玩具”，在“大玩具”的搭建、操作、提升等过程中，和孩子的交流会加强、增多。在每场比赛激动人心的 60 秒中，孩子和家长会心连心，肩并肩。这些无形中都加强了亲子关系。

VEX IQ 比赛对孩子的成长也有很大帮助。每次比赛都会有失败，也有成功。就是在一个个失败和成功的切换中，孩子实现了阅历和心性的成长。另外，有了在万人体育场比赛和领奖的经历，孩子的自信心也会增长，而这种自信心，也会延伸到孩子们学习、生活等各个方面。

附录

世界冠军内训笔记

在一个赛季里，参赛队员会将本赛季的训练、工作记录在工程笔记中。接下来，我就用工程笔记来说明队员们在每一个赛季中的付出和收获。

VEX IQ 机器人竞赛会全方位考核战队。赛事奖项中的评审奖就对队员的答辩情况、工程笔记等方面有较高的要求。

北京市西城区青少年科学技术馆赛队不仅获得了 2018—2020 年 VEX 机器人世锦赛三连冠，而且还荣获了很多大赛的评审奖，例如全能奖、设计奖等。在获得这些评审奖的诸多要素中，一个很重要的因素就是要有高质量的工程笔记。通过工程笔记中的内容，评委可以更好地了解战队自身情况，以及机器人的设计、搭建和测试过程，从而决定相关奖项的归属。下面就和大家分享一下北京市西城区青少年科学技术馆的内训笔记。

工程笔记可以采用一个 A4 或者 B5 大小的笔记本。里面记录的内容包括赛队在一个赛季中的工作过程。为了生动起见，工程笔记应尽量做到图文并茂——除了文字说明，还可以配上图片和照片，例如队员照片、项目思维导图、方案设计草图、机器人制作过程，以及完成品的照片和软件流程图等。

好的工程笔记不仅是参赛的需要，也是提高队员水平技能的重要资料。它可以帮助学生建立起“全周期”工程项目的整体概念，知道如何把一个大的项目分解成小的任务，明白如何合理有序地安排分工和进程，意识到当前工作在整个项目中的作用和意义。

事实上，如果队员学会了按照工程项目的概念做好一台机器人并完成比赛，将来他们就可以较容易地把这种思维模式移植到一些更大的任务上——比如制造一辆汽车，甚至完成火星登陆。

另外，管理好一支 VEX IQ 战队并比出好成绩，这本身就是一个很有挑战性的工程项目。工程笔记可以帮助队伍追溯、复现以往各环节的工作，便于总结和提升团队的能力和效率。

那么，什么是好的工程笔记呢？好的工程笔记应该能够清晰、完整、有条理地展示设计过程、战术调整过程、项目和时间管理情况，以及赛队组织情况，并且图文并茂、便于阅读。工程笔记需要包含的内容有：赛队及队员分工介绍、规则分析、赛车设计搭建过程、编程测试过程、赛车优化改进迭代情况和训练比赛过程。下面我们以 2018—2019 赛季 VEX 机器人世锦赛冠军队 88299A 的工程笔记为例进行说明。

1. 赛队及队员分工介绍

这部分是对人员的介绍，同时也可以充分展示团队文化。笔记中可以有每个队员的照片、个人介绍、全队合影、队伍名称、队伍口号等，还可以包括每个队员的任务分工情况，例如队长、操作手、程序员、机械师、外联员等。

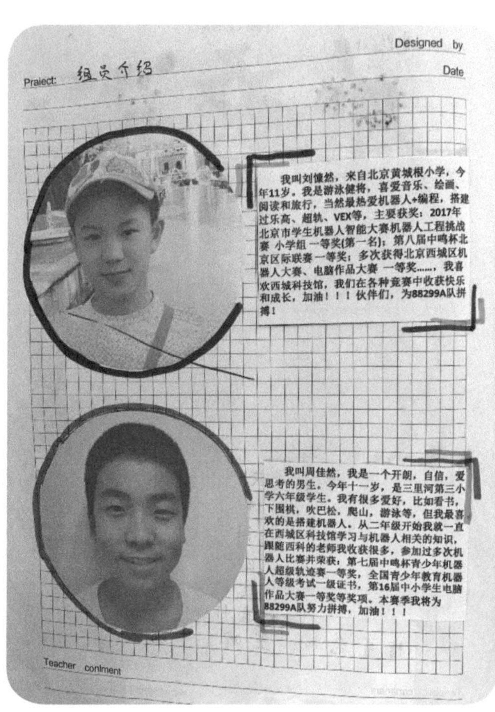

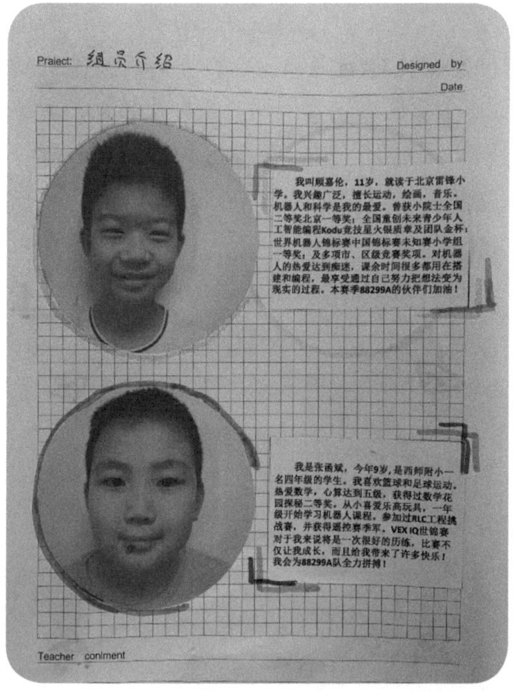

88299A 团队介绍

2. 规则分析

这部分包含对比赛规则的理解、解读。它不是简单的誊抄规则，而是用通俗易懂的语言帮助队员理解和吃透规则，尤其要包括一些特殊情况分析，明确得分和不得分情况的界定。

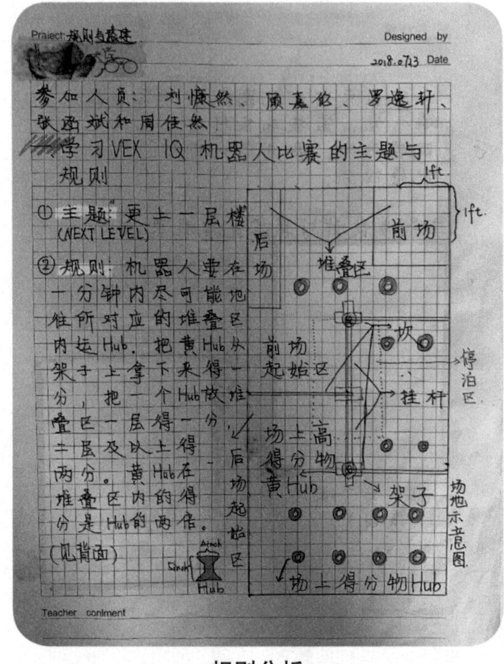

规则分析

3. 赛车设计搭建

要搭建一台好的比赛机器人，一般应该在透彻掌握比赛规则和比赛特点后，经历头脑风暴、方案选择、绘制图纸、搭建组装和完善改进等多个阶段。这个周期一般会比较长，通常会需要 3 ~ 5 周的时间，并且以后还要不断地实验、改进，直到找到最优方案。这部分内容也是工程笔记非常重要的部分，应该占据较大的篇幅。

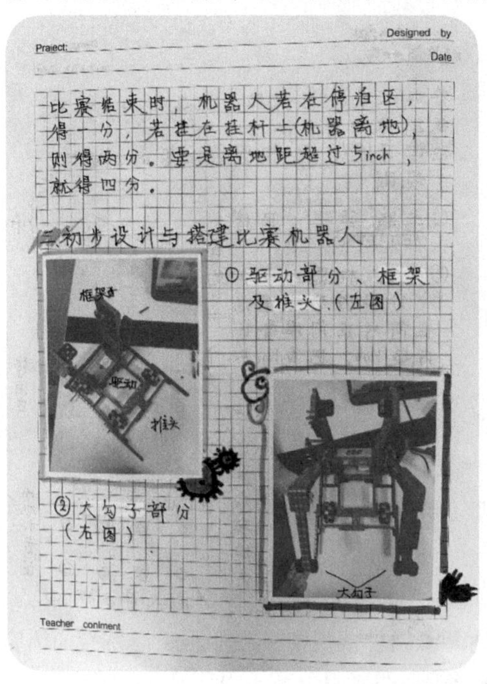

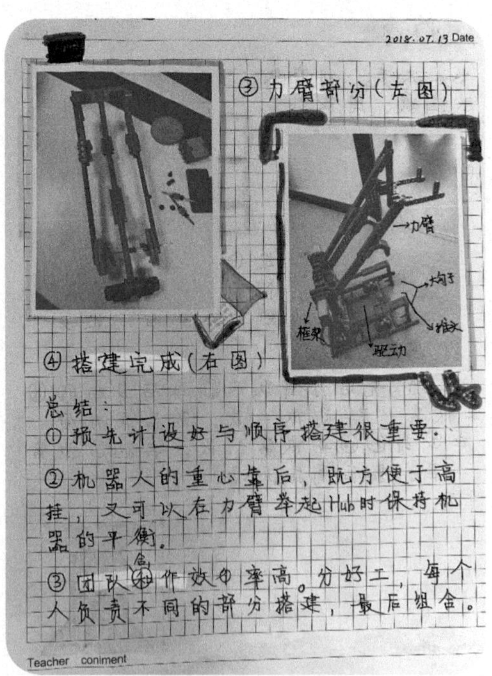

设计、搭建（部分）

4. 编程测试

如果说一辆赛车的硬件结构是筋骨的话，那么程序就是灵魂。同样结构的赛车，采用不同程序往往实现的效率是不一样的，所以程序方面也需要不断优化改进。程序可以多设置一些功能子函数，以提高修改和执行效率。并且随着操作手操控熟练度的提高，程序设定的赛车速度也可以不断提高。

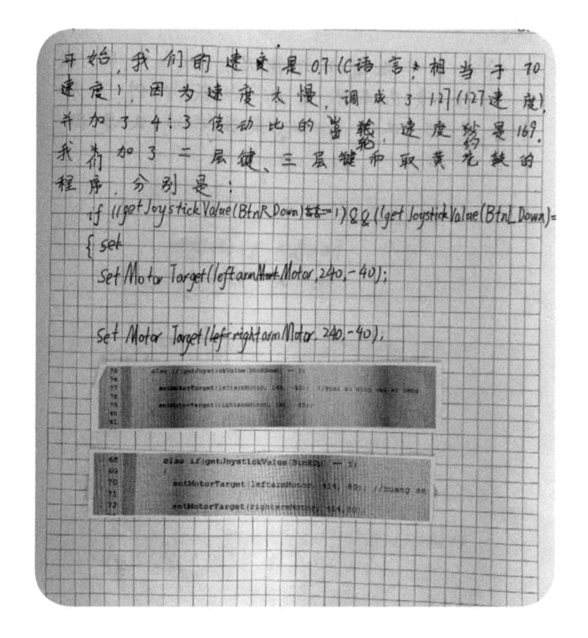

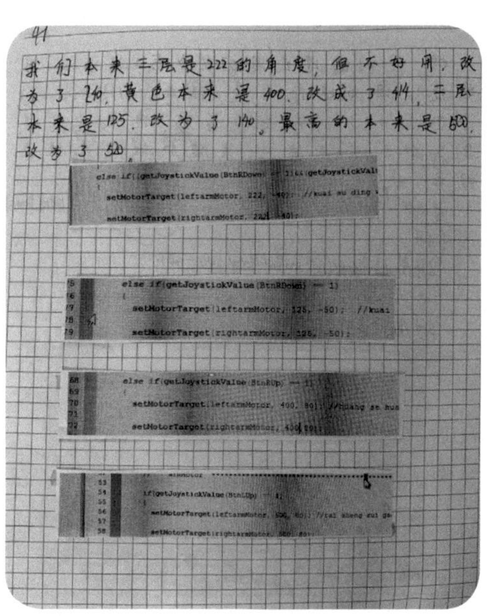

程序测试、改进

5. 赛车优化、改进、迭代

如果把赛场比作战场，那么赛车就是一个赛队的武器。要在赛场上所向披靡，不仅要有出色的操控手，还要有得力的武器。好的赛车，一般要具备以下几个特点：

1）得分效率高；2）容易操控；3）可靠性好；4）便于和其他车型配合。

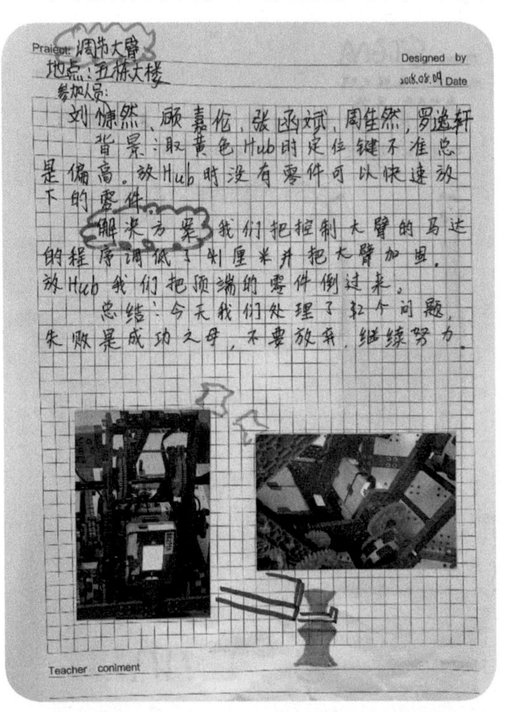

Project: 调节大臂
地点：五栋大楼
Designed by
2018.08.09 Date
参加人员：
刘慷然、顾嘉伦、张函斌、周佳然、罗逸轩
背景：取黄色Hub时定位键不准总是偏高。放Hub时没有零件可以快速放下的零件。
解决方案：我们把控制大臂的马达的程序调低了1厘米并把大臂加固。放Hub我们把顶端的零件倒过来。
总结：今天我们处理了2个问题，失败是成功之母，不要放弃，继续努力。
Teacher comment

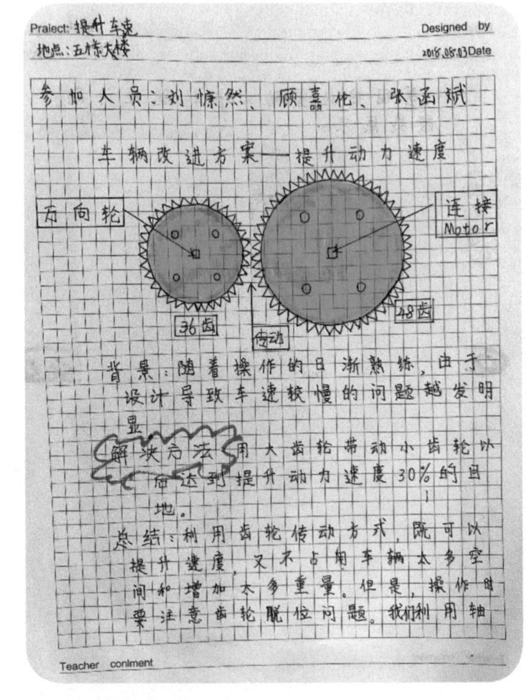

Project: 提升车速
地点：五栋大楼
Designed by
2018.08.03 Date
参加人员：刘慷然、顾嘉伦、张函斌
车辆改进方案——提升动力速度

背景：随着操作的日渐熟练，由于设计导致车速较慢的问题越发明显
解决方法：用大齿轮带动小齿轮以便达到提升动力速度30%的目地。
总结：利用齿轮传动方式，既可以提升速度，又不占用车辆太多空间和增加太多重量。但是，操作时要注意齿轮脱位问题。我们利用轴
Teacher comment

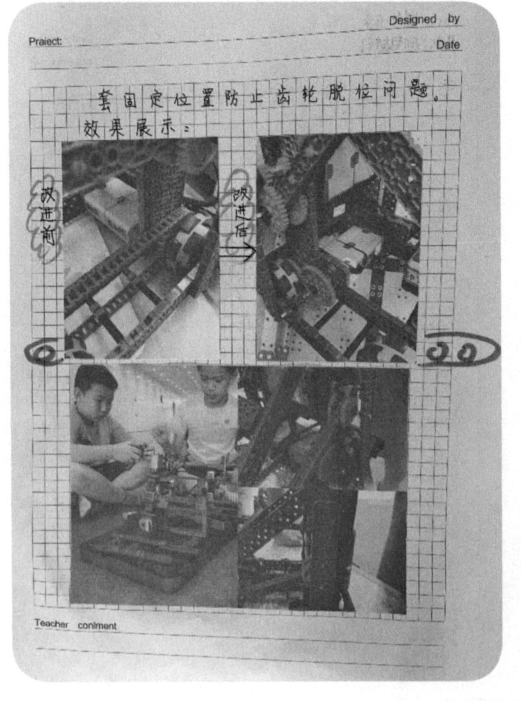

Project:
Designed by
Date
套固定位置防止齿轮脱位问题。
效果展示：

Teacher comment

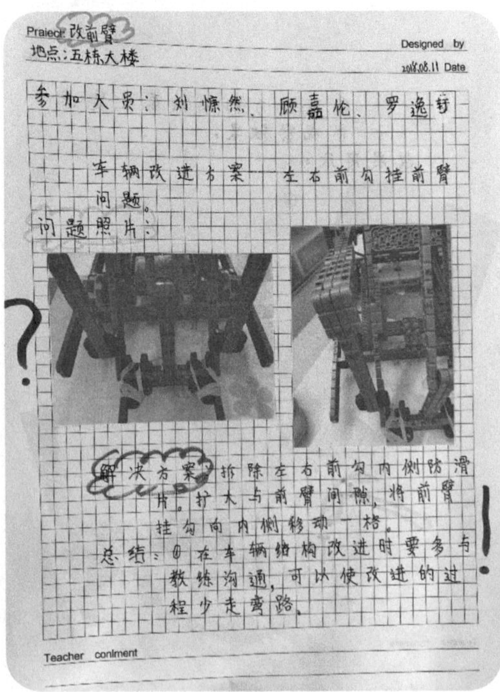

Project: 改前臂
地点：五栋大楼
Designed by
2018.08.11 Date
参加人员：刘慷然、顾嘉伦、罗逸轩
车辆改进方案——左右前勾挂前臂问题。
问题照片：
解决方案：拆除左右前勾内侧防滑片，扩大与前臂间隙，将前臂挂勾向内侧移动一格。
总结：① 在车辆结构改进时要多与教练沟通，可以使改进的过程少走弯路。
Teacher comment

优化改进

设计一台完美的赛车绝非易事，因此要在一个赛季中不断对赛车进行改进、优化，甚至升级换代。在比赛、训练中发现的问题，要及时解决，并且记录在工程笔记中。

总之，工程笔记记录了一个赛队在一个赛季中的成长过程。队员们在赛季中要随时记录，不限格式，经常翻阅。工程笔记一定要由赛队成员自己完成，这也体现了赛队的自主管理水平。

以上就是我和大家要分享的世界冠军成长之路，也祝愿所有参与 VEX IQ 机器人活动的学生们学有所成，获得佳绩。